向为创建中国卫星导航事业

并使之立于世界最前列而做出卓越贡献的北斗功臣们

致以深深的敬意！

"十三五"国家重点出版物
出版规划项目

卫星导航工程技术丛书

主　编　杨元喜
副主编　蔚保国

北斗导航卫星可靠性工程

Reliability Engineering of BeiDou Navigation Satellite

杨慧　赵海涛　等著

国防工業出版社
·北京·

内 容 简 介

实施可靠性工程是北斗导航卫星实现成功发射和在轨长期稳定运行的基本保证。本书在总结北斗二号卫星和北斗三号卫星可靠性工作的基础上,针对导航卫星可靠性、可用性要求高和批量研制等特点,从可靠性要求、可靠性设计与分析、可用性设计与分析、批产可靠性保证、可靠性试验与验证、可靠性管理等方面系统阐述了北斗导航卫星在工程中应用或提出的可靠性技术、方法以及实施经验。

本书适合航天产品承制单位的工程研制人员、航天器工程有关专业和质量与可靠性专业的研究生参考和阅读。

图书在版编目(CIP)数据

北斗导航卫星可靠性工程 / 杨慧等著. — 北京 :
国防工业出版社, 2021.3
(卫星导航工程技术丛书)
ISBN 978 - 7 - 118 - 12147 - 6

Ⅰ. ①北… Ⅱ. ①杨… Ⅲ. ①卫星导航 - 全球定位系统 - 可靠性工程 Ⅳ. ①P228.4

中国版本图书馆 CIP 数据核字(2020)第 139571 号

※

国防工业出版社出版发行
(北京市海淀区紫竹院南路 23 号　邮政编码 100048)
天津嘉恒印务有限公司印刷
新华书店经售

*

开本 710 × 1000　1/16　**插页** 8　**印张** 25　**字数** 480 千字
2021 年 3 月第 1 版第 1 次印刷　**印数** 1—2000 册　**定价** 158.00 元

国防书店:(010)88540777　　书店传真:(010)88540776
发行业务:(010)88540717　　发行传真:(010)88540762

孙家栋院士为本套丛书致辞

探索中国北斗自主创新之路
凝练卫星导航工程技术之果

当今世界，卫星导航系统覆盖全球，应用服务广泛渗透，科技影响如日中天。

我国卫星导航事业从北斗一号工程开始到北斗三号工程，已经走过了二十六个春秋。在长达四分之一世纪的艰辛发展历程中，北斗卫星导航系统从无到有，从小到大，从弱到强，从区域到全球，从单一星座到高中轨混合星座，从 RDSS 到 RNSS，从定位授时到位置报告，从差分增强到精密单点定位，从星地站间组网到星间链路组网，不断演进和升级，形成了包括卫星导航及其增强系统的研究规划、研制生产、测试运行及产业化应用的综合体系，培养造就了一支高水平、高素质的专业人才队伍，为我国卫星导航事业的蓬勃发展奠定了坚实基础。

如今北斗已开启全球时代，打造“天上好用，地上用好”的自主卫星导航系统任务已初步实现，我国卫星导航事业也已跻身于国际先进水平，领域专家们认为有必要对以往的工作进行回顾和总结，将积累的工程技术、管理成果进行系统的梳理、凝练和提高，以利再战，同时也有必要充分利用前期积累的成果指导工程研制、系统应用和人才培养，因此决定撰写一套卫星导航工程技术丛书，为国家导航事业，也为参与者留下宝贵的知识财富和经验积淀。

在各位北斗专家及国防工业出版社的共同努力下，历经八年时间，这套导航丛书终于得以顺利出版。这是一件十分可喜可贺的大事！丛书展示了从北斗二号到北斗三号的历史性跨越，体系完整，理论与工程实践相结合，突出北斗卫星导航自主创新精神，注意与国际先进技术融合与接轨，展现了“中国的北斗，世界的北斗，一流的北斗”之大气！每一本书都是作者亲身工作成果的凝练和升华，相信能够为相关领域的发展和人才培养做出贡献。

“只要你管这件事，就要认认真真负责到底。”这是中国航天界的习惯，也是本套丛书作者的特点。我与丛书作者多有相识与共事，深知他们在北斗卫星导航科研和工程实践中取得了巨大成就，并积累了丰富经验。现在他们又在百忙之中牺牲休息时间来著书立说，继续弘扬“自主创新、开放融合、万众一心、追求卓越”的北斗精神，力争在学术出版界再现北斗的光辉形象，为北斗事业的后续发展鼎力相助，为导航技术的代代相传添砖加瓦。为他们喝彩！更由衷地感谢他们的巨大付出！由这些科研骨干潜心写成的著作，内蓄十足的含金量！我相信这套丛书一定具有鲜明的中国北斗特色，一定经得起时间的考验。

我一辈子都在航天战线工作，虽然已年逾九旬，但仍愿为北斗卫星导航事业的发展而思考和实践。人才培养是我国科技发展第一要事，令人欣慰的是，这套丛书非常及时地全面总结了中国北斗卫星导航的工程经验、理论方法、技术成果，可谓承前启后，必将有助于我国卫星导航系统的推广应用以及人才培养。我推荐从事这方面工作的科研人员以及在校师生都能读好这套丛书，它一定能给你启发和帮助，有助于你的进步与成长，从而为我国全球北斗卫星导航事业又好又快发展做出更多更大的贡献。

2020 年 8 月

祝贺卫星导航工程技术丛书

圆满出版

杨元喜

于2019年第十届中国卫星导航年会期间题词。

期待卫星导航工程技术丛书

助力中国北斗系统发展

周承基

于 2019 年第十届中国卫星导航年会期间题词。

卫星导航工程技术丛书
编审委员会

卫星导航工程技术丛书
编写委员会

主　　编　杨元喜

副 主 编　蔚保国

委　　员　（按姓氏笔画排序）

尹继凯　朱衍波　伍蔡伦　刘　利
刘天雄　李　隽　杨　慧　宋小勇
张小红　陈金平　陈建云　陈韬鸣
金双根　赵文军　姜　毅　袁　洪
袁运斌　徐彦田　黄文德　谢　军
蔡志武

丛书序

宇宙浩瀚、海洋无际、大漠无垠、丛林层密、山峦叠嶂，这就是我们生活的空间，这就是我们探索的远方。我在何处？我之去向？这是我们每天都必须面对的问题。从原始人巡游狩猎、航行海洋，到近代人周游世界、遨游太空，无一不需要定位和导航。

正如《北斗赋》所描述，乘舟而惑，不知东西，见斗则寤矣。又戒之，瀚海识途，昼则观日，夜则观星矣。我们的祖先不仅为后人指明了“昼观日，夜观星”的天文导航法，而且还发明了“司南”或“指南针”定向法。我们为祖先的聪颖智慧而自豪，但是又不得不面临新的定位、导航与授时（PNT）需求。信息化社会、智能化建设、智慧城市、数字地球、物联网、大数据等，无一不需要统一时间、空间信息的支持。为顺应新的需求，“卫星导航”应运而生。

卫星导航始于美国子午仪系统，成形于美国的全球定位系统（GPS）和俄罗斯的全球卫星导航系统（GLONASS），发展于中国的北斗卫星导航系统（BDS）（简称“北斗系统”）和欧盟的伽利略卫星导航系统（简称“Galileo 系统”），补充于印度及日本的区域卫星导航系统。卫星导航系统是时间、空间信息服务的基础设施，是国防建设和国家经济建设的基础设施，也是政治大国、经济强国、科技强国的基本象征。

中国的北斗系统不仅是我国 PNT 体系的重要基础设施，也是国家经济、科技与社会发展的重要标志，是改革开放的重要成果之一。北斗系统不仅“标新”“立异”，而且“特色”鲜明。标新于设计（混合星座、信号调制、云平台运控、星间链路、全球报文通信等），立异于功能（一体化星基增强、嵌入式精密单点定位、嵌入式全球搜救等服务），特色于应用（报文通信、精密位置服务等）。标新立异和特色服务是北斗系统的立身之本，也是北斗系统推广应用的基础。

2020 年 6 月 23 日，北斗系统最后一颗卫星发射升空，标志着中国北斗全球卫星导航系统卫星组网完成；2020 年 7 月 31 日，北斗系统正式向全球用户开通服务，标志着中国北斗全球卫星导航系统进入运行维护阶段。为了全面反映中国北斗系统建设成果,同时也为了推进北斗系统的广泛应用,我们紧跟北斗工程的成功进展,组织北斗系统建设的部分技术骨干,撰写了卫星导航工程技术丛书,系统地描述北斗系统的最新发展、创新设计和特色应用成果。丛书共26个分册,分别介绍如下:

卫星导航定位遵循几何交会原理,但又涉及无线电信号传输的大气物理特性以及卫星动力学效应。《卫星导航定位原理》全面阐述卫星导航定位的基本概念和基本原理,侧重卫星导航概念描述和理论论述,包括北斗系统的卫星无线电测定业务(RDSS)原理、卫星无线电导航业务(RNSS)原理、北斗三频信号最优组合、精密定轨与时间同步、精密定位模型和自主导航理论与算法等。其中北斗三频信号最优组合、自适应卫星轨道测定、自主定轨理论与方法、自适应导航定位等均是作者团队近年来的研究成果。此外,该书第一次较详细地描述了"综合 PNT"、"微 PNT"和"弹性PNT"基本框架,这些都可望成为未来 PNT 的主要发展方向。

北斗系统由空间段、地面运行控制系统和用户段三部分构成,其中空间段的组网卫星是系统建设最关键的核心组成部分。《北斗导航卫星》描述我国北斗导航卫星研制历程及其取得的成果,论述导航卫星环境和任务要求、导航卫星总体设计、导航卫星平台、卫星有效载荷和星间链路等内容,并对未来卫星导航系统和关键技术的发展进行展望,特色的载荷、特色的功能设计、特色的组网,成就了特色的北斗导航卫星星座。

卫星导航信号的连续可用是卫星导航系统的根本要求。《北斗导航卫星可靠性工程》描述北斗导航卫星在工程研制中的系列可靠性研究成果和经验。围绕高可靠性、高可用性,论述导航卫星及星座的可靠性定性定量要求、可靠性设计、可靠性建模与分析等,侧重描述可靠性指标论证和分解、星座及卫星可用性设计、中断及可用性分析、可靠性试验、可靠性专项实施等内容。围绕导航卫星批量研制,分析可靠性工作的特殊性,介绍工艺可靠性、过程故障模式及其影响、贮存可靠性、备份星论证等批产可靠性保证技术内容。

卫星导航系统的运行与服务需要精密的时间同步和高精度的卫星轨道支持。《卫星导航时间同步与精密定轨》侧重描述北斗导航卫星高精度时间同步与精密定轨相关理论与方法,包括:相对论框架下时间比对基本原理、星地/站间各种时间比对技术及误差分析、高精度钟差预报方法、常规状态下导航卫星轨道精密测定与预报等;围绕北斗系统独有的技术体制和运行服务特点,详细论述星地无线电双向时间比对、地球静止轨道/倾斜地球同步轨道/中圆地球轨道(GEO/IGSO/MEO)混合星座精密定轨及轨道快速恢复、基于星间链路的时间同步与精密定轨、多源数据系统性偏差综合解算等前沿技术与方法；同时，从系统信息生成者角度，给出用户使用北斗卫星导航电文的具体建议。

北斗卫星发射与早期轨道段测控、长期运行段卫星及星座高效测控是北斗卫星发射组网、补网，系统连续、稳定、可靠运行与服务的核心要素之一。《导航星座测控管理系统》详细描述北斗系统的卫星/星座测控管理总体设计、系列关键技术及其解决途径，如测控系统总体设计、地面测控网总体设计、基于轨道参数偏置的 MEO 和 IGSO 卫星摄动补偿方法、MEO 卫星轨道构型重构控制评价指标体系及优化方案、分布式数据中心设计方法、数据一体化存储与多级共享自动迁移设计等。

波束测量是卫星测控的重要创新技术。《卫星导航数字多波束测量系统》阐述数字波束形成与扩频测量传输深度融合机理，梳理数字多波束多星测量技术体制的最新成果，包括全分散式数字多波束测量装备体系架构、单站系统对多星的高效测量管理技术、数字波束时延概念、数字多波束时延综合处理方法、收发链路波束时延误差控制、数字波束时延在线精确标校管理等，描述复杂星座时空测量的地面基准确定、恒相位中心多波束动态优化算法、多波束相位中心恒定解决方案、数字波束合成条件下高精度星地链路测量、数字多波束测量系统性能测试方法等。

工程测试是北斗系统建设与应用的重要环节。《卫星导航系统工程测试技术》结合我国北斗三号工程建设中的重大测试、联试及试验，成体系地介绍卫星导航系统工程的测试评估技术，既包括卫星导航工程的卫星、地面运行控制、应用三大组成部分的测试技术及系统间大型测试与试验，也包括工程测试中的组织管理、基础理论和时延测量等关键技术。其中星地对接试验、卫星在轨测试技术、地面运行控制系统测试等内容都是我国北斗三号工程建设的实践成果。

卫星之间的星间链路体系是北斗三号卫星导航系统的重要标志之一，为北斗系统的全球服务奠定了坚实基础，也为构建未来天基信息网络提供了技术支撑。《卫星导航系统星间链路测量与通信原理》介绍卫星导航系统星间链路测量通信概念、理论与方法，论述星间链路在星历预报、卫星之间数据传输、动态无线组网、卫星导航系统性能提升等方面的重要作用，反映了我国全球卫星导航系统星间链路测量通信技术的最新成果。

自主导航技术是保证北斗地面系统应对突发灾难事件、可靠维持系统常规服务性能的重要手段。《北斗导航卫星自主导航原理与方法》详细介绍了自主导航的基本理论、星座自主定轨与时间同步技术、卫星自主完好性监测技术等自主导航关键技术及解决方法。内容既有理论分析,也有仿真和实测数据验证。其中在自主时空基准维持、自主定轨与时间同步算法设计等方面的研究成果,反映了北斗自主导航理论和工程应用方面的新进展。

卫星导航"完好性"是安全导航定位的核心指标之一。《卫星导航系统完好性原理与方法》全面阐述系统基本完好性监测、接收机自主完好性监测、星基增强系统完好性监测、地基增强系统完好性监测、卫星自主完好性监测等原理和方法,重点介绍相应的系统方案设计、监测处理方法、算法原理、完好性性能保证等内容,详细描述我国北斗系统完好性设计与实现技术,如基于地面运行控制系统的基本完好性的监测体系、顾及卫星自主完好性的监测体系、系统基本完好性和用户端有机结合的监测体系、完好性性能测试评估方法等。

时间是卫星导航的基础,也是卫星导航服务的重要内容。《时间基准与授时服务》从时间的概念形成开始:阐述从古代到现代人类关于时间的基本认识,时间频率的理论形成、技术发展、工程应用及未来前景等;介绍早期的牛顿绝对时空观、现代的爱因斯坦相对时空观及以霍金为代表的宇宙学时空观等;总结梳理各类时空观的内涵、特点、关系,重点分析相对论框架下的常用理论时标,并给出相互转换关系;重点阐述针对我国北斗系统的时间频率体系研究、体制设计、工程应用等关键问题,特别对时间频率与卫星导航系统地面、卫星、用户等各部分之间的密切关系进行了较深入的理论分析。

卫星导航系统本质上是一种高精度的时间频率测量系统,通过对时间信号的测量实现精密测距,进而实现高精度的定位、导航和授时服务。《卫星导航精密时间传递系统及应用》以卫星导航系统中的时间为切入点,全面系统地阐述卫星导航系统中的高精度时间传递技术,包括卫星导航授时技术、星地时间传递技术、卫星双向时间传递技术、光纤时间频率传递技术、卫星共视时间传递技术,以及时间传递技术在多个领域中的应用案例。

空间导航信号是连接导航卫星、地面运行控制系统和用户之间的纽带,其质量的好坏直接关系到全球卫星导航系统(GNSS)的定位、测速和授时性能。《GNSS 空间信号质量监测评估》从卫星导航系统地面运行控制和测试角度出发,介绍导航信号生成、空间传播、接收处理等环节的数学模型,并从时域、频域、测量域、调制域和相关域监测评估等方面,系统描述工程实现算法,分析实测数据,重点阐述低失真接收、交替采样、信号重构与监测评估等关键技术,最后对空间信号质量监测评估系统体系结构、工作原理、工作模式等进行论述,同时对空间信号质量监测评估应用实践进行总结。

北斗系统地面运行控制系统建设与维护是一项极其复杂的工程。地面运行控制系统的仿真测试与模拟训练是北斗系统建设的重要支撑。《卫星导航地面运行控制系统仿真测试与模拟训练技术》详细阐述地面运行控制系统主要业务的仿真测试理论与方法，系统分析全球主要卫星导航系统地面控制段的功能组成及特点，描述地面控制段一整套仿真测试理论和方法，包括卫星导航数学建模与仿真方法、仿真模型的有效性验证方法、虚-实结合的仿真测试方法、面向协议测试的通用接口仿真方法、复杂仿真系统的开放式体系架构设计方法等。最后分析了地面运行控制系统操作人员岗前培训对训练环境和训练设备的需求，提出利用仿真系统支持地面操作人员岗前培训的技术和具体实施方法。

卫星导航信号严重受制于地球空间电离层延迟的影响，利用该影响可实现电离层变化的精细监测，进而提升卫星导航电离层延迟修正效果。《卫星导航电离层建模与应用》结合北斗系统建设和应用需求，重点论述了北斗系统广播电离层延迟及区域增强电离层延迟改正模型、码偏差处理方法及电离层模型精化与电离层变化监测等内容，主要包括北斗全球广播电离层时延改正模型、北斗全球卫星导航差分码偏差处理方法、面向我国低纬地区的北斗区域增强电离层延迟修正模型、卫星导航全球广播电离层模型改进、卫星导航全球与区域电离层延迟精确建模、卫星导航电离层层析反演及扰动探测方法、卫星导航定位电离层时延修正的典型方法等，体系化地阐述和总结了北斗系统电离层建模的理论、方法与应用成果及特色。

卫星导航终端是卫星导航系统服务的端点，也是体现系统服务性能的重要载体，所以卫星导航终端本身必须具备良好的性能。《卫星导航终端测试系统原理与应用》详细介绍并分析卫星导航终端测试系统的分类和实现原理，包括卫星导航终端的室内测试、室外测试、抗干扰测试等系统的构成和实现方法以及我国第一个大型室外导航终端测试环境的设计技术，并详述各种测试系统的工程实践技术，形成卫星导航终端测试系统理论研究和工程应用的较完整体系。

卫星导航系统 PNT 服务的精度、完好性、连续性、可用性是系统的关键指标，而卫星导航系统必然存在卫星轨道误差、钟差以及信号大气传播误差，需要增强系统来提高服务精度和完好性等关键指标。卫星导航增强系统是有效削弱大多数系统误差的重要手段。《卫星导航增强系统原理与应用》根据国际民航组织有关全球卫星导航系统服务的标准和操作规范，详细阐述了卫星导航系统的星基增强系统、地基增强系统、空基增强系统以及差分系统和低轨移动卫星导航增强系统的原理与应用。

与卫星导航增强系统原理相似，实时动态（RTK）定位也采用差分定位原理削弱各类系统误差的影响。《GNSS 网络 RTK 技术原理与工程应用》侧重介绍网络 RTK 技术原理和工作模式。结合北斗系统发展应用，详细分析网络 RTK 定位模型和各类误差特性以及处理方法、基于基准站的大气延迟和整周模糊度估计与北斗三频模糊度快速固定算法等，论述空间相关误差区域建模原理、基准站双差模糊度转换为非差模糊度相关技术途径以及基准站双差和非差一体化定位方法，综合介绍网络 RTK 技术在测绘、精准农业、变形监测等方面的应用。

GNSS 精密单点定位（PPP）技术是在卫星导航增强原理和 RTK 原理的基础上发展起来的精密定位技术，PPP 方法一经提出即得到同行的极大关注。《GNSS 精密单点定位理论方法及其应用》是国内第一本全面系统论述 GNSS 精密单点定位理论、模型、技术方法和应用的学术专著。该书从非差观测方程出发，推导并建立 BDS/GNSS 单频、双频、三频及多频 PPP 的函数模型和随机模型，详细讨论非差观测数据预处理及各类误差处理策略、缩短 PPP 收敛时间的系列创新模型和技术，介绍 PPP 质量控制与质量评估方法、PPP 整周模糊度解算理论和方法，包括基于原始观测模型的北斗三频载波相位小数偏差的分离、估计和外推问题，以及利用连续运行参考站网增强 PPP 的概念和方法，阐述实时精密单点定位的关键技术和典型应用。

GNSS 信号到达地表产生多路径延迟，是 GNSS 导航定位的主要误差源之一，反过来可以估计地表介质特征，即 GNSS 反射测量。《GNSS 反射测量原理与应用》详细、全面地介绍全球卫星导航系统反射测量原理、方法及应用，包括 GNSS 反射信号特征、多路径反射测量、干涉模式技术、多普勒时延图、空基 GNSS 反射测量理论、海洋遥感、水文遥感、植被遥感和冰川遥感等，其中利用 BDS/GNSS 反射测量估计海平面变化、海面风场、有效波高、积雪变化、土壤湿度、冻土变化和植被生长量等内容都是作者的最新研究成果。

伪卫星定位系统是卫星导航系统的重要补充和增强手段。《GNSS 伪卫星定位系统原理与应用》首先系统总结国际上伪卫星定位系统发展的历程，进而系统描述北斗伪卫星导航系统的应用需求和相关理论方法，涵盖信号传输与多路径效应、测量误差模型等多个方面，系统描述 GNSS 伪卫星定位系统（中国伽利略测试场测试型伪卫星）、自组网伪卫星系统（Locata 伪卫星和转发式伪卫星）、GNSS 伪卫星增强系统（闭环同步伪卫星和非同步伪卫星）等体系结构、组网与高精度时间同步技术、测量与定位方法等，系统总结 GNSS 伪卫星在各个领域的成功应用案例，包括测绘、工业控制、军事导航和 GNSS 测试试验等，充分体现出 GNSS 伪卫星的“高精度、高完好性、高连续性和高可用性”的应用特性和应用趋势。

GNSS 存在易受干扰和欺骗的缺点，但若与惯性导航系统（INS）组合，则能发挥两者的优势，提高导航系统的综合性能。《高精度 GNSS/INS 组合定位及测姿技术》系统描述北斗卫星导航/惯性导航相结合的组合定位基础理论、关键技术以及工程实践，重点阐述不同方式组合定位的基本原理、误差建模、关键技术以及工程实践等，并将组合定位与高精度定位相互融合，依托移动测绘车组合定位系统进行典型设计，然后详细介绍组合定位系统的多种应用。

未来 PNT 应用需求逐渐呈现出多样化的特征，单一导航源在可用性、连续性和稳健性方面通常不能全面满足需求，多源信息融合能够实现不同导航源的优势互补，提升 PNT 服务的连续性和可靠性。《多源融合导航技术及其演进》系统分析现有主要导航手段的特点、多源融合导航终端的总体构架、多源导航信息时空基准统一方法、导航源质量评估与故障检测方法、多源融合导航场景感知技术、多源融合数据处理方法等，依托车辆的室内外无缝定位应用进行典型设计，探讨多源融合导航技术未来发展趋势，以及多源融合导航在 PNT 体系中的作用和地位等。

卫星导航系统是典型的军民两用系统，一定程度上改变了人类的生产、生活和斗争方式。《卫星导航系统典型应用》从定位服务、位置报告、导航服务、授时服务和军事应用 5 个维度系统阐述卫星导航系统的应用范例。“天上好用，地上用好”，北斗卫星导航系统只有服务于国计民生，才能产生价值。

海洋定位、导航、授时、报文通信以及搜救是北斗系统对海事应用的重要特色贡献。《北斗卫星导航系统海事应用》梳理分析国际海事组织、国际电信联盟、国际海事无线电技术委员会等相关国际组织发布的 GNSS 在海事领域应用的相关技术标准，详细阐述全球海上遇险与安全系统、船舶自动识别系统、船舶动态监控系统、船舶远程识别与跟踪系统以及海事增强系统等的工作原理及在海事导航领域的具体应用。

将卫星导航技术应用于民用航空，并满足飞行安全性对导航完好性的严格要求，其核心是卫星导航增强技术。未来的全球卫星导航系统将呈现多个星座共同运行的局面，每个星座均向民航用户提供至少 2 个频率的导航信号。双频多星座卫星导航增强技术已经成为国际民航下一代航空运输系统的核心技术。《民用航空卫星导航增强新技术与应用》系统阐述多星座卫星导航系统的运行概念、先进接收机自主完好性监测技术、双频多星座星基增强技术、双频多星座地基增强技术和实时精密定位技术等的原理和方法，介绍双频多星座卫星导航系统在民航领域应用的关键技术、算法实现和应用实施等。

本丛书全面反映了我国北斗系统建设工程的主要成就，包括导航定位原理，工程实现技术，卫星平台和各类载荷技术，信号传输与处理理论及技术，用户定位、导航、授时处理技术等。各分册：虽有侧重，但又相互衔接；虽自成体系，又避免大量重复。整套丛书力求理论严密、方法实用，工程建设内容力求系统，应用领域力求全面，适合从事卫星导航工程建设、科研与教学人员学习参考，同时也为从事北斗系统应用研究和开发的广大科技人员提供技术借鉴，从而为建成更加完善的北斗综合 PNT 体系做出贡献。

最后，让我们从中国科技发展史的角度，来评价编撰和出版本丛书的深远意义，那就是：将中国卫星导航事业发展的重要的里程碑式的阶段永远地铭刻在历史的丰碑上！

杨元喜

2020 年 8 月

前 言

北斗卫星导航系统(BDS)是当今世界包括美国的全球定位系统(GPS)、俄罗斯的全球卫星导航系统(GLONASS)和欧盟的 Galileo 系统在内的四大导航系统之一。卫星导航系统可发送高精度、全天时、全天候的导航、定位和授时信息,是当今国民经济和国防建设不可或缺的重要空间基础设施。

我国北斗卫星导航系统按照“先区域、后全球,先有源、后无源”的总体思路分步实施,形成了突出区域、面向全球、富有特色的北斗系统发展道路。北斗一号系统于 1994 年启动建设,2003 年建成。北斗二号系统于 2004 年 8 月启动建设,2012 年 12 月建成。北斗二号系统在兼容北斗一号系统卫星无线电测定业务(RDSS)服务的基础上,向我国及周边地区提供无源导航定位服务。当前,我国已经完成北斗三号系统建设,该系统由 30 颗混合轨道卫星和地面系统组成,24 颗中圆地球轨道(MEO)卫星采用 Walker 24/3/1 星座构型,另有 3 颗地球静止轨道(GEO)卫星、3 颗倾斜地球同步轨道(IGSO)卫星。2020 年 7 月 31 日,北斗三号系统正式开通服务。

北斗导航卫星工程是我国第一个大型组网卫星系统,与以往航天型号研制任务相比,导航卫星具有可靠性可用性要求高、确保产品一致性难、卫星组网发射风险大等典型特点。北斗导航卫星也是我国第一个批量研制的航天器项目,与单一航天器研制相比,导航卫星批量研制具有多星兼容设计、多星并行研制及系统状态复杂、更改影响大、验证交叉重叠等特点。北斗导航卫星工程的这些特点,对型号研制提出了极大挑战。

高可靠性对导航卫星具有极其重要的意义。这一方面体现在单星的设计和工艺缺陷带来的风险成倍增加,单星的故障将导致其他所有导航卫星的更改并可能延迟发射,这对组网是不可接受的风险。另一方面体现在导航卫星系统在轨运行中,哪怕仅持续几分钟的故障也可能导致导航性能下降甚至服务中断,因此相对于其他航天器又提出了“可用性”“连续性”要求,在长寿命基础上强调长期连续可用。有鉴于此,在北斗导航卫星工程中,研制团队依据可靠性工程的基本方法,密切结合导航卫星的特点,策划、开展了一系列可靠性工作,创立了北斗导航卫星可靠性、可用性评价指标体系,扩展了航天器可靠性工作项目及内涵,提出并实施了一套有效的可靠性、可用性设计保证方法,实现了我国区域导航系统组网成功、连续稳定运行的目标。这套指标体系及方法在北斗三号空间段设计实施中进一步得到了验证和完善。

近几十年来,国内外关于可靠性方面的研究迅速发展,从可靠性数学、失效物理到可靠性试验等各个领域,新的技术与方法不断涌现,也有大量的理论方法书籍出版。但是,以工程型号为基础的有关可靠性工程实操方法与实施的参考书则几乎没有。如何应用可靠性的基本理论和方法,结合型号特点有效开展工作,确保“快、好、省”地满足长寿命高可靠的要求,是每个航天器项目都必然面对的关键问题。由于卫星可靠性指标难以在地面进行高置信度的定量验证,通常是通过可靠性设计、分析等定性的手段确保卫星可靠性满足要求,这对卫星的可靠性工程实施提出很大挑战。本书给出了可靠性理论方法在卫星工程实际应用的有效途径和经验做法,以期促进我国航天器可靠性工程的发展并为相关领域产品的可靠性工作提供借鉴。

本书涵盖了北斗导航卫星可靠性、可用性要求,可靠性管理,可靠性、可用性设计,可靠性、可用性分析,可靠性过程控制,可靠性试验与验证等从项目立项到卫星出厂整个研制过程的各个方面。本书从广义可靠性角度,结合北斗导航卫星工程实际,纳入了可用性有关工作。同时,本书考虑导航星座特点,纳入了星座层面的可靠性、可用性指标及分析工作。

本书主要由杨慧、赵海涛撰写。参加本书撰写的还有李海生(2.1 节、5.4 节),熊笑(3.2 节、4.3.3 节、6.1 节、7.3 节),郑玉展(4.3.1 节、4.3.2 节),朱剑涛(6.3 节、9.3 节),呼延奇(6.5 节),刘震(6.7 节),许皓(7.4 节、7.5 节),董方成、张孝功(10.4 ~ 10.7 节)。

感谢北京空间飞行器总体设计部、中国航天标准化与产品保证研究院、国防工业出版社等单位在本书编写和出版过程中给予的大力支持。感谢杨元喜院士对本书的指导。感谢谢军研究员、遇今研究员、谷岩研究员、刘志全研究员对本书提出的宝贵意见与建议。书中引用了北斗导航卫星工程中的一些实例,在此向有关设计师表示感谢。

本书内容难免有疏漏或不当之处,恳请相关领域的专家、学者,以及广大读者批评指正。

作者

2020 年 8 月

目录

第1章 绪 论

1.1 航天器可靠性工程

可靠性工程是为了达到产品规定的可靠性要求所进行的一系列技术与管理活动。可靠性工程通过研究产品故障的发生、发展及其预防的规律，通过设计、分析、试验等手段，防止、控制故障的发生与发展，提高产品的固有可靠性水平，以保证产品任务一次成功，降低寿命周期费用。可靠性工程是航天器全系统全寿命周期管理工作的一个重要组成部分，它包括可靠性要求的确定、可靠性设计与分析、可靠性试验、可靠性管理等各方面工作，贯穿型号的可行性论证阶段、方案设计阶段、工程研制阶段和在轨运行阶段，应用于航天器系统、分系统、设备、元器件与零部件等各个产品层次，以及电子、机电、光电、机构、结构、软件等各种类型的产品。

航天器可靠性工程的基本实施途径是：

(1) 根据确定的可靠性工作项目及其内容，运用可靠性设计、分析、试验等技术和方法，确保产品满足合同或任务书规定的可靠性定性和定量要求。

(2) 与功能/性能、安全性、维修性、测试性、环境适应性等要求综合权衡。

(3) 鉴别并控制技术风险，将风险消除或降低至可接受的程度，达到最佳的费用效益。

(4) 将可靠性工作计划统一纳入系统、分系统或设备的研制计划，同时保证必要的资源(人、财、物等)、确定相应的进度要求及管理措施。

(5) 分析、确定可靠性关键项目，并进行有效控制。

(6) 制定并依据可靠性设计准则进行可靠性设计。

(7) 通过故障模式及影响分析(FMEA)、故障树分析(FTA)、最坏情况电路分析(WCCA)等可靠性分析和可靠性研制/增长试验发现产品设计和制造中的薄弱环节并改进。

(8) 严格控制产品的生产、测试、检验、试验、筛选等过程和工艺、元器件、材料应用，避免降低设计的固有可靠性。

(9) 通过分析、验证和评审对系统及其组成部分的可靠性进行评价。

在型号可靠性工作中，通常通过规定与执行一系列的可靠性工作项目来实现可靠性工程的目标。根据可靠性工作项目的性质和类型，航天器可靠性工程的基本内容可以分为五大类。

1）可靠性设计

可靠性设计是以满足用户的可靠性要求为目标，在产品工程设计中系统考虑各类影响产品可靠性的因素，对产品方案进行针对性的设计、分析和评价，从而保证产品固有可靠性的方法。可靠性设计是工程设计的有机组成部分，是在研制的不同阶段对产品的性能、可靠性等进行综合权衡，从而得到产品在一定约束条件下的最优设计。

根据国内外开展可靠性设计工作的经验，结合航天器产品的实际情况，可靠性设计主要包括以下工作项目：

（1）可靠性指标论证与分配；

（2）冗余设计；

（3）抗力学环境设计；

（4）空间环境防护设计；

（5）热设计；

（6）降额设计；

（7）电磁兼容性（EMC）设计；

（8）裕度设计等。

2）可靠性分析

可靠性分析是通过工程分析、故障机理分析、数学仿真分析等方法，分析、识别产品可靠性薄弱环节，或者查找故障原因，摸清故障的内在物理、化学变化规律，从而采取相应的对策。可靠性分析与可靠性设计密切相关，两者迭代进行。可靠性分析的具体方法包括：

（1）FMEA；

（2）FTA；

（3）潜在电路分析（SCA）；

（4）WCCA；

（5）失效物理分析；

（6）可靠性建模与预计等。

3）生产过程可靠性控制

设计赋予产品的可靠性水平需要通过生产过程的控制，确保固有可靠性不降低。生产过程可靠性控制的基本内容包括：

（1）工艺可靠性控制；

（2）可靠性关键项目过程控制；

（3）应力筛选（包括热循环、老炼、磨合等）。

4）可靠性试验

可靠性设计是否有效需要通过试验进行检验。航天器的可靠性试验一般包括：

（1）可靠性研制试验（RDT）：用于验证产品的设计方案和工艺方案，通过试验、分析和改进（TAAF）的过程不断完善和优化产品，以提高产品的固有可靠性。

（2）环境应力筛选（ESS）：通过对产品施加规定的环境应力，发现和剔除产品制造过程中引入的质量缺陷，排除早期失效，提高产品的使用可靠性。

（3）寿命试验：通常采用加速试验的方法验证产品寿命是否满足要求。

5）可靠性管理

可靠性管理是对产品的全寿命过程、各项可靠性技术工作、全体研制单位和人员进行规划、组织、协调、监控等的一系列活动，以实现预定的可靠性目标。可靠性管理通常包括制订可靠性工作计划、可靠性评审、对供方可靠性工作的监控等。

航天器全寿命周期一般分为可行性论证、方案设计、初样研制、正样研制、在轨运行五个阶段，与此相对应，航天器可靠性工作的流程如图 1.1 所示。

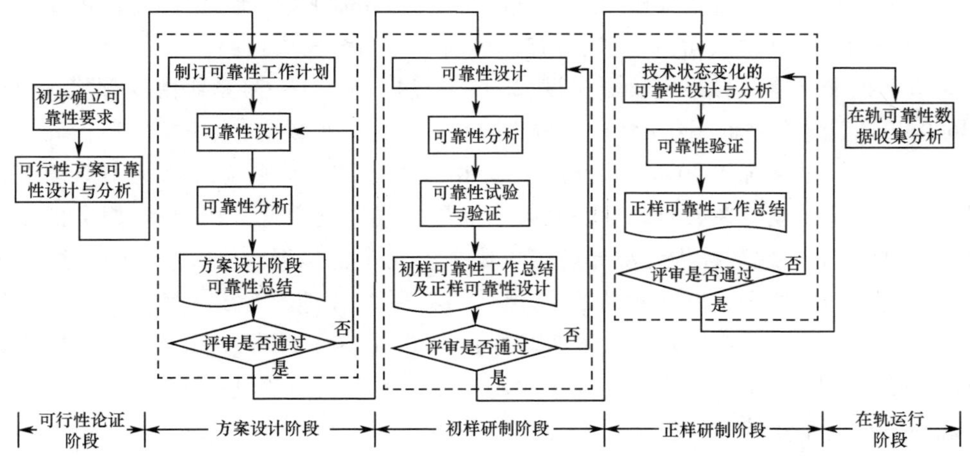

图 1.1　航天器可靠性工作流程

与地面产品相比，航天器通常具有长寿命、高可靠、小子样、在轨不可修等显著特点，从发射至寿命终止将经历复杂、严酷的环境条件，包括发射过程中恶劣的过载、振动、噪声和冲击环境，入轨后的高真空、强辐射、微重力、超低温和高温冷热交变的空间环境等。因此，航天器的可靠性工作有很多显著特点，例如：

（1）强调可靠性设计及设计正确性、有效性验证，很少进行可靠性评估或进行可靠性统计试验验证；

（2）针对各种空间环境开展防护设计，特别关注单粒子效应防护设计和抗电离总剂量（TID）设计；

（3）ESS 通常和验收级环境试验合并进行；

（4）开展高可靠设计，例如元器件的使用需满足Ⅰ级降额要求、需选用宇航级元器件等。

1.2 北斗导航卫星工程

1.2.1 北斗卫星导航系统

北斗卫星导航系统(BDS)是当今世界包括美国的全球定位系统(GPS)、俄罗斯的全球卫星导航系统(GLONASS)和欧盟的 Galileo 系统在内的四大导航系统之一。卫星导航系统可发送高精度、全天时、全天候的导航、定位和授时信息,是当今国民经济和国防建设不可或缺的重要空间基础设施。该系统在国民经济众多领域应用非常广泛,已形成庞大的卫星导航产业;在军事领域是实现武器平台精确导航定位和制导武器远程精确打击的关键支撑,是现代高技术信息化战争的重要保障。卫星导航系统主要包括空间段和地面系统两部分。

我国北斗卫星导航系统按照“先区域、后全球,先有源、后无源”的总体思路分步实施,形成了突出区域、面向全球、富有特色的北斗系统发展道路。1994 年,国务院、中央军委批准北斗一号系统研制建设,2003 年建成。北斗一号系统由 3 颗静止轨道(36000km)卫星和地面系统组成,可为我国及周边地区提供定位、短报文通信和授时服务。北斗二号系统于 2004 年启动,2012 年 12 月建成。该系统由 14 颗混合轨道卫星和地面系统组成。在兼容北斗一号系统卫星无线电测定业务(RDSS)服务的基础上,向我国及周边地区提供无源导航定位服务。北斗三号系统于 2009 年启动,该系统由 30 颗混合轨道卫星和地面系统组成,24 颗中圆地球轨道(MEO)卫星采用 Walker 24/3/1 星座构型,另有 3 颗地球静止轨道(GEO)卫星、3 颗倾斜地球同步轨道(IGSO)卫星。2018 年,我国完成了北斗三号基本系统的建设。2020 年,我国完成了北斗三号完整系统的建设。

1.2.2 北斗导航卫星

北斗导航卫星是北斗卫星导航系统中的空间段部分,它组成一个空间星座,包括 MEO 卫星、IGSO 卫星和 GEO 卫星 3 类卫星,其基本功能是接收地面运控系统注入的导航电文,存储、处理生成导航信号,并向地面控制系统和用户发送。3 类卫星根据功能均分为有效载荷和卫星平台两个组成部分。有效载荷的基本构成包括导航分系统、天线分系统,卫星平台的基本构成包括控制分系统、推进分系统、综合电子分系统、测控分系统、供配电分系统、热控分系统、结构分系统。在北斗三号导航卫星中还配置了自主运行分系统,部分卫星增加配置了短报文通信载荷、搜救载荷等。不同建设阶段,不同类型、不同状态的导航卫星,其分系统划分及组成有所不同。以某型北斗三号导航卫星为例,其分系统组成如下:

1) 导航分系统

导航分系统完成卫星时间系统建立功能、上行注入接收与测距功能、导航信号生

成与发射功能、导航信号完好性监测功能。导航分系统由上行注入子系统、时频子系统、导航任务处理子系统、信号播发子系统组成。时频子系统用于产生并维持高精度、高可靠的卫星基准频率和基准时间。上行注入子系统完成上行注入信号的接收处理。导航任务处理子系统完成卫星时间管理、导航信息处理、导航信号生成与完好性监测。导航信号播发子系统完成导航信号的变频、放大、滤波。

2）天线分系统

天线分系统用于接收地面上行注入信号和发射载荷信号给地面用户。天线分系统的基本组成是上行注入天线和下行发射天线。

3）控制分系统

控制分系统的任务是完成卫星与运载火箭或上面级分离至工作轨道段的姿态轨道控制，克服卫星自身以及环境干扰力矩的影响，满足控制精度要求。控制分系统由控制计算机、容错控制线路、敏感器和执行机构组成。其中敏感器包括太阳敏感器、地球敏感器、陀螺组件等。

4）推进分系统

推进分系统的任务是与控制分系统配合，为整星提供相位捕获、相位保持、相位调整所需要的推力及控制力矩。推进分系统包括推力器组件、推进剂贮箱以及各种控制阀门和管路。

5）综合电子分系统

综合电子分系统与其他分系统配合，完成能源管理、热控管理、配电、遥测和遥控管理、数据总线管理、软件维护等功能。综合电子分系统由中心管理单元、综合业务单元、数据总线网络等组成。

6）测控分系统

测控分系统接收地面测控站发射的上行测控信号和向地面测控站发送星上遥测信号，并为地面测控站提供跟踪信号。测控分系统由应答机、测控固放、测控天线等组成。

7）供配电分系统

供配电分系统为整星提供所需的能源，一般由太阳电池阵、蓄电池组、电源控制器、总体电路组成。太阳电池阵在光照区为卫星负载供电，同时给蓄电池组充电；蓄电池组在发射主动段为整星供电、在转移轨道和工作轨道的地影区给卫星供电并为星上大电流脉冲负载供电。某些导航卫星将供配电分系统分解为电源分系统和总体电路分系统。

8）热控分系统

热控分系统的主要任务是通过卫星内、外热交换的控制，满足星上各分系统对热环境的要求，确保卫星全任务阶段所有设备的温度都处在要求的范围之内，并满足温度变化率、控制精度等温度指标。热控分系统由多种热控材料、部件组成，包括热控涂层、多层隔热材料组件、热管、导热填料、隔热垫片、电加热器件、温度传感器等。

9）结构分系统

结构分系统用于保持卫星的完整性，支撑星体及星上设备，承受卫星飞行过程中和地面操作时各种外力的作用。结构分系统按功能分为载荷舱、推进舱和服务舱3个舱段，由桁架结构和连接在桁架上的蜂窝夹层结构板组成。

10）自主运行分系统

自主运行分系统完成星间测距和通信，是构成北斗三号系统星间链路的主要部分。自主运行分系统主要由信号收发单元和相控阵天线组成。

1.3 北斗导航卫星可靠性工程

1.3.1 北斗导航卫星可靠性工作需求

北斗导航卫星工程是我国第一个大型组网卫星系统，承担着从单星研制向组批生产转型、从面向特定用户向面向公众用户转型的历史重任。与以往航天型号研制任务相比，北斗导航卫星工程呈现出技术指标要求高且公开透明、可靠性可用性要求高、批量并行生产、混合星座构型和密集发射等显著特点，不仅对卫星工程的管理模式、研制流程、保障条件提出了非常高的要求，也对型号可靠性工作的方法与实施提出了重大挑战。在可靠性方面，以往不太关注的卫星在轨短期故障，可能导致导航信号丢失并引发服务中断；以往单颗卫星的设计或工艺缺陷，在导航卫星批量研制下不仅故障概率增加，各类质量问题带来的后果也由于影响面更广而更加严重。因此，北斗导航卫星的可靠性工作不仅需要满足航天器研制的一般要求，也呈现出很多特殊性。

1）导航系统运行特点对可用性连续性提出了高要求

为实现卫星导航系统高精度、全天时、全天候的导航、定位和授时，导航星座必须满足严格的精度、可用性、连续性、完好性要求。其中，精度是在给定的服务区域内或在执行任务阶段，用户设备确定的位置坐标参数与真实坐标参数之差，反映了导航系统的基本性能。可用性是在一段时间内，在基于为用户提供的可靠信息的基础上，系统能够用于导航的时间占总时间的百分比。连续性是指系统在运行阶段服务持续期间维持规定性能的概率，也可以表述为在规定的时间间隔内，健康的空间信号能够持续健康工作而不出现非计划中断的概率。

确保导航信号连续不间断是导航卫星区别于其他航天器的显著任务特征。如果由于各种原因使导航系统发播的导航信号经常性中断和处于不可用状态，则系统的精度再高也没有实际意义。因此，可用性和连续性决定了卫星导航系统实际提供服务的能力。空间信号的连续性和可用性都与导航卫星的中断密切相关。为此，北斗卫星导航系统在我国航天器工程中首次提出可用性指标，对卫星的可靠性、可用性提出了非常严格的要求。与之相适应，北斗导航卫星必须在可用性设计与分析、在轨短

期故障预防和快速恢复方面开展创新性工作。

2）批量研制对产品可靠性的设计和实现提出了高要求

北斗导航卫星是我国第一个批量研制的航天器项目。所谓批量研制,本书是指在同一个工程项目中,技术状态基本相同的航天器大于等于3颗,并允许各航天器的任务剖面、使用工况有所不同。

在批量研制背景下,北斗导航卫星的可靠性设计、生产、管理均呈现出特殊性,主要体现在:

(1) 由于设计缺陷的危害范围更广,必须从严要求可靠性设计;由于多颗卫星的任务剖面、全寿命期工况、设备选型选厂不尽相同,可靠性设计与分析必须按最大包络原则进行;首发星和后续星可靠性分析的侧重点不同,数据源不同,技术状态也可能不同;批产自身特点及大系统约束也影响可靠性设计的最终状态,例如元器件的选择必须考虑批产可获得性、信息流设计需要考虑星间链路等。这些特点决定了北斗导航卫星批量研制在可靠性设计分析方面存在特殊性。

(2) 由于工艺缺陷的危害范围更广,必须从严要求工艺鉴定与过程控制,即便是相同设计与工艺,不同卫星个体的实现过程也必然存在细节上的不同和波动;过程控制和验证工作必须与卫星并行研制、组批测试的研制流程相匹配,同时覆盖所有使用状态;批量研制带来测试数据、试验数据、在轨飞行数据的成倍增加,为开展数据一致性比对、趋势分析和可靠性验证提供了良好条件等。这些特点决定了北斗导航卫星批量研制在可靠性过程控制与验证方面存在特殊性。

(3) 多星批量研制带来的管理模式、研制流程、保障条件的重要变化直接影响到导航卫星可靠性的组织形式、计划安排和各管理要素的实施;多家分工定点、外协单位增多、外协产品批量增加导致可靠性管理难度加大;研制过程中的质量问题牵涉面广、处理难度大等。这些特点决定了北斗导航卫星批量研制在可靠性管理上的特殊性。

3）多星组网运行对发射成功率和长期运维提出了高要求

北斗导航卫星研制多星并举、多批混合,星座组网要求卫星产品在批产模式下实现高度一致性。按照星座组网和运行指标要求,必须在规定时间内完成一定数量卫星的发射入轨,对密集发射和“窄窗口”准时发射条件下的故障处置、一箭多星发射成功率等提出了更高要求。

北斗卫星导航系统作为国家重大信息基础设施,面向广大军民用户长期提供服务,透明度高,影响面广。卫星星座规模大、覆盖面积大、运控模式复杂,对星地一体化组网运行维护也提出很大挑战。

1.3.2 北斗导航卫星可靠性工作内容

在可靠性工程的发展过程中,陆续提出并发展了维修性、测试性、可用性等概念。维修性是产品具有的一种便于维修、快速维修和经济维修的能力。测试性是产品能及时、准确地确定其状态(可工作、不可工作或性能下降)并隔离其内部故障的一种设计特性。可用性描述了系统在任一时刻投入使用的能力,是产品的可靠性、维修性、测试性水平和保障资源的综合反映。由于维修性、测试性等概念是在可靠性工程中发展起来的,因此广义的可靠性概念中包含维修性、测试性。

根据1.3.1节的分析,北斗导航卫星最为突出的特点是高可靠性和高可用性。在北斗导航卫星可靠性工程中,应用了广义可靠性的概念,出于管理方便和技术上的密切关联性,将可用性工作纳入可靠性工作体系,具体包括可用性指标、可用性设计及可用性分析等。在北斗导航星座层面,提出星座服务可靠性,并从可用性、连续性等方面分解为导航卫星的在轨工作可靠度、平均短期非计划中断间隔时间、平均短期非计划中断恢复时间等指标。与大多数航天器项目的可靠性工作相比,北斗导航卫星的可靠性工作范围更广。

当前,北斗导航卫星批量研制已有50余颗,卫星系统在多年工程研制中积累了相当多的可靠性实施经验。依据航天器研制规范并针对导航卫星的显著特点,北斗导航卫星可靠性工程的主要内容包括:

(1) 面向星座性能和服务可靠性要求,深入进行大系统和各系统的可靠性可用性指标论证,建立仿真模型并分析验证;

(2) 进行全面、详细、重点突出的可靠性工作策划并组织落实;

(3) 面向高可用性连续性要求,不断深化可用性设计与验证,开展可用性定性与定量分析;

(4) 面向长寿命高可靠要求,深入开展可靠性设计与验证,并从多角度开展可靠性分析,将分析融入设计过程,保证固有可靠性;

(5) 面向组批生产、测试和组网发射要求,开展过程控制中的可靠性保证,强化关键项目控制和工艺过程的量化控制;

(6) 针对新研的任务关键设备开展可靠性专项试验和/或寿命试验;

(7) 完善星座运行状态下的技术支持手段,实现智能运维,实时采集飞行数据并分析,支持各级产品的可靠性改进与增长。

1.4 本书的范围与内容安排

本书以北斗导航卫星为对象,总结北斗导航卫星可靠性工程经验,从可靠性要求、可靠性建模、可靠性设计与分析、批产可靠性保证、可靠性试验与验证、可靠性管理等方面系统阐述了导航卫星可靠性工作中应用的理论方法,以及可用性设计与分析方法,介绍了工程实施情况、实施经验或给出了工程示例,对导航卫星可靠性工作的特殊性及针对性开展的工作进行了较为详细的说明。如前所述,导航卫星可用性工作纳入可靠性工作体系,本书也包含了可用性方面的工作内容。

实现卫星导航服务高可用的核心是导航卫星单星高可靠、高可用,但卫星导航服

务的实现需要通过导航星座完成,导航服务的可用性既有对卫星导航星座的要求,也有对导航卫星单星的要求。导航卫星工程中,需要从星座层面分解可靠性、可用性指标,进行可用性建模和分析,支持可靠性、可用性指标论证和星座方案优化。因此,本书定位于北斗导航卫星可靠性工程,但也包含了导航星座层面的可用性技术内容。

本书的整体框架和内容安排既考虑可靠性工程活动的分类,又与导航卫星的研制流程相呼应。本书共分 10 章,整体框架如图 1.2 所示。

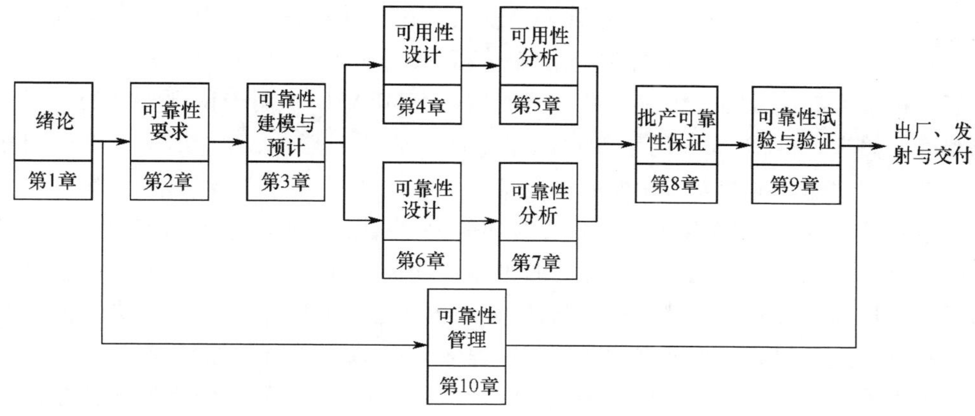

图 1.2　本书整体框架

各章主要内容如下:

第 1 章,绪论。本章简要阐述了可靠性工程的基本概念和北斗导航卫星工程的基本情况,分析了导航卫星可靠性工程的特点,明确了本书的范围。

第 2 章,可靠性要求。本章首先介绍了星座服务可靠性的概念及其指标分解,然后从定量和定性两方面,分别阐述了导航卫星的可靠性指标体系和可靠性定性要求。最后面向分系统和设备,说明了卫星系统级可靠性指标分解的思路、分配的方法,以及在实际工作中,可靠性作为技术要求的一部分如何论证形成产品技术要求的过程。

第 3 章,可靠性建模与预计。本章面向可靠性定量要求的分析,介绍了导航卫星相关的静态可靠性模型和动态可靠性模型,阐述了系统可靠性建模的流程和导航卫星可靠性建模的过程,介绍了导航卫星可靠性预计的基本方法和示例。

第 4 章,可用性设计。本章针对导航卫星及星座高可用性要求,首先提出了可用性设计的 4 类要素,然后介绍了星座构型冗余设计方法、星座构型保持设计方法及工程示例,阐述了单粒子软错误防护设计、软件健壮性设计和在轨计划性维护设计等单星在轨工作连续性设计方法,以及单轨位卫星快速接替设计、轨控快速恢复设计、故障恢复策略设计等中断快速恢复设计方法。

第 5 章,可用性分析。本章首先从可用性薄弱环节分析的角度介绍了中断影响分析方法,阐述了导航卫星中断影响分析的实施情况,介绍了如何通过定量分析中断影响来识别关键软故障、软错误的过程。然后从可用性指标定量分析的角度,阐述了整星中断指标的计算方法和系统级可用性分析的过程。最后介绍了星座可用性分析的流程、方法和示例。

第6章,可靠性设计。本章介绍了导航卫星重点开展的可靠性设计工作,包括冗余设计、降额设计、抗力学环境设计、热设计、EMC设计、空间环境防护设计、供配电可靠性设计等。对每一项设计要素,通常是先阐述基本设计方法或设计要求,然后介绍导航卫星的实施情况。

第7章,可靠性分析。本章介绍了导航卫星在设计过程中应用的可靠性分析方法和开展的具体分析工作,包括任务剖面分析、设计FMEA、FTA、WCCA、SCA。任务剖面分析是可靠性及相关关键特性分析的基础,FMEA、FTA用于识别潜在的薄弱环节和确定关键项目,WCCA用于发现电路设计中的薄弱环节,SCA用于识别引起非设计期望的功能或抑制期望功能的潜在状态。

第8章,批产可靠性保证。本章针对导航卫星批量研制特点和批产过程,介绍了导航卫星生产过程中重点关注和开展的可靠性相关工作,包括以消除或控制整星技术风险为目的的可靠性关键项目控制,以识别批产过程薄弱环节、保证工艺一致性和过程稳定性为目的的工艺可靠性保证和过程FMEA,以静电防护控制、污染控制和强制检验为重点的整星总装、集成、测试(AIT)过程控制,通过数据分析发现产品薄弱环节和隐患的测试数据一致性比对,针对组网发射和长期运行风险的备份星需求论证和备件保障,适应组批生产任务的贮存可靠性保证。

第9章,可靠性试验与验证。本章针对导航卫星新研关键设备多、寿命要求高的特点,重点介绍了RDT、寿命试验的基本方法和导航卫星的实施示例。本章也介绍了导航卫星ESS和可靠性验证的实施方法。

第10章,可靠性管理。可靠性管理贯穿于导航卫星研制的全过程。本章首先概述了可靠性管理的基本方法、工作内容,然后介绍了导航卫星在可靠性工作计划、可靠性评审、外协产品可靠性管理、质量问题及归零管理、可靠性信息管理等方面的实施情况,最后介绍了导航卫星可靠性专项的实施情况。

第2章 可靠性要求

导航卫星开展可靠性工作的首要任务是明确可靠性要求,以此作为可靠性设计、分析、试验和验证的依据。可靠性要求可以分为定性要求和定量要求。定性要求是为了获得可靠的产品,针对产品设计和使用提出的非量化要求。定量要求规定了产品的可靠性参数、指标和验证方法,以便在设计、生产、使用过程中用量化方法评价或验证产品的可靠性水平。

面向导航星座强调服务连续可用的特点及长期运行可维护可补网的特征,针对导航星座提出了服务可靠性的概念,其内涵包含了可用性、连续性和完好性。为便于卫星产品研制,可用性、连续性、完好性需分解或转化成卫星的可靠性指标要求,这既包含了航天器通用的可靠度、工作寿命指标,也包含导航卫星特有的平均中断间隔时间、平均中断恢复时间等指标。在卫星系统级可靠性指标基础上,需进一步分配、分解得到分系统、设备的可靠性指标。

2.1 导航星座服务可靠性要求

2.1.1 服务可靠性的概念

2.1.1.1 概述

导航星座服务性能指标主要包括服务精度和服务可靠性。服务精度包括定位精度、授时精度和测速精度,指在给定的服务区域内或在执行飞行任务阶段,用户设备确定的位置坐标参数与真实坐标参数之差。服务精度是最基本的性能指标,也是服务可靠性的基础和约束条件。服务可靠性包括服务可用性、连续性、完好性,是衡量系统提供连续、稳定、可靠服务能力的重要指标。此处的可靠性是广义的可靠性概念。服务可靠性不仅与星座构型和冗余、单星可靠性和故障检测恢复能力有关,也受地面导航业务运行控制和卫星运行管理能力的影响。要建成一流的卫星导航系统,提供一流的系统服务,卫星系统和地面系统除了满足常规的功能、性能指标要求外,还必须满足服务可靠性提出的相关要求。

服务可用性是用户关注的焦点。目前,对于服务可用性尚无统一定义。Galileo系统定义服务可用性为在整个设计寿命期间、服务范围内任一点上服务满足规定的“精度、完好性和连续性”的时间的平均百分比。国际民航组织(ICAO)对服务可用性的定义为:在一段时间内,在基于为用户提供的可靠信息的基础上,系统能够用于导航的时间占总时间的百分比。这里对所谓的“可靠信息”有不同理解,ICAO 要求只要符合精度和完好性要求即为可靠信息,无须满足连续性要求,而美国联邦航空管理局(FAA)则规定必须同时满足精度、完好性和连续性要求,才能作为可靠信息。

连续性和完好性是导航星座的特殊属性,与系统的生命安全应用密切相关。连续性是指在规定的时间间隔内,健康的空间信号能够持续健康工作而不出现非计划中断的概率,也就是在这段时间内“连续可用”的能力的描述。完好性是对整个系统所提供信息正确性的信任程度的度量,涵盖了当空间信号无法应用时,空间信号能够及时向接收机发出告警信息的能力。完好性常用“完好性风险(IR)”描述,IR 是指发生某种错误的概率,该错误能导致计算位置误差超过告警门限(AL),并且没能在规定的告警时间(TTA)内通知用户。

导航星座可用性、连续性、完好性之间的关系如下:

(1) 对应精度和完好性指标要求,可用性可分为精度可用性和完好可用性。精度可用性是以精度指标作为判定阈值时的可用性,完好可用性是以完好性指标作为判定阈值时的可用性。

(2) 空间信号的连续性和可用性都与卫星的中断有关。卫星的中断包括计划中断和非计划中断。所有的中断均会影响可用性,连续性只与非计划中断相关,包括非计划的故障和非计划维修。在规定时间下提前告知的中断,如卫星机动、在轨维护等,会导致卫星不可用,但不会引起连续性风险。

(3) 服务连续性主要是指一定时间内定位服务不发生中断的概率。用户的完好性要求越高,AL 和 IR 要求苛刻,则引起告警的概率就越大,连续性风险就越大。

(4) 空间信号的完好性与连续性均与告警相关,两者互相联系与制约。当卫星在规定的 TTA 内发出告警指示时,表明该卫星不可用,但不会引起完好性和连续性损失。但如果卫星没有在 TTA 内发出告警,则会导致完好性和连续性损失。

2.1.1.2 服务可用性

本书将导航星座的服务可用性定义为在一段时间内星座系统提供的卫星无线电导航业务(RNSS)服务满足规定服务性能指标要求的时间百分比,这个百分比也称为可用度。

不同用户位置、不同观测时间,其可视卫星的几何结构和观测误差不同,则服务可用性也不同。某一位置某一时间点是否可用称为瞬时可用性,同一位置不同时间点是否可用的统计称为单点可用性,某一服务区不同单点可用性的统计称为服务区可用性。以星座运行周期为观测时段,对采样时间点上的瞬时可用性进行统计计算,可得到单点可用性。在服务区范围内按一定的经纬度间隔划分出网格,对所有网格的单点可用性结果进行统计计算,可得到服务区可用性。通常服务可用性特指精度可用性。这里的精度指标要求指的是定位可用性精度限值。

定位可用性精度限值与用户等效距离误差(UERE)和精度衰减因子(DOP)相关。当固定 UERE 且假设所有卫星的 UERE 值相同时,该精度限值由 DOP 限值决

定。DOP 限值采用某种假设极限状态下的 DOP 值。

例如,GPS 星座的定位服务可用性指标如表 2.1 所列。

表 2.1 GPS 星座定位服务可用性指标[1]

定位服务可用性指标	条件和约束
① 测站的平面定位服务的平均可用度≥99%; ② 测站的垂直定位服务的平均可用度≥99%	① 平面定位置信度为95%的限差为17m(仅适用于空间信号); ② 垂直定位置信度为95%的限差为37m(仅适用于空间信号); ③ 正常用户条件下,在任意24h间隔内的定位与授时
① 最差测站的平面定位服务可用度≥90%; ② 最差测站的垂直定位服务可用度≥90%	① 平面定位置信度为95%的限差为17m(仅适用于空间信号); ② 垂直定位置信度为95%的限差为37m(仅适用于空间信号); ③ 正常用户条件下,在任意24h间隔内的定位与授时

2.1.1.3 服务连续性

本书将导航星座的服务连续性定义为在一段时间内,初始时刻满足精度与完好性指标要求的条件下,在该段时间内持续满足定位精度和完好性指标要求的概率。相应地,不满足定位精度和完好性指标要求的概率称为连续性风险。对应精度和完好性要求,服务连续性又分为定位连续性和完好连续性。通常服务连续性特指完好连续性,即在特定时间段内定位误差小于定位误差保护级的概率。

例如,Galileo 系统的连续性风险指标如表 2.2 所列。

表 2.2 Galileo 系统不同类型服务的连续性风险指标

服务类型	生命安全服务		公共管制服务
	关键应用	非关键应用	
精度(15%)	4m(HAL),8m(VAL)	220m(HAL)	6.5m(HAL),12m(VAL)
连续性风险	$10^{-5}/(15s)$	$10^{-4} \sim 10^{-8}/h$	$10^{-5}/(15s)$
注:HAL—水平告警门限;VAL—垂直告警门限			

2.1.1.4 服务完好性

本书将导航星座的服务完好性定义为对系统提供的信息的正确性的信任程度,表现为系统在提供的定位服务超过允许限值时及时向用户发出告警的能力。

服务完好性通常用 AL、TTA、IR 3 个参数进行描述。

(1) AL:系统通过判断导航误差是否超过规定的某一限值进行告警,这一限值即为 AL。AL 又分为水平告警门限(HAL)和垂直告警门限(VAL)。

(2) TTA:用户的定位误差超过 AL 的时刻到用户接收到告警信息时刻之间的时间差。

(3) IR:系统应向用户发出告警信号但未发出,从而造成用户损失的概率,即定位误差大于 AL(HAL 和 VAL)而未被检测到的概率。

例如,Galileo 系统的完好性指标如表 2.3 所列。

表 2.3 Galileo 系统不同类型服务的完好性指标

<table>
<tr><td colspan="2" rowspan="2">服务类型</td><td colspan="2">生命安全服务</td><td rowspan="2">公共管制服务</td></tr>
<tr><td>关键应用</td><td>非关键应用</td></tr>
<tr><td colspan="2">精度(15%)</td><td>4m(HAL),8m(VAL)</td><td>220m(HAL)</td><td>6.5m(HAL),12m(VAL)</td></tr>
<tr><td rowspan="3">完好性指标</td><td>AL</td><td>12m(HAL),20m(VAL)</td><td>556m(HAL)</td><td>20m(HAL),35m(VAL)</td></tr>
<tr><td>TTA</td><td>6s</td><td>10s</td><td>10s</td></tr>
<tr><td>IR</td><td>$3.5\times10^{-7}/(150s)$</td><td>$10^{-7}/h$</td><td>$3.5\times10^{-7}/(150s)$</td></tr>
</table>

通常通过判断水平和垂直方向定位误差是否大于水平保护级(HPL)和垂直保护级(VPL)来分析判断服务完好性是否满足系统要求。定位误差保护级是通过给定的IR和AL反算得到的定位误差。

2.1.1.5 中断分类

中断是指系统无法执行期望功能的状态[2],如导航卫星不能播发导航信号、导航信号质量超限等。导航卫星的主要任务是生成、处理与播发用户需要的导航信号,导航卫星的中断可以定义为导航卫星不能提供有效导航信号的状态。卫星导航系统的中断可能由可恢复的或不可恢复的故障引起,也可能由卫星在轨位置保持、退役后补发卫星等计划性事件引起。因此,中断和故障密切相关,但不同于故障。

中断是造成卫星导航系统可用性、连续性损失的直接原因。根据中断的原因不同,可以将中断分为4类,即长期/永久性非计划中断、长期计划中断、短期非计划中断和短期计划中断[1]。

(1) 长期/永久性非计划中断由卫星永久性故障引起。

(2) 长期计划中断由卫星达到规定工作寿命引起。

(3) 短期非计划中断由空间单粒子事件、软件运行错误、设备故障等引起。

(4) 短期计划中断由相位保持等计划的维护操作引起。

对于具体的一颗卫星,只可能发生一次长期中断,因此,长期/永久性非计划中断和长期计划中断在可用性分析中通常合并考虑。

2.1.2 服务可靠性的分解

2.1.2.1 分解思路

服务可靠性要求主要与空间段和地面系统相关,在星座构型、星座性能、空间环境、星座备份策略和用户使用约束等基础条件下,可分解为对信号可用性、连续性、完好性以及星座维持能力的要求。信号可用性、连续性、完好性指标又可进一步分解为对短期计划中断、短期非计划中断、长期中断的要求。服务可靠性指标的分解思路如图2.1所示,主要包括以下步骤:

(1) 服务层指标分解为信号层指标。依据服务可用性、连续性、完好性指标要求,通过星座仿真模型和贝叶斯网络模型等,将服务层可用性、连续性、完好性指标分

解为对信号可用性、连续性、完好性的要求。

(2) 信号层指标分解为各类中断指标。将信号可用性、连续性、完好性指标，分解为短期计划中断、短期非计划中断和长期中断3类中断指标。信号可用性与3类中断均相关，可通过马尔可夫过程将信号可用性分解为3类中断的平均间隔时间和平均恢复时间。信号连续性仅与非计划中断有关，对短期非计划中断间隔时间和长期硬失效提出约束条件。信号完好性与软错误引起的短期非计划中断相关。

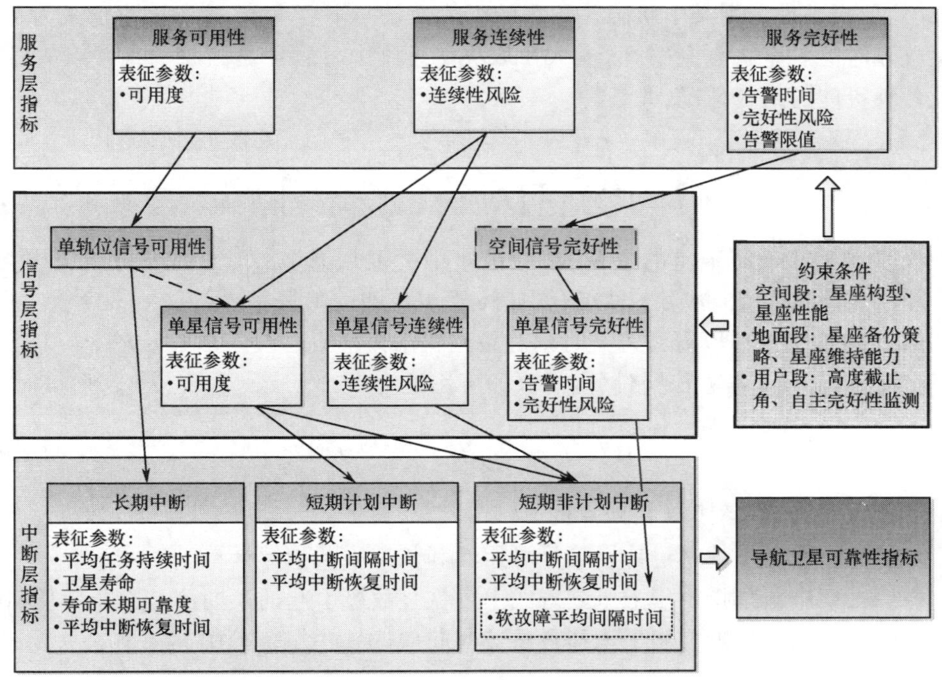

图2.1　服务可靠性指标分解思路(见彩图)

2.1.2.2　服务可用性分解

1) 对单轨位信号可用性的要求

服务可用性通过星座值(CV)和星座状态概率进行综合计算。

CV是星座的固有特性，指某种星座状态下满足规定性能要求(定位精度等条件)的可用性。本书中将CV具体定义为覆盖区内DOP值小于某一门限的区域占整个服务区的面积百分比在全时段上的平均值。其计算公式为

$$\mathrm{CV}=\frac{\sum_{t=t_0}^{t_0+\Delta T}\sum_{i=1}^{L}\mathrm{bool}(\mathrm{DOP}_{t,i}\leqslant\mathrm{DOP}_{\max})\times\mathrm{Area}_i}{\Delta T\times\mathrm{Area}}\times 100\% \tag{2.1}$$

式中：ΔT为总运行时间；t_0为运行初始时间；L为格网个数；$\mathrm{bool}(x)$为布尔函数；$\mathrm{DOP}_{t,i}$为t时刻第i个格网点对应的DOP值；$\mathrm{DOP}_{\max}$为满足服务可用性要求的DOP阈值；Area为服务区域总面积；Area_i为第i个网格的面积。

星座状态概率指在星座中出现一定数量卫星信号不可用的概率，由单轨位信号可用性进行计算。单轨位信号可用性指播发可跟踪、健康 RNSS 信号的卫星占据星座中单轨位的时间百分比，通过占据轨位的单星信号可用性、在轨卫星寿命终结及替换时间综合计算。

对于包含 M 颗卫星的星座，任何时间均存在($M+1$)种可能的状态。用 $S_k(k=0,1,\cdots,M)$表示星座状态，S_0表示没有卫星故障的状态，S_1表示有 1 颗卫星故障的状态，其他依次类推。则某个状态 S_k出现的可能性是一个概率值，这一概率定义为 k 颗卫星故障时的星座状态概率 P_k，其大小取决于星座中每颗卫星当时的正常或故障状态及各种可能的组合情况，并且有

$$P_k = \sum_{n=1}^{\binom{M}{k}} \left[\prod_{i=1}^{k} f_{n,i} \cdot \prod_{j=1}^{M-k} (1 - f_{n,j}) \right] \tag{2.2}$$

式中：k 为星座中故障卫星的数量；M 为星座中的卫星总数；$f_{n,i}$为第 n 种组合中第 i 颗卫星的故障概率；$f_{n,j}$为第 n 种组合中第 j 颗卫星的故障概率。

通过式(2.2)，可以得到每一时刻的星座状态概率集合$\{P_0,P_1,\cdots,P_M\}$。

在此基础上，t 时刻第 l 格网点的服务可用性为

$$A(l,t) = \sum_{k=0}^{M} P_k \cdot \mathrm{CV}(l,t) \tag{2.3}$$

式中：$\mathrm{CV}(l,t)$为 t 时刻第 l 格网点的 CV。

单轨位信号可用性通过单星信号可用性和长期中断指标计算。

(1) 长期中断是指由于卫星到寿或不可恢复故障引起的长期信号中断。长期中断平均间隔时间可以近似用平均任务持续时间(MMD)表征，MMD 的计算公式为

$$\mathrm{MMD} = \int_0^T R(t)\,\mathrm{d}t \tag{2.4}$$

式中：T 为截尾时间(h)；$R(t)$为 t 时刻的卫星在轨工作可靠度。

(2) 长期中断平均恢复时间是指替换失效卫星重新提供有效服务所需的时间。

(3) 单星信号可用性是指 RNSS 信号满足精度要求的时间百分比。单星信号可用性取决于短期计划中断和短期非计划中断的平均间隔时间和平均恢复时间(MTTR)。

以平均中断间隔时间(MTBO)和 MTTR 为输入，可得到某类中断决定的稳态可用性 $A_i(\infty)$为

$$A_i(\infty) = \frac{\mathrm{MTBO}_i}{\mathrm{MTBO}_i + \mathrm{MTTR}_i} \qquad i=1,2,3 \tag{2.5}$$

单轨位稳态可用性 $A(\infty)$为

$$A(\infty) \approx \prod_{i=1}^{3} A_i(\infty) \tag{2.6}$$

2）对短期中断的要求

单星信号可用性通过卫星短期中断的 MTBO 和 MTTR 进行计算。

短期计划中断是为了维护卫星或导航星座性能，进行维护活动而导致卫星或导航服务不可用，可做到事先规划和判断。若星座有计划中断时，地面可提前给用户发布通告，不会损失可用性和连续性。

从信号异常表现看，短期非计划中断主要由软错误和短期硬故障引起，不能事先告知广大用户。此处的软错误是指影响空间信号用户测距误差（URE）的失效或超差，恢复过程一般较快。也就是说，发生软错误时空间信号标识仍然可用，但是精度超过一定限差。

短期非计划中断的 MTBO 依据连续性要求进行分配，并需满足可用性要求。短期非计划中断的 MTTR 依据可用性要求，以 MTBO 为约束进行分配。

短期计划中断的 MTBO 以可用性要求为依据，参考同类导航卫星指标，结合北斗导航卫星在轨维持方案，进行指标分配。

执行卫星轨道保持、相位保持等操作时，要求卫星在可视弧段内，并且轨道机动后，由于精密定轨需要监测较长的观测时间才能保证结果精度，因此卫星星历恢复到轨道机动之前的精度需要一定时间周期。短期计划中断的 MTTR 在分配时需考虑这一特点，并依据可用性要求，以 MTBO 为约束进行分配。

2.1.2.3　服务连续性分解

1）对单星信号连续性的要求

服务连续性通过用户初始时刻可见一定数量卫星（假设为 v 颗）的概率以及在规定时间内有一定数量卫星（假设为 x 颗）信号中断的概率进行迭代综合计算。

初始时刻可见 v 颗卫星的概率可通过单星信号可用性进行综合计算。初始 v 颗卫星在规定时间内有 x 颗卫星信号中断的概率通过单星信号的连续性进行计算。

服务连续性 C_N 可以表示为

$$C_N = \sum_{v=m}^{N} P_v \cdot \left(\sum_{x=0}^{v} Q_{v,x} \cdot \frac{1}{\binom{v}{x}} \sum_{n=1}^{\binom{v}{x}} \text{bool}(A_n(l,t)) \right) \tag{2.7}$$

式中：N 为用户可视的总的卫星数；m 为满足连续性要求的最低卫星数；P_v 为用户可视 v 颗卫星的概率；$Q_{v,x}$ 为初始阶段 v 颗卫星可见的基础上，在规定时间内有 x 颗卫星中断的条件概率，$Q_{v,x} = \binom{v}{x} \times c^{v-x}(1-c)^x$，$c$ 为单星信号连续性；$\frac{1}{\binom{v}{x}} \sum_{n=1}^{\binom{v}{x}} \text{bool}(A_n(l,t))$ 为 v 颗卫星可见的基础上，在规定时间内有 x 颗卫星中断的平均可用性，其中 $A_n(l,t)$ 表示在 t 时刻，用户 l 位置处的服务可用性。

已知服务连续性 C_N 和其他各项指标,可得到单星信号连续性 c。

2）对短期中断的要求

单星信号连续性主要受短期非计划中断影响。根据 GPS 经验,长期硬失效对信号连续性影响不大,因此,单星信号连续性主要与短期非计划中断有关,从而可转换为对单轨位短期非计划中断间隔时间(或中断频次)的限制。由此,单星信号连续性 c 可表示为

$$c = e^{-\frac{T}{MTBO_c}} \tag{2.8}$$

式中:T 为规定连续服务的时间,通常取 1h;$MTBO_c$ 为影响单星信号连续性的短期非计划中断的平均间隔时间。

当 $T \ll MTBO_c$ 时,$c \approx 1 - \frac{T}{MTBO_c}$,则连续性风险(CR)表示为

$$CR = 1 - c \approx \frac{T}{MTBO_c} = \lambda_c T \tag{2.9}$$

式中:λ_c 为引起连续性风险的故障率。引起连续性风险的主要因素是短期非计划中断。

短期非计划中断表现为无信号、信号或数据异常两种形式,因此 λ_c 由两部分故障率构成,有

$$\lambda_c = \lambda_{软} + \lambda_{硬} \tag{2.10}$$

式中:$\lambda_{软}$ 为信号或数据异常的故障率;$\lambda_{硬}$ 为无信号的故障率。

2.1.2.4 服务完好性分解

1）对单星信号完好性的要求

服务完好性是通过接收机自主完好性监测(RAIM)和单星信号完好性共同保障的。RAIM 能力通过接收机漏警率进行描述,通常为 10^{-3}。因此,对应系统服务 IR 为 10^{-7}/h 的要求,单星信号 IR 应满足 10^{-4}/h 要求。

当真实定位误差已经超过了定位告警门限,系统却没有在告警时间之内给出报警时,即构成完好性风险。单星服务 IR 可表示为

$$P_{IR} = P_F \cdot P_{UFD} \tag{2.11}$$

式中:P_F 为单星信号的完好性故障率(单星信号 IR);P_{UFD} 为 RAIM 相关的空间信号故障的漏警率。

2）对短期非计划中断的要求

单星信号 IR 与卫星的告警能力和非计划中断频次相关。卫星的告警能力表现为卫星和地面运控系统监测到信号异常后,向用户准确播发完好性告警信息的能力,通常用漏警率描述。

信号非计划中断是未提前发布通告的情况下引起信号中断的事件。根据中断后信号是否可恢复又分为短期非计划中断(可恢复)和长期非计划中断(不可恢复)。

在进行完好性分析时，特指卫星软故障引起的短期非计划中断。

单星信号 IR 可表示为

$$P_F = \lambda_{软} \cdot P_{SCFD} \tag{2.12}$$

式中：P_{SCFD}为卫星 RAIM 或地面完好性监测相关的空间信号故障的漏警率。

结合单星信号 IR 和漏警率，可以给出单星信号软故障率指标。

2.2　导航卫星可靠性定量要求

2.2.1　卫星通用可靠性参数

传统上，系统或产品的可靠性包含两类参数——使用参数和合同参数，并分为目标值和门限值两类指标。使用参数是直接反映对系统或产品的使用需求的可靠性参数，合同参数是在合同和研制任务书中表述使用部门对系统或产品可靠性要求，并且研制单位在研制生产过程中能够控制的参数。飞机、导弹等武器装备，要经过试生产、试用阶段，进一步在现场环境下暴露设计与工艺等问题，经过改进，使产品实现可靠性增长，进入成熟期，达到目标值。但卫星产品通常要求一上天就投入实际使用并在寿命期内达到可靠性目标。因此，卫星工程中并不区分使用参数和合同参数，也不分别定义目标值和门限值。

卫星可靠性参数的选择需考虑：系统或产品的类型和复杂程度，系统或产品的使用要求，以及考核或验证方法。

卫星由许多分系统组成，为了全面描述反映系统或产品特征的可靠性要求需要采用较多的参数去描述。如一般电子系统可以用在轨工作可靠度表示，但姿态与轨道控制的推力器则用工作总次数和总时间表示，电源系统的蓄电池用给定放电深度下的充放电次数表示，太阳翼展开机构则用成功率表示。

根据 GJB 1909.4《装备可靠性维修性参数选择和指标确定要求 卫星》，卫星产品的主要可靠性参数如表 2.4 所列。

表 2.4　卫星可靠性参数选用表[3]

序号	参数名称	使用范围									
		卫星	有效载荷	服务系统							设备级
			如通信、导航等	结构	电源	热控	测控	控制	推进	返回	
1	任务可靠度	★	★	★	★	★	★	★	★	★	★
2	在轨测试交付可靠度	Δ	Δ	—	Δ	—	Δ	Δ	Δ	—	—
3	在轨工作可靠度	★	★	★	★	★	★	★	★	—	★
4	在轨工作寿命	★	★	★	★	★	★	★	★	—	★

（续）

<table>
<tr><th rowspan="3">序号</th><th rowspan="3">参数名称</th><th colspan="10">使用范围</th></tr>
<tr><th rowspan="2">卫星</th><th>有效载荷</th><th colspan="7">服务系统</th><th rowspan="2">设备级</th></tr>
<tr><th>如通信、导航等</th><th>结构</th><th>电源</th><th>热控</th><th>测控</th><th>控制</th><th>推进</th><th>返回</th></tr>
<tr><td>5</td><td>MMD</td><td>Δ</td><td>Δ</td><td>Δ</td><td>Δ</td><td>Δ</td><td>Δ</td><td>Δ</td><td>Δ</td><td>—</td><td>—</td></tr>
<tr><td>6</td><td>单点失效概率</td><td>—</td><td>Δ</td><td>Δ</td><td>Δ</td><td>Δ</td><td>Δ</td><td>Δ</td><td>Δ</td><td>Δ</td><td>Δ</td></tr>
<tr><td>7</td><td>贮存寿命</td><td>Δ</td><td>Δ</td><td>Δ</td><td>Δ</td><td>Δ</td><td>Δ</td><td>Δ</td><td>Δ</td><td>Δ</td><td>Δ</td></tr>
<tr><td>8</td><td>贮存期测试周期</td><td>Δ</td><td>Δ</td><td>Δ</td><td>Δ</td><td>Δ</td><td>Δ</td><td>Δ</td><td>Δ</td><td>Δ</td><td>Δ</td></tr>
<tr><td>9</td><td>贮存可靠度</td><td>Δ</td><td>Δ</td><td>Δ</td><td>Δ</td><td>Δ</td><td>Δ</td><td>Δ</td><td>Δ</td><td>Δ</td><td>Δ</td></tr>
<tr><td colspan="12">注：★表示优选参数；Δ表示适用参数；—表示不适用参数。下同</td></tr>
</table>

表2.4给出了6个与任务成功有关的可靠性参数和3个与贮存有关的可靠性参数，并分别说明了这些参数的类型、不同等级产品（系统、分系统、设备）适用范围，以及使用频率和重要程度（优选、适用和不适用）。

对工程中常用的可靠性参数说明如下：

（1）任务可靠度：对产品在规定的任务剖面内完成规定功能的能力的概率度量。任务可靠度一般在地面研制阶段通过可靠性预计进行验证，当积累了充分的在轨飞行数据后，也可进行统计评估验证。

（2）在轨工作寿命：卫星进入工作轨道，开始任务运行至工作结束的时间。又称为在轨服务寿命。整星在轨工作寿命通过寿命影响因素分析、组件的寿命试验等进行综合分析验证。

（3）在轨工作可靠度：对卫星在轨工作期间完成规定功能的能力的概率度量。在轨工作可靠度也是一般在地面研制阶段通过可靠性预计进行验证，当积累了充分的在轨飞行数据后，也可进行统计评估验证。

（4）MMD：综合反映卫星在轨工作可靠性和在轨工作寿命的可靠性指标，定义为卫星在发生危及任务的故障之前的平均运行时间。其计算公式见式（2.4）。

（5）贮存寿命：贮存寿命是产品在规定条件下的贮存期限。可通过历史贮存数据、相似产品贮存数据等进行分析验证，对部组件、材料、元器件等也可进行试验验证。

2.2.2 国外导航卫星可靠性参数

GPS卫星可靠性参数包括设计寿命、MMD、在轨工作可靠度、消耗性物资使用寿命。其中，消耗性物资使用寿命指如推进剂、电池寿命和太阳电池阵功率容量等消耗性的资源的最长使用期限。GPS卫星的可靠性指标如表2.5所列。

表 2.5 GPS 卫星可靠性指标

卫星	设计寿命	MMD	消耗性物资可用年限	可靠度
BLOCK Ⅱ(初期卫星)	7.5 年	6 年	10 年	0.6
BLOCK Ⅱ R(补充卫星)	7.5 年	6 年	10 年	0.6
BLOCK Ⅱ F(维持卫星)	12 年	9.9 年	—	0.6
BLOCK Ⅲ(现代化 GPS 卫星)	15 年	12 年	—	0.6

GPS 提出的可用性指标如表 2.6 所列。

表 2.6 单星/轨位可用性指标[1]

可用性参数	指标(示例)
长期硬失效或寿命末期离轨之前	
平均短期非计划中断次数	每年 2 次
短期非计划中断平均持续时间	每次 36h
平均短期计划中断次数	每年 2 次
短期计划中断平均持续时间	每次 12h
长期硬失效或寿命末期离轨	
长期硬失效或寿命末期离轨的平均时间	6 年
替换长期硬失效或寿命末期离轨卫星的平均时间	0.2 年

Galileo 卫星提出的可靠性(含可用性)参数包括可靠度、可用度、平均故障间隔时间(MTBF)、MTTR、年累计中断时间等。

2.2.3 北斗导航卫星可靠性参数

北斗导航卫星包括 MEO 卫星、IGSO 卫星和 GEO 卫星 3 类卫星。卫星分为有效载荷和平台两部分,有效载荷包括 RNSS 载荷和 RDSS 载荷,平台包括综合电子、测控、供配电、控制、推进、热控、结构等分系统。北斗导航卫星可靠性定量要求相关的特点如下。

1) 多任务

MEO 卫星、IGSO 卫星主载荷是 RNSS 与星地时间同步/上行注入载荷,GEO 卫星主载荷既有 RNSS 与星地时间同步/上行注入载荷,又有 RDSS 与数据传输/时间同步载荷。此外,部分卫星还包含国际搜救、空间环境探测等载荷。因此,北斗导航卫星在轨不仅要提供基本导航服务,部分卫星还要提供短报文通信、国际搜救等服务。相应的,卫星在轨工作可靠性需区分不同任务,提出任务可靠度。

2）强调信号可用性和连续性

卫星导航系统的服务特点决定了导航卫星对空间信号的可用性和连续性有很高要求，为满足星座服务性能指标，必须提出可用性、连续性相关的定量指标要求。

可能引起卫星信号不可用、不连续的一般因素有故障处理与恢复、单粒子翻转（SEU）、预防性维护、轨道保持、载荷正常维护、软件在轨更新等。

（1）由于卫星发生 SEU、软件出错、主备份故障切机、硬件偶发短期故障等在轨故障引起的中断归为短期非计划中断。短期非计划中断选用 MTBO（或中断频次）、MTTR 来表征。

（2）由于轨道保持等计划维护活动引起的中断归为短期计划中断。短期计划中断选用 MTBO（或中断频次）来表征。导航卫星计划性维护活动的维护时间主要取决于地面系统，不对卫星提出。

（3）卫星发生致命性故障（彻底失效）或寿命到期归为长期中断。在轨工作寿命、在轨工作可靠度等可靠性参数即是对长期中断的设计约束。在可用性分析中，MMD 表征了卫星失效或退役前的平均寿命，选用 MMD 可综合反映卫星彻底失效和到寿的影响。

3）多任务阶段

MEO 卫星、IGSO 卫星、GEO 卫星自发射至寿命终结，一般经历发射、星箭分离、变轨进入预定轨道、相位捕获、建立正常姿态、开通有效载荷、在轨测试、长期运行、离轨等多个飞行过程，并可大致分为发射入轨和长期运行两个任务阶段，每个任务阶段也应有对应的可靠性指标。

卫星第一个任务阶段（发射入轨）任务时间较短，通常是几百小时，因此，利用任务可靠度进行考核较为合适。

卫星第二个任务阶段（长期运行）任务时间长达 10 年以上，因此，引入在轨工作寿命和在轨工作可靠度进行考核比较合适。

4）可补网

导航卫星星座具有可补网的特点，即单星故障后可通过补发卫星替换的方式保持星座继续稳定运行。为确定合理的补网策略，需要准确预估卫星寿命，此时将卫星寿命分布假设为指数分布将带来较大误差，需要根据产品状态综合考虑指数分布、威布尔分布和正态分布等，并在计算 MMD 时予以关注。

GPS 卫星提出了 MMD 和消耗性物资使用年限指标。MMD 适用于对在轨连续稳定工作有较高要求的航天器及电子系统，消耗性物资使用年限适用于推进剂、电池和太阳电池阵等具有明显消耗或退化特征的物资和产品。在国内以往卫星研制中，对于推进剂、电池寿命和太阳电池阵功率均有余量和裕度设计要求，但并未给出量化考核指标。从以往经验看，卫星推进剂和能源一般均有较大余量。因此，消耗型物资使用年限可以作为可选的可靠性指标。

综上所述，确定北斗导航卫星系统级的可靠性参数如表 2.7 所列。

表 2.7 北斗导航卫星系统级可靠性参数

序号	可靠性参数	MEO 卫星	IGSO 卫星	GEO 卫星	备注
1	在轨工作寿命	★	★	★	必选,反映任务成功性
2	RNSS 任务在轨工作可靠度	★	★	★	必选,反映任务成功性
3	RDSS 任务在轨工作可靠度	—	—	★	必选,反映任务成功性
4	平均短期非计划中断间隔时间	★	★	★	必选,反映可用性
5	平均短期非计划中断恢复时间	★	★	★	必选,反映可用性
6	MMD	★	★	★	必选,反映任务成功性
7	贮存寿命	Δ	Δ	Δ	可选,反映保障费用
8	在轨可用度	★	★	★	必选,反映可用性
9	成功入轨可靠度	Δ	Δ	Δ	可选,反映任务成功性
10	消耗性物资使用寿命	Δ	Δ	Δ	可选,反映任务成功性

根据分系统设计,只有导航、转发、综合电子、测控等分系统存在软故障造成整星短期中断的可能性,因此,只有这几个分系统适用平均短期非计划中断间隔时间指标。

考虑分系统复杂度,由于天线、热控、结构等分系统由非电产品组成、较少冗余,因此,可不提 MMD 指标。由此,在卫星系统级可靠性参数基础上,确定分系统可靠性参数如表 2.8 所列。

表 2.8 北斗导航卫星分系统可靠性参数

序号	可靠性参数	导航	天线	控制	推进	测控	电源	总体电路	…	热控	备注
1	在轨工作寿命	★	★	★	★	★	★	★	…	★	必选,反映任务成功性
2	在轨工作可靠度/任务可靠度	★	★	★	★	★	★	★	…	★	必选,反映任务成功性
3	平均短期非计划中断间隔时间	★	—	Δ	—	Δ	—	—	…	—	必选,反映可用性
4	平均短期非计划中断恢复时间	★	—	Δ	—	Δ	—	—	…	—	必选,反映可用性
5	MMD	Δ	—	Δ	Δ	Δ	Δ	—	…	—	可选,反映任务成功性

设备可靠性参数以系统和分系统可靠性参数为输入,并针对设备特点,结合通用可靠性参数确定。

导航卫星星上产品类型包括电子电工组件、微波组件、机械活动部件、成败型部件、蓄电池组、机电组件、光电组件、推进组件、热学组件、太阳电池阵、结构组件等。

根据表2.4,可选择在轨工作寿命、在轨工作可靠度/任务可靠度和贮存寿命为设备的可靠性参数。

针对星上成败型产品,可选择任务可靠度参数。针对服从指数分布的电子产品,可选择失效率参数。针对直接影响导航卫星可用性连续性的设备,提出短期中断相关指标。

由此,确定卫星设备的可靠性参数如表2.9所列。

表2.9　北斗导航卫星设备的可靠性参数

序号	可靠性参数	电子电工组件(不含软件)	电子电工组件(含软件)	无源微波组件	有源微波组件	机械活动部件	…	推进组件	机电组件	太阳电池阵	备注
1	在轨工作寿命	★	★	★	★	★	…	★	★	★	必选,反映任务成功性
2	在轨工作可靠度	★	★	★	Δ	★	…	★	★	★	反映任务成功性
3	任务可靠度	—	—	—	Δ	Δ	…	—	—	—	反映任务成功性
4	失效率	Δ	Δ	Δ	★	Δ	…	Δ	Δ	Δ	反映任务成功性
5	中断频次	—	Δ	—	—	—	…	—	—	—	反映可用性
6	平均中断恢复时间	—	Δ	—	—	—	…	—	—	—	反映可用性
7	贮存寿命	Δ	Δ	Δ	Δ	Δ	…	Δ	Δ	Δ	反映综合保障需求

2.2.4　可靠性指标论证

2.2.4.1　论证原则

卫星及其各级产品可靠性指标的确定是一个反复迭代的过程,是卫星的使用需求与实现可能权衡研究的结果。

卫星可靠性指标确定的基本依据是使用需求、相似产品的可靠性水平和预期采用的技术使卫星可能达到的可靠性水平。

通过与相似产品或同类产品进行比对分析,可以获得相对可信的可靠性现状数据。预期采用的技术将可能对新系统或产品的可靠性带来重大影响。这是可靠性指标确定中对新研系统或产品的潜在能力进行分析的两个重要信息源。

在提出卫星可靠性指标的同时,应当明确:

（1）寿命剖面与任务剖面；

（2）故障判别准则；

（3）指标的验证方法；

（4）约束和假设条件。

对利用试验或在轨飞行进行验证的指标应包括置信水平、接收/拒收判据。

1）寿命剖面与任务剖面

寿命剖面与任务剖面首先包括卫星的使用条件和环境，如真空、温度、振动、冲击、粒子辐射等。使用环境不同，产品的可靠性也会不同。同一电子产品相同时间内在MEO和GEO受到的辐射剂量是不同的，其可靠性显然有所不同。

寿命剖面与任务剖面还包括卫星经历的事件、工作模式和持续时间。典型的卫星在轨飞行事件有太阳翼展开、天线展开、发动机点火等；工作模式有发射入轨阶段的地球指向模式、相位捕获模式，在轨运行阶段的正常工作模式、应急工作模式等，工作模式不同，星上设备的配置、工作状态也可能不同；任务持续时间需区分长期工作和短期工作，如导航卫星长期连续提供下行导航信号，短期进行位置保持等。

同样一颗卫星，寿命剖面与任务剖面不同，在轨工作寿命不同，则寿命末期的可靠性也不同。只有确定了寿命剖面和任务剖面，可靠性指标才是有意义的。

2）故障判别准则

故障判别准则决定了卫星在轨运行中的某个异常是否应判定为卫星故障。同一个状态在不同的故障判别准则中可能判定结果完全不同，从而有不同的系统可靠性模型，并影响到可靠性定量指标的确定。例如某卫星对地的滚动/俯仰测量配置了2台红外地球敏感器，在正常情况下，1台红外地球敏感器即可独立完成卫星所需对地测量信息。在系统设计中考虑了任意一个红外地球敏感器失效后，当只有1个敏感器工作时，两轴姿态测量基本功能将由正常工作的敏感器独立完成，因此系统中红外地球敏感器的可靠性模型是并联模型。1台红外地球敏感器有4只扫描探头，若工作中4个探头有1个噪声超差，那么，在无太阳或月亮干扰时，虽然姿态测量精度有所下降，但还在系统性能允许的偏差范围内，则敏感器可靠性模型可以是4取3备份。如果由于1个探头故障导致的系统性能偏差不可接受，即采用严苛的故障判别准则，则敏感器可靠性模型中没有备份。由此带来的对红外地球敏感器的可靠性定量指标要求是不同的。

此外，某些卫星在完成主任务的同时会搭载一些任务，这些搭载任务的成败并不影响主任务的完成，因此，卫星任务可靠性模型可以不包括这些单元，系统可靠性定量要求也和把搭载产品都考虑在内（即假设它们直接与卫星成败有关）的结果不同。

因此故障判别准则是可靠性指标确定的必要内容。

3）验证方法

可靠性指标是否达到要求，应当有适当的方法进行验证。无法验证的可靠性要求是无法检查的，也是没有意义的。

可靠性指标的验证方法和系统或产品的具体情况相关。卫星的可靠性定量验证一般只能通过分析的方法，即利用元器件/原材料等的经验数据、相似产品飞行的历史数据和概率统计分析进行可靠性预计来实现，这又要求在选用元器件/原材料时，对其失效机理、失效模式有深入的了解，并掌握相似产品的历史飞行数据。这不同于地面大批量产品强调试验与使用验证，以及强调现场使用数据的统计和评估。

4）约束和假设条件

卫星可靠性定量要求一般不包括星体主结构、设备的非活动机械部分（如机壳、光学玻璃、天线本体）等，因为这些组件没有可供分析验证使用的基础定量数据，且通常通过足够的安全裕度保证可靠性。因此，在可靠性定量分析中，一般假定结构是完全可靠的。

约束和假设条件还包括失效分布假设、元器件失效率数据、可靠性预计采用的方法等。这些都是为了更确切地定义和验证指标。

完整准确的指标表述是为了确保指标内涵清晰、没有歧义，使用户和研制单位有明确和统一的认识，这是真正实现预期目标所必需的内容。

2.2.4.2 工作程序

卫星总体和分系统的可靠性参数选择和指标确定从可行性论证阶段开始，到方案阶段确定。这是一个由粗到细、逐步深化的过程。进入工程研制阶段后，卫星系统的主要任务是通过固有可靠性设计和制造过程控制，保证已确定的可靠性指标的实现。

可靠性参数选择和指标确定通常由用户和研制单位共同论证完成。整个工作是不断沟通和协调的过程，在阶段上又有所侧重。总的程序是由用户到研制单位，根据卫星论证与研制过程可获取的信息的多少，以及与项目管理程序相一致的原则提出。

1）可行性论证阶段

研制单位根据用户初步使用需求，开展总体和分系统的可行性方案论证，进行多方案的分析比较，在此基础上初步确定卫星总体的主要功能、构成和技术指标（包括可靠性），初步确定卫星与运载火箭、地面测控与应用系统等的接口，初步明确卫星的任务阶段、时间、主要工作模式、环境条件、设备工作时间或循环次数，提出卫星成功或失败判据。

此阶段应搜集相似或相同设备的可靠性数据，根据已初步明确的卫星技术状态进行初步的可靠性建模、预计。

2）方案阶段

卫星总体和分系统技术指标得到更深入的论证，技术状态通过继承性分析和原理样机的研制进一步确定。此时，可以确定卫星的寿命和任务剖面，在前一阶段明确卫星成败判据的基础上，借鉴相似、相同产品的可靠性数据，进行更深入的可靠性建模和预计工作，进而确定系统可靠性指标。

综上所述，卫星可靠性参数和指标的确定应当建立在必要的历史数据和设计分

析的基础上,是进行系统权衡分析和系统设计不断深化的结果。

选择哪些可靠性参数来源于用户要求或需求。可靠性指标的确定则依赖于卫星基本技术状态(功能、性能和主要接口)的确定和产品、元器件及相似产品可靠性数据的获取。正确的建模和预计是卫星可靠性指标确定的基础。

可靠性指标确定工作从总体上看是与其他技术工作同步进行的、经过多次迭代的过程。论证工作的核心是在把握卫星的任务需求和使用需求的前提下,以适当的形式进行权衡分析,把对卫星设计和研制的可靠性要求以定量的方式明确下来,再通过工程研制阶段的设计把这些要求落实到卫星各级产品中去。

需要注意的是,卫星在轨工作可靠度对应的任务时间的起点需要有明确定义,否则,容易出现不同结果,例如,有的型号从进入工作轨道或定点时刻起算,有的型号从卫星完成在轨测试交付用户起算。应在可靠性指标要求中对任务阶段和任务时间作出明确定义。

2.2.4.3　导航卫星可靠性指标的确定

以 GEO 卫星为例,卫星需要完成三种不同任务,其中两项为主要任务,一项为辅助任务。相应的,卫星配置了三种载荷,包括两种主任务载荷和一种搭载载荷。卫星可靠性参数及指标的确定作了如下考虑:

(1) 由于辅助任务仅属于试验性质,不属于卫星规定功能,因此,辅助任务的可靠性单独考核;

(2) 两种主任务完全独立,互不影响,因此,对每个主任务单独考核,分别提出任务可靠度指标;

(3) 卫星长期中断和短期中断的平均间隔时间、平均恢复时间应满足星座可用性要求。

卫星出厂后,将经历地面或空中运输、发射场测试、星箭对接与发射、星箭分离入轨、在轨测试、在轨运行、离轨等阶段。将星箭分离作为卫星执行任务的起点,可建立卫星任务剖面如表 2.10 所列。

表 2.10　GEO 卫星任务剖面

任务时间	飞行任务	任务要求	环境条件
2min	星箭分离	星箭成功分离	噪声、振动、过载、热、真空(抛罩后)、冲击(分离)、低气压放电
30min	对日定向	卫星进入太阳捕获模式并建立对日定向姿态	太阳电磁辐射、地球中性大气、地球电离层、地球磁场、等离子体、空间带电粒子辐射、微流星体与轨道碎片、低重力、真空、热、污染等
50min	太阳翼展开	成功展开太阳翼并稳定卫星姿态	火工品解锁的动力学环境,以及太阳电磁辐射、地球中性大气、地球电离层、地球磁场、等离子体、空间带电粒子辐射、微流星体与轨道碎片、低重力、真空、热、污染等

（续）

任务时间	飞行任务	任务要求	环境条件
6h	地球捕获	成功捕获地球，建立地球指向姿态	太阳电磁辐射、地球中性大气、地球电离层、地球磁场、等离子体、空间带电粒子辐射、微流星体与轨道碎片、低重力、真空、热、污染等
180h	变轨，定点捕获	卫星完成变轨，成功进入预定工作轨道	太阳电磁辐射、地球磁场、等离子体、空间带电粒子辐射、微重力、真空、热、污染等
12年	正常轨道运行	长期提供导航信号和短报文通信	太阳电磁辐射、地球磁场、等离子体、空间带电粒子辐射、微重力、真空、热、污染等
	轨道保持	定期轨道维持	

根据卫星飞行程序和任务阶段划分，参考同类卫星（如通信卫星、北斗一号导航卫星）发射/转移轨道段可靠性指标，对该卫星发射入轨段选用成功入轨可靠度参数，并规定可靠度不低于0.97/200h。

针对卫星长期运行和长期中断，选用在轨工作寿命、RNSS在轨工作可靠度、RDSS在轨工作可靠度和MMD 4个参数，用可靠度反映卫星在轨工作规定年限并完成规定任务的能力，用MMD约束卫星平均寿命。可靠度指标的确定参考同类卫星指标，并确保星座可用性满足要求。

针对短期中断，选用平均非计划中断间隔时间及恢复时间、平均计划中断间隔时间参数，指标量值通过2.1节星座可用性、连续性模型进行分析论证确定，确保星座可用性、连续性满足要求。

在卫星可靠性指标论证过程中，工程大总体和卫星系统、地面运控系统、地面测控系统进行了多次研讨，经历了星座服务层指标确定—空间信号层指标初步确定—单星指标初步确定—单星指标预估—空间信号层指标预估—星座服务层指标符合性检验的反复迭代过程。最终，卫星系统确定了既对标国际先进水平又能够工程实现的可靠性指标。

2.3 导航卫星可靠性定性要求

2.3.1 研制要求中的可靠性定性要求

可靠性定性要求是通过非量化的形式提出的可靠性要求，是卫星可靠性要求的重要组成部分。由于卫星可靠性定量指标往往难以通过试验和评估的方式给出高置信度的验证，在缺乏数据支持的情况下，通过提出可靠性定性要求，对产品制定严格的设计约束和准则，就成为保证产品可靠性的重要途径。

可靠性定性要求一般体现为技术要求和设计准则两种形式，两者没有严格区分，但设计准则通常更为宽泛，技术要求则更有强制性。

例如，在北斗导航卫星研制要求中，有关的可靠性定性要求有：

（1）开展导航卫星可靠性通用设计，包括元器件降额设计、可靠电路设计、热设计、冗余设计、电路容差分析、EMC 设计、SCA、环境防护设计、机械产品可靠性设计、软件可靠性设计等；

（2）针对导航卫星轨道特点，加强空间环境防护设计，包括环境分析、效应分析与敏感部位确定、制定防护措施和有效性验证等工作；

（3）针对导航卫星短期非计划中断要求，重点加强载荷关键设备的可用性设计与分析，载荷关键设备应采取异构备份，现场可编程门阵列（FPGA）采用三模冗余（TMR）设计、定时刷新等措施。

2.3.2　卫星可靠性设计准则

依据工程总体对导航卫星可靠性定性要求，结合上级规范和研制经验，可进一步提出对卫星系统、分系统和设备的可靠性设计准则，作为各级产品的可靠性定性要求，并纳入整星建造规范、对产品技术要求等文件中。

可靠性设计准则是把同类产品、相似产品以往的工程经验进行总结，作为设计人员在可靠性设计中必须遵循的原则。按这些原则设计可以避免一些不该发生的故障，降低产品设计风险，从而提高产品的可靠性。

可靠性设计准则分为通用的可靠性设计准则和专用的可靠性设计准则。通用的可靠性设计准则普遍适用于各类产品，专用的可靠性设计准则一般只适用于特定的卫星型号或产品。

系统、分系统可靠性设计准则应在可行性论证阶段提出，在方案设计阶段完善。设备的可靠性设计准则应在方案设计阶段提出并在研制任务书下发前确定。

根据 QJ 2172A《卫星可靠性设计指南》、QJ 2668《航天产品可靠性设计准则　电子产品可靠性设计准则》等卫星可靠性设计的有关标准，导航卫星通用可靠性设计准则包括以下内容。

1）系统优化设计

合理进行总体布局，尽量避免某一组件的故障或损坏而导致其他系统的故障；分系统或组件的设计不能牺牲系统可靠性利益去实现非必要的性能要求，局部设计的优化不能对整星可靠性有不利影响，在满足总体技术性能指标要求的前提下，不能片面追求高、精、尖。

2）继承设计

优先选用在实际任务环境中经过考验、验证、技术成熟的技术方案、硬件和软件，充分考虑产品设计的继承性；支持对提高产品可靠性有利的技术进步，但新技术、新器材必须经过充分论证、试验和鉴定，方能引入新产品设计。

3）简化设计

在满足技术要求的前提下尽量简化设计方案和系统配置，减少硬件和软件的数量、品种和规模，力争研制的卫星成为满足使用性能的最简系统。

4）“三化”（通用化、系列化、组合化）设计

在设计中注重标准化和规范化，采用标准的零部件、元器件、组装件和接口，重视通用化、系列化和组合化要求。

5）冗余与容错设计

采用充分、合理的硬件和软件的冗余，对于影响任务成功和安全性的关键部件原则上不应有单点故障模式；对无法通过设计消除的单点故障模式应采取有效措施使其出现的可能性减小到可接受的程度；实施故障检测、隔离与恢复（FDIR），允许用专门的飞行和地面措施对故障作适当的处理，并考虑在最坏情况下与故障传播时间相关的故障检测或系统重构时间；冗余设计应利用独立的工作通道或信息通道，并在发生间歇故障时也能有效地保证任务成功；所有的冗余设计应是可测试的。

6）裕度设计

对机械产品开展裕度设计；重视机械部件的应力–强度分析，并根据具体情况，采用提高平均强度、降低平均应力、避免应力集中、减少强度散布等基本方法，找出应力与强度的最佳匹配，提高设计可靠性。

7）余量设计

导航卫星的能源、推进剂、重量、测控信道、温控等均应留有余量，以满足寿命末期需求或保持良好的性能。

8）降额设计

电子元器件、导线等应依据 GJB/Z 35《元器件降额准则》进行降额设计。

9）热设计

控制卫星内、外热交换，使卫星产品的温度、温度差、温度稳定性等指标满足总体技术要求；通过调节元器件、零部件散热路径和热阻，使元器件、零部件温度控制在规定的范围内，满足温度降额要求；卫星系统热设计执行 GJB 2703A《航天器热控系统通用规范》。

10）环境影响分析和防护设计

实施环境影响分析，充分识别产品全寿命期内（包括地面加工与装配、测试与试验、包装、贮存、运输、装卸、维修、发射、在轨运行等），所经历的各种环境与效应，进行环境防护设计，以满足使用环境的要求。

典型的环境与效应包括过载、振动、冲击、噪声、气动力、低气压、真空、高低温、微重力、地磁、空间带电粒子、太阳光压、紫外线辐射、电磁干扰或耦合、非金属材料放气、材料应力腐蚀、发动机羽流、密封压力容器气液排放或泄漏、星体自旋与加速、星箭结构动力学耦合、低气压电晕、静电放电（ESD）、空间带电粒子的累积效应和单粒子效应、真空冷焊、可凝聚挥发物对光学表面的污染等。

11）业务连续性设计

导航卫星的一重故障应保证业务连续,设备主备份切换不影响业务连续。尽可能采用在轨自主方式及时有效进行故障处置,人为操作因素的故障不能引起灾难性后果。

除以上通用可靠性设计准则外,导航卫星的关键分系统也制定了专用的可靠性设计准则。专用可靠性设计准则的制定过程如下:

(1) 根据产品类型、重要程度、可靠性要求、使用特点、相似产品可靠性设计经验,明确可靠性设计准则制定的范围。如哪些分系统、哪些设备需要制定可靠性设计准则。

(2) 收集并分析国内外资料,如有关的规范、指南,尤其是以往的设计经验、故障案例等,选择导航卫星适用的准则,加以归纳、整理,形成可靠性设计准则评审文件。

(3) 对可靠性设计准则评审文件进行评审,修改后形成可靠性设计准则正式文件。

(4) 将可靠性设计准则作为产品技术规范(或技术要求)的一部分,形成对产品的可靠性定性要求。

需要注意的是:

(1) 专用可靠性设计准则需关注产品以往发生的质量问题和其他型号的质量问题。

(2) 可靠性设计准则必须在对产品下发技术要求前完成。

(3) 可靠性设计准则应尽可能量化,增强设计的可操作性,如“元器件耐辐射总剂量的辐射设计余量(RDM)应大于2”显然比“元器件耐辐射总剂量应留有裕度”更好实施。

(4) 可靠性设计准则需作为设计评审的依据。

2.4　导航卫星可靠性要求的分解

2.4.1　可靠性要求分解的思路

导航卫星顶层可靠性定量、定性要求反映的是对卫星整体设计和实现结果的综合评价。为了实现这些顶层可靠性定量、定性要求,还需要将这些要求分解到分系统、设备乃至部组件,并尽可能转换为产品易设计、易考核的技术指标。

导航卫星具有典型的长寿命、高可靠、小批量特征。这些特征使导航卫星产品的可靠性度量相对于大批量的地面产品而言存在较大困难。如何量化产品的可靠性并将可靠性度量指标贯穿于研制全过程,是导航卫星可靠性工程中面临的重要挑战。

事实上,可靠度作为统计指标应用于卫星产品,一方面作为有效的设计约束在卫星产品的方案设计和确保高可靠方面发挥了重要作用,但另一方面,由于其预计的精确性不足和不可测试,从而不可避免地存在应用局限性。因此,如果不对产品的可靠性要求及其相关因素进行详细分解,可靠性指标就容易流于形式。单一的传统观念的可靠性定义并不能客观、全面地反映产品可靠性的本质,可靠性要求必须规定到产品的各个相关要素,才能最终研制出高可靠的产品。

从不同的角度理解产品,产品的可靠性要求可以通过多种途径分解为一系列的指标保证产品可靠性要求的实现。导航卫星提出并应用了以下 4 种分解方法。

1) 按产品层次分解

将产品可靠性指标分解为更低层次产品的可靠性指标,即传统上的可靠性分配。例如,太阳翼展开机构由火工切割器、展开弹簧和锁紧机构组成,太阳翼展开机构的可靠度可表示为

$$R_{太阳翼展开机构}=f(R_{火工切割器},R_{展开弹簧},R_{锁紧机构}) \tag{2.13}$$

火工切割器又由点火器和切割刀组成,其可靠度进一步表示为

$$R_{火工切割器}=f(R_{点火器},R_{切割刀}) \tag{2.14}$$

可见,这种方法是将产品的可靠性指标分解为组成部件的可靠性指标集合。

2) 按功能/性能分解

将产品可靠性指标分解为各功能/性能的可靠性指标,产品可靠性指标即各功能/性能可靠性指标的集合。

例如,卫星机械太阳翼的功能要求包括承载、压紧、释放、展开和锁定。因此,机械太阳翼的可靠性要求可以分解为如图 2.2 所示的可靠性指标集合。

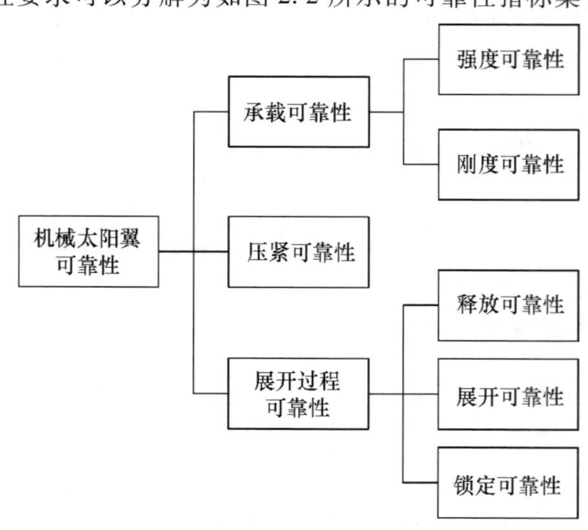

图 2.2　机械太阳翼可靠性指标集合

3) 按故障模式/机理分解

理论上,产品的不可靠度是对产品故障的度量,产品的故障会表现为多个发生概

率不同和影响不同的故障模式，产品的不可靠度即可以表示为这些故障模式发生概率的集合。因此，理论上产品可靠性要求可以分解为各故障模式的可靠性要求的集合。

最简单的例子，对于故障模式相互独立且服从指数分布的元器件、零部件，其失效率可以表示为

$$\lambda = \sum_{i=1}^{n} \lambda_i \tag{2.15}$$

式中：λ 为元器件、零部件的失效率；λ_i为第 i 个故障模式的发生率。

对于组成和故障机理复杂的设备，工程识别的故障模式发生概率集合原则上小于或等于产品的不可靠度。根据工程经验，产品的关键故障模式和多发故障模式是有限的。从任务可靠性角度，关键故障模式的可靠性指标集合即表征了任务可靠度。从基本可靠性角度，关键故障模式和多发故障模式的可靠性指标集合可以基本表征基本可靠度。抓住了产品的关键故障模式和多发故障模式，也就抓住了产品可靠性的短板。

相应的，可以建立关键故障模式和多发故障模式的可靠性度量指标。这种度量指标可以分为两类：

（1）传统的可靠性指标，如失效率。

（2）与故障原因和控制有关的关键特性指标。这些指标可能与产品的可靠性有明确的定量关系，也可能没有明确的定量关系，但均影响故障模式发生概率及严酷度，从而间接反映产品的可靠性水平。

例如，太阳翼驱动机构（SADM）的关键故障模式是卡死，对应的控制措施包括设计的力矩安全系数大于某规定数值；进行温度梯度试验验证等。与此有关的力矩安全系数、温度变化量即构成反映可靠性的关键特性。

又如，火工切割器不能切断压紧杆是太阳翼展开机构的Ⅰ类单点故障模式，与之相关的关键特性为火工切割器的切割力。火工切割器的切割力主要受装药量和切刀硬度影响，切刀硬度越高、装药量越多，切断的可靠性就越高。因此，结合控制措施和数据可获得性，工程中对机械太阳翼的解锁可靠性提出“装药量”和“切刀硬度”两个度量指标。通过控制这两个关键指标，可以有效保证规定的解锁可靠性。

4）按过程/要素分解

卫星产品交付时的可靠性水平由设计、生产、测试、试验、贮存等研制过程的各个环节决定。识别这些过程和环节中影响产品可靠性的关键因素，确定设计、工艺、过程控制中的关键特性，是可靠性量化控制的前提。确定和量化卫星产品的可靠性影响因素，引入能够反映、控制和评价设计、生产、测试等过程中影响因素的度量指标同样可以实现直接或间接度量卫星产品可靠性，并使卫星的可靠性量化设计更具有可操作性。

按过程/要素分解比较适用于可靠性定性要求的分解与细化。

以二次电源模块为例,二次电源模块是将卫星一次母线的直流电压转化成二次母线的直流电压的重要星载设备,其技术指标主要包括输入输出特性、过压过流保护特性、开关机的瞬态特性、转换效率、机电热接口特性等。二次电源模块主要由主功率拓扑电路、反馈控制电路、过流及过压保护电路、启动电路、输出滤波及遥测电路等部分组成。

通过设计、工艺、元器件等方面的分析,确定二次电源模块的可靠性关键环节包括:

(1) 短路保护设计。二次电源模块任何时刻都不允许发生短路危及母线安全;

(2) 陶瓷板组件真空焊接工艺。二次电源模块含有大功率器件,对散热要求较高,大功率器件和陶瓷板的焊接质量将影响功率器件的特性,进而影响二次电源模块性能。

统计历史故障数据,发现对关键元器件的使用特性、瞬态应力特性分析不足是二次电源模块的主要薄弱环节。

由此,根据二次电源模块的关键/薄弱环节分析结果,确定其可靠性关键要素如下:

(1) 关键元器件的使用特性分析;

(2) 陶瓷板组件真空焊接;

(3) 短路保护设计。

因此,在提出二次电源模块的技术要求和研制过程控制时,需特别关注以上几点。

2.4.2 可靠性分配

可靠性分配是对可靠性定量要求进行分解的基本方法。通过可靠性分配,将导航卫星整星的可靠性定量要求逐层分解、分配到规定的产品层次,作为产品研制的依据,从而保证整星可靠性指标的实现。如同性能指标一样,可靠性指标是产品在可靠性方面的一个设计目标。

可靠性分配是一个自上而下、逐步分解的过程。可靠性分配与可靠性预计相互迭代,不断完善,预计结果可作为可靠性分配的参考。

2.4.2.1 可靠性分配的原则和步骤

产品可靠性分配的过程在理论上就是求解下列基本不等式:

$$R_S(R_1, R_2, \cdots, R_i, \cdots, R_n) \geq R_S^* \tag{2.16}$$

式中:R_S^* 为产品的可靠性指标;R_i 为第 i 个单元的可靠性指标。

不论产品可靠性分配有无约束条件,式(2.16)都可以有多个解,可靠性分配是一个权衡和优化的过程,关键在于确定适合卫星产品状态和所处研制阶段特点的分配方法。

1）可靠性分配的考查因素

结合可靠性分配的通用原则，导航卫星在可靠性指标（含各类中断指标）分配时，综合考虑以下因素：

（1）分系统/设备故障对卫星任务的影响程度。分系统/设备故障对卫星任务的影响包含3种情况，即故障发生必然导致卫星任务失败或中断、故障发生不会导致卫星任务失败或中断、故障发生以一定概率导致卫星任务失败或中断。故障发生必然导致卫星任务失败或中断的分系统/设备应分配更高的可靠性指标。

（2）分系统/设备的复杂程度。一般情况下，分系统/设备越复杂，应分配较低的可靠性指标。尤其是在大量采用单粒子敏感器件时，应分配较低的中断指标。

（3）分系统/设备的技术成熟度。一般情况下，分系统/设备技术越成熟，在轨发生故障的概率越低，应分配较高的可靠性指标。

（4）从相似产品中得到的先验值。在没有详细的设计数据时，可参考相似产品可靠性预计结果或相似产品在轨可靠性评估结果进行分配。

（5）分系统/设备的设计特性。分系统/设备的设计特性决定了在轨故障概率和故障后的恢复时间，可靠性分配应考虑产品自身的设计特性。

（6）短期中断间隔时间指标分配时一般会首先转换为短期中断频次。

（7）可靠性分配后，必须留有一定余量。

2）不同研制阶段的可靠性分配

可靠性分配主要在方案设计阶段及初样研制阶段进行，它与可靠性预计工作结合，是一个反复迭代的过程，且应尽可能早地实施。

在方案设计阶段，卫星总体和分系统应通过可靠性分配分别确定分系统和设备的可靠性定量要求，分系统和设备应进行可靠性指标论证。本级产品的可靠性指标要求作为下级产品实施可靠性分配的输入。可靠性分配值应列入相应的合同（任务书）或技术要求中。

在初样研制阶段，随着设计的深入和完善，以及可靠性模型和可靠性预计结果的变化，可以对可靠性分配值进行适当的调整，但应经过评审。

正样研制阶段原则上不再调整可靠性分配值。

3）可靠性分配的基本步骤

可靠性分配的基本步骤见图2.3。

2.4.2.2　可靠性分配的方法

理论上，可靠性分配有多种方法，包括等分配法、评分分配法、比例组合法、考虑重要度和复杂度的分配方法、直接寻查法等[4]。导航卫星在可靠性分配过程中，根据产品的技术状态、可获得的各类可靠性数据，主要参考了以下分配方法。

1）AGREE法

这是美国电子设备可靠性咨询组（AGREE）在一份报告中所推荐的分配方法。这种方法同时考虑了各单元的相对重要度和复杂度，适用于服从指数分布的电子设备。

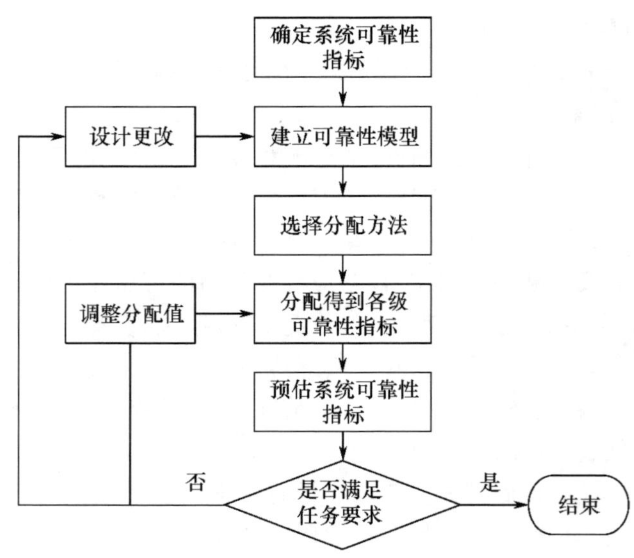

图 2.3　可靠性分配的基本步骤

设系统由 K 个单元串联而成。第 i 个单元的最低故障前平均工作时间为

$$\theta_i = \frac{NW_i t_i}{n_i(-\ln R_0)} \tag{2.17}$$

相应的第 i 个单元的可靠度为

$$R_i(t_i) = \exp(-t_i/\theta_i) \tag{2.18}$$

式中：θ_i为分配给第 i 个单元的故障前平均工作时间；N 为系统中的组件总数；W_i为第 i 个单元的加权因子，表示第 i 个单元发生失效将导致系统失效的概率；t_i为第 i 个单元的任务时间；n_i为第 i 个单元中的组件数目；R_0为系统可靠性指标要求；$R_i(t_i)$为分配给第 i 个单元的可靠度。

2）比例组合法

很多卫星在立项时均继承一个已经研制过的卫星平台，某些卫星可能是整星继承一个已发射的卫星。此时，新的卫星与被继承卫星的分系统构成相同、组成类似、功能类似，只是根据用户需求对新的卫星提出一些新的要求，由此带来各分系统有不同程度的技术状态变化，此时可以用比例组合法将被继承卫星中各分系统的可靠度，按新卫星的可靠性指标要求，给新卫星的各分系统分配可靠度，见式(2.19)。

$$R_i' = R_i R_s' / R_s \tag{2.19}$$

式中：R_i'为分配给新卫星中第 i 个分系统的可靠度；R_i为被继承卫星中第 i 个分系统的可靠度；R_s'为新卫星要求的可靠度指标；R_s为被继承卫星的可靠度。

3）评分分配法

评分分配法是在可靠性数据比较缺乏的情况下，通过有经验的设计人员或专家对影响可靠性的几种因素进行评分，并对评分值进行综合分析以获得产品各组成

单元之间的可靠性相对比值，根据相对比值给每个单元分配可靠性指标的分配方法。评分分配法可用于分配串联产品的任务可靠性，一般假设产品寿命服从指数分布。

评分分配法主要考虑复杂度、成熟度、工作时间、环境条件4种因素。在工程中可以根据产品的特点和技术状态增加或减少评分因素。每种因素的分值范围为1～10分，评分越高说明对产品的可靠性影响越大。

（1）复杂度。根据组成各单元的部组件、元器件数量以及它们组装的难易程度来评定。最复杂的评10分，最简单的评1分。

（2）成熟度。根据产品各单元目前的技术水平和成熟程度来评定。水平最低的评10分，水平最高的评1分。

（3）工作时间。根据产品各单元的工作时间来评定。连续工作的评10分，工作时间最短的评1分。

（4）环境条件。根据产品各单元所处的环境来评定。单元工作过程中会经受极其恶劣而严酷的环境条件的评10分，环境条件最好的评1分。

这样分配给每个产品单元的失效率λ_i为

$$\lambda_i = \frac{\omega_i}{\sum_{i=1}^{n}\omega_i}\lambda_0 \tag{2.20}$$

式中：λ_0为系统要求的失效率指标；ω_i为第i个单元的评分数，其计算公式为

$$\omega_i = \prod_{j=1}^{4} Y_{ij} \tag{2.21}$$

式中：Y_{ij}为第i个单元第j个因素的评分数；$j=1$代表复杂度；$j=2$代表成熟度；$j=3$代表工作时间；$j=4$代表环境条件；$i=1,2,\cdots,n$为单元数，n为单元总数。

各单元的评分数根据设计师的实践经验给出或由专家经验打分给出。

2.4.2.3　导航卫星可靠性分配

与其他航天器相比，导航卫星可靠性分配有以下两个特点：

（1）导航卫星包括3种不同轨道类型的卫星，即MEO卫星、IGSO卫星和GEO卫星，并对应3种技术状态。尽管用户对3种导航卫星的可靠性指标要求不同，3种导航卫星的功能和组成各有不同，但有很多设备是通用的。因此，可靠性分配时必须针对整星可靠性要求不同但组成卫星的很多设备相同这一特点，考虑可靠性指标的包络性与协调性。对设备的可靠性指标应按最严酷的使用要求进行分配。当发生设计更改需要对有关单元的可靠性指标做调整时，应在满足系统可靠性指标要求的前提下对有关单元做最小化调整。

（2）导航卫星可靠性分配需要考虑的可靠性指标不仅包括传统的可靠度，还包括短期非计划中断间隔时间、短期非计划中断恢复时间等中断指标。对短期非计划中断指标也应进行分配。

以下是导航卫星可靠性分配的示例和经验。

1）卫星总体对测控分系统的可靠性指标分配

用户对导航卫星A星和B星分别提出不同的可靠度要求。A、B两类卫星都包含测控分系统，测控分系统技术状态相同。对于单星研制，仅需要针对每颗星的指标分别进行分配即可，但对于A、B两类导航卫星，在分配测控分系统可靠性指标时，必须同时考虑A、B两类卫星的要求，既要满足A、B整星的可靠性指标，又要和A、B卫星其他分系统的可靠性指标相协调。因此，总体对测控分系统分配可靠性指标时采取了以下方法：

(1) 分别建立A星、B星的可靠性模型；

(2) 列出A星、B星各分系统清单（部分分系统完全相同），按重要度和复杂度进行评分；

(3) 依据AGREE法分别对A星、B星进行可靠性分配；

(4) 取A星、B星测控分系统分配的可靠性指标的最高值作为测控分系统可靠性指标，代入A星、B星可靠性模型，并调整各分系统指标；

(5) 经过几次迭代，确定最终的测控分系统可靠性指标。

2）短期非计划中断指标的分配

导航卫星要求很高的可用性和连续性，如果在轨频繁发生信号中断将导致系统导航服务能力下降。为此，用户对导航卫星提出了短期非计划中断的MTBO指标。为确保整星这一指标满足要求，必须将其分解到相关的设备乃至器件。

在进行短期非计划中断的MTBO指标分配时，首先开展了中断影响分析，确定了需要分配指标的分系统和设备清单。为使计算简单，将短期非计划中断的MTBO指标转换为短期非计划中断频次P_{STU}。分配时，参考AGREE法进行加权分配。分配时重点考虑产品复杂性和重要性，并贯彻以下原则：故障发生引起卫星中断的可能性越高的产品分配较低的中断频次；产品越复杂尤其是采用越大规模的单粒子敏感器件时分配较低的中断频次。

因此，第i个组成单元的短期非计划中断频次可按式(2.22)计算。

$$P_{\mathrm{STU}i}=\frac{n_i P_{\mathrm{STU}}}{NW_i} \tag{2.22}$$

式中：$P_{\mathrm{STU}i}$为分配给第i个组成单元的短期非计划中断频次(1/h)；n_i为第i个组成单元中可能导致卫星中断的子单元数目，冗余的子单元不重复计入；N为可能导致卫星中断的单元总数；W_i为第i个组成单元的加权因子，表示第i个组成单元发生中断将导致系统中断的概率。

3）可靠性分配的实施经验

根据导航卫星工程实施经验，可靠性分配的注意事项如下：

(1) 可靠性分配不仅应明确对应任务时间的可靠度指标，还应明确任务的起始时间和结束时间、任务成功判据，必要时应明确可靠性指标验证所依据的模型、

方法。

(2) 可靠性分配应依据可靠性模型并与可靠性预计结合进行,随着设计变化,可以对可靠性分配值进行必要的调整,但应经过评审。

(3) 可靠性分配应从研制阶段早期开始进行,并结合卫星工程实际及产品特点、可靠性模型、使用要求、技术发展水平、研制经验等选择合适的分配方法。

(4) 在需要进行分系统可靠性指标调整时,应尽可能对分系统的可靠性预计进行复算,确保分系统可靠性模型和初步预计结果是合理的。

(5) 一般不采用等分配法进行可靠性分配。

(6) 应在考虑产品的复杂性、成熟性和重要性等因素的基础上,保证卫星各分系统之间、分系统内部各设备之间、设备内部各模块之间可靠性指标的均衡性。

(7) 原则上不能对某一模块分配过低的可靠性指标(如可靠度通常不能低于 0.8)。

(8) 在进行分配时应留有余量,以保证系统的指标满足要求。

2.4.3　产品技术要求的确定

导航卫星可靠性要求的分解伴随着卫星总体对各分系统和设备进行技术要求分析、分解和确定的过程,是分系统和设备技术要求确定过程的有机组成部分。鉴于产品可靠性与功能、性能等技术要求是一体化论证提出的,本节全面阐述了产品技术要求的确定,并在这一过程中反映了可靠性相关要求的分解,而没有将可靠性要求与产品技术要求剥离开来单独说明。

2.4.3.1　产品技术要求确定的原则

卫星产品技术要求的确定需遵循以下原则:

(1) 产品技术要求以满足任务要求为最终目的,包含功能、性能、通用质量特性和接口要求;

(2) 产品技术要求的确定应由系统、分系统和设备共同协商,在系统分解和综合后,通过相互协调、反复迭代而确定;

(3) 产品应满足通用质量特性要求,包括可靠性、安全性、维修性、保障性、测试性和环境适应性要求;

(4) 产品指标应具有设计可达性和工艺可实现性;

(5) 对于关键指标,应严格要求允差范围,从总体或分系统角度提出过程控制要求(含量化要求)。

2.4.3.2　产品技术要求确定的流程

1) 分系统技术要求确定的流程

分系统技术要求的确定和总体指标论证、设备技术要求的确定密切相关并相互迭代。总体指标分解得到分系统指标,分系统在此基础上通过功能分析、使用要求分析、内部接口分析、寿命剖面分析等,进一步完善分系统指标,并向设备分解/分配指标。

分系统技术要求确定的流程如图2.4所示。

分系统技术要求确定中,应特别注意以下两方面:

(1) 寿命剖面分析,尤其是对使用工况的分析;

(2) 分系统内各设备间的接口分析。

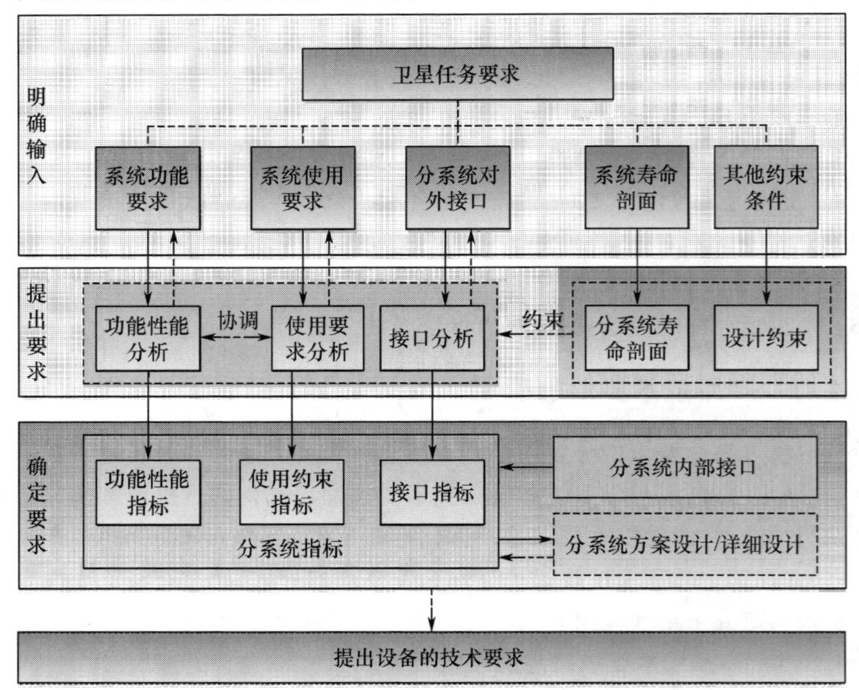

图2.4 卫星分系统技术要求确定流程(见彩图)

2) 设备技术要求确定的流程

卫星产品按技术属性可分为结构产品、机构产品、机电产品、射频通信类产品、电子类产品、太阳电池阵、蓄电池、光学产品、热控产品以及软件产品等。按功能分,可分为平台类产品和有效载荷类产品,其中平台类产品包括结构与机构、电源(供配电)、姿轨控、测控、综合电子、热控、自主运行等七大类产品。

总体/分系统是设备技术要求确定的主体,其主要任务是:

(1) 将分系统功能和性能指标分解到各个设备,经过分析和协调保证各种功能的、物理的和程序的接口兼容;

(2) 将重量、功耗、可靠性、刚度等总体指标向设备分配/分解,协调与确定设备机械、供电、热控、遥测、遥控等接口要求;

(3) 确定设备的寿命剖面等各种约束条件,并保证设备指标满足这些约束条件。

尽管设备种类繁多,但总体/分系统进行设备技术要求确定的流程相对一致,如图2.5所示。

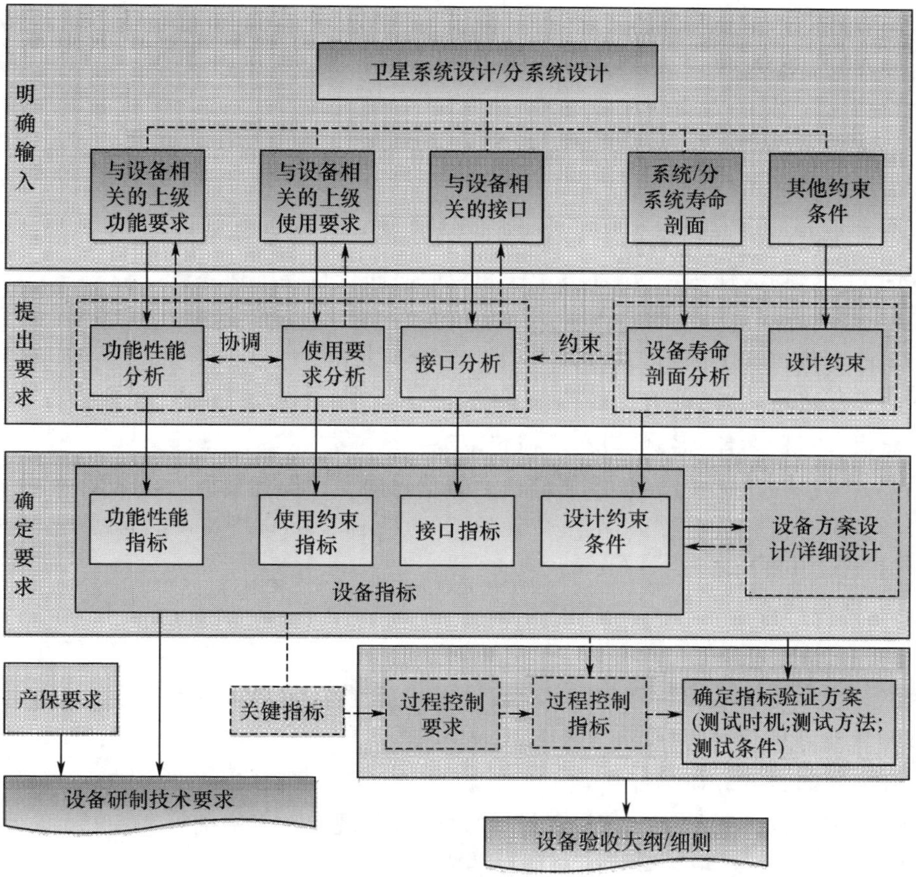

明确输入
卫星系统设计/分系统设计
与设备相关的上级功能要求
与设备相关的上级使用要求
与设备相关的接口
系统/分系统寿命剖面
其他约束条件
提出要求
功能性能分析
协调
使用要求分析
接口分析
约束
设备寿命剖面分析
设计约束
确定要求
功能性能指标
使用约束指标
接口指标
设计约束条件
设备指标
设备方案设计/详细设计
产保要求
关键指标
过程控制要求
过程控制指标
确定指标验证方案(测试时机;测试方法;测试条件)
设备研制技术要求
设备验收大纲/细则

图2.5　总体/分系统确定设备指标的流程(见彩图)

依据不同的输入资料,可以分别得到设备初步的性能指标、接口指标、可靠性可用性指标等。这些不同输入可能相互影响、相互制约,并可能影响同一个指标。经过整合,可以确定一个兼容了各方要求的设备指标清单。这一过程还受到总体设计、分系统设计和设备设计的影响,表现为总体或分系统指标确定与设备指标确定的迭代,以及设备指标确定与设备设计的迭代。当某个研制阶段的总体/分系统对设备的技术指标最终确定后,就作为该阶段设备研制技术要求的一部分。

2.4.3.3　产品技术要求确定的输入

产品技术要求确定的输入包括以下方面。

1）上级产品的功能、性能要求

一般是总体对分系统的功能与性能要求,并可能包括多个分系统的功能与性能要求。例如对SADM提出功能与性能指标时,必须同时考虑控制分系统、供配电分系统的要求。

2）上级产品的使用要求

一般是总体对分系统的寿命、可靠性、安全性、工作模式、维修性等要求。例如，控制分系统有巡航模式、远地点点火模式、位保模式等多种工作模式。

3）上级产品的寿命剖面

寿命剖面是产品从交付到在轨寿命终结或退役这段时间内所经历的全部事件和环境的时序描述。

分系统寿命剖面应将全寿命期按任务阶段进行详细划分，对每个任务阶段经历的事件、工作模式、使用工况、环境条件和对应时间进行详细描述。

4）与设备接口有关的输入

与设备接口有关的输入包括：

(1) 与机械接口、供电接口、遥测接口、遥控接口、热控接口等通用接口有关的总体指标，如质量、功耗、遥测容量、遥控容量等；

(2) 与设备机械接口、热控接口相关的总体构型和设备布局；

(3) 设备对外数据接口、电接口种类，如数管计算机与控温仪的接口，推进电路盒与10N推力器的接口。

5）其他约束

其他约束包括：

(1) 型号顶层设计规范。如卫星设计和建造规范、卫星可靠性安全性工作计划、卫星环境和可靠性试验规范、卫星EMC规范等。

(2) 研制进度和研制经费。

(3) 来自设备的约束。如设备设计方案、设备现有技术基础等。

2.4.3.4 产品技术要求的分析和确定

1）分析要求

总体或分系统向设备提出的技术指标，主要是从使用方角度提出的。作为产品设计方，必须在总体或分系统提出的技术指标的基础上将指标细化、补充完善，形成完整的设计和考核依据。

(1) 设备首先应明确总体/分系统对其具体的任务要求，明确设备交付后经历的所有事件、任务、使用工况、环境条件、接口、时序。总体必须让设备设计师了解该设备在整个分系统和整星中所起的作用，该设备经历的环境条件，以及该设备的对外接口，如安装面、供电、遥测、遥控、输入、输出等。

(2) 在此基础上，设备需分析当前技术状态、技术指标是否完全满足总体/分系统对设备的功能要求、使用要求和接口要求，是否有上级产品不需要的功能、接口，是否需要增加相关的功能、接口。

(3) 针对总体/分系统提出的指标，按照可设计性、可测试性和工艺可实现性的原则，将指标分解、细化。同时，通过将设备功能分解与综合可以得到自身定量指标，并可进一步分解成设备的机、电、热、光等具体的定量指标要求。这一过程需要结合

设备功能分析、模块设计等迭代进行。

(4) 补充产品规范要求和使用要求。应从保证产品使用可靠、安全、便于维护的角度，补充对可靠性、安全性、维修性以及其他属性（如经济性）的要求。

(5) 补充对产品使用工况的分析，包括交付前经历的工况，出于产品化要求考虑的其他可能工况。根据分析结果，检查指标覆盖性。

(6) 提出测试要求。确定设备每个测试阶段需要测试哪些指标，给出测试方法、测试条件。

(7) 在功能分析基础上，利用功能 FMEA 等方法确定设备关键功能/性能要求；针对设备的每一项功能/性能指标，有必要通过关键特性分析、可靠性分析工作，确定与设备每一项功能/性能指标有关的零部件的关键特性参数和重要特性参数。

2) 建立寿命剖面

根据总体/分系统对设备的要求，在确定设备指标时首先要建立寿命剖面。寿命剖面是设备从完成出厂测试开始到在轨寿命终结或退役这段时间内，包括地面测试、贮存、运输等各个环节在内，所经历的全部事件和环境的时序描述。

寿命剖面包含若干个任务剖面。一个完整的任务剖面包括：

(1) 设备在该任务阶段的事件/功能（该阶段设备做哪些事）；

(2) 经历的环境条件（需考虑最恶劣情况）；

(3) 经历的工况，包括工作应力、工作状态、对外接口特性的变化；

(4) 经历的工作模式（包括可接受的降级模式）；

(5) 时序（必须注意，任务剖面是时序描述）；

(6) 成功定义。

任务剖面包含若干环境剖面。环境剖面是对设备全寿命期内每个事件中可能遇到的各种环境条件的时序描述。导航卫星产品面临的典型环境条件包括：

(1) 原始环境：如加速度过载、振动、冲击、噪声、气动力、低气压、真空、高低温、微重力、地磁、空间带电粒子、太阳光压、紫外线辐射等。

(2) 引入环境：由设计、产品特性或卫星内部接口引入的环境，包括电磁干扰或耦合、非金属材料放气、材料应力腐蚀、发动机羽流、密封压力容器气液排放（或泄漏）、星箭结构动力学耦合等环境。

(3) 原始环境与内部条件相互作用产生的环境效应：如低气压电晕、ESD、真空微放电、空间带电粒子的累积效应和单粒子效应、真空冷焊，热变形、重力和气压变化对有配准精度要求部件的影响等。

应对设备产生的引入环境或交互作用环境进行分析，作为其他设备环境剖面分析的输入条件。

寿命剖面分析的要素及分析原则如表 2.11 所列。

表 2.11　寿命剖面分析要素及分析原则

序号	分析要素	分析原则	相关指标
1	事件时序描述	是对设备全寿命期内经历事件的时序描述，即设备在交付分系统或总体后，所经历的全部事件，如包装、运输、贮存、总装、测试、试验、任务 A、任务 B 等，对于每一个事件，给出起止时间	影响设备功能、使用要求、接口
2	任务时序描述	是设备自卫星发射后至在轨寿命终结或退役的规定任务的详细时序描述，即对应设备飞行过程中的每一项任务，给出完成规定任务这段时间内所经历的事件或功能的时序描述	影响设备功能、使用要求、接口
3	工况时序描述	对应每项任务，还应分析设备功能与性能要求、可靠性要求、工作应力、工作模式、工作状态等的时序变化。 尤其应注意极端工况、地面与在轨不同工况的分析	影响设备功能、使用要求、接口
4	力学环境	设备飞行过程（发射、入轨、在轨运行）中的力学环境条件来自系统级力学分析结果。由运载环境条件包络为输入，用有限元分析软件，对整体结构进行分析，得出各设备的力学环境条件，从而分析得出设备的强度与刚度指标。 卫星力学环境剖面考虑地面运输、装卸、试验、发射段运载火箭等的外界应力作用。 设备力学环境剖面除考虑卫星所受外界力学环境，还需要注意星上其他设备引入的力学环境对设备的影响。因此，设备力学环境条件还与卫星总体构型、总装设计有关	设备抗力学环境设计要求； 影响设备机械性能指标与力学试验条件
5	热环境	星内设备的热环境条件可由系统级热分析得到。卫星系统级热分析应考虑地面试验、贮存、飞行（发射、入轨、在轨运行）等全过程及各类工况。 星外设备热环境剖面取决于卫星轨道类型、轨道参数、飞行程序、设备安装位置等。由轨道参数决定卫星的外热流参数，再根据卫星的外形布局、设备布局、外表材料特性，计算分析决定具体设备的热工况。 设备热环境剖面除考虑卫星所受外界热环境，还需要注意星上其他设备引入的热环境对设备的影响。因此，设备热环境条件还与卫星总体构型、总装设计有关	设备热设计要求； 影响设备热性能指标与热试验条件

（续）

序号	分析要素	分析原则	相关指标
6	空间辐射环境	由轨道参数得出卫星所经过的地球辐射带及所经历的各种射线，分析各种空间辐射效应，如总剂量效应、位移损伤效应、单粒子效应、表面充/放电效应、内带电效应等，提出星外、星内设备的抗空间辐射设计要求。 对于总剂量效应，通过建立三维模型，可以给出设备经受的具体辐射总剂量值。 设备辐射环境与设备在星内安装位置、总体构型和总装设计有关	设备抗辐射设计要求； 影响设备辐照试验条件
7	其他环境	其他环境条件包括低气压、真空、微重力等原始环境；电磁干扰或耦合、非金属材料放气、材料应力腐蚀、发动机羽流等引入环境；ESD、真空冷焊、热变形等原始环境与内部条件相互作用产生的环境等。 对敏感环境条件进行专门分析，以防漏项。例如，对SADM进行温度梯度分析。 可以建立包括原始环境、引入环境、相互作用环境在内的全过程的环境条件矩阵，据此分析每台设备的环境剖面	其他环境条件防护设计要求； 影响设备其他环境试验条件

3）使用要求分析

设备使用要求是总体或分系统基于整星/分系统任务要求和历史经验提出的对设备使用特性、运行方式等的要求。例如，对设备运行可靠、安全、维护方便的要求，在某任务阶段是热备份状态还是温备份状态的要求等。

使用要求分析的依据包括：

（1）设备寿命剖面各阶段任务对设备的使用要求；

（2）所属型号对设备的使用要求；

（3）设备现有设计方案和技术基础；

（4）设备现有使用要求清单；

（5）设备使用要求常见指标（表2.12）。

根据分析的结果，检查设备使用要求的覆盖性和符合性，并从保证产品使用可靠、安全、便于维护的角度，补充对可靠性、安全性、维修性以及其他属性的要求。

表 2.12 设备使用要求常见指标

序号	使用要求指标	分析要点	主要参数	指标示例
1	可靠性	定量指标： ① 由总体向分系统，分系统向设备逐级分配得到。 ② 可靠性指标考虑的约束条件包括产品复杂性、继承性、关键性等。 ③ 可靠性指标和给定的工作时间、环境条件和功能、性能要求相对应。 定性要求： 直接来自用户需求，或者来自总体或分系统的使用要求	① 可靠性定量指标，例如在轨工作可靠度、失效率。 ② 可靠性定性要求，例如对备份自主切换的要求，对备份响应时间的要求，对性能稳定性的要求	① 中心处理单元的可靠度应不低于 0.95（8 年）。 ② 蓄电池组应允许一节单体电池开路或短路失效
2	寿命	① 总体寿命指标是设备寿命指标的约束。 ② 不同特点的设备寿命参数和指标要求可能有所不同。注意区分设备连续工作、间断工作、一次性使用、在轨备份等不同工作状态。 ③ 电子设备的寿命通常是指可靠寿命	工作寿命，设计寿命，动作次数，贮存寿命等	① 天线摆动机构工作次数 > 15000 次。 ② 中央处理单元的设计寿命应满足：地面存储，2 年；在轨运行，8 年
3	工作模式	工作模式应覆盖全寿命周期	对设备全寿命期的工作模式要求。 例如，对扩频应答机工作在遥测模式、遥控模式和测距模式的规定	① 摆动机构有两种控制模式，闭环控制和开环控制。 ② SADM 有 4 种工作模式：保持模式、正常模式、增量模式、应急模式
4	安全性	① 对压力容器，例如贮箱、管路、氢镍蓄电池等，需提出安全系数要求。 ② 根据历史经验，或依据设备故障模式，分析对相邻设备的潜在危险，提出控制要求。 ③ 分析相邻设备的安全性影响，提出防护设计要求	① 安全性定量指标。 ② 安全性定性要求	① 蓄电池压力容器的安全系数应大于 2.5。 ② 销子不能飞出
5	维修性	维修性要求覆盖地面维修性和在轨维修性两方面，重点关注通用性、互换性、防差错，有软件的设备需关注软件的在轨可维护性	① 维修性定量指标。 ② 维修性定性要求	① FPGA 重构时间不大于 1h。 ② 选用标准化的紧固件；阀件上应有方向指示；管路上应有标识等

4）约束条件分析

约束条件主要涉及机、电、热等方面的特殊使用约束条件，以及为了保证设备不影响其他产品而必须遵守的约定条件等。一般包括设备安装要求、功耗、使用电压、浪涌电流等方面的设计要求，以及环境试验要求、可靠性试验要求等研制过程要求，这类指标可以在整星顶层规范文件中统一规定，也可反映在设备技术要求中。

分析依据包括：

(1) 设备环境剖面；

(2) 型号顶层规范，如卫星设计和建造规范、卫星可靠性安全性工作计划、卫星环境和可靠性试验规范、卫星 EMC 规范等；

(3) 设备行业规范，承制方内部规范等；

(4) 设备在整星上的使用条件（如安装位置）。

设备常见的约束条件相关指标如表 2.13 所列。

表 2.13　设备常见约束条件相关指标

序号	指标分类	典型参数	指标示例或说明
1	机械约束要求	安装面积要求	某设备的安装面需在限定的形状和面积
		安装角度要求	某发动机的喷口方向必须与舱体成 30°安装
		空间要求	限定某设备的空间使用直径不得大于 30cm
2	电约束要求	输入特性要求	浪涌电流要求设备二次电源输入端浪涌电流应不大于额定输入电流的 x 倍
		接地要求	所有电源的供电都须有专用回线，电源回流不能通过结构地返回
		搭接要求	设备机箱对其内部电路应形成全包围金属屏蔽
3	热约束要求	设备表面处理要求	需黑色阳极化
		瞬态热耗	对于短期瞬态热耗较大设备需提此指标
4	环境试验要求	力学试验条件	力学试验条件包括正弦振动、随机振动、噪声试验、加速度的条件；热试验包括温度范围、循环次数、保持时间等
		热真空试验条件	
		热循环试验条件	
		辐照试验条件	
		其他环境试验条件	
5	可靠性试验要求	寿命试验条件	在 60℃、真空条件下连续工作 8000h
		可靠性研制试验条件	

5）功能要求分析

设备的功能要求来自于系统向分系统、分系统向设备的逐级分解，并可根据需要增加附加功能。功能分解过程可以采用功能分析的方法。规范化的分析应以功能树、功能框图或功能矩阵的方式进行。

通过功能分析,总体设计师和分系统设计师应清楚地了解设备在实现系统/分系统功能中的地位和作用。

分析依据:

(1) 设备寿命剖面各阶段对设备的任务、功能需求;

(2) 型号对设备的功能要求;

(3) 继承性设备的功能要求清单。

分析内容:

(1) 检验设备能够实现的功能的符合性,分析设备功能是否能够完全支撑总体/分系统对设备的任务要求的实现;

(2) 分析是否存在"多余的"功能,如果有,是否对设备具体任务有不利影响。

6) 性能指标分析

设备的性能指标来自于系统向分系统、分系统向设备的逐级分解/分配。设备功能与性能要求必须覆盖设备的全寿命周期,尤其应考虑最坏情况。

分析依据:

(1) 设备寿命剖面各阶段对设备性能指标的要求;

(2) 型号对设备的性能指标要求;

(3) 继承性设备的设计方案和技术基础,包括加工设备、工艺现状等;

(4) 某些设备的性能指标与卫星轨道参数、总体布局、视场、响应等有关;

(5) 继承性设备性能指标要求清单。

据此,检验设备性能指标的覆盖性和符合性,包括对所有工况、环境剖面和任务要求的包络性。

7) 对外接口分析

接口的确定是总体、分系统和设备三方协调的结果。总体和分系统必须全面了解设备对外接口的类型、特点和状态,清楚接口特性在整个寿命期内的变化。对接口认识不全面,容易导致设备指标漏项或不合理。

机电类设备、电子类设备一般都有机械接口、供电接口、遥测接口、遥控接口、热控接口要求,这些接口都应遵循系统建造规范。两台功能相关的电子设备还有不同形式的电接口要求。

分析依据:

(1) 设备寿命剖面各阶段任务对设备的接口要求;

(2) 型号对设备的接口要求;

(3) 继承性设备的设计方案和技术基础;

(4) 某些设备的接口指标与卫星轨道参数、总体布局、视场、响应等有关;

(5) 继承性设备对外接口清单。

据此分析设备接口特性在整个寿命期内的变化,检验设备对外接口的覆盖性和符合性,分析设备接口间的匹配性。

2.4.3.5 产品技术要求确定的输出

通过建立寿命剖面,围绕产品的任务要求和使用需求,分析产品的使用要求、功能要求、性能指标、接口要求和约束条件,最终得到产品的技术指标要求,形成产品技术要求文件或纳入研制任务书,作为产品研制、验收的依据。

导航卫星设备的技术参数/指标示例如表2.14所列。

表2.14 导航卫星设备技术参数/指标示例

指标分类		参数/指标示例
功能与性能指标	电子产品	与总体/分系统对设备的任务要求密切相关,不同设备的参数可能完全不同。 例如,某中央处理单元主要性能如下: ① 处理器:80C86。 ② 存储器:具备检错纠错(EDAC)功能。可编程只读存储器(PROM)容量≥xKbytes 等
	机构产品	① 指向精度; ② 运动范围; ③ 运动速度; ④ 刚度等
	结构产品	① 外形尺寸; ② 刚度; ③ 强度; ④ 质量特性等
	射频产品	① 射频频率及带宽; ② 驻波比; ③ 隔离度等
使用约束指标	可靠性	定量要求:如在轨工作可靠度
		定性要求:如蓄电池组应允许一节单体电池开路失效
	寿命	工作寿命:如天线摆动机构工作次数大于2000次,机构摆动时间不小于1000h
		设计寿命
		贮存寿命:如天线控制器的贮存寿命不小于3年
	安全性	定量要求:如蓄电池单体的安全因子应大于2.5
		定性要求:如贮箱焊缝检测应达到Ⅰ级
	工作模式	工作模式:如摆动机构应有开环控制和闭环控制两种模式
接口指标	机械接口	重量
		外形尺寸
		安装:如安装孔孔径、安装孔个数、安装平面度、安装面粗糙度等
		定性要求:如遵循卫星设计与建造规范要求,表面状态及刻印字要求等
	供电接口	工作电压
		工作电流(分不同工况)
		启动电流(分不同工况)

（续）

指标分类		参数/指标示例
接口指标	供电接口	定性要求：如满足卫星加电起始状态、加电、断电、浪涌电流及剩磁要求，供电接口应有有效的短路保护措施等
	热接口	工作温度范围
		瞬态功耗
		长期功耗
		表面状态：如要求设备表面进行黑色阳极化，涂层均匀，半球向发射率≥0.85等
		安装接触面积
		定性要求：如设备应遵循《卫星设计与建造规范》和卫星热控分系统文件所制定的热设计规范，太阳翼与SADM接口处应安装隔热垫等
	遥测接口	模拟量遥测
		数字量遥测
		定性要求：如接口电路设计应遵循卫星设计与建造规范
	遥控接口	离散遥控指令
		比例式遥控指令
		定性要求：如接口电路设计应遵循卫星设计与建造规范
	与其他单机的接口	如天线机构与限位开关的接口要求，中央处理单元与遥控单元的接口要求等
设计约束条件	环境试验要求	鉴定级力学试验条件
		鉴定级热真空试验条件
		鉴定级热循环试验条件
		辐照试验条件
		其他环境试验条件等
	可靠性试验要求	寿命试验
		可靠性研制试验
		摸底试验
	功能、性能试验要求	电源拉偏试验
		热平衡试验
		其他（如接口特性试验）
	可靠性设计要求	可靠性设计准则：如所有元器件应满足Ⅰ级降额要求
	接地要求	如所有电源的供电都须有专用回线，电源回流不能通过结构地返回
	搭接要求	如机箱上任二点间的直流电阻应不大于 x mΩ（测试电流1A），电连接器和金属机箱间的直流电阻应不大于 y mΩ（测试电流1A）

参考文献

[1] Department of Defense of U. S. A. Global positioning system standard positioning service performance standard: 2020 [S/OL]. https://www.gps.gov/technical/ps/2020-SPS-performance-standard.pdf

[2] European Cooperation for Space Standardization (ECSS). Space product assurance ——Availability analysis: ECSS-Q-30-09C[S]. Noordwijk, the Netherlands: ESA Publications Division, 2005:13.

[3] 国防科学技术工业委员会. 装备可靠性维修性参数选择和指标确定要求 卫星: GJB 1909.4—1994[S]. 北京: 航空航天工业部七〇八所, 1994:3.

[4] 曾声奎. 可靠性设计与分析[M]. 北京: 国防工业出版社, 2011.

第3章　可靠性建模与预计

卫星可靠性建模的任务是针对可靠性参数(如可靠度)和系统特征(如可修/不可修、静态/动态),对系统在各种可能的任务情况下(任务剖面变化、系统结构变化等)进行系统行为(故障逻辑)建模,并采用图形和数学关系式或仿真逻辑的方式加以表达。卫星可靠性预计的任务则是在单元产品可靠性预计的基础上,利用系统可靠性模型获得卫星可靠性指标的预估值。可靠性建模和可靠性预计相结合,通过正确、真实地反映系统的可靠性关系和获得分析结果,可以为其他可靠性分析工作以及可靠性设计改进提供充分的依据,这在导航卫星方案设计和初样详细设计过程中具有重要意义。

3.1　可靠性建模

可靠性模型是对系统及其组成单元之间的可靠性/故障逻辑关系的描述。建立可靠性模型的目的是:

(1) 进行可靠性分配,把系统级的可靠性要求分配给系统级以下各个层次,以便进行产品设计;

(2) 进行可靠性预计,估计或确定设计方案可达到的可靠性水平,为可靠性设计决策和方案选择提供依据;

(3) 当设计变更时,进行灵敏度分析,确定系统内的某个参数发生变化对系统可靠性、可用性的影响;

(4) 评定卫星产品的可靠性;

(5) 支持 FMEA 等工作。

3.1.1　可靠性模型分类

根据建模方法的不同,可靠性模型可以分为静态可靠性模型和动态可靠性模型两大类。静态可靠性模型的核心理论来自布尔代数,主要包括可靠性框图(RBD)、故障树、二元决策图(BDD)等。动态可靠性模型能够清楚地表示系统状态的变化,主要有动态故障树(DFT)模型、马尔可夫模型、随机 Petri 网(SPN)模型、目标导向(GO)法模型和蒙特卡罗仿真模型等。

这些方法描述的范围和复杂程度是不一样的,图 3.1 大致反映了目前常用的可

靠性建模方法的适应能力及系统行为复杂程度与描述的精度要求之间的关系。仿真可描述的系统对象最为广泛。

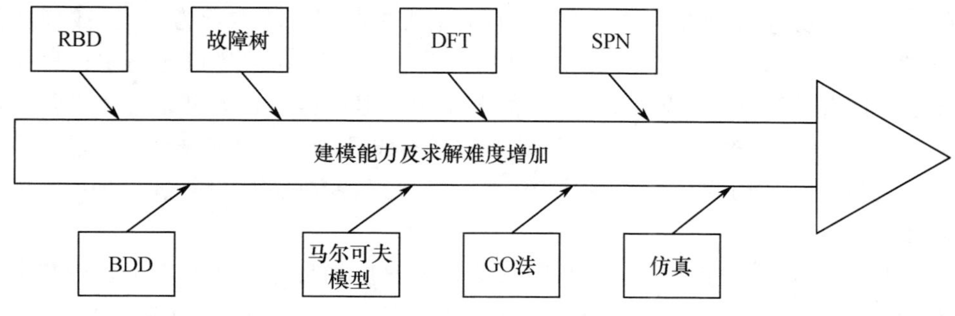

图3.1 可靠性建模方法发展趋势图

RBD是较早使用的一种可靠性模型,也是工程上最常用的建模方法。RBD由代表产品或功能的方框和连线组成,表示了各组成部分的故障或其组合如何导致产品故障的逻辑。数学模型用于表达RBD中各方框的可靠性与系统可靠性之间的函数关系。典型的RBD包括串联、并联、表决、贮备(冷备、热备、温备)以及网络模型等。RBD的优点是图形简便直观、计算简易,对于大型系统,通过分层和模块化可提高建模和分析效率;缺点是无法描述动态行为,不区分不同的故障模式,是一种粗线条的可靠性模型。

故障树是描述硬件、软件、操作、环境等因素的逻辑组合如何导致系统故障的树形结构,它揭示了不希望出现的系统故障发生的原因,特别适用于分析系统各种故障模式及运作时系统的各种约束,也可用于对关键系统失效模式进行定性定量分析。用故障树图易于进行定量分析,特别是对系统的"金字塔"结构可以非常直观地加以表达。故障树模型的局限性在于,它所处理的事故场景是静态的,对相关性的描述能力也非常有限。

当考察一个任务持续时间随机的系统时,使用经典的可靠性建模方法将很困难,这时可以考虑使用马尔可夫过程建模方法。马尔可夫模型由表示系统状态的部件和反映系统状态间变化的转移构成,具有强大的、灵活的描述能力,有一套成熟的求解计算理论和方法,能够有效地反映复杂维修策略、动态系统配置以及复杂的容错系统特征。马尔可夫过程建模的主要缺点是分析大型系统易出现"状态爆炸",导致马尔可夫模型的建立和求解非常烦琐,计算极为耗时,描述相当复杂。

DFT是为了克服传统故障树处理动态系统时的缺点而提出的,通过引入表征动态特性的新的逻辑门类型,实现对具有顺序相关性、冷/热备件、时序逻辑等的复杂系统的动态故障行为的描述。DFT综合了传统的FTA方法和马尔可夫模型两者的优点,既可描述静态的组合逻辑关系,也可以描述动态的时序逻辑关系。DFT存在的问题是求解的计算量与问题的规模成指数增长关系,因此大型系统建模求解极为耗时。另外,DFT描述动态时序只适用独立维修情况。

Petri 网原本是一种描述同步、并发行为的信息系统及其相互关系的网络数学模型。在 20 世纪末 Petri 网被引入可靠性建模中，并逐渐成为大型复杂系统可靠性分析的有力工具。Petri 网在可靠性建模中的应用主要包括基本行为描述、故障树简化、故障诊断、指标的解析计算和可靠性仿真分析等。Petri 网建模比马尔可夫模型更接近设计者的系统描述思维，并且更简单快速。但同样存在大型系统建模复杂不直观，建模效率低且模型不易理解，以及通过转换成马尔可夫链实现计算时的状态组合爆炸问题。在 Petri 网实际应用中，经常需要根据特定的应用环境对 Petri 网模型加以修改和限制。

仿真是最为强大的可靠性建模技术，蒙特卡罗仿真是可靠性数学仿真最基本的方法，可用于描述任意复杂的系统。蒙特卡罗仿真的基本思想是：针对系统可靠性、可用性指标求解等问题，首先建立一个与求解有关的概率模型或随机过程，使它的参数等于所求问题的解；然后通过对模型或过程的观察或抽样试验来计算所求参数的统计特征，最后给出所求解的近似值。该技术可以解决建模计算上的问题，但存在建模效率低、流程复杂、可重用性和灵活性不足等问题。

根据分析目标的不同，可靠性模型又可分为基本可靠性模型和任务可靠性模型两类。基本可靠性模型是用以估计产品及其组成单元故障引起的维修及保障要求的可靠性模型。任务可靠性模型是用以估计产品在执行任务过程中完成规定功能的能力的可靠性模型。卫星产品在轨运行过程中，只能根据星上既定资源进行故障处理，通常不存在地面系统运行中的拆装、返厂、更换等维修工作，因此，一般情况下卫星只建立任务可靠性模型，并通常表现为一个复杂的串联、并联、表决、旁联等多种模型的组合。

3.1.2 静态可靠性模型

3.1.2.1 串联结构

串联结构是可靠性数学模型中最简单、最常见的一种结构，也是导航卫星的基本结构之一。串联结构中系统是否能正常工作取决于系统所有各部件是否正常地执行其功能，任一部件发生故障都将导致整个系统发生故障。串联系统的 RBD 见图 3.2。串联结构中假设任何一个部件的故障在统计上与任何其他部件的故障或成功无关。如果假设条件不成立，则需要采用条件概率计算。

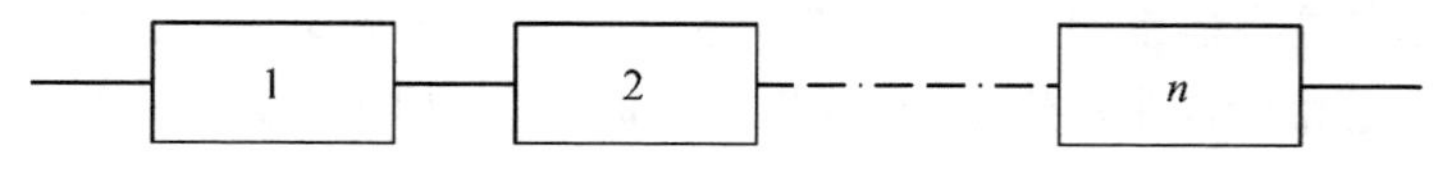

图 3.2 串联系统 RBD

在各单元的故障统计独立的条件下，串联系统的可靠度为

$$R_S = \prod_{i=1}^{n} R_i \tag{3.1}$$

式中：R_S为系统的可靠度；n 为串联单元总数；R_i为第 i 个单元的可靠度。

当所有单元都服从指数寿命分布时，系统可靠度 R_S 可表示为

$$R_S = \exp\left(-\sum_{i=1}^{n} \lambda_i t\right) \tag{3.2}$$

式中：λ_i 为第 i 个单元的失效率。

当不是所有单元都服从指数寿命时，系统可靠度 R_S 可表示为

$$R_S = \exp\left(-\int_0^t \sum_{i=1}^{n} \lambda_i(t)\,\mathrm{d}t\right) \tag{3.3}$$

3.1.2.2　并联结构

并联结构也是导航卫星的基本结构之一。并联结构中，只有当所有部件都发生故障时，系统才发生故障。并联系统的 RBD 见图 3.3。

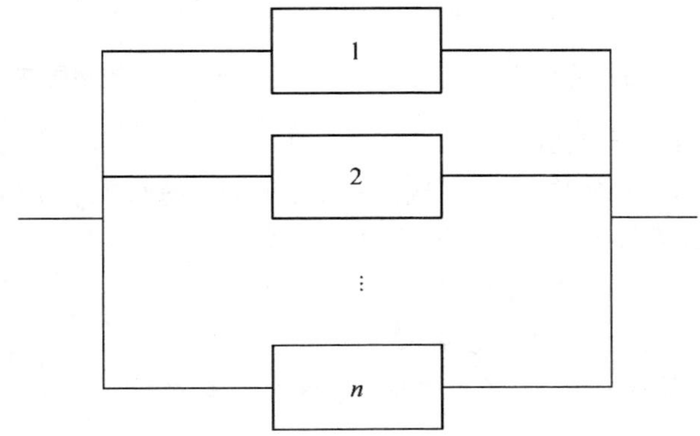

图 3.3　并联系统 RBD

在各单元的故障统计独立的条件下，并联系统的可靠度为

$$R_S = 1 - \prod_{i=1}^{n} (1 - R_i) \tag{3.4}$$

当所有单元都服从指数寿命分布时，并联系统的可靠度可表示为

$$R_S = 1 - \prod_{i=1}^{n} (1 - e^{-\lambda_i t}) \tag{3.5}$$

3.1.2.3　串 - 并混联系统

导航卫星也有同时包含串联和并联关系组合的单元，例如，卫星配电器由 3 个模块组成，每个模块之间是串联关系，每个模块内部又由两个并联模块组成。其 RBD 如图 3.4 所示。

图 3.4　卫星配电器 RBD

显然，混联有两种冗余方式，即先串后并和先并后串。在卫星冗余设计的很多场合，会遇到两种冗余方式的选择问题。比较图 3.5 和图 3.6 两个混联系统的可靠度，有

$$R_{S1}-R_{S2}=(2R-R^2)^2-(2R^2-R^4)=2R^2(R-1)^2\geqslant 0 \tag{3.6}$$

可见，先并后串冗余系统的可靠度大于先串后并冗余系统的可靠度。

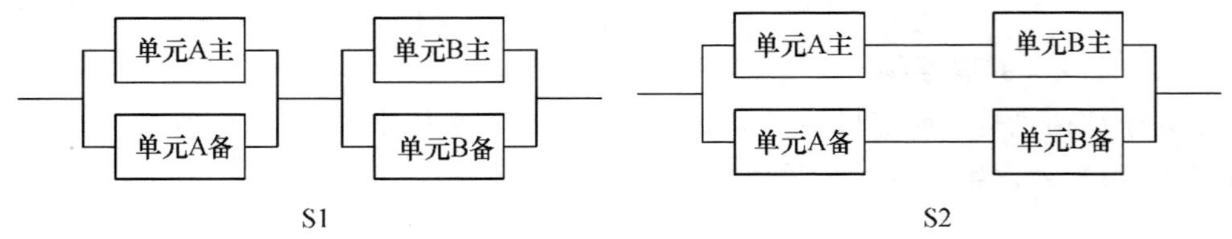

图 3.5　先并后串混联模型　　图 3.6　先串后并混联模型

3.1.2.4　贮备冗余系统

贮备冗余系统包括冷贮备（无载贮备）、热贮备（满载贮备）和温贮备（轻载贮备）3 种形式。贮备系统通常由 n 个单元和一个高可靠转换装置组成，正常情况下只有一个单元工作，当工作单元故障时，通过转换装置接到另一个单元继续工作，直到所有单元都故障时，系统才失效。

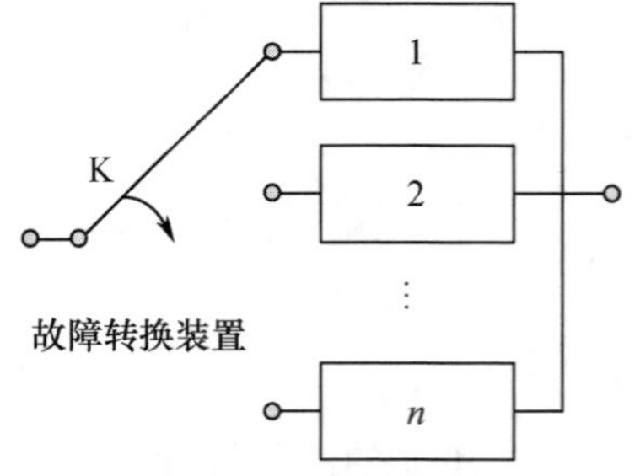

图 3.7　贮备冗余系统 RBD

贮备冗余系统的 RBD 见图 3.7。

1）冷贮备

假设转换开关完全可靠，各单元服从指数分布，则冷贮备系统可靠度为

$$R_S=\sum_{i=1}^{n}\left[\prod_{j=1,j\neq i}^{n}\frac{\lambda_j}{\lambda_j-\lambda_i}\right]e^{-\lambda_i t} \tag{3.7}$$

各单元失效率相同为 λ 时，系统可靠度为

$$R_S=\sum_{i=0}^{n-1}\frac{(\lambda t)^i}{i!}e^{-\lambda t} \tag{3.8}$$

当转换装置不完全可靠，且其可靠性为常数 R_k 时：

（1）n 个相同指数单元的系统可靠度为

$$R_S=\sum_{i=0}^{n-1}\frac{(\lambda R_k t)^i}{i!}e^{-\lambda t} \tag{3.9}$$

（2）两个不同指数单元的系统可靠度为

$$R_S=e^{-\lambda_1 t}+R_k\frac{\lambda_1}{\lambda_1-\lambda_2}(e^{-\lambda_2 t}-e^{-\lambda_1 t}) \tag{3.10}$$

转换装置服从失效率为 λ_k 的指数分布时，两个不同指数单元的系统可靠度为

$$R_S = e^{-\lambda_1 t} + R_k \frac{\lambda_1}{\lambda_1 + \lambda_k - \lambda_2}\left(e^{-\lambda_2 t} - e^{-(\lambda_1 + \lambda_k)t}\right) \tag{3.11}$$

2）热贮备

热贮备单元的失效率和工作单元相同，在假设转换装置完全可靠时，对热贮备可按并联结构考虑。

3）温贮备

对温贮备，设系统各单元为指数分布、失效率相同，工作时单元失效率为 λ，贮备时单元失效率为 μ，则系统可靠度为

$$R_S = \sum_{i=1}^{n}\left[\prod_{j=1, j\neq i}^{n} \frac{\lambda + (n-j)\mu}{(i-j)\mu}\right] e^{-[\lambda + (n-j)\mu]t} \tag{3.12}$$

$n=2$ 时，系统可靠度为

$$R_S = e^{-\lambda t} + \frac{\lambda}{\mu} e^{-\lambda t}(1 - e^{-\mu t}) \tag{3.13}$$

转换装置服从失效率为 λ_k 的指数分布时，两个不同指数单元的系统可靠度为

$$R_S = e^{-\lambda_1 t} + \frac{\lambda_1 e^{-\lambda_2 t}}{\lambda_1 - \lambda_2 + \mu_2 + \lambda_k} - \frac{\lambda_1 e^{-(\lambda_1 + \mu_2 + \lambda_k)t}}{\lambda_1 - \lambda_2 + \mu_2 + \lambda_k} \tag{3.14}$$

3.1.2.5　表决系统

表决系统也是导航卫星常用的一种冗余方式。设系统由 n 个单元组成，n 个单元均工作，其中不小于 k 个单元正常，则系统正常，称为一个 $k/n(G)$ 表决系统，也可称为 n 中取 k 系统，其中 $k<n$。

表决系统的 RBD 见图 3.8。

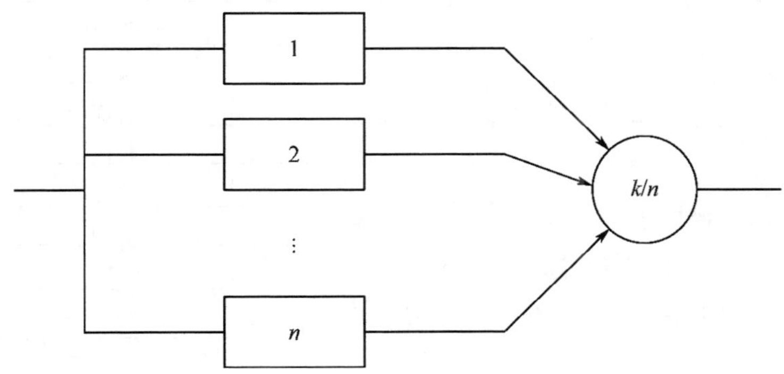

图 3.8　n 中取 k 表决系统 RBD

若各单元可靠度 R_0 相同，设表决器可靠度为 R_m，则系统可靠度为

$$R_S = R_m \sum_{i=k}^{n} \binom{n}{i} R_0^i (1 - R_0^i)^{n-i} \tag{3.15}$$

3.1.3 动态可靠性模型

3.1.3.1 卫星典型的复杂结构

除了上节提到的结构关系外，导航卫星系统设计中还包含一些更为复杂的结构或逻辑关系。这些结构关系由于自身的复杂性或具有动态特性，不能或不适宜用静态可靠性模型表达，必须或更适宜采用动态可靠性建模方法处理。下面介绍一些典型的复杂结构。

1）n 中取 k 交叉贮备系统

这是一种兼有 n 中取 k 表决系统和贮备冗余系统性质的一种系统。正常情况下 k 个单元工作，$n-k$ 个单元贮备（冷、热、温），其中任一贮备单元可以用来替换任何一个失效了的工作单元，因此叫作交叉贮备。

这种结构形式常见于卫星控制系统和转发器系统中。以控制系统中的陀螺组件为例，陀螺组件由代号为 X、Y、Z、S 的 4 个陀螺组成。正常情况下由陀螺 X、Y、Z 分别完成 x 轴、y 轴、z 轴的测量功能，陀螺 S 作为冷备份。当陀螺 X、Y、Z 中的任一个故障时，均可由陀螺 S 替换。

又如，卫星时间子系统由 4 台设备组成，只要有 1 台设备正常则子系统正常。与通常的贮备冗余系统不同的是，该子系统正常模式下仅一台设备工作，其他 3 台设备有 1 台作为热备份，2 台作为冷备份。显然，这是一种更为复杂的贮备关系。

2）环备份系统

环备份是一种类似于 n 中取 k 交叉贮备系统，但贮备单元并不能任意替代工作单元的冗余系统。环备份通常应用于导航卫星的转发器系统。

如图 3.9 所示，以某卫星有效载荷为例，星上共配置了 9 个行波管放大器，其备份方式如下：

（1）正常情况下，共有 6 个单元（A1 ~ A6）工作，构成 6 条通路，其余 3 个（B1 ~ B3）为备份件。

（2）B1 能对通路 1 ~ 通路 3 中的任何一路进行备份，但不能对通路 4 ~ 通路 6 备份；

（3）B2 可对通路 1 ~ 通路 6 中的任何一路备份；

（4）B3 可对通路 4 ~ 通路 6 中的任何一路进行备份，但不能对通路 1 ~ 通路 3 备份。

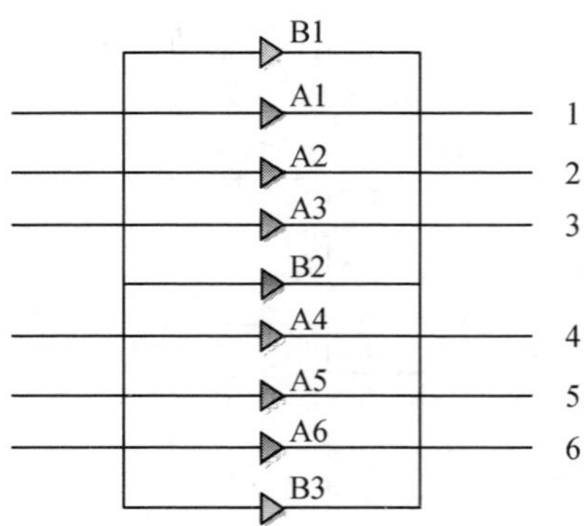

图 3.9 行波管放大器环备份示意图（见彩图）

3）动态重构系统

为保证卫星在轨工作的稳定性和提高健壮性，卫星系统故障对策中经常采用系统重构的方式恢复在轨故障。卫星系统的构成越复杂，故障越严重，故障影响的层次

越高，系统重构的过程通常越复杂，体现为更复杂的恢复逻辑和动态行为特征。

以某卫星测控分系统为例，测控发射机和接收机各有两套设备(发射机记为A、C，接收机记为B、D)，这2套设备的工作模式及故障后的重构逻辑如下：

(1) 正常情况下，A和B串联工作，C和D串联作为冷备份。

(2) 若A故障，切换到C和D串联工作。之后，若C故障，系统故障；若D故障，切换到C和B串联工作，再之后若C或B故障，系统故障。

(3) 若B故障，按类似方式进行切换。

除以上典型的复杂结构外，部分卫星还包含多状态系统、多功能系统、复杂的网络系统等，还可能面临贮备单元具有不同失效率甚至不同分布、负载应力变化等问题，这些因素都是静态可靠性模型不能处理或不宜处理的，必须选用适当的动态可靠性建模方法。

3.1.3.2 马尔可夫模型

马尔可夫模型由表示系统状态的部件和反映系统状态间变化的转移构成。例如：由几个独立的单元1，2，…，n组成一个系统，每个单元有两种状态：工作状态和故障状态。系统的状态完全取决于它的单元的状态，这种相依性通过结构函数来表达。马尔可夫模型的基本概念是系统"状态"(如工作、不工作)及状态"转换"(由工作状态到由于故障而处于不工作状态，或从不工作状态修复到处于工作状态)。马尔可夫模型是由状态i到状态j的转换概率P_{ij}定义的，它的重要特征之一是转换概率P_{ij}只决定于状态i和状态j，而与所有以前的状态无关；假设转换过程是静态的，则P_{ij}不随时间变化，为一个常数。

马尔可夫模型用在可靠性分析中，有两个重要指标：可靠度和可用度。它们等于时刻t各个正常工作状态的概率之和，因此对马尔可夫模型的求解，可以归结为对系统处于某个状态的概率求解。根据流经给定状态节点的概率密度，建立微分方程，解微分方程组就可得到该状态的概率值。

以3.1.3.1节测控分系统的动态重构系统为例，该系统是不能以静态模型直接建模，采用马尔可夫模型则简单得多。利用马尔可夫模型建立的可靠性模型如图3.10所示。

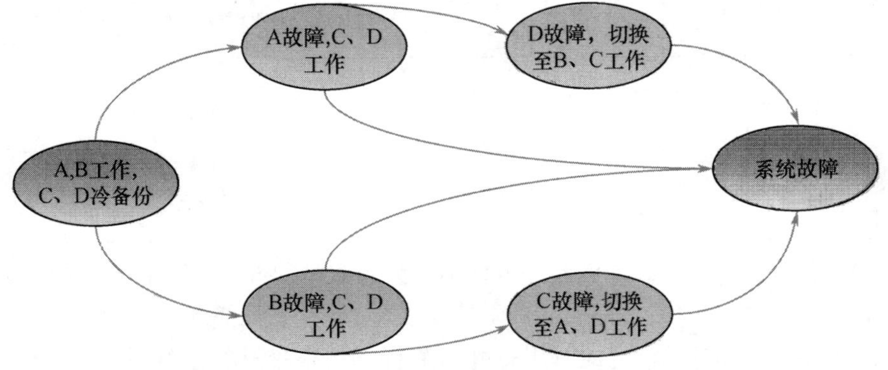

图3.10 测控动态重构系统的马尔可夫模型(见彩图)

3.1.3.3 可靠性数学仿真

可靠性数学仿真就是用系统的可靠性仿真模型进行仿真试验求解系统的可靠性特征量或分析系统的可靠性问题,是一种分析复杂系统可靠性的有效方法。可靠性数学仿真既作为一种建模方法应用于可靠性动态建模,也广泛应用于各类可靠性静态模型和动态模型的仿真分析计算。

蒙特卡罗方法是可靠性数学仿真的数学基础,其基本思想是:当所求解的问题带有随机性质时,比如某个事件出现的概率、某个随机变量的期望值等,可以通过抽样试验的方法得到问题的解。方法的一般过程是:首先构造概率模型,然后进行已知概率分布的随机变量的抽样,最后建立各种统计量的估计。

随机数的产生和检验是蒙特卡罗方法的基础,也是随机变量抽样的特例。线性同余法是广为使用的伪随机数产生方法。已知随机数后可进行随机变量的抽样。对于连续型随机变量,人们提出和发展了很多抽样方法,包括直接抽样法、匕首抽样法、舍选抽样法、变换抽样法、复合抽样法、近似抽样法等。工程中最常用的抽样方法是直接抽样法。直接抽样法的原理是:若 Z 为 $[0,1]$ 上均匀分布的随机变量,$F(x)$ 为随机变量 ξ 的分布函数,且 $F(x)$ 为单调递增连续函数,则 $\xi=F^{-1}(Z)$ 是以 $F(x)$ 为分布函数的随机变量,由此,可以用随机数产生随机变量 ξ 的抽样值。

常用分布函数随机变量的随机抽样公式如表 3.1 所列,其中 η、η_1、η_2 均为随机数。

表 3.1 常用分布函数随机变量的随机抽样公式

序号	分布名称	密度函数 $f(x)$	$X_F(\xi)$
1	均匀分布	$\frac{1}{b-a}$	$(b-a)\eta+a$
2	指数分布	$\lambda e^{-\lambda t}$	$-\frac{1}{\lambda}\ln(1-\eta)$
3	标准正态分布	$\frac{1}{\sqrt{2\pi}}e^{-\frac{t^2}{2}}$	$\sqrt{-2\ln\eta_1}\cos2\pi\eta_2$, $\sqrt{-2\ln\eta_1}\sin2\pi\eta_2$
4	威布尔分布	$\frac{c}{b}\left(\frac{t-a}{b}\right)^{c-1}e^{-\left(\frac{t-a}{b}\right)^c}$	$b(-\ln\eta)^{\frac{1}{c}}+a$
5	二项分布	$P[\xi=m]=c_n^m p^m q^{n-m}$	产生随机数 $\eta_1,\eta_2,\cdots,\eta_n$,使得 $\eta_i<p$ 成立的个数

卫星集成了电子、机械、机电等多种不同分布类型的部件,应用大量并联、贮备冗余等技术,存在可能的相关失效。对于导航卫星,还存在贮备单元失效率不同、模块共用、复杂系统重构等情况,此时用一般的解析方法很难进行系统可靠性分析,有必要利用可靠性数学仿真的办法来解决。

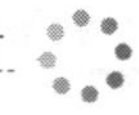

可靠性数学仿真的典型过程如下[1]：

(1) 明确问题和仿真目标。明确系统的内涵和约束条件，明确仿真的指标和要解决的问题。

(2) 建立可靠性仿真模型。设系统S由n个基本部件组成，以$Z_i(i=1,2,\cdots,n)$表示第i个部件，每一个基本部件的失效函数为$F_i(t)(i=1,2,\cdots,n)$，以系统S失效为顶事件，则系统共有n个底事件。以$\varphi[\boldsymbol{X}(t)]$表示系统的结构函数，其中

$$\boldsymbol{X}(t)=[x_1(t),x_2(t),\cdots,x_i(t),\cdots,x_n(t)] \tag{3.16}$$

式中

$$x_i(t)=\begin{cases}1 & \text{在 } t \text{ 时刻第 } i \text{ 个底事件发生}\\ 0 & \text{在 } t \text{ 时刻第 } i \text{ 个底事件未发生}\end{cases} \tag{3.17}$$

以$\varphi(t)$表示系统S失效在t时刻的状态变量，有

$$\varphi(t)=\begin{cases}1 & \text{在 } t \text{ 时刻系统失效}\\ 0 & \text{在 } t \text{ 时刻系统未失效}\end{cases} \tag{3.18}$$

且有$\varphi(t)=\varphi[\boldsymbol{X}(t)]$。

(3) 进行可靠性仿真程序设计。

① 用蒙特卡罗方法对n个基本部件的失效时间进行随机抽样。

设第j次仿真运行中，第i个基本部件Z_i的失效时间抽样值为t_{ij}，则$t_{ij}=F_i^{-1}(\eta_{ij})$，由此得到$n$个基本部件的失效时间为$t_{1j},\cdots,t_{2j},\cdots,t_{ij},\cdots,t_{nj}$。

② 根据系统的可靠性逻辑关系，找出系统失效时间。

将n个基本部件的失效时间按取值大小排序，设顺序排列为$t_{t_1},t_{t_2},\cdots,t_{t_i},\cdots,t_{t_j},\cdots,t_{t_n}$，与之对应的基本部件顺序为$Z'_1,Z'_2,\cdots,Z'_i,\cdots,Z'_j,\cdots,Z'_n$。按上述时间顺序，从$t=t_{t_1}$开始，依次将与之对应的基本部件$Z'_i$置于失效状态，通过结构函数$\varphi[\boldsymbol{X}(t)]$判断系统是否失效，如果系统未失效，则继续进行，直到Z'_j失效引起系统失效，此时系统失效时间$t_{K_j}=t_{t_k}$，该次仿真结束。

③ 用区间统计方法进行系统失效数的分布统计。

每次仿真后应判断系统失效时间的落点，以便分析系统失效时间的分布。设时间区间的长度为ΔT，则在N次仿真中，系统在$(t_{r-1},t_r)(r=1,2,\cdots,N)$区间内的失效数为

$$\Delta m_r=\sum_{j=1}^{N}\varphi_j(t_K) \qquad t_{r-1}<t_K\leqslant t_r \tag{3.19}$$

当$t\leqslant t_r$时的系统失效数为

$$m_r=\sum_{j=1}^{N}\varphi_j(t_K) \qquad t_K\leqslant t_r \tag{3.20}$$

(4) 对于复杂大系统的可靠性模型可能需要通过调试和测试来验证和确认模型

的正确性和精度。

(5) 试验设计。建立可靠性仿真运行的试验条件,包括仿真输出结果和控制变量的关系,确定不同的控制变量组合以及仿真运行次数,设定系统的初始条件等。如设系统规定的最大工作时间为 T_{max},进行 N 次仿真。

(6) 运行和分析。仿真运行,进行系统可靠性指标计算、仿真误差分析、部件重要度计算等工作。如可以求得系统的可靠度和系统失效密度函数分别为

$$R_S(t_r) \approx 1 - \frac{m_r}{N} \tag{3.21}$$

$$f_S(t_r) \approx \frac{\Delta m(t_r)}{\Delta t_r \cdot N} \tag{3.22}$$

在 N 次仿真运行中,若以 $m_i(T_{max})$ 表示在 $[0, T_{max}]$ 时间内基本部件 Z_i 失效引起系统失效的次数,以 M_0 表示基本部件 Z_i 失效的总次数,则基本部件 Z_i 的重要度

$$W(Z_i) = \frac{m_i(T_{max})}{M_0} \tag{3.23}$$

其模式重要度可表示为(要求系统失效数等于仿真次数)

$$W_N(Z_i) = \frac{m_i(T_{max})}{N} \tag{3.24}$$

(7) 补充运行和分析。根据已经完成的运行和分析确定是否要增加运行和补充分析。

(8) 将仿真方案、程序、输入输出结果等形成书面文件。

以上是可靠性数学仿真的典型过程,也是可靠性数学仿真的核心内容,可以说大多数的可靠性仿真应用都是在这一典型过程基础上的变化与发展。

可靠性数学仿真的一般应用如表 3.2 所列。

表 3.2 可靠性数学仿真的一般应用

序号	应用方向	应用说明
1	求解系统可靠性参数和分布	应用于如下系统:包含有切换环节的旁联冗余;具有相关失效;存在非指数分布部件;组成与功能复杂。 可求解系统可靠性参数的点估计值,如系统可靠度、MTBF 等;可得到系统失效概率分布
2	单元重要度分析	根据系统可靠性仿真逻辑模型,判断每个单元失效对系统的影响,求解单元重要度和单元模式重要度,寻找系统薄弱环节,帮助进行 FMEA
3	性能可靠性分析	性能可靠性是指系统性能保持在规定公差范围或规定极限内的能力。当系统或其组成部分的性能参数为随机变量时,将用到可靠性仿真。 可求解系统的性能可靠性参数和分布。 典型的应用为:电子产品的电路容差分析;机械产品的应力-强度概率设计

（续）

序号	应用方向	应用说明
4	概率风险评价	对系统某一事件导致费用、研制周期、系统性能或故障后果等的变化进行量化分析，确定影响风险的关键因素，寻找降低风险的最优途径
5	求解可维修系统可用度	对复杂的可维修系统（如存在非指数分布部件或冗余部件），求解其可用度，根据仿真结果权衡可靠度、可用度和经济效益，寻求最佳预防维修周期
6	维修决策分析	在缺少充分的维修历史资料的情况下，仿真设备故障时间和修理费用，比较不同的维修决策方案费用，选择最优方案
7	可靠性数据处理和评估	利用蒙特卡罗仿真方法进行有针对性的分析，评价不同可靠性数据处理和评估方法的优劣，帮助选择更接近客观实际的方法

以3.1.3.1节给出的环备份系统的可靠性建模为例，这种备份方式是无法用RBD直观描述的，理论上除应用布尔真值表结合全概率公式进行分析外，只能选用动态建模方法。由于系统中的行波管放大器数量很多，采用DFT或马尔可夫建模会面临状态太多、模型过于复杂的问题。此时，采用可靠性数学仿真建模则是一种比较简单的方法，既能准确表达环备份的使用逻辑，又做到模型及计算不太复杂。

3.1.4　系统可靠性建模的流程

3.1.4.1　一般步骤

系统可靠性建模的一般步骤如图3.11所示。

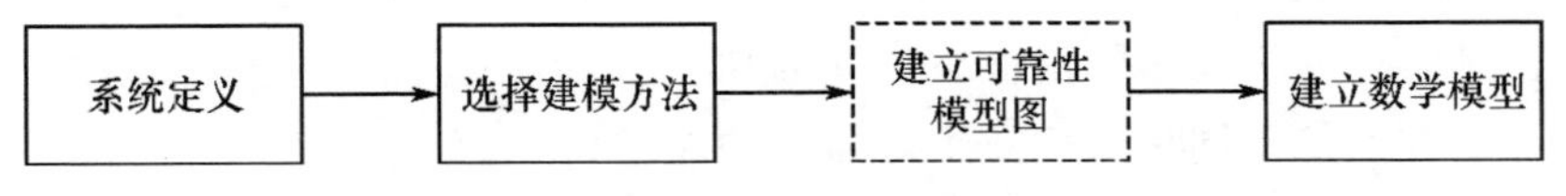

图3.11　系统可靠性建模的一般步骤

1）系统定义

明确卫星系统级组成及任务、功能要求，建立寿命剖面与任务剖面，明确整星、分系统任务成功判据及有关分析假设等。

2）选择合适的可靠性建模方法

根据系统功能分析、任务剖面和建模目的，结合各种可靠性建模方法的适用范围、优缺点和可利用的软件工具，选择合适的可靠性建模方法，以便在有限的时间内尽快达到预期工作目标。

3）建立可靠性模型图

明确完成系统功能所需的单元并根据各单元逻辑关系，依据建模方法要求，绘制系统的可靠性模型图。当选用蒙特卡罗仿真方法建模时，应建立包含系统及各单元逻辑关系和动态行为特征的仿真流程图。

4）建立可靠性数学模型

选用合适的数学方法（如概率法、布尔真值法、蒙特卡罗法等），建立可靠性数学模型。

3.1.4.2 系统定义

系统定义是可靠性建模的第一步，目的是获得可靠性建模需要的输入条件。系统定义的内容主要包括：

（1）功能分析，即确定卫星任务与功能，确定工作模式；

（2）任务剖面分析，即确定全过程的任务、飞行事件、任务持续时间、环境条件等；

（3）故障定义，即明确产品及其单元的性能参数及容许界限、产品功能接口，确定故障判据等。

1）功能分析

功能分析是识别和描述系统所有功能的技术，其目的是识别和划分一个既定任务系统的所有功能。功能分析通常通过自上而下的功能分解过程，得到系统功能的层次结构，并细分到可以获得明确的技术要求的最低层次（例如部件）。

功能分析的一般步骤包括：

（1）定义被分析的系统及其边界条件。

（2）定义分析的程度。进行功能分析的详细层次由设计成熟度决定，并在研制过程中逐渐深入。一般，系统、分系统功能分析分解到设备级，设备功能分析分解到模块/部件级。

（3）识别系统的功能、工作模式。在功能识别过程中，应注意：

① 识别需要在不同工作剖面下实现的功能；

② 识别在系统不同工作模式下必需的功能；

③ 确保所有层次之间的功能需求可追溯；

④ 识别各功能之间的相互关系；

⑤ 分析和比较备选功能方案。

（4）用功能树、功能矩阵或功能框图来描述系统。功能分析一般情况下用3种方式来表述，即功能树、功能矩阵和功能框图。功能分析通常使用的是功能树方法。

图3.12给出了功能分析的实施流程[2]。

功能树可以清晰地描述系统的功能层次以及较低层次功能与顶层功能的关联性。功能矩阵可作为功能树的补充，表示低层和高层功能之间的关系，以及功能和工作模式、任务剖面之间的关系，它可能覆盖整个系统或某特定范围。在不同层次可以用到很多功能矩阵。

功能框图主要表示系统中功能之间的界面和接口关系。功能框图可能是一系列的框图，高层次的全局框图可以表示整个系统，低层次的框图用来表示确定的描述范

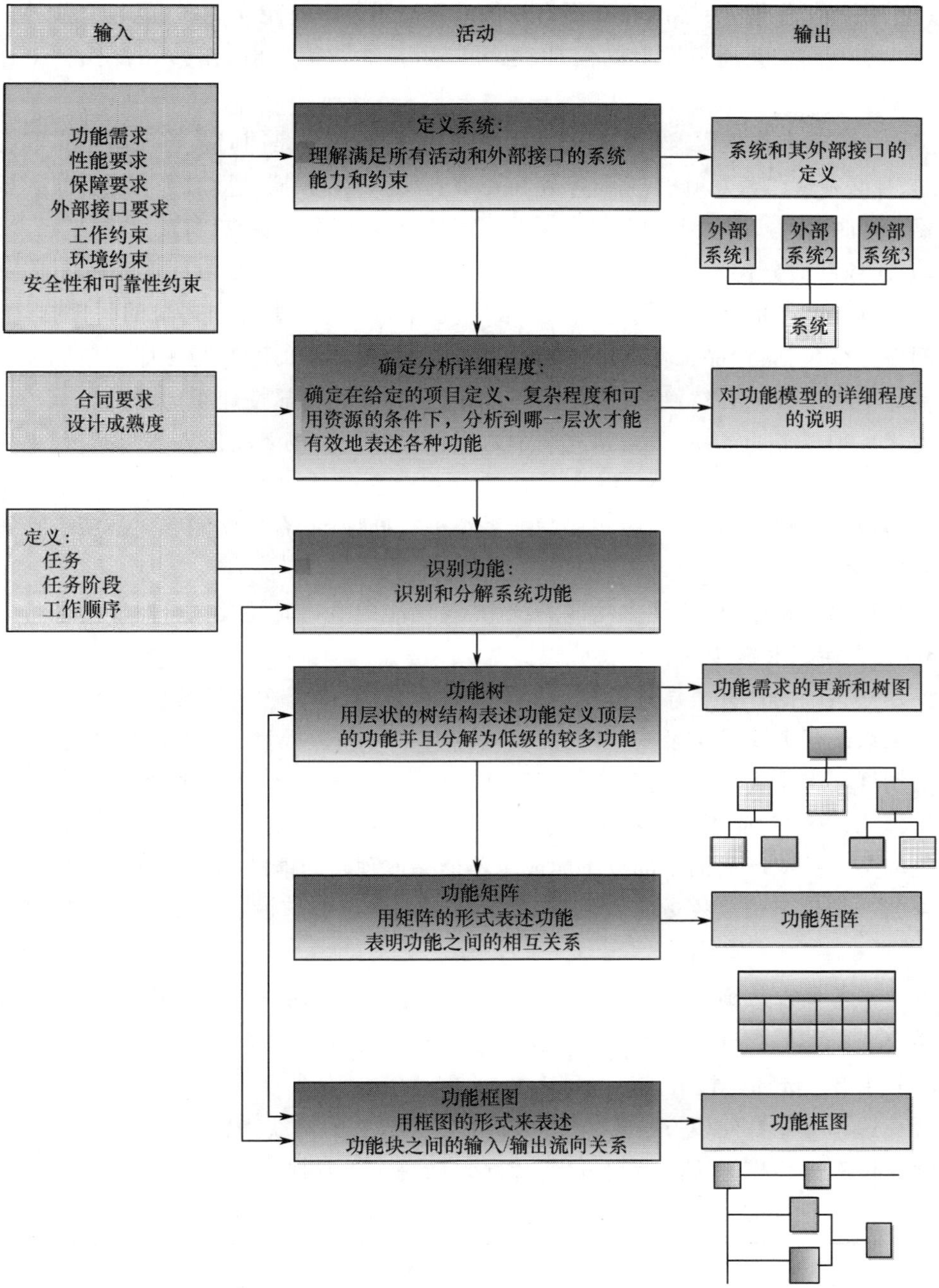

图 3.12　功能分析的实施流程（见彩图）

围内的细节。

系统的工作模式分为功能工作模式和代替工作模式，其规定如下：

（1）功能工作模式：一种功能工作模式执行一种特定的功能。如在测控系统中，遥测和跟踪属于两种功能工作模式。

(2) 代替工作模式:当产品有不止一种方法完成某一特定功能时,就具有代替工作模式。如利用扩频通道发射的信息,也可以用其他通道发射,作为一种代替工作模式。

工作模式是和任务要求相联系的。例如,如果产品任务是同时传输实时数据和存储数据,则必须有两台发射机,并且不存在冗余或代替工作模式。而对于有两台发射机但不要求同时传输实时数据和存储数据的系统来说,则存在冗余或代替工作模式。

2) 任务剖面分析

任务剖面是产品在完成规定任务这段时间内所经历的事件和环境的时序描述。任务剖面至少包括:产品工作的时间与顺序,产品所处环境的时间与顺序。精确和完整地确定卫星的任务、飞行事件和使用环境,是正确开展可靠性建模的基础。

完成一项任务的产品,只需建立一个可靠性模型。完成多项任务的产品,如果每次执行任务只完成其中某项任务,则按任务分别建立产品的可靠性模型。如果一次完成几项或所有任务,这时一般按多功能系统进行处理,或者建立能够包括所有功能的可靠性模型。

任务剖面分析中,应关注多功能系统中,各功能的执行时间及执行时序的分析。

3) 任务定义和故障判据

要建立系统的任务可靠性模型,必须明确给出系统的任务定义及故障判据。

如果系统任务要求不唯一,可能需要建立几个可靠性模型,以适应不同的要求。例如当精度要求不高时,系统存在代替工作模式,当精度要求很高时,系统不存在代替工作模式,这样对应不同的精度要求,就有不同的可靠性模型。

故障是产品或产品的一部分不能或将不能完成预定功能的事件或状态。故障判据是判断产品是否构成故障的界限值,一般应根据产品规定的性能参数及容许界限确定。

发生某些局部故障时,卫星仍然可以在一定程度上完成任务。这种情况下,可以根据用户或总体要求确定任务降级判据并建立相应的可靠性模型。

3.1.4.3 选择建模方法

合理选择可靠性建模方法影响到可靠性分析结果的可获得性、精确程度和有效性。常用可靠性建模方法的适用范围、优缺点如表 3.3 所列。

表 3.3 常用可靠性建模方法的适用范围、优缺点

方法	适用范围	优点	缺点
RBD	系统形式:串联系统、并联系统、混联系统、贮备系统、表决系统、多功能单元系统,简单的网络系统。 单元分布形式:各种分布形式。 其他:不准确但允许近似描述的情况	图形直观,一般情况下可以建立数学解析模型,计算简单	无法描述动态行为,不区分不同的故障模式

（续）

方法	适用范围	优点	缺点
故障树	描述硬件、软件、操作、环境等因素的逻辑组合	对系统的"金字塔"结构可以非常直观地加以表达	无法描述动态行为，对相关性的描述能力有限
马尔可夫模型	系统形式：具有复杂使用策略或维护策略的系统，有多个任务阶段且阶段持续时间不确定的系统。 单元分布形式：指数分布	基于状态转移的特性，尤其适用于处理动态过程	分析大型系统易出现"状态爆炸"
DFT	适用于对具有顺序相关性、冷/热备件、时序逻辑等的复杂系统的动态故障行为的描述	综合了传统的故障树分析方法和马尔可夫模型两者的优点	求解的计算量与问题的规模成指数增长关系
蒙特卡罗仿真	系统形式：各种形式，典型应用为需考虑切换环节的贮备系统，故障不独立或存在非指数分布单元的情况，环备份系统等。 单元分布形式：各种分布形式	可用于描述任意复杂的系统	建模效率低、流程复杂、可重用性和灵活性不足

通过比较不同可靠性模型的适用性、准确度、复杂度、计算量等，针对卫星不同的结构形式可以提出可靠性建模方法选择的建议如下：

（1）串联、并联、k/n 表决等静态逻辑关系用 RBD 方法建模最为直观，并可以得到解析解。也可以应用故障树模型，但故障树通常只针对重要故障进行专项分析。

（2）冷备份关系可以用 RBD 模型表达，但只有指数分布产品才有解析解。

（3）n 中取 k 交叉备份采用动态建模方法最准确，例如马尔可夫模型或 DFT。RBD 或故障树只能将其近似为表决系统处理。

（4）环备份最适合用蒙特卡罗仿真方法建模。采用 DFT 或马尔可夫模型都更为复杂。

（5）通常对于复杂的系统重构过程，采用马尔可夫模型相对直观和简单。

可靠性建模方法的选择也依赖于专业工具的配置情况。例如，如果缺少 DFT 分析软件，或者分析软件只支持指数分布产品，很多适用 DFT 建模的情况也只能选择别的建模方法。

3.1.4.4　建立可靠性模型图

根据可靠性建模方法的要求，建立可靠性模型图，例如 RBD、故障树、马尔可夫状态转移图、DFT 等。

建立可靠性模型图时需注意：

（1）说明规定的限制条件，例如对应的任务阶段、工作模式等；

（2）产品中没有包括在可靠性模型里的硬件或功能单元需列出清单，并说明理由；

(3) 可靠性建模应依据功能框图而不是结构组成框图。单元间的串并联关系是以功能为基础的,但并不是在组成结构上有两个单元就一定是并联模型。例如并联使用的两个二极管,在考虑防开路时构成并联模型,在考虑防短路时构成串联模型。

3.1.4.5 建立数学模型

建立可靠性数学模型是将产品的 RBD、马尔可夫模型等可靠性模型图,用有关的数学方法把产品的可靠性特征用公式表达出来,或者利用蒙特卡罗仿真方法直接把产品的可靠性特征用统计分析的方法表达出来。

建立可靠性数学模型的常见方法是普通概率法,即根据图形模型用概率关系式确定可靠性数学模型,一些复杂的可靠性模型图的数学模型可以用全概率公式导出。

除普通概率法之外,还可以利用布尔真值表和蒙特卡罗仿真建立可靠性数学模型。

如果系统各组成单元工作时间与系统的任务时间不同,需根据各单元的任务时间对可靠性数学模型加以修正。

3.1.5 导航卫星可靠性建模

本节以某导航卫星为对象,介绍导航卫星系统级可靠性建模的过程。

3.1.5.1 系统定义

1) 功能分析

某导航卫星的基本功能是:

(1) 接收地面控制系统注入的导航电文,并存储、处理生成导航信号,向地面控制系统和用户发送。

(2) 接收地面上行的无线电,完成精密时间比对测量,并将测量结果传回地面。

(3) 接收、执行地面控制系统上行的遥控指令,并将卫星状态等遥测参数下传给地面控制系统。

(4) 完成姿态控制、轨道控制、能源供给、热控保障、综合业务管理,具备自主定轨与时间同步、软件更新等功能。

以功能分析为输入,导航卫星可靠性建模实施过程中,将 1 级功能(近似为分系统功能)作为模型单元而不是将各分系统作为模型单元。这是因为,分系统的划分既考虑了技术因素也考虑了管理因素,但从功能分析角度,很多分系统之间有强关联性,更适于按功能单元建模。例如,控制分系统和推进分系统是两个分系统,但卫星的姿态控制和轨道控制功能是由两个分系统(也包括综合电子设备)紧密配合完成的。

此外,卫星存在一些跨分系统的系统级冗余,例如测控上下行通道均有两个通道互为备份,但这两个通道均独立地由两个分系统的设备构成。如果以分系统为单元进行建模,则系统可靠性逻辑关系是不准确的。

该导航卫星的功能树(局部)如图 3.13 所示。

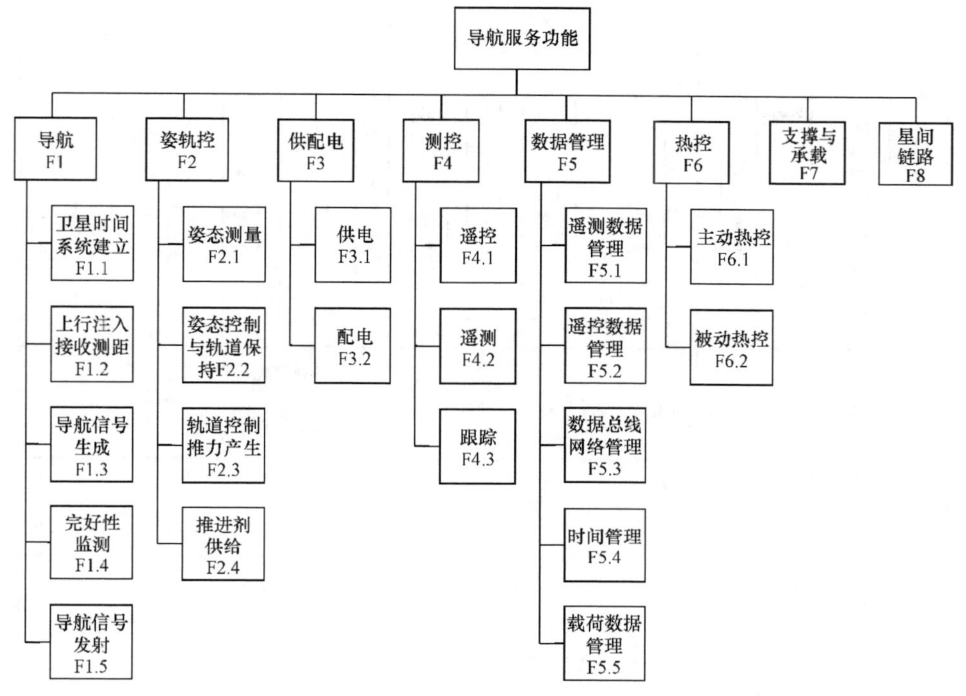

图3.13 导航卫星功能树示例

2）任务剖面

该导航卫星自发射至寿命结束可分为两个任务阶段：发射/转移轨道段和在轨运行段。

卫星发射/转移轨道段的典型事件包括卫星发射、星箭分离、太阳捕获并建立卫星巡航姿态、太阳翼展开、天线展开、定点捕获并进入正常工作模式等。卫星完成轨道转移后进入同步轨道，开通有效载荷，在规定的寿命期内完成规定的导航服务功能。

在不同任务阶段和对应不同的飞行事件，卫星可能由不同的设备完成不同的功能，表现为不同的系统配置和不同的工作模式。

该卫星的任务剖面如图3.14所示。

3）系统结构形式

根据可靠性建模需求，梳理发现该导航卫星包含以下结构形式。

（1）串联。一般情况下不同功能的设备之间是串联结构。

（2）并联。如远置单元内部包含两套独立电路，任一套电路工作正常，设备功能即正常。

（3）k/n 表决。如蓄电池组有20个单体，只要有19个单体正常系统即正常，构成19/20表决系统。

（4）热备份。如数管计算机双机热备份。

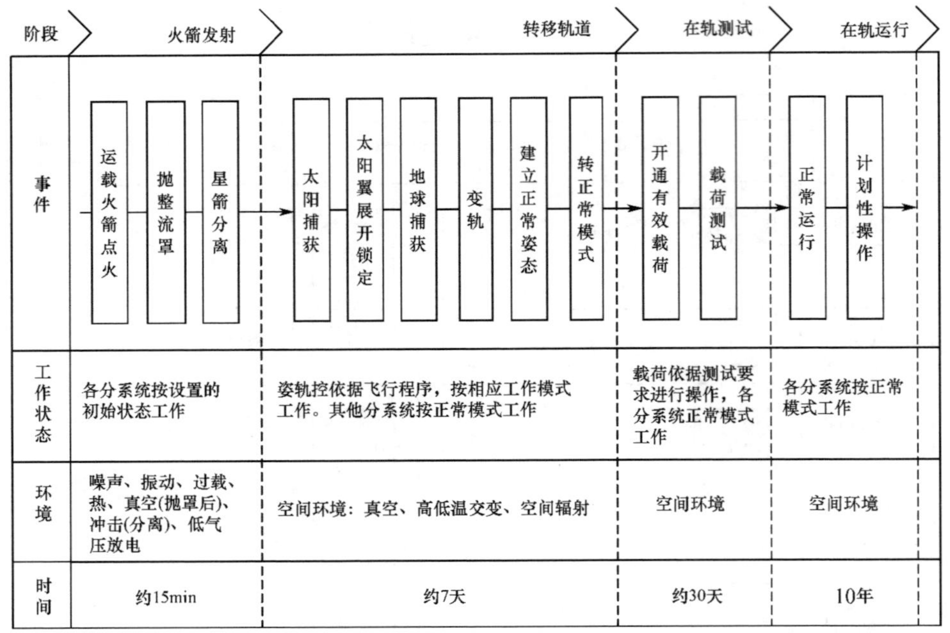

图 3.14　某导航卫星任务剖面

(5) 冷备份。如太阳敏感器双机冷备份，两套测控开关、测控固放构成双通路冷备份。

(6) n 中取 k 交叉贮备。少数设备采取了这种形式，兼有冷备份和 k/n 表决的特点。如陀螺组件由代号 X、Y、Z、S 的 4 个陀螺组成，正常情况下由陀螺 X、Y、Z 工作，任一个陀螺故障都可由陀螺 S 顶替，陀螺 S 为冷备份。

(7) 环备份。卫星包含 9 个放大器，正常情况下，A1 ~ A6 工作；B1 ~ B3 作为备份，B1 能且仅能备份 A1 ~ A3 中的任何一个通道，B3 能且仅能备份 A4 ~ A6 中的任何一个通道，B2 能够备份 A1 ~ A6 中的任何一个通道。

3.1.5.2　可靠性建模方法的选择

可靠性建模方法各有适用范围和优缺点。从工程处理方便的角度出发，导航卫星在对系统、分系统或设备建模时，总的原则是：

(1) 对于静态逻辑关系，首选表述直观、计算简单的 RBD 模型，其次考虑能够对关键故障进行分析的 FTA 方法；

(2) 对于动态逻辑关系，首先考虑 DFT 或马尔可夫模型；

(3) 当静态模型没有解析算法又缺乏软件支持，或者上述方法都不能明确描述系统特性时，采用蒙特卡罗仿真方法。

3.1.5.3　卫星系统级可靠性建模的思路

设备和分系统的可靠性建模是卫星系统级可靠性建模的基础。由于设备间的可靠性逻辑关系多种多样，既有静态关系，也有动态关系，因此设备级可靠性建模完全

可能采用不同的建模方法。在此基础上,系统级可靠性建模就需要综合不同建模方法建立的模型。如果统一采用静态建模方法,则系统级模型必定忽视系统动态特征,模型准确性欠缺。如果统一采用动态建模方法,则系统级模型将非常复杂,建模过程也将非常困难。因此,为了便于工程处理且不失准确性,系统级可靠性建模应当在充分考虑特殊性的基础上,尽可能采用统一的建模方法。也就是说,系统级可靠性建模是以同一种建模方法为主、兼有其他建模方法的综合建模过程。

卫星系统可靠性设计以串联、并联、热备份、指数分布产品的冷备份等形式为主,兼有 k/n 表决、n 中取 k 冷备份、环备份等复杂备份形式,因此,卫星系统级可靠性建模的思路是:以 RBD 方法为主,以 DFT、马尔可夫模型等方法为辅,分别建立不同逻辑关系单元的可靠性模型,在系统级集成为 RBD 模型。

3.1.5.4 卫星发射/转移轨道段的特点和建模过程

卫星在发射/转移轨道段普遍具有飞行事件多、工作模式多、设备加断电时间不一致等特点,尽管不存在单元共用相关性问题,但表现出时段延续相关性特点,因此卫星在发射/转移轨道段是一个多阶段任务系统。对于这一多阶段特征的建模思路是:将卫星在该阶段全程工作的设备合并到一起建立模型,其他非全程工作的设备单独建立可靠性模型,最后在系统级综合在一起按 RBD 方法建立模型。

分析表明,卫星在发射/转移轨道段的可靠性逻辑主要有串联、并联、k/n 表决、冷备份、n 中取 k 冷备份等,因此,结合可靠性建模方法选用分析结果,确定设备级建模以 RBD 为主,仅对 n 中取 k 冷备份采用 DFT 方法。

在此基础上,确定卫星的任务剖面和工作模式,统计各设备的工作起止时间,按全程设备和非全程设备分类,并依据逻辑关系分别建立 RBD 模型或 DFT 模型,在此基础上完成分系统建模。

在完成每一任务剖面下的设备和分系统建模的基础上,将各个可靠性模型作为系统级 RBD 模型的单元,即可建立多阶段的系统级 RBD 模型。

3.1.5.5 卫星在轨运行段的特点和建模过程

卫星在轨运行段与发射/转移轨道段的明显不同是:有效载荷作为任务主体,某些设备的冗余方式发生变化。

分析表明,卫星在轨运行段的可靠性逻辑主要是串联、并联、k/n 表决、冷备份,个别设备采用了 n 中取 k 冷备份、环备份、复杂备份切换逻辑等冗余方式,因此,结合可靠性建模方法选用分析结果,建模方法以 RBD 为主,对 n 中取 k 冷备份、环备份、复杂备份切换逻辑则分别建立 DFT 模型、蒙特卡罗仿真模型和马尔可夫模型。对于 n 中取 k 冷备份,也可以按 k/n 表决做保守处理。

在设备和分系统建模中,首先整理设备可靠性数据,包括失效分布形式、分布参数、数量等。然后确定不同设备的可靠性建模方法,包括哪些设备需要采用动态模型建模。

以控制分系统为例,各设备的可靠性信息如表 3.4 所列。

表 3.4 控制分系统在轨运行段各设备可靠性信息

设备名称	失效分布	数量	备份方式	建模方法
控制计算机	指数分布	2	双机热备份	RBD
地球敏感器	指数分布	2	双机冷备份	RBD
陀螺	指数分布	4	4 取 3 冷备份	DFT
SADM	指数分布	2	双机串联	RBD

按同样的方式整理其他分系统的可靠性逻辑关系和参数。陀螺需要采用 DFT 建模,其他设备采用 RBD 方法建模。

在此基础上,分别建立设备和分系统的可靠性模型。然后将各个可靠性模型作为系统级 RBD 模型的单元,建立系统级 RBD 模型。

3.2 可靠性预计

可靠性预计的目的是对整星、分系统与设备的可靠性进行预计,比较不同的设计方案为设计决策提供依据,发现设计薄弱环节为设计改进或生产过程控制提供依据,以及分析设计是否能满足规定的可靠性定量要求。

可靠性预计是定量地估算设备或系统设计是否满足规定的可靠性要求的过程。预计结果可给出影响可靠性的因素,为设计决策提供产品可靠性的相对度量。在研制阶段的早期进行可靠性预计是最有用、最经济的。

3.2.1 可靠性预计方法

3.2.1.1 相似产品法

相似产品法是通过将研制的新产品和已知可靠性的相似的老产品进行比较,从而估计新产品可能达到的可靠性水平的预计方法。这种方法简单、快速,适用于卫星研制的各个阶段,可应用于电子、机械、机电等各类产品。相似产品法预计的准确性取决于产品的相似性,新老产品的相似度越高,老产品的可靠性数据置信度越高,相似性比较的基础越好,预计的结果就越准确。

我国已经有北斗一号、北斗二号、北斗三号三代导航卫星及其他类型卫星的研制经历,在每一代导航卫星研制的方案设计阶段初期,均适当地运用了相似产品法进行可靠性预计。

相似产品法的预计步骤如下:

(1) 确定与新产品最相似的产品。相似性比较的因素包括:产品的结构和性能、设计的输入输出特性、工作环境条件、元器件选用情况、材料和生产工艺、产品的使用剖面等。

(2) 分析相似性比较因素对可靠性的影响程度,分析新老产品的差异性对可靠

性的影响,确定如何修正相似产品的可靠性。

(3) 根据相似产品的可靠性水平经适量的修正后,作为新产品的可靠性预计值。

3.2.1.2 元器件计数法

元器件计数法和应力分析法均是基于数理统计的预计方法,方法的应用前提是:元器件的可靠性决定了系统或设备的可靠性;假设元器件具有恒定失效率;预计中的各单元相互独立。

元器件计数法是一种把设备内所包含的所有元器件的失效率相加而得到整个产品的失效率的方法。预计是自下而上直至系统进行。

元器件计数法适用于方案设计和初样设计早期阶段。当每种通用元器件(如电阻器、电容器)的数量已经基本上确定,在后续研制过程中,整个设计的复杂度预期不会有明显的变化时,即可以应用元器件计数法进行可靠性预计。

元器件计数法所需要的信息包括:

(1) 所采用的元器件的种类与数量;

(2) 元器件的质量等级及其质量系数;

(3) 设备环境条件。

元器件计数法的设备总失效率为

$$\lambda_s = \sum_{i=1}^{n} N_i \lambda_{G_i} \pi_{G_i} \tag{3.25}$$

式中:λ_s为设备总失效率(10^{-6}/h);λ_{G_i}为第 i 种元器件的通用失效率(10^{-6}/h);π_{G_i}为第 i 种元器件的通用质量系数;N_i为第 i 种元器件的数量;n 为设备所用元器件的种类数。

该公式适用于在同一类别的环境。如果设备中的单元或元器件在不同的环境中工作,则应分别在不同的环境中考虑,然后对失效率相加,得到设备的总失效率。

3.2.1.3 元器件应力分析法

元器件应力分析法是用于卫星产品详细设计阶段的一种预计方法。在这个阶段,产品所使用的元器件规格、数量、工作应力和环境、质量系数等都是已知的,此时通过元器件的质量等级、应力水平、环境条件等因素对元器件的基本失效率进行修正,从而得到更准确的可靠性预计结果。

1) 元器件失效率模型

元器件应力分析法通常利用成熟的预计标准和手册进行。不同类别的元器件有不同的工作失效率计算模型[3],典型的计算模型为

$$\lambda_p = \lambda_b \pi_E \pi_Q \pi_T \pi_S \cdots \tag{3.26}$$

式中:λ_p为元器件的工作失效率;λ_b为元器件的基本失效率;π_E为环境系数;π_Q为质量系数;π_T为温度应力系数;π_S为电应力系数。

更多系数可参考 GJB/Z 299C《电子设备可靠性预计手册》等相关标准。

2）元器件应力分析法的步骤

元器件应力分析法进行产品可靠性预计的步骤如下：

(1) 建立可靠性模型。参照设备、系统的功能原理，划分出在功能上相对独立的可靠性预计单元，然后确定各预计单元间的可靠性逻辑关系和数学关系，建立可靠性模型。

(2) 列出所预计设备的所有元器件类型直至可用 GJB/Z 299C、MIL-HDBK-217F《电子设备可靠性预计》所规定的元器件分类的最底层，以便准确使用失效率模型。

(3) 统计各类型元器件的数量，给出元器件的工作环境并确定环境系数，给出元器件的质量等级及质量系数，给出元器件的电应力比，给出预计工作所需的各种 π 系数、模型参数。

(4) 查表或按照基本失效率模型，给出元器件在规定工作环境条件下的基本失效率 λ_b。

(5) 按元器件应力分析法公式计算各元器件的工作失效率 λ_P（元器件工作失效率为质量、环境、温度、电应力、封装等的函数）。

(6) 将所预计模块/单元中各元器件的工作失效率相加，得到模块/单元的总失效率。

(7) 按设备、系统的可靠性模型及任务时间，逐级预计设备、系统的可靠性指标。

3.2.1.4 非工作失效率的修正

可靠性预计给出的元器件失效率都以工作时间为基础。有些设备的非工作时间占据了使用寿命的很大一部分，故其失效率应当修正成包括非工作期间的失效率。通常最简单的修正模型为

$$\lambda_T = \lambda_{op} d + (1 - d)\lambda_{nop} \quad (3.27)$$

式中：λ_T 为总失效率；λ_{op} 为工作失效率；λ_{nop} 为非工作失效率；d 为占空因子，即工作时间与总时间之比。

3.2.2 导航卫星可靠性预计

导航卫星可靠性预计以单元失效率等可靠性数据为输入，利用可靠性模型进行分析计算，并随着研制工作的进展逐步细化。

在方案设计阶段，整星基于可靠性模型，结合设备可靠性数据进行可靠性预计，对设计方案进行优选和预估可靠性指标符合性。设备利用相似产品法、元件计数法等进行了初步可靠性预计。

在初样研制阶段，整星基于详细的可靠性模型和设备可靠性预计结果进行可靠性预计，验证设计并支持可靠性分析工作。设备利用元器件应力分析法、结合可靠性模型进行详细的可靠性预计，验证设备设计是否满足规定的可靠性指标要求。

在正样研制阶段，整星、设备对相关的技术状态变化进行可靠性指标复核，验证可靠性指标是否满足规定要求。

3.2.2.1　整星可靠性预计

整星可靠性预计以组成系统的各单元的预计值为基础,根据系统可靠性模型,对系统的任务可靠性进行预计。

任务可靠性和任务剖面相关。不同的任务剖面,系统工作状态、工作时间和工作环境条件可能有所不同,其可靠性模型也不同。因此,任务可靠性预计需对应具体的任务剖面。

整星可靠性预计的一般步骤是:

(1) 建立系统任务可靠性模型;

(2) 预计单元的失效率或寿命分布;

(3) 确定单元工作时间;

(4) 根据可靠性模型计算系统任务可靠度。

仍以3.1.5.1节导航卫星为例,说明整星可靠性预计过程如下:

(1) 明确可靠性预计的对象,建立相应的系统级可靠性模型。例如,对卫星在轨工作寿命下的可靠度进行预计,需建立在轨运行段的可靠性模型。

(2) 获取系统级可靠性模型中各底层单元(通常是设备)的可靠性数据,包括寿命分布形式、分布参数值(失效率等)。卫星产品的寿命分布通常包括指数分布、正态分布、威布尔分布等。底层单元可靠性数据依据元器件、零部件的可靠性数据,按照底层单元可靠性模型,利用解析法或者蒙特卡罗仿真等方法计算得到。

(3) 将底层单元的可靠性数据和工作时间代入系统级可靠性模型,根据可靠性模型对应的数学计算方法,得到系统级可靠性指标。

考虑卫星功能需求,将各设备及其备份作为一个冗余系统单元,根据仿真分析结果,可得到各设备冗余系统单元的不可靠度如图3.15所示。

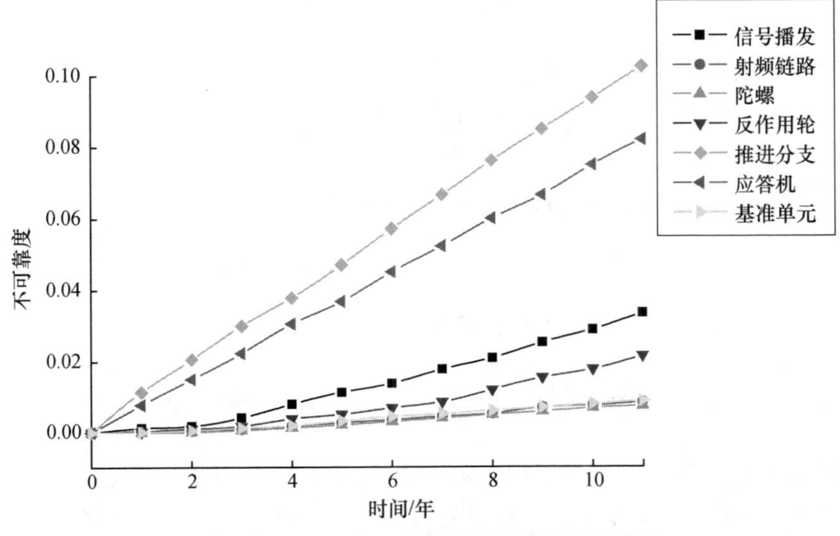

图3.15　卫星设备冗余系统不可靠度(见彩图)

由图 3.15,卫星在轨工作段的设备冗余系统单元中,可靠性较低的系统可靠性薄弱环节包括:推进分支和应答机。

3.2.2.2 放大器子系统可靠性预计

1）产品定义

某导航卫星需提供 6 路放大器信号。根据任务需求,放大器子系统初步设计了以下 5 种冗余方案以供选择。

(1) 6/9 表决。系统由 9 路放大器组成,只要有 6 路放大器正常则系统正常,构成 6/9 表决系统。

(2) 3 组 3 取 2 冷备模型串联。系统由 9 路放大器组成,每 3 路组成一组,3 组串联,每组有 2 路工作、1 路冷备份。

(3) 8 取 6 交叉贮备。系统由 8 路放大器组成,正常情况下 6 路工作,当任一路故障时,可以由任一路冷备份的放大器替换。

(4) 9:6 环备份(热备),其构成及备份逻辑同图 3.9 示例,备份通道采取热备方式。

(5) 9:6 环备份(冷备),其构成及备份逻辑同图 3.9 示例,备份通道采取冷备方式。

2）可靠性模型

假设放大器单元失效率相同且服从指数分布,失效率为 λ,且各冗余方案中转换开关完全可靠。

(1) 根据式(3.15),6/9 表决模型的可靠度为

$$R_{6/9} = \sum_{i=6}^{9} C_9^i(\lambda t)^i(1-\lambda t)^{9-i} = 84(\lambda t)^6 - 216(\lambda t)^7 + 189(\lambda t)^8 - 56(\lambda t)^9 \tag{3.28}$$

(2) n 中取 k 冷备模型的可靠性数学模型为[4]

$$R_s(t) = \sum_{i=0}^{n-k} \frac{(k\lambda t)^i}{i!} \cdot e^{-k\lambda t} \tag{3.29}$$

则 3 组 3 取 2 冷备模型串联的系统可靠度为

$$R_{2/3}^3 = [(1+2\lambda t)e^{-2\lambda t}]^3 = (1+2\lambda t)^3 e^{-6\lambda t} \tag{3.30}$$

(3) 8 取 6 交叉贮备模型的可靠度为

$$R_{6/8} = \sum_{i=0}^{2} \frac{(6\lambda t)^i}{i!} \cdot e^{-6\lambda t} = (1 + 6\lambda t + 18\lambda^2 t^2) e^{-6\lambda t} \tag{3.31}$$

(4) 简单的环备份模型可以用布尔真值表进行处理,但 9:6 环备份(热备)模型和 9:6 环备份(冷备)模型有 512 种逻辑组合关系,因此,针对放大器的环备份方案,采用了蒙特卡罗仿真方法建模和求解。

3）放大器的基础数据

假设一路放大器通道的失效率 $\lambda = 1.1 \times 10^{-6}/h$,任务时间为12年(105120h)。

4）可靠性预计和各方案比较

根据放大器各方案的可靠性数学模型,代入放大器失效率数据,可得到不同冗余方案的可靠性预计结果如表3.5所列。

表3.5 放大器各冗余方案的可靠性预计结果

冗余方案	可靠性预计结果
6/9 表决	0.98267
3 组 3 取 2 冷备模型串联	0.91539
8 取 6 交叉贮备	0.95423
9∶6 环备份(热备)	0.96569
9∶6 环备份(冷备)	0.99548

由表3.5可见,9∶6环备份(冷备)方案的可靠性明显高于其他方案,其次是6/9表决方案。

根据导航卫星的实施经验,在可靠性预计过程中需注意:

(1)可靠性预计需考虑并区分不同的任务和工作模式;

(2)在不同状态与环境下工作的单机,需给出不同状态与环境条件下的预计结果。预计过程中需包含非电子零部件失效率,使之尽量接近工程实际;

(3)电子产品可靠性预计一般采用GJB/Z 299C的数据,但某些元器件是自制的,这些元器件应首先采用已有的试验数据、评估数据;

(4)注意可靠性预计工作的局限性。可靠性预计不能预计人为的设计错误,如电路原理错误、错误选用器件等;可靠性预计不能预计人为的装配错误,如安装损伤、装配不牢或不到位等;可靠性预计也不能预计瞬态过应力造成的损伤,如静电损伤等。

参考文献

[1] 杨为民,盛一兴.系统可靠性数字仿真[M].北京:北京航空航天大学出版社, 1990.

[2] European Cooperation for Space Standardization (ECSS). Space Engineering——Functional Analysis: ECSS-E-10-05A[S]. Netherlands: ESA Publications Division, 1999:15.

[3] 中国人民解放军总装备部. 电子设备可靠性预计手册: GJB/Z 299C[S]. 北京: 总装备部军标出版发行部, 2006.

[4] 周正伐.可靠性工程技术问答200例[M].北京:中国宇航出版社, 2011.

第 4 章　可用性设计

导航信号的连续可用是卫星导航系统能够成功运行的基本条件。在航空、交通运输等导航应用中，导航信号中断可能带来严重后果。因此，美国的 GPS、欧盟的 Galileo 系统、中国的 BDS 等国内外卫星导航系统均将导航信号的连续可用作为基本要求，将可用性作为卫星导航星座的关键技术指标。

在空间星座层面，对于特定位置特定时间段的用户，导航信号是否连续可用主要取决于单星导航信号的健康程度及其星座的冗余性能和定位星座几何定位精度衰减因子。如果定位星座的卫星数量较多，能够容许单颗或多颗卫星故障，则单星故障不会影响空间星座导航信号的连续可用。但是，星座冗余是有限的，如果单星可用性很差，星座的冗余将失去应有的作用。导航信号的连续可用还和星座的几何维持能力相关，如果星座不能保持既定的构型，也会导致定位精度下降。因此，导航信号的连续可用主要取决于单星的可用性设计和星座构型冗余及保持设计。

单星可用性和单星的短期故障及计划性维护密切相关。短期故障的频繁程度取决于产品的可靠性设计，尤其是单粒子防护能力、软件健壮性和硬件可靠性。因此，单星可用性设计在产品层面主要体现为针对短期故障的单粒子效应防护设计、软件健壮性设计，并关注如何在导航信号中断后快速恢复故障。

4.1　可用性设计要素

导航星座的可用性既和星座的固有设计特性有关，也和构成星座的卫星、地面系统、用户终端有关。星座的构型设计决定了星座固有的可用性，在星座构型已经确定的条件下，保持星座构型和提高单星的可用性成为保证星座可用性的关键因素。

定位精度可简化描述为：定位精度等于几何精度衰减因子和 UERE 的乘积。几何精度衰减因子由星座的构型保持能力决定，构型差到一定程度必然导致系统可用性的下降或丧失。

而单星信号不可用、不连续是由各类中断引起。导航卫星在轨运行过程中，通常遇到的中断事件和可用性的关系如图 4.1 所示。

为了避免导航信号中断、降低各类中断发生的概率、降低中断恢复对可用性的影响，国内外卫星导航系统在工程研制中，均提出了可用性设计指标，指导、约束卫星产品的可用性定量设计工作。

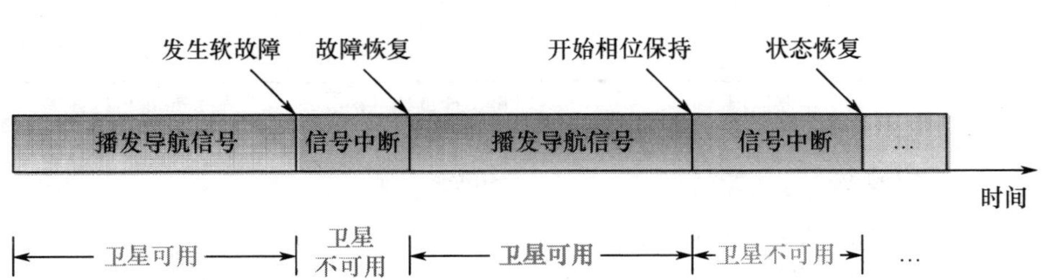

图 4.1 导航卫星在轨中断事件和可用性的关系(见彩图)

卫星导航系统常见的可用性参数及指标如表 4.1 所列。

表 4.1 某卫星导航系统可用性指标

可用性参数	可用性指标
服务可用性	平均:优于 99% (水平精度限差,17m;垂直精度限差,37m)
单轨位信号可用性	0.957
单星信号可用性	0.9892
平均短期非计划中断次数	2.0 次/年
短期非计划中断的 MTTR	36h
平均短期计划中断次数	2.0 次/年
短期计划中断的 MTTR	12h
卫星平均寿命	10 年
替换失效卫星的平均时间	0.2 年

导航卫星及星座可用性设计,就是以导航星座和卫星顶层的可用性指标为目标,针对各类中断原因开展针对性的设计工作。各类中断原因及其相关的设计要素如表 4.2所列。

表 4.2 导航卫星及星座各类中断原因及相关设计要素

中断类型	中断原因	可用性设计目标	可用性设计要素
长期计划中断	卫星工作到规定寿命或超期服役已经不能满足规定性能要求	① 降低单星退役导致某轨位卫星缺失一段时间对星座可用性的影响; ② 快速接替退役卫星,保证替换失效卫星的平均时间满足要求; ③ 保证单星工作寿命满足要求	① 星座构型冗余设计; ② 单轨位快速接替设计; ③ 单星寿命设计
长期非计划中断	卫星在轨发生永久性故障,不能再提供可用、连续的导航信号	① 降低单星故障导致某轨位卫星缺失一段时间对星座可用性的影响; ② 快速接替退役卫星,保证替换失效卫星的平均时间满足要求; ③ 保证单星可靠性满足要求	① 星座构型冗余设计; ② 单轨位快速接替设计; ③ 单星可靠性设计

（续）

中断类型	中断原因	可用性设计目标	可用性设计要素
短期计划中断	短期计划中断是指导航卫星在轨运行期间，为了维持既定的几何构型，而进行的各种计划性维护操作造成导航下行信号中断的情况。MEO、IGSO 的相位保持和 GEO 的位置保持是短期计划中断的主要原因，根据导航卫星的设计不同，也可能存在其他短期计划中断事件，如漂星或设备维护等。	① 优化卫星在轨计划性维护操作，从轨道设计等方面保证卫星自身的固有设计允许更长时间不进行维护，减少短期计划中断次数； ② 缩短维护性操作时间，即短期计划中断的 MTTR	① 星座构型保持设计； ② 单星在轨计划性维护设计； ③ 轨控快速恢复设计
短期非计划中断	短期非计划中断，一般因为卫星出现可恢复故障导致。可恢复故障大多和空间环境（单粒子效应、ESD 等）、空间信号干扰（自身 EMC 或外部信号干扰）、软件健壮性、产品性能稳定性等密切相关。 短期非计划中断的主要原因包括： ① 使用了大规模 FPGA 等逻辑器件的设备，由于单粒子事件导致功能中断，进而导致导航信号中断。 ② 由于软件跑飞或运行异常，导致导航信号中断。 ③ 与导航信号生成与播发直接相关的设备，由于硬故障导致功能中断，进而导致导航信号中断。	① 降低短期非计划中断的次数，具体如严格控制由于 SEU 等引起导航信号中断的概率、消除由于软件错误引起导航信号中断的概率； ② 尽可能最小化在轨故障恢复时间，即短期非计划中断的 MTTR	① 单粒子软错误防护设计； ② 软件健壮性设计； ③ 硬件可靠性设计； ④ 自主故障检测、隔离和恢复（FDIR）等故障恢复策略设计

由表 4.2，通过进一步梳理，导航卫星及星座可用性设计要素主要包括：

（1）星座构型冗余及保持设计：星座构型决定了导航星座的连续覆盖性能、DOP 可用性性能，这些性能直接影响导航星座服务可用性基本水平。保持良好的星座构型，增加星座冗余性能，可以有效避免单星各类中断带来的空间信号可用性损失。本章第 2 节分别阐述了构型冗余设计要求、构型保持设计要求。

（2）单星长寿命高可靠设计：卫星自身的可靠性和寿命直接影响导航星座长期

运行条件下的可用性，卫星越可靠，发生硬件故障的概率越低，造成导航信号短期不可用的可能性就越低；卫星越长寿，在轨服役时间就越长，导航星座保持连续提供导航信号服务的时间就越长，可用性就越高。本书第 6 章具体阐述了导航卫星可靠性设计工作。

(3) 单星在轨工作连续性设计：中断导致单星在轨工作不连续和可用性损失，单星在轨工作连续性设计的核心就是通过设计对卫星在轨中断的原因进行控制和预防。单粒子软错误、软件缺陷是造成导航卫星在轨发生中断的主要原因。本章第 3 节重点阐述了导航卫星的单粒子软错误防护设计、软件健壮性设计工作。

(4) 中断快速恢复设计：可用性不仅取决于中断发生的次数，也取决于中断恢复所耗用的时间。如果卫星在轨多次发生中断，但每次中断恢复的时间很短（如在几分钟甚至几秒钟以内），则卫星仍可具有很高的可用性。如果卫星在轨极少发生中断，但每次中断恢复的时间很长（数小时甚至 1 天以上），则卫星可用性可能更差。因此，为保证导航卫星高可用性，还需要通过设计缩短中断恢复时间，包括卫星发生长期中断后的单轨位快速接替设计、卫星发生短期中断后的快速恢复设计等。本章第 4 节阐述了中断快速恢复设计工作。

4.2　星座构型冗余及保持设计

4.2.1　可用性相关的星座构型指标

星座构型是对星座中卫星的空间分布、轨道类型以及卫星间相互关系的描述，通过把多颗卫星分布在规定的轨道上，以实现整个系统功能的要求。

为了获得全球多重导航卫星信号的均匀覆盖，全球导航星座基本构型通常采用 Walker 星座。Walker 星座的特点是所有的卫星轨道都是圆轨道，且具有相同的高度和轨道倾角。轨道面几何均匀地分布在空间内，轨道面内的卫星也是几何均匀地分布，相邻轨道平面内卫星间有恒定的相位差。

北斗卫星导航系统设计采用了混合星座，由 GEO、IGSO 和 MEO 三种轨道的卫星构成，MEO 卫星采用了 $N/P/F$（卫星数目/轨道平面数/相位因子）的 Walker 星座体系。

导航星座服务可用性是反映导航星座服务性能的重要指标，星座构型设计的结果决定了可用性的固有水平。与可用性有关的星座性能指标如下：

1) 连续覆盖指标

星座的服务信号连续覆盖特性是卫星导航系统的基本属性。设计结果评价的主要目标是导航星座对指定服务覆盖区域不间断地提供 4 重以上信号覆盖的能力。覆盖重数是指某一时刻地面上固定的位置上可以同时观测到卫星信号的数量。

若考虑利用卫星导航系统测量伪距观测量冗余进行 RAIM，一般需要星座具有 6

重以上信号覆盖的能力。从工程应用角度，连续覆盖指标被定义为造成卫星导航信号或卫星导航定位服务丢失的概率。连续覆盖是导航星座构型设计的约束之一。

2）DOP 可用性指标

导航星座 DOP 可用性是指在任意一个星座运动周期的时间间隔中，卫星导航系统对其服务区内的任意用户点提供的 DOP 值小于或等于一个给定阈值的时间所占的百分比，表征了系统满足服务要求的星座几何构型状态概率。例如，北斗二号卫星导航系统某频点的位置精度衰减因子(PDOP)可用性要求为：服务区内平均 PDOP≤6 的概率不小于 98%。

星座 DOP 可用性采用格网点划分的计算方法。假设服务区为 S，星座运行周期为 T，则服务区内平均 DOP 可用性可按照如下步骤进行计算。

(1) 将服务区 S 分为 N_S 个面元，每个位置面元为一个子服务区 S_i，将星座运行周期 T 分为 N_t 个时间区间，每个时间区间为 $\Delta t_j = [t_j, t_{j+1})$。

(2) 分别计算服务区 S 内某位置 S_i 在某时刻 t_j 的 DOP 值 P_{ij}。

(3) 统计计算服务区 S 内某位置 S_i 在整个星座运行周期 T 的 DOP 值可用性 P_i；

$$P_i = \frac{\sum_{j=1}^{N_t} \Delta t_j P(P_{ij}, P_{\text{ref}})}{T} \tag{4.1}$$

式中

$$P(P_{ij}, P_{\text{ref}}) = \begin{cases} 0, & P_{ij} \geqslant P_{\text{ref}} \\ 1, & P_{ij} < P_{\text{ref}} \end{cases}$$

P_{ref} 为 DOP 阈值，是系统服务性能需要的 DOP 值的最大值。

(4) 计算整个覆盖区内平均 DOP 可用性 P_S：

$$P_S = \frac{\sum_{i \in N_S} (P_i)}{N_S} \tag{4.2}$$

这就意味着，在上述的覆盖重数要求下，还要考虑信号覆盖在时间分布上的几何特性最优，北斗卫星导航系统全球覆盖下 PDOP 要求为：PDOP≤5 的概率为 100%，这也是星座构型设计的基本约束。

3）冗余维持指标

导航星座实际不可能是理想星座，卫星在轨运行过程中可能出现各种故障，包括长期故障、短期故障或轨道位置保持机动引起的服务中断等，这些操作或故障都会不同程度地影响系统的可用性。因此，导航星座的设计必须具有一定的在轨卫星冗余。当星座中某一卫星出现问题或故障时，系统能够保证对指定服务区域不间断地提供多重导航信号覆盖，满足良好的卫星空间分布几何构图强度，确保卫星导航系统的可用性要求。

通常对于导航星座的冗余维持指标，主要评价在 1 颗或几颗（一般不大于 4 颗卫星）卫星出现故障的情况下，星座对应能提供满足或降级服务的连续覆盖、空间构图和定位精度等性能指标要求的能力。

冗余要求就是在考虑到计划中断和非计划中断引起的覆盖重数下降或单星连续性下降而必须增加的星座构型冗余度。冗余度是在表 4.1 对卫星导航系统可用性要求（一般工程还会增加一定的裕度）以及连续覆盖要求、DOP 可用性要求的约束下，保证卫星导航系统服务能力不降低而寻找出的构型冗余结果。

4）构型保持指标

由于导航卫星的入轨误差，以及在轨运行过程中存在的轨道长期摄动的影响，致使卫星相对于系统设计的轨道相对位置总会发生漂移，难以保持星座组网初期设计所要求的基本构型，导致导航星座覆盖性能下降。

星座构型保持指标主要包括卫星轨道相对位置容许偏差和轨道相对位置保持周期。星座中卫星轨道相对位置保持周期与星座稳定性有关，表现为卫星轨道共振问题。轨道相对位置保持期间，由于卫星的位置发生变化，地面观测量发生突跳，导致上注的星历参数不可用，因此，该卫星将中断导航服务，成为不可用卫星。轨道相对位置保持周期对于导航系统服务的可用性有着较大的影响。

以北斗导航 MEO 卫星为例，其构型保持指标要求如下：

（1）相位差：5°。

（2）保持周期：2 年。

4.2.2　星座构型冗余设计

如 4.2.1 所述，一般情况下，星座构型的设计结果是一个满足用户需求的理想星座，通常称为基本星座，这是一个单星可用性为 1 和摄动为零的数学结果。但是，真实的导航卫星星座不可能是理想星座，计划中断和非计划中断会不同程度地影响系统的可用性。因此，导航星座必须具有一定的冗余性能。星座构型冗余设计的使命就是：设计比理想星座更多的卫星，使得当星座中 1 颗或几颗卫星不可用时，系统具有一定的降阶服务的能力，能够提供满足最低需求服务的能力。星座构型冗余设计的目的是为了提高整个星座的可靠性，在有限的冗余条件下，确保卫星导航系统的可用性满足要求。

1）设计输入

星座构型冗余设计的输入主要有：

（1）在用户使用约束下设计获得的基本星座；

（2）星座构型保持指标要求（构型保持引起的短期计划中断导致可用性降低）；

（3）单星可靠性指标；

（4）单星短期非计划中断指标（非计划中断带来可用性降低）。

2）设计约束

星座构型冗余设计的约束主要有：

(1) 成本要求，在满足工程使用约束下投入最少的在轨冗余卫星；

(2) 系统建设要求的最低服务的需求；

(3) 星座性能的恢复要求；

(4) 卫星轨道机动能力；

(5) 卫星发射窗口限制。

3）设计方法

以基本星座为对象，以是否能满足最低需求服务要求为衡量标准，仿真分析 1 颗或者多颗卫星不可用对星座可用性的影响。实施步骤如下：

(1) 综合考虑星座构型保持指标要求下卫星轨道维持机动的频度、单星可靠性、单星中断指标约束等，分析获得星座及同一轨道面最大可能的卫星中断状态，这一分析结果作为下一步冗余设计的输入条件。

(2) 根据星座可用性定义（当星座的某个特征参数值不超过某个特定值时的统计数对星座覆盖区和总时间求得的平均百分比），在全球覆盖区域范围内，按经纬线划分网格，计算每个网格点在一个仿真周期内的 DOP 值，从而统计计算得到每个网格点的最大 DOP、DOP 可用性以及覆盖区域星座可用性等。其中，星座单个网格点 DOP 可用性和覆盖区域 DOP 可用性可分别表示为

$$A_i = \frac{N_i^T(\mathrm{DOP}_n)}{N_i^T(\mathrm{DOP})} \times 100\% \tag{4.3}$$

$$A_R = \frac{N_R^T(\mathrm{DOP}_n)}{N_R^T(\mathrm{DOP})} \times 100\% \tag{4.4}$$

式中：A_i表示指定网格点 i 的 DOP $< n$ 的星座可用性；$N_i^T(\mathrm{DOP}_n)$表示网格点 i 在一个卫星轨道周期 T 内采样计算所有符合 DOP $< n$ 的 DOP 统计数；$N_i^T(\mathrm{DOP})$表示网格点 i 在一个卫星轨道周期 T 内采样计算所有 DOP 统计数；A_R 表示指定覆盖区域的 DOP $< n$的星座可用性；$N_R^T(\mathrm{DOP}_n)$表示覆盖区域在一个卫星轨道周期 T 内采样计算所有符合 DOP $< n$ 的 DOP 统计数；$N_R^T(\mathrm{DOP})$表示覆盖区域在一个卫星轨道周期 T 内采样计算所有 DOP 统计数；n 的取值可以根据具体系统的性能指标进行确定。其中的 DOP 可以代表多种精度衰减因子，如 PDOP、水平精度衰减因子（HDOP）、垂直精度衰减因子（VDOP）等。

(3) 设置不同的冗余卫星位置，重复计算，直到获得最优的冗余卫星数目、位置为止。

(4) 根据仿真结果，结合设计输入，考虑设计约束综合最优，确定冗余设计方案。

4）设计结果与验证

通常情况下，星座构型冗余设计完成后，以星座可用性为评价标准，进行仿真分

析来验证星座构型冗余设计的效果。综合考虑卫星可靠性与轨道保持特性，同一轨道面不允许同时有 2 颗及以上卫星进行轨道保持，有 2 颗卫星同时发生故障的概率也极小。因此星座可用性分析通常考虑以下几种情况：

（1）假定 1 颗星不可用的情况下，仿真分析星座可用性的损失；

（2）假设 1 颗星异常，异轨 1 颗星计划中断，仿真分析星座可用性的损失；

（3）假设 1 颗星异常，同轨 1 颗星计划中断，仿真分析星座可用性的损失。

以基本星座构型为 Walker24/3/1 的某 MEO 全球导航星座方案为例，其冗余设计结果是：在 3 个轨道面各备份 1 颗 MEO 卫星，即使 2 颗卫星不可用时，星座仍然满足最低需求服务要求。星座可用性分析结果如表 4.3 所列。

表 4.3　星座可用性分析结果(%)

MEO 星座卫星数量	全球 PDOP	
	<3	<5
24 颗 MEO 卫星	100	100
23 颗 MEO 卫星	90	99
22 颗 MEO 卫星（1 颗星异常，异轨 1 颗星计划中断）	84	98
22 颗 MEO 卫星（1 颗星异常，同轨 1 颗星计划中断）	83	96
21 颗 MEO 卫星	78	95

由表 4.3 可见，当 1 颗或者多颗 MEO 卫星不可用时，全球覆盖范围内星座可用性发生了不同程度的下降，星座 PDOP <3 的区域大幅减少。随着不可用卫星数目的增加，星座可用性不断降低。MEO 卫星是否可用是影响全球导航星座性能的关键因素，有必要对 MEO 卫星进行备份。按照冗余设计各约束综合最优化考虑，MEO 全球导航星座给出的 3 个轨道面各备份 1 颗 MEO 卫星是必要的，且冗余卫星的位置设计最优。

4.2.3　星座构型保持设计

导航星座中每颗卫星由于其初始入轨误差以及在轨运行期间所受轨道摄动（主要是大气阻力摄动，地球非球形摄动，日、月三体引力摄动和太阳辐射压力摄动）的微小差异，经过一段时间以后，卫星会逐渐偏离星座的设计轨道，使星座的结构失衡，如果不进行星座轨道控制，最终会导致星座失效，甚至卫星之间发生碰撞。为此需要进行星座构型保持设计。星座构型保持设计就是按照既定的指标要求定期对星座中的卫星进行轨道控制，维持星座中卫星的绝对位置或相对位置，从而将星座的几何构型以最长时间间隔保持在一定精度范围内，防止星座可用性降低，有效提高整个星座的可靠性。

4.2.3.1　设计输入和约束

星座构型保持设计输入主要有：

(1) 星座构型设计结果；

(2) 星座构型保持指标要求,即为了保持星座几何构型稳定的轨道保持要求；

(3) 连续性指标要求。

星座构型保持设计的约束有：

(1) 同轨道面 72h 内只能有 1 颗卫星实施保持机动,这是综合轨道恢复时间和可能出现的非计划中断获得的结果；

(2) 最大机动量约束；

(3) 共位对轨道保持控制的约束；

(4) 动量轮卸载周期约束；

(5) 轨道保持控制与卸载同步实施；

(6) 轨道保持控制星上使用敏感器约束。

根据星座构型保持设计输入和星座构型保持设计约束,结合星座构型演化特点进行设计分析,可最终确定构型保持策略。

4.2.3.2 GEO 卫星设计方法

GEO 保持控制包括南北保持和东西保持。

1) 南北保持

导航卫星倾角修正策略就是如何选择控制目标倾角,使得控后轨道平倾角在允许范围内停留时间最长。因此,倾角控制目标的选择与当年平倾角的平均摄动方向 Ω_d、控制圆分配区间有关。设当年平倾角平均摄动方向为 Ω_d,控制圆半径为 i_d,如图 4.2所示,当选择倾角控制目标 $\boldsymbol{i}_f(i_{fx},i_{fy})$,使得平倾角摄动运动经过坐标原点时,自由摄动距离等于控制圆直径 $2i_d$ 达到最长。

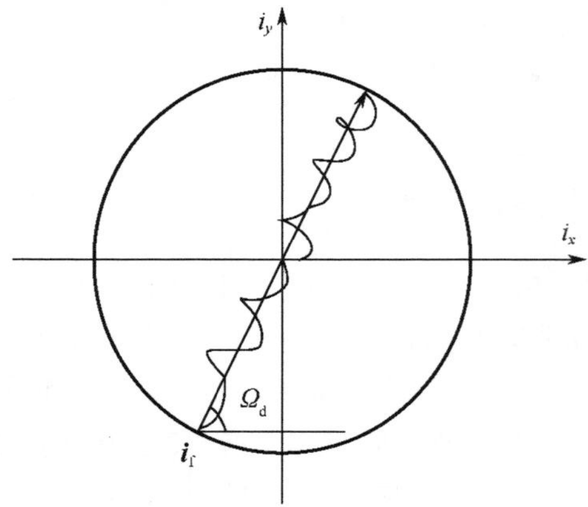

图 4.2 导航卫星倾角保持控制示意图

因此,倾角控制目标 $\boldsymbol{i}_f(i_{fx},i_{fy})$ 选择如下：

$$\boldsymbol{i}_f = \begin{pmatrix} i_{fx} \\ i_{fy} \end{pmatrix} = i_d \begin{pmatrix} \cos(\pi + \Omega_d) \\ \sin(\pi + \Omega_d) \end{pmatrix} \tag{4.5}$$

设当年平倾角的摄动速率为$\left(\frac{\delta i}{\delta t}\right)$,则平倾角在倾角控制圆的自由摄动时间为

$$T = 2i_{\mathrm{d}} \Big/ \left(\frac{\delta i}{\delta t}\right) \tag{4.6}$$

2）东西保持

综合考虑卫星定点精度指标(特别要关注共位要求的约束)、定位误差、控制误差、姿态控制和南北控制耦合误差、卫星摄动特点等因素,设计东西保持控制保持环,使得控制周期达到最长,尽量减少对卫星的控制次数,且维持卫星位于定点精度指标区域。

设卫星东西经度设计半宽为$\pm\Delta\lambda_{\max}$,卫星测量及定轨误差为$\Delta\lambda_{\text{Measure}}(3\sigma)$,控制误差为$\Delta\lambda_{\text{perform}}$,偏心率不为零引起经度日周期振荡为$\Delta\lambda_{\text{DailyFromEcc}}$,日月引力引起的经度长周期摄动为$\Delta\lambda_{\text{SunandMoon}}$,则平经度漂移环半宽为

$$\Delta\bar{\lambda} = \Delta\lambda_{\max} - \Delta\lambda_{\text{SunandMoon}} - \Delta\lambda_{\text{Measure}} - \Delta\lambda_{\text{perform}} - \Delta\lambda_{\text{DailyFromEcc}} \tag{4.7}$$

设定点位置平经度摄动加速度为$\ddot{\lambda}_n$,平经度漂移环半宽为$\Delta\bar{\lambda}$,则东西控制周期确定如下:

$$T = 4\left(\sqrt{\frac{\Delta\bar{\lambda}}{|\ddot{\lambda}_n|}}\right) \tag{4.8}$$

4.2.3.3　IGSO卫星设计方法

IGSO保持控制主要包括轨道面间的相位保持、回归经度保持和轨道面内的相对相位保持。

1）轨道面间的相位保持

根据轨道摄动运动的特点,通过对标称升交点赤经进行一定的偏置,就可以将轨道面间的相对相位在卫星寿命期内保持在要求的精度范围内。偏置量与发射时间和卫星寿命有关。

2）回归经度保持

回归经度的变化率为

$$\frac{\mathrm{d}(\delta\lambda)}{\mathrm{d}t} = -\frac{3\pi}{\bar{a}}(\Delta a + \dot{a}t) \tag{4.9}$$

式中:$\bar{a}$为标称半长轴;$\dot{a} = \frac{3R_e^2 J_{22}}{a} n(1+\cos i)^2 \sin(2(\lambda_\Omega - \lambda_{22}))$,其中$\lambda_\Omega$为回归经度;$J_{22}$、$\lambda_{22}$为常值。

若$\dot{a}>0$,且$a_0 \leqslant \bar{a}$,则回归经度将向东飘移。

当$t = -\frac{\Delta a}{\dot{a}}$时,$a=\bar{a}$,$\frac{\mathrm{d}(\delta\lambda)}{\mathrm{d}t}=0$,$\delta\lambda = \frac{3\pi(\Delta a)^2}{2\bar{a}\dot{a}}$,此后,回归经度停止东漂,并转

而向西漂移。当 $t=-\frac{2\Delta a}{\dot{a}}$ 时，$a=\bar{a}+\Delta a,\delta\lambda=0,\frac{\mathrm{d}(\delta\lambda)}{\mathrm{d}t}=\frac{3\pi\Delta a}{\bar{a}}$。此时回归经度回到初始时刻的位置，此时如果再次对半长轴进行控制，使其恢复到初始时刻的值，即 $a=a_0=\bar{a}-\Delta a$，则轨迹将转而向东漂，重复上一个过程。可以看出通过这样控制就可以使实际回归经度保持在标称位置东西各 $\Delta\lambda/2$ 范围内。

对于 $\dot{a}<0$，每次控制在标称位置东边 $\Delta\lambda/2$ 处进行，对于 $\dot{a}>0$，每次控制在标称位置西边 $\Delta\lambda/2$ 处进行。半长轴的调整量是 $2\Delta a$，连续两次调整的时间间隔是 $-2\Delta a/\dot{a}$，其中 $\Delta a=\sqrt{\frac{2\bar{a}\dot{a}\Delta\lambda}{3\pi}}$。

3）轨道面内的相对相位保持

设三星初始相位差分别为 $\Delta\varphi_0(i,j)$，$i\neq j,i=1,2,3,j=1,2,3$。

轨道偏置控制后，i 星相位变化为

$$\varphi_t(i)=\varphi_0(i)+\dot{\varphi}(i)(t-t_0)=\varphi_0(i)-\frac{0.04035}{\pi}(a_t(i)-a_s)(t-t_0)\tag{4.10}$$

j 星相位变化为

$$\varphi_t(j)=\varphi_0(j)+\dot{\varphi}(j)(t-t_0)=\varphi_0(j)-\frac{0.04035}{\pi}(a_t(j)-a_s)(t-t_0)\tag{4.11}$$

因此，当前相位差满足

$$\Delta\varphi_t(i,j)=(\varphi_0(i)-\varphi_0(j))-\frac{0.04035}{\pi}(a_t(i)-a_t(j))(t-t_0)=\Delta\varphi_0(i,j)-\frac{0.04035}{\pi}(a_t(i)-a_t(j))(t-t_0)\tag{4.12}$$

式（4.12）表明，当三星采用基本相同的漂移环，漂移环中心可以不同，基本保持同步控制时，偏置控制能够保证一个偏置控制周期内，相位差维持在要求范围内，这时获得控制间隔最长。

4.2.3.4 MEO 卫星设计方法

MEO 保持控制主要包括轨道面间的相位保持和轨道面内的相对相位保持。

1）轨道面间的相位保持

根据轨道摄动运动的特点，通过对标称升交点赤经进行一定的偏置，就可以将轨道面间的相对相位在卫星寿命期内保持在要求的精度范围内。偏置量与发射时间和卫星寿命有关。

2）轨道面内的相对相位保持

MEO 任意相邻卫星相对相位角维持在标称值 ±5°范围内，由相位相对摄动运动方程可知：MEO 相对相位变化率主要由 MEO 半长轴捕获误差、偏心率和倾角射入误

差（入轨后升交点和倾角不进行控制）引起，设半长轴捕获误差为 Δa，偏心率偏差 Δe，倾角射入误差 Δi，则相位角相对漂移率方程为

$$\Delta\dot{\varphi} = -\frac{3}{2}\left(\frac{n^*}{a^*}\right)\Delta a + \left(\dot{\omega}\left(\frac{4e}{1-e^2}\right) + \dot{m}\left(\frac{3e}{1-e^2}\right)\right)\Delta e + 2\dot{\Omega}\sin(i)\Delta i \tag{4.13}$$

对 MEO 标称轨道，$a^* = 27905.0$，$i^* = 54.74°$，$e = 0$，$n^* = \frac{2106.357711}{\pi}$((°)/天)，且

$$\dot{\Omega} = -\frac{0.103102}{\pi}((°)/天), \quad \dot{m} = n - \dot{M} = 0, \quad \dot{\omega} = \frac{0.059555}{\pi}((°)/天)$$

则 MEO 相位角相对漂移率方程为

$$\Delta\dot{\varphi} = \left(-\frac{0.113224747}{\pi}, 0, -\frac{0.2916194124}{\pi}\right)\begin{pmatrix}\Delta a\\ \Delta e\\ \Delta i\end{pmatrix} \tag{4.14}$$

通过倾角调整相位角会消耗过多的燃料，因此，可以采用调整半长轴，兼顾倾角偏差的策略进行必要的相位维持。设当前时刻为 T_0，MEO 任意双星相位差为 $\Delta\varphi_0$，要求当 T_f时刻，双星相位差达到控制目标 $\Delta\varphi_f$，则星座相位角漂移率控制量为

$$\Delta\dot{\varphi} = \frac{(\Delta\varphi_f - \Delta\varphi_0)}{(T_f - T_0)} \tag{4.15}$$

半长轴的控制量为

$$\Delta a = \Delta\dot{\varphi} \cdot \frac{\pi}{0.113224747} \tag{4.16}$$

以上设计可再结合设计约束进行修正和调整，最终获得星座构型保持设计结果。

4.2.3.5 设计结果与验证

以 IGSO 卫星为例，表 4.4 给出了某轨位 IGSO 卫星回归经度保持的设计结果。

表 4.4 某轨位 IGSO 卫星回归经度保持概要设计

回归经度保持半环宽/(°)	每次机动 Δv/(m/s)	保持周期/天
1	0.18	128
2	0.25	180
2.5	0.28	202

对于轨道面内相对相位差 ±5°的要求，通过控制卫星半长轴，使得卫星平半长轴差小于 2km，可满足 200 天保持周期的要求。

根据在轨飞行验证情况，IGSO 卫星实际回归经度保持周期约 7 个月。

4.2.3.6 导航卫星轨道保持约束下的可用性设计原则

导航卫星短期计划中断主要来自于卫星轨道保持。为了尽可能地减少轨道保持对卫星可用性的影响,需要在早期设计阶段和系统运行维护阶段围绕“减少轨控频次,延长轨控周期”这一原则开展轨道控制设计和优化。

1）设计原则

(1）在导航卫星轨道类型选择时,通常会选择轨道摄动较小,轨道变化稳定的类型。导航卫星在轨运行期间,由于受到空间环境摄动力的影响,卫星会逐渐偏离星座的设计轨道,使星座的结构失衡,不满足系统的服务性能,为此需要定期进行轨道控制。不同类型的轨道,其摄动力的特点不同,因此,导航卫星的轨道类型选择设计,对轨控引起的卫星短期计划中断设计非常重要,需要选择轨道摄动较小,轨道变化稳定的类型,例如典型的 MEO 卫星。

(2）在满足系统覆盖服务性能指标、安全运行的前提下,按轨道控制周期最大化的原则,分析设计合适的轨道控制指标要求。当卫星的轨道类型确定后,卫星的轨道控制周期与轨道控制指标密切相关;通常,轨道控制指标范围越大时,允许轨道参数偏离标称参数的范围越大,轨控的周期相对越长,轨控引起的短期计划中断就越少。

(3）在姿轨控方案设计时,姿态控制的执行机构应选择对轨道无影响的部件或设备,避免在正常提供服务期间卫星姿态控制引起轨道变化,导致地面无法进行高精密定轨,进而影响系统的服务性能。

(4）同一轨道面内的多颗卫星应尽量避免出现 2 颗或 2 颗以上的卫星同时进行轨控。导航星座的服务性能与星座的几何构型密切相关,同一轨道面内的 2 颗或 2 颗以上卫星同时不可用时,导航星座的几何构型将严重变差,系统的服务性能将大幅下降。

(5）星座中任意 2 颗卫星的最小轨道控制间隔应尽可能延长,确保系统在全星座配置的性能最优的工作状态下运行的时间能够最长。

(6）卫星轨道控制期间,卫星运行维护方应采取快速恢复措施,尽可能减少轨控引起的中断时间。一般采取的快速恢复措施包括:提前制定轨控策略;轨控结束后地面根据轨控策略,并结合历史经验,采用快速定轨方法,尽快恢复地面定轨精度;优化卫星轨控后的快速恢复接入系统流程等。

2）工程示例

(1）某导航卫星为了减少东西位置保持对计划中断的影响,通过分析卫星在轨实际运行状态、共位安全要求、邻星实际在轨运行情况、动量轮卸载等约束,采取适当扩大东西保持环的方法延长了东西位置保持的轨控周期,东西保持周期提升12% ~27% 。

(2）某导航卫星为了减少南北位置保持对计划中断的影响,在分析地面用户要求、共位要求的约束下,将轨道倾角的控制要求适当放宽,使得南北位置保持周期由几个月提升到 1 年左右。

(3）某导航卫星为了减少推力器工作引起的影响,卫星姿态控制方案采取以下措施:

① 正常情况下,姿态控制的执行机构由推力器改为反作用轮,由反作用轮转速变化提供力矩,实施卫星姿态控制,不会对轨道产生影响。

② 当反作用轮需要卸载时,选用磁力矩器作为卸载执行机构或者利用正常轨道控制产生的力矩对反作用轮进行卸载,避免反作用轮卸载对轨道产生影响。

通过采取上述措施,实现了卫星在正常运行情况下,姿态控制时不会产生额外的外力引起卫星轨道的变化。

4.3 单星在轨工作连续性设计

导航卫星在轨短期中断是导致单星信号可用性降低和连续性损失的直接原因,引起短期中断的主要因素有单粒子软错误、软件缺陷、硬件故障和某些计划性维护操作。由此,为了提高单星在轨工作连续性,需要开展的设计工作如下:

(1) 进行产品高可靠设计,提高硬件产品自身的可靠性,避免由于硬件故障后切换备份造成导航信号中断;

(2) 进行单粒子软错误防护设计,在器件级、设备级、分系统和系统级采取多重防护设计措施;

(3) 进行软件健壮性设计,加强地面测试验证,对在轨测试与运行过程中暴露的软件问题进行纠正;

(4) 采取各种可能的措施,即使卫星在轨出现异常,也不影响导航信号连续,或者仍可保持卫星可用状态,例如进行主备份无缝切换设计;

(5) 进行计划性维护操作设计,避免除轨道保持之外的计划性维护对导航信号造成影响。

单粒子软错误防护设计和软件健壮性设计是卫星在轨工作连续性设计的重点,本节主要阐述了这两方面的工作。

4.3.1 器件/设备单粒子软错误防护设计

单粒子软错误是引发导航卫星信号异常的重要原因。所谓单粒子软错误是指未造成器件物理损伤,可通过一些干预措施如重加载、刷新、复位重写等予以恢复的单粒子效应类型,包括单粒子翻转(SEU)、单粒子瞬态(SET)、单粒子功能中断(SEFI)。导航卫星通常采用了静态随机存取存储器(SRAM)型 FPGA、数字信号处理器(DSP)等大量单粒子敏感器件,这些器件在空间环境条件下,容易受单粒子软错误的影响[1],发生 SEU、SET、SEFI 等事件,产生逻辑紊乱、数据错误、功能中断等各种软错误,进而传播到设备和卫星系统,引起整星业务异常。器件和设备的单粒子软错误防护是导航卫星避免单粒子事件引发在轨中断的根本保证,本节介绍了导航卫星器件和设备级单粒子软错误防护设计的方法和实施情况。

4.3.1.1 单粒子软错误防护设计技术

1）检错纠错（EDAC）技术

EDAC 是一种差错控制技术，起初应用于数字通信系统中以提高数据传输的可靠性。我国导航卫星的大量 SRAM 中采用了 EDAC 技术。

EDAC 技术可用于不同的应用场合，通信和存储是其广泛应用的两个领域。在通信系统中，EDAC 的基本实现方法是在信息发送端将要传输的信息附上一些监督码元，这些多余的码元与信息码元之间以某种确定的规则相互关联，系统接收端则按照既定的规则校验信息码元与监督码元之间的关系，一旦传输发生差错，则信息码元与监督码元的关系就被破坏，从而接收端可以发现错误直至纠正错误。在存储系统中，EDAC 的实现方式是在写入数据时，通过编码模块将原始数据按照一定的规则加入不同方式的冗余码，然后存入到存储器中，在对存储器数据进行读取时，则译码模块依靠冗余码来检测和纠正数据错误，并同时将改正以后的数据回写覆盖原来的错误数据。如果数据发生错误，但译码模块无法进行正确的纠正，则通知中央处理器（CPU）进行异常处理。

EDAC 有很多种编码方式，工程中普遍应用的有奇偶校验码、汉明码（Hamming code）、R-S 码（Reed-Solomon code）等[2]。

奇偶校验的基本方法是在原码向量（原数据）末尾增加一位校验位，使得该码字中含 1 的个数为奇数或偶数，若为奇数则称为奇校验，为偶数则称为偶校验。从理论上讲，奇偶校验码的距离决定了其只能检测单个错误，但实际上它可以检测任意单数个错误。数据显示，即使结构最简单的奇偶校验码，也可以大大提高系统的可靠性。

汉明码是线性系统分组编码中最典型的例子。汉明码的最小距离为 3，可以纠正 1 位错误或检测 2 位错误（不能同时纠正 1 位和检测 2 位错误），因而又称为纠一/检二编码。汉明码的纠错过程实际上是对传送后的汉明码形成新的检测位 P_i，根据 P_i 的状态，便可直接指出错误的位置。P_i 的状态是由原检测位 C_i 及其所在小组内“1”的个数确定。倘若按配偶原则配置汉明码，则其传送后形成新的检测位 P_i 应为 0，否则说明有错，并可以直接给出出错的位置。

EDAC 不同的编码方式有不同的纠检错能力。奇偶校验码只能检测出一个码字中的奇数位错误，但是不能定位错误，更不能纠正错误；汉明码可以纠正一个码字中的任何一位错误，检测出两位错误，但是对于多位错误将不具有检错和纠错能力[2]。不同的编码方式会使编码器、译码器的实现难度不一、电路面积功耗开销不一，尤其是在电路关键路径上所引起的延时也大不一样，这些因素都是在选用 EDAC 编码技术时需着重考虑的方面，以达到可靠性要求和实现代价的最佳平衡。

2）三模冗余（TMR）技术

TMR 是一种最常用的容错技术。3 个模块同时执行相同的操作，以多数输出作为表决系统的正确输出，通常称为三取二。3 个模块中只要不发生 2 个及以上模块同时出错，就能掩蔽掉故障模块的错误，保证系统正确的输出。

TMR 系统是由 3 个相同的工作模块（M1、M2、M3）加多数表决器 V 组成，其结构如图 4.3 所示。表决原则是三中取二，只要系统中有 2 个或 2 个以上的模块工作正常时系统就正常。

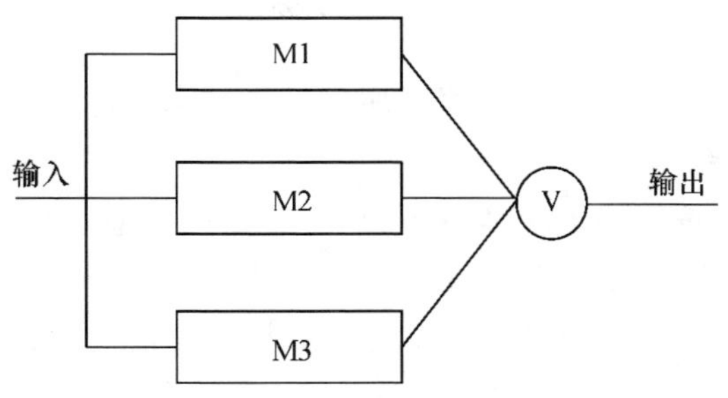

图 4.3　TMR 系统电路结构

在系统设计时，通常将系统重要运算结果、关键数据等进行 TMR 存储，即将关键数据同时存储在物理上不连续的 3 个地址中，并进行定期刷新。使用时采取三取二表决方式，并使用三取二后的结果进行后续操作。

三取二刷新方法：对关键数据进行三取二表决，并将三取二表决时“与或计算”的结果回写 3 个数据区。由于单粒子效应而产生硬件不可自动纠正的错误时，可使用三取二表决的结果对错误数据进行恢复。

常用的 TMR 加固有两种机制：局部三模冗余（LTMR）和功能级 TMR 设计。

LTMR 仅基于寄存器进行 TMR，将寄存器复制成 3 份，并通过表决器输出，3 份寄存器的输入信号相同，如图 4.4 所示。LTMR 设计结构相对简单，可有效解决普通 SEU 带来的影响，在所有种类的 FPGA 上均适用。

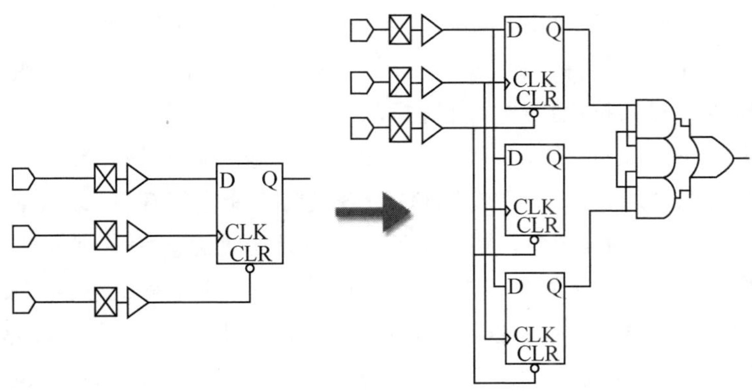

图 4.4　LTMR 设计示意图（见彩图）

功能级 TMR 是在功能划分层面，将某一项功能进行 TMR，将其复制 3 份，3 份电路所有输入信号相同，3 份电路的对应输出部分加入表决器进行表决输出。该方法设计简单，功能划分相对自由。

功能级 TMR 设计与 LTMR 设计比较,功能级 TMR 对时序性能影响较小但资源消耗相对较大,LTMR 对时序性能影响相对较大但资源开销少于功能级 TMR,因此在系统设计时需根据具体需求权衡 TMR 设计。

3) 刷新技术

配置数据刷新技术是典型的抗辐射加固设计技术,该技术主要从保护 FPGA 的配置数据正确性方面来解决 SEU 问题。

配置数据刷新是按照特定的时序将 FPGA 的配置信息从特定的 FPGA 接口中写入 FPGA 的配置锁存器中,对 FPGA 的相应配置寄存器进行相应的配置,该过程不需要中断用户的功能。通过刷新操作可以清除单粒子软错误,消除单粒子软错误的累积。命令寄存器的有关命令如表 4.5 所列。

表 4.5 命令寄存器的有关命令

命令符号	命令代码	命令描述
RCRC	0111b	复位循环冗余校验(CRC)寄存器
SWITCH	1001b	切换时钟频率,主模式下切换配置时钟的命令
WCFG	0001b	写配置数据
RCFG	0100b	读配置数据
LFRM	0011b	最后一帧写入
START	0101b	开始启动时序

SRAM 型 FPGA 刷新的操作流程如下:

(1) 为载入数据帧准备内部的配置逻辑。内部逻辑首先经过空闲字所标记的多个可配置时钟(CCLK)的初始化,然后同步识别由同步字所表示的 32 比特的边界。而后,循环冗余校验(CRC)寄存器和电路必须通过将 RCRC 命令写入命令寄存器来复位。接着,被配置的器件的帧长大小被写入帧长寄存器。配置选项被写入配置选项寄存器,接着是写入控制掩码。所选择的 CCLK 的频率在配置选项寄存器中被指定,但是,SWITCH 命令必须被写入到命令寄存器才能切换到该频率。

(2) 载入配置数据帧。首先,WCFG 命令被写入命令寄存器,以激活将写入帧数据输入(FDRI)寄存器的数据写入配置存储器单元的电路。为了能写入一系列数据帧,第一帧的起始地址首先被写入帧地址寄存器,然后是写命令,接着是将数据帧写入 FDRI 寄存器。FDRI 写命令也指定数据的数量,它用组成待写入数据帧的 32 比特字的数目来表示。通常三大组帧通过该过程写入。当除了最后一帧的其余所有数据帧皆已被载入时,初始的 CRC 被载入到 CRC 寄存器。LFRM 命令被载入到命令寄存器,然后执行 FDRI 写命令,将最后数据帧载入到 FDRI 寄存器。

(3) 初始化启动时序并完成 CRC。在所有的数据帧皆已被载入后,START 命令被载入命令寄存器,然后是任意内部控制数据被写入控制寄存器,接着是最后的 CRC 值被写入 CRC 寄存器。最后的 4 个空闲字填充到系统中,以完成 CCLK 周期和

激活 FPGA。此时 FPGA 的刷新操作全部完成,FPGA 可以正常工作。

刷新率描述了刷新操作执行的频繁程度,它是由特定应用中器件的预期翻转率决定的。翻转率由器件的静态截面以及应用或任务预计经受的带电粒子通量计算得到。刷新率应该被设置为能在下次翻转发生前修复配置存储器上的 SEU。现实中最小化后的刷新率与刷新周期相等,也就是使配置逻辑始终保持更新。一种可靠的方法是将刷新率设置在高于预计翻转率的一个数量级或更高一些。刷新系统组成如图 4.5 所示。

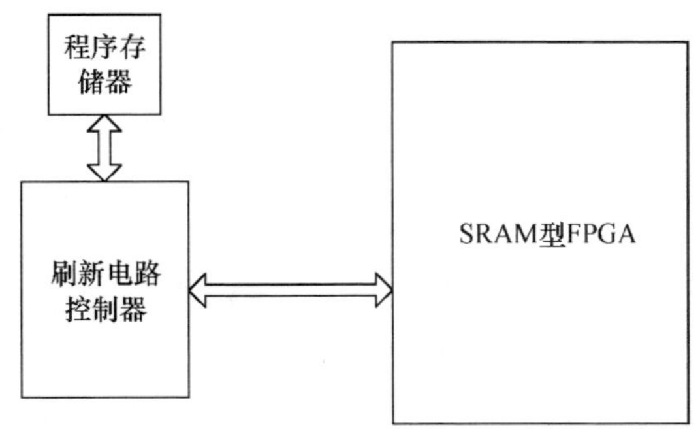

图 4.5　SRAM 型 FPGA 刷新系统组成框图

4）定时监视器(WDT)技术

WDT(俗称看门狗)的主要功能是判断功能电路是否正常,如图 4.6 所示。WDT 通常由计数器和相应的复位电路组成。正常工作时,处理器定时输出一个清狗信号使计数器清零。如果在规定的时间内没有发出清零信号,也即通常所说的喂狗信号,计数器会产生一个复位信号使系统复位,重新开始运行。

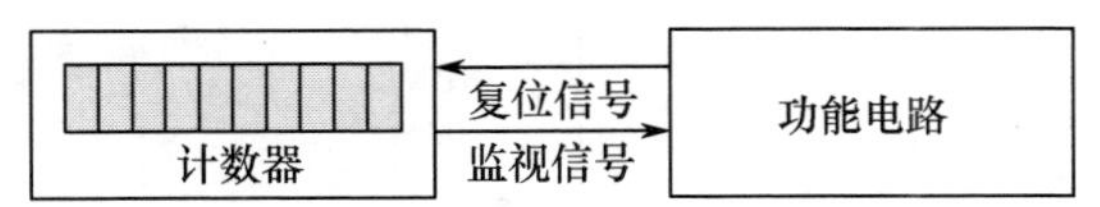

图 4.6　WDT 原理

计数器电路是 WDT 的核心,通过计数器,定时地向功能电路发送监视信号,功能电路接收到监视信号后返回一个响应信号给 WDT,若未收到响应信号,或响应信号有误,则说明功能电路发生单粒子软错误,从而达到检错的目的。

计数器的预设值决定了计数器的大小以及对功能电路性能的影响。若 WDT 结构本身不会出现故障,即能够持续的、不间断的周期性发送检测信号、对功能电路进行有效的监视,那么在硬件开销和功能电路性能满足设计约束的前提下,一般来说,检测频率越高,越能够及早发现单粒子软错误对功能电路的影响,从而及早通过修复机制还原功能电路,这种防护结构在电路整体的设计时更应当被优先采用。

以在 Xilinx FPGA 上实现的一个 10 位计数器为例,最大计数值为 $2^{10}=1024$。该防护结构共有 284 个电路节点单粒子逻辑故障(包括固定 0 和固定 1 故障),每个电路节点由多个配置比特所控制。该防护结构有一个复位信号 reset，包含 10 个触发器，因此该防护结构在一个时钟周期内的输入共有 $NV = 2^{(1+10)} = 2048$ 种，一个电路节点逻辑故障的错误传播概率(EPP)即在这 2048 种输入下，使防护结构产生错误输出的可能性。EPP 计算结果如图 4.7 所示，图中纵轴表示各个电路节点单粒子逻辑故障的 EPP，横轴表示电路节点逻辑故障的序号，序号按照电路节点逻辑故障 EPP 从小到大排序。

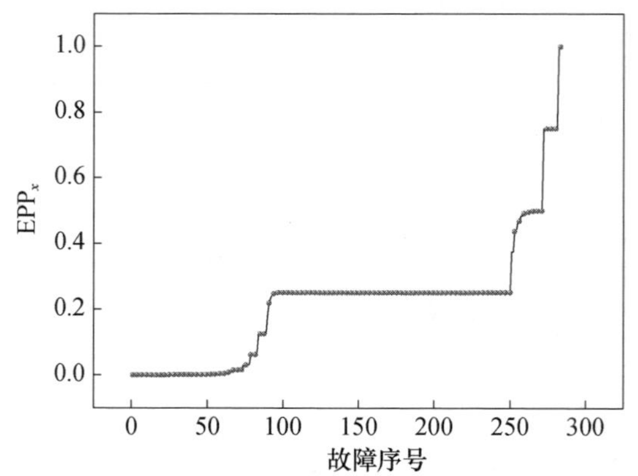

图 4.7　计数器电路 EPP(见彩图)

根据 EPP 值，可以计算单粒子软错误率，从而利用马尔可夫模型计算持续有效防护时间和防护率。图 4.8(a)给出了在不同单个配置比特翻转率下防护电路的持续有效防护时间，图 4.8(b)还给出了在不同刷新周期下的防护率。

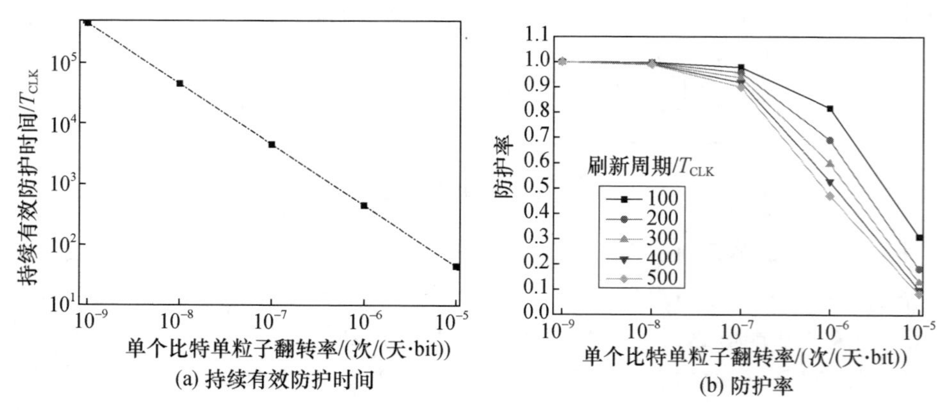

图 4.8　计数器电路单粒子效应防护效果(见彩图)

4.3.1.2　导航卫星器件/设备单粒子软错误防护

根据国内外卫星在轨飞行经验，SRAM 型 FPGA 易发生单粒子软错误，影响相关功能的执行。导航卫星应用的 SRAM 型 FPGA 直接和导航信号的生成与播发有关，因此，必须开展全面、充分的单粒子软错误防护设计工作。导航卫星在研制过程中，

针对星上各个FPGA配置项，结合FPGA的功能要求、故障影响和资源情况，采取了多种防护设计措施，举例说明如下：

1）星载计算机单粒子软错误防护设计

导航卫星星载计算机的随机存取存储器（RAM）综合采用了EDAC、TMR和定时刷新措施。在器件选用上，选用具有EDAC功能的器件。针对关键数据，在RAM中将关键数据放在物理上分开的3个工作区，使用时对用到的数据根据需要按字或位进行三取二表决，纠正3个字中某字或某位的错误，同时对3个区的数据实行周期性刷新，避免存储器数据错误的累积。

对于含有运行程序的计算机系统，单粒子软错误可能造成程序“跑飞”，而陷入死循环，造成系统功能错误，甚至产生不可预料的后果。出于对星载计算机等电子系统中软件运行状态进行实时监测的考虑，在星载计算机中采用了专门用于监测程序运行状态的WDT电路，可以在没有人工干预的情况下，使程序发生死循环或“跑飞”的系统能够自动恢复正常运行。WDT的时间参数可根据系统功能需求进行设计，当计时到该特定时间而系统未正常运行时，WDT电路将产生复位信号，对计算机系统进行重启，使得程序指针回到初始状态，从死循环中恢复出来。

2）收发单元单粒子软错误防护设计

对于采用大容量SRAM型FPGA的收发单元，对用户组合、时序逻辑、布线资源及I/O端口等模块采用TMR设计，大幅降低FPGA器件的单粒子效应敏感度，对用户逻辑设计中的寄存器、存储器等资源进行定时刷新，消除多位错误积累，有效地纠正配置区的翻转问题，从固有设计上保证单粒子事件几乎不发生。

根据导航卫星在轨飞行数据，通过采取单粒子软错误防护设计措施，多颗导航卫星仅发生过极少次SEU错误。同时，导航卫星在地面研制过程中，持续对FPGA器件的TMR和定时刷新措施进行优化改进，并在地面进行了长期跑合验证和注错测试验证，持续提高产品的单粒子软错误防护能力。

4.3.2 整星单粒子软错误防护设计

4.3.2.1 导航卫星单粒子软错误防护体系架构

整星单粒子软错误防护的控制模式可分3种体系结构：主从式控制结构、团队式控制结构和对等式控制结构。3种控制结构的控制原理和特点如表4.6所列。

导航卫星采用了综合电子进行数据管理。综合电子本身采用了模块化分级设计，由中心管理单元作为中枢完成整星的事务管理，其他模块也具有一定的处理能力。因此，使用团队式控制结构能够和综合电子分系统更好的匹配和兼容。此外，单粒子软错误防护体系架构采用该控制结构进行设计，能够获得较好的总体和局部控制性能，满足不同类型单粒子防护的需求。

表 4.6 整星单粒子软错误防护 3 种控制结构比较

控制结构类型	控制原理	控制特点
主从式控制结构	① 由 1 个主节点和多个从节点组成； ② 主节点是智能决策部分，完成对所有从节点的自主控制； ③ 从节点接收主节点命令，执行命令并把自身的状态信息回传给主节点，由主节点统一处理	① 总体性能好，便于实行全局协调控制； ② 受通信带宽的限制，动态响应性能差； ③ 主节点逻辑复杂
团队式控制结构	① 由 1 个领队和多个随从组成； ② 领队实现自主健康管理任务计划下达，计划一部分由自身完成，其余部分由随从执行； ③ 每个随从能完成本节点的自主健康管理，并将结果反馈给领队，减轻了领队的负担	① 随从不是简单的执行部件，它具备了智能执行和诊断能力； ② 总体和局部控制性能都较好，是一种开放式的系统； ③ 扩展性较好，适合复杂的动态环境
对等式控制结构	① 各个节点处于对等关系，每个节点都有一套完整的自主控制系统，能自主制订计划并执行； ② 各个节点间采用一种松散的合作方式，由任务管理器来协调彼此之间的任务合作	① 总体控制性能低，控制关系复杂； ② 局部性能好

整星单粒子软错误防护体系架构如图 4.9 所示，整个架构根据卫星的设计特点将单粒子软错误防护分为 4 级，每级防护采用不同的手段策略，形成了分级、分层次的单粒子软错误防护体系结构。中心计算机充当主节点的角色，综合业务单元、各分系统信息处理单元充当成员的角色。作为成员需要对单粒子软错误的相关信息进行预处理，以发挥这些智能设备在信息综合分析中的作用。

自下而上看，单粒子软错误分级防护方法如下：

第 0 级（Level 0）：器件设备级防护。器件级防护从材料、工艺、元器件等方面进行抗单粒子软错误加固，无须硬件电路或软件干预；设备级防护通过硬件电路或软件自身的设计实现，无须地面、星载软件对单粒子软错误信息进行综合并采取相关干预措施。器件设备级防护生效时，对卫星正常工作和业务无影响。该级别的防护方法已在上一节叙述。

第 1 级（Level 1）：分系统级防护。分系统级防护通过地面或星载软件对单粒子软错误信息进行综合分析并采取相关干预措施，在单粒子软错误信息综合分析的过程中，需要综合电子、测控信息处理单元、供配电信息处理单元、载荷信息处理单元协同工作。该级防护生效时，有可能对卫星正常工作产生影响。

根据分系统级单粒子软错误故障类型的不同，分系统级防护又分为 3 个子等级：

1 – a 级分系统防护：针对控制单元发生单粒子软错误故障的防护。

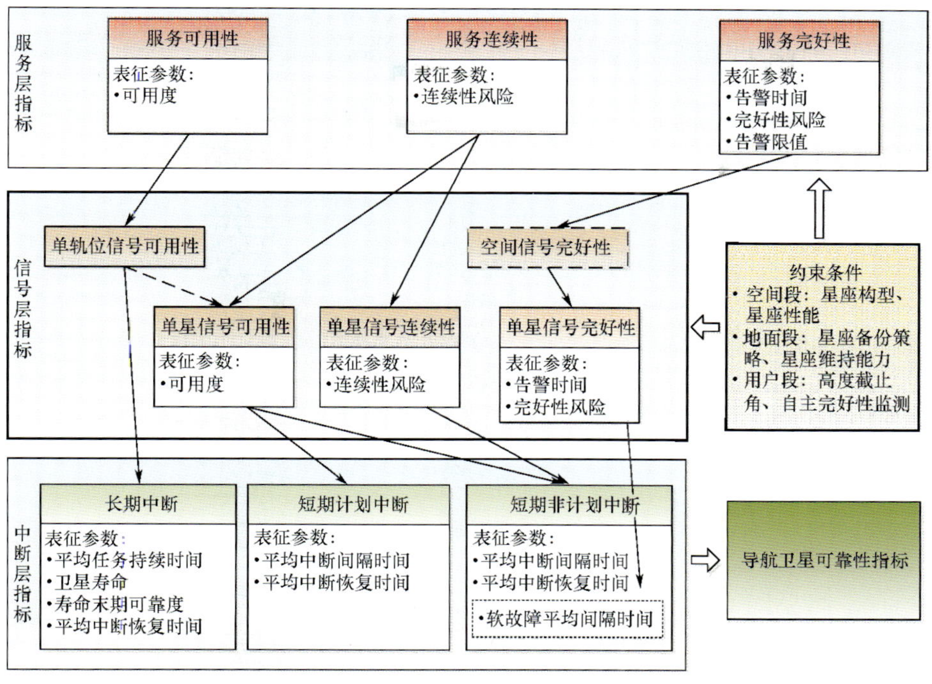

图 2.1　服务可靠性指标分解思路

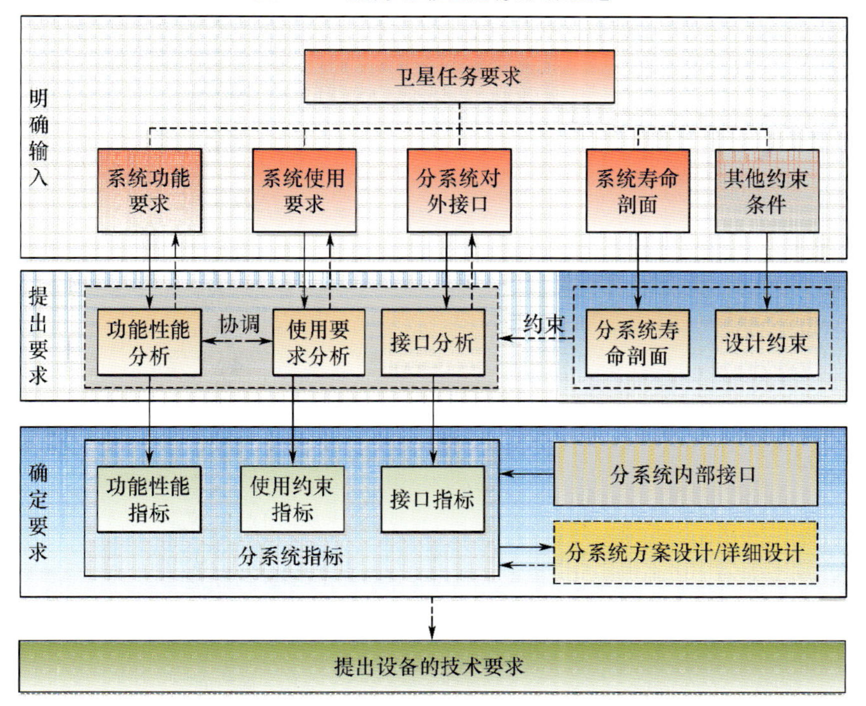

图 2.4　卫星分系统技术要求确定流程

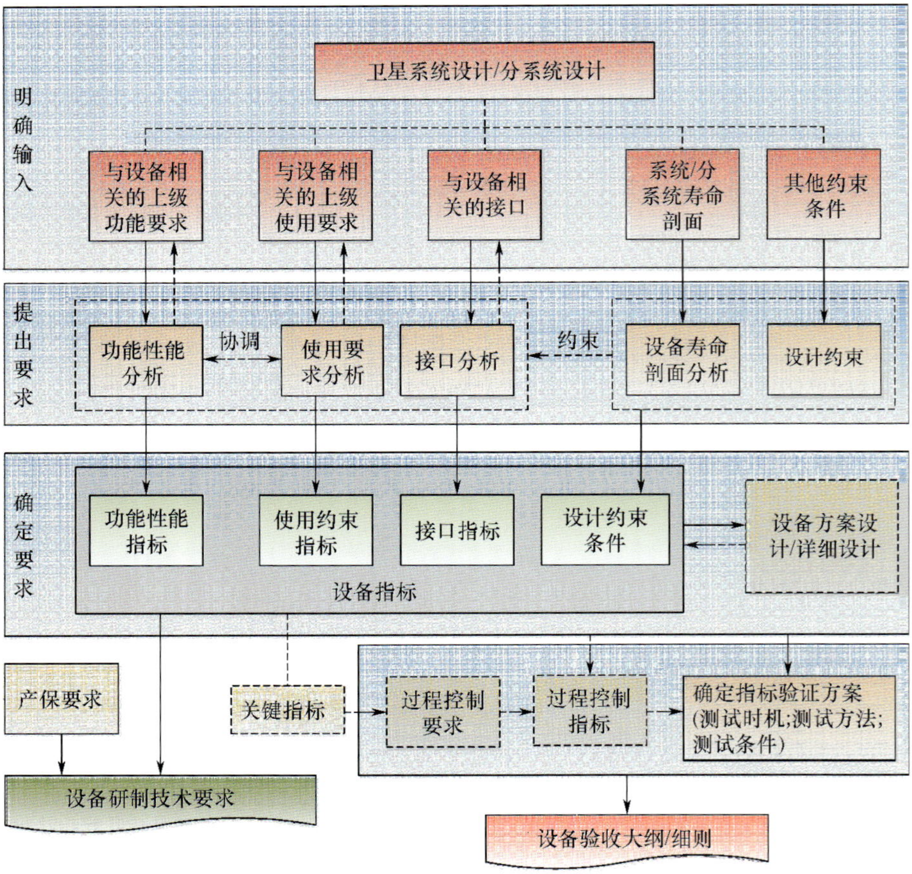

明确输入
卫星系统设计/分系统设计
与设备相关的上级功能要求
与设备相关的上级使用要求
与设备相关的接口
系统/分系统寿命剖面
其他约束条件
提出要求
功能性能分析
协调
使用要求分析
接口分析
约束
设备寿命剖面分析
设计约束
确定要求
功能性能指标
使用约束指标
接口指标
设计约束条件
设备指标
设备方案设计/详细设计
产保要求
关键指标
过程控制要求
过程控制指标
确定指标验证方案(测试时机;测试方法;测试条件)
设备研制技术要求
设备验收大纲/细则

图 2.5　总体/分系统确定设备指标的流程

B1
A1
A2
A3
B2
A4
A5
A6
B3
1
2
3
4
5
6

图 3.9　行波管放大器环备份示意图

A故障,C、D工作
D故障，切换至B、C工作
A,B工作，C、D冷备份
系统故障
B故障,C、D工作
C故障,切换至A、D工作

图 3.10　测控动态重构系统的马尔可夫模型

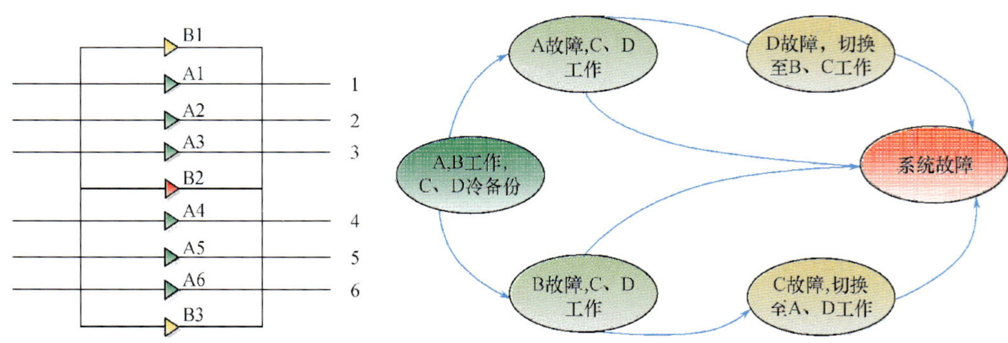

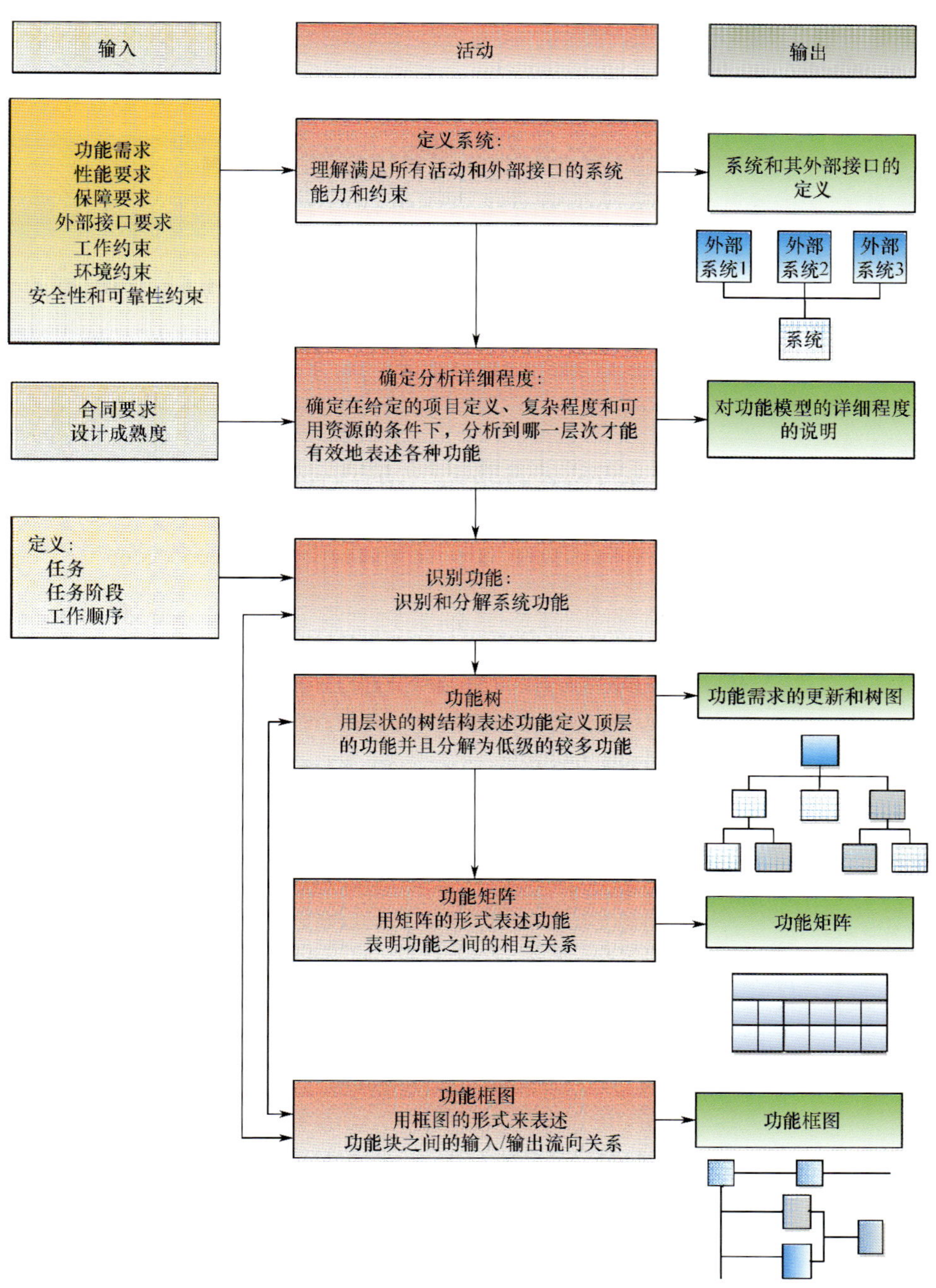

图 3.12 功能分析的实施流程

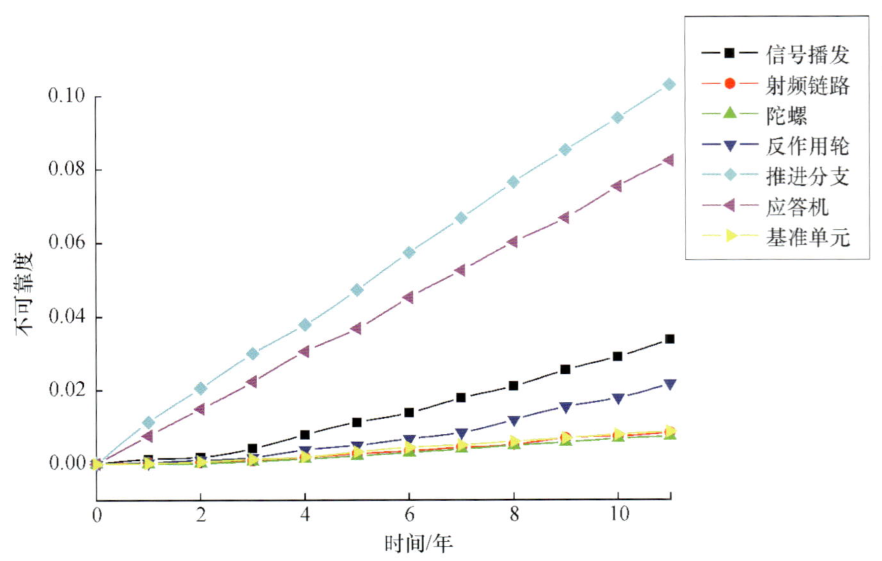

图 3.15　卫星设备冗余系统不可靠度

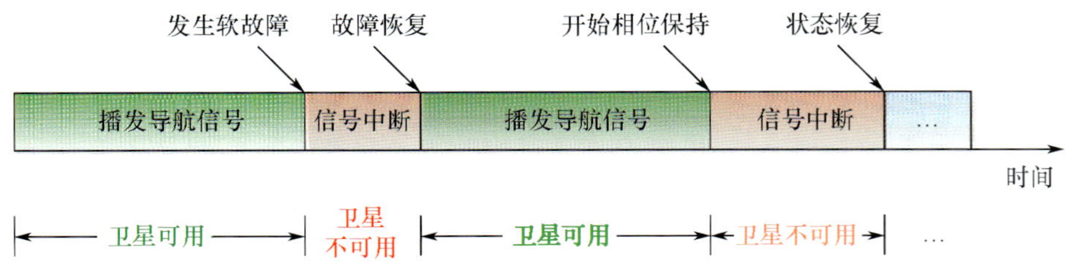

图 4.1　导航卫星在轨中断事件和可用性的关系

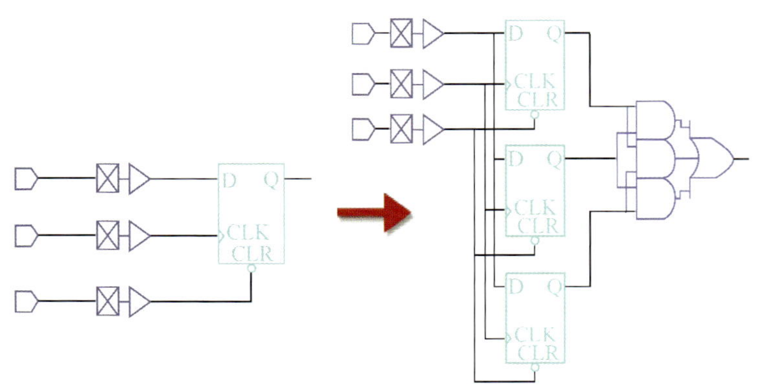

图 4.4　LTMR 设计示意图

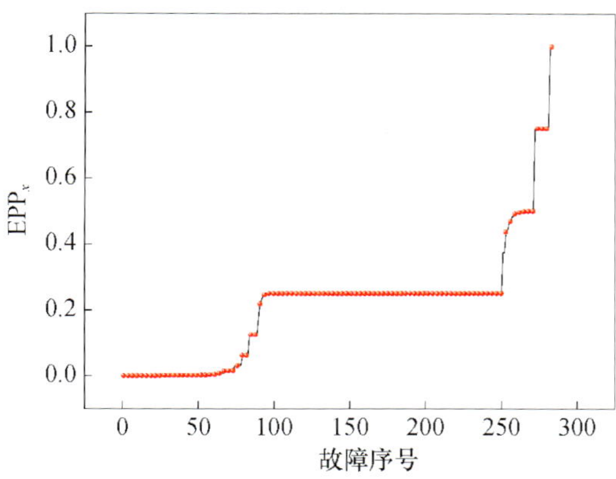

图 4.7 计数器电路 EPP

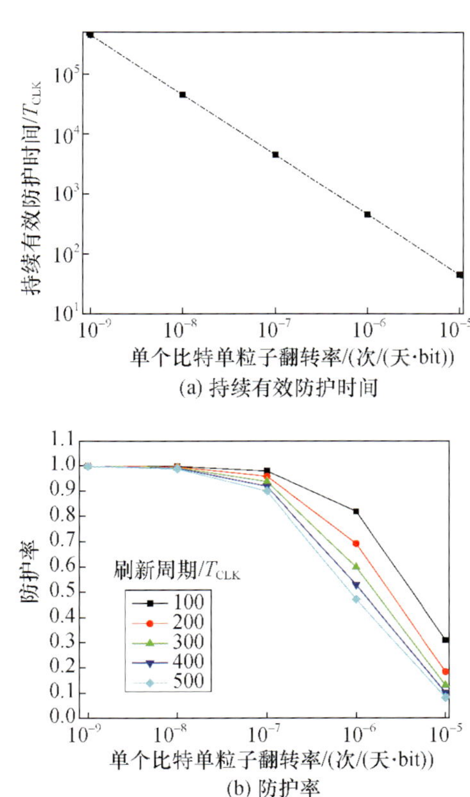

图 4.8 计时器电路单粒子效应防护效果

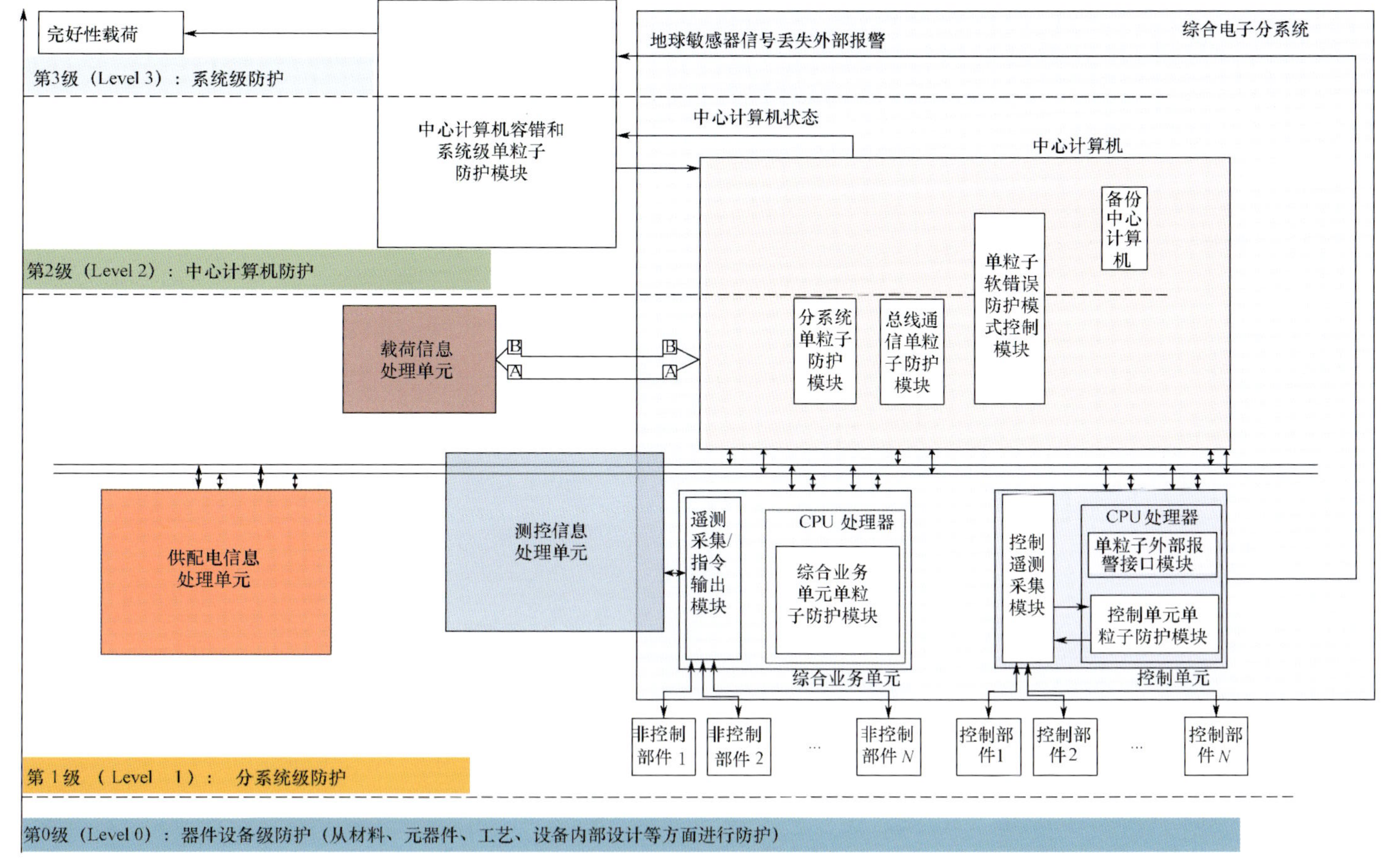

图 4.9　整星单粒子软错误防护体系架构

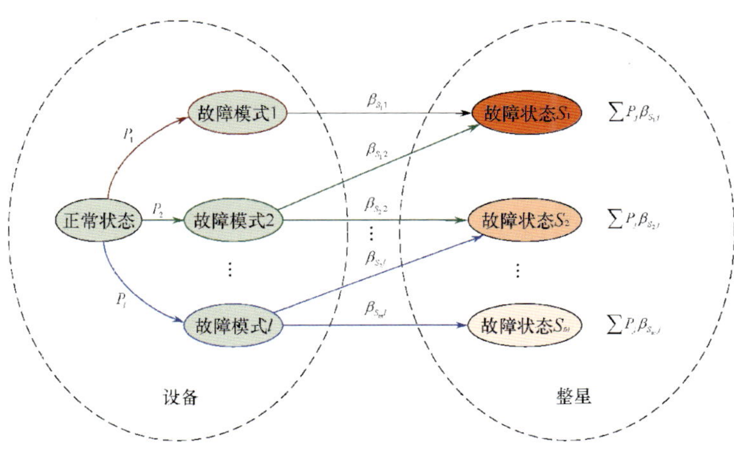

图 5.4 设备至整星错误率传播示意图

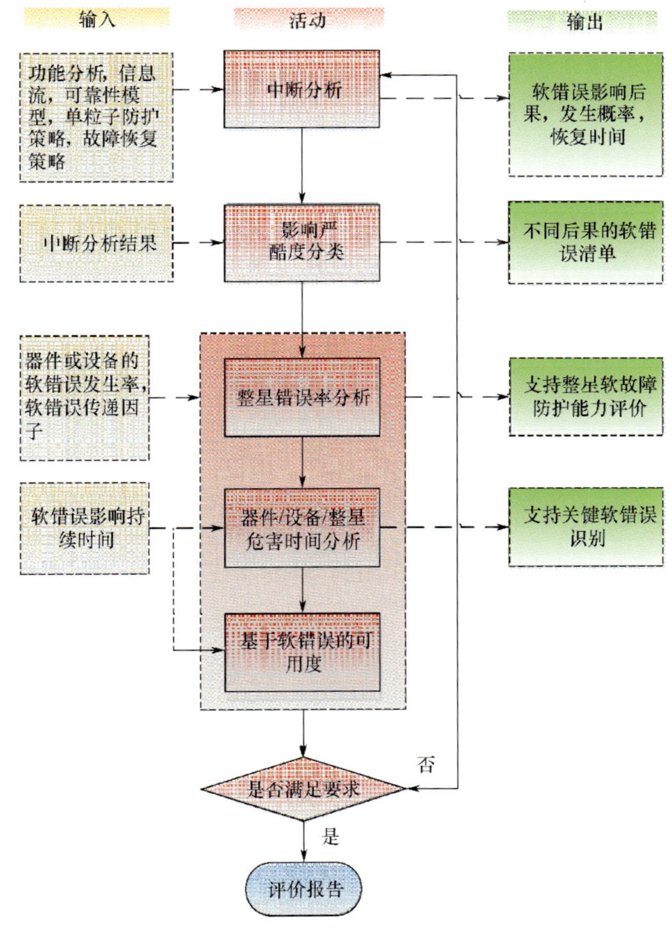

图 5.5 软错误对整星影响评价的简要流程

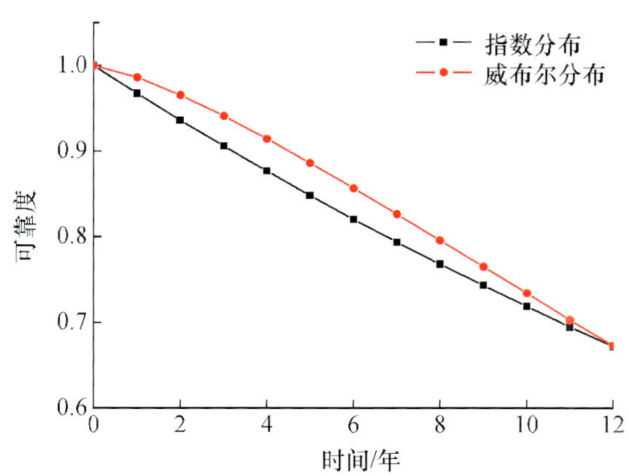

图 5.7 典型的卫星系统可靠性曲线

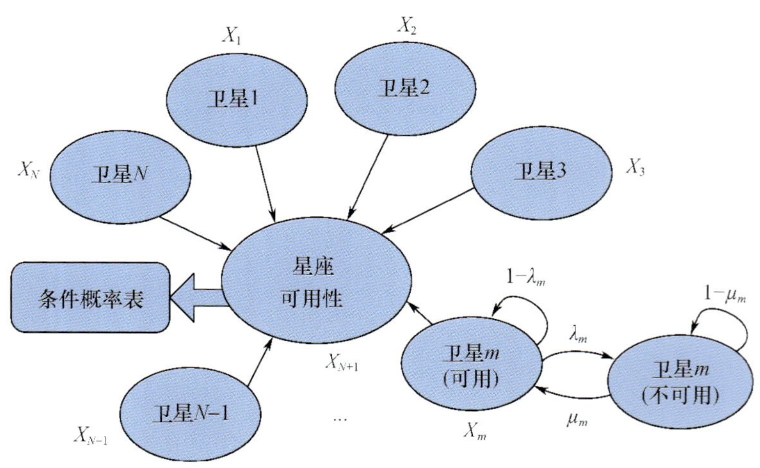

图 5.15 基于贝叶斯网的星座可用性模型

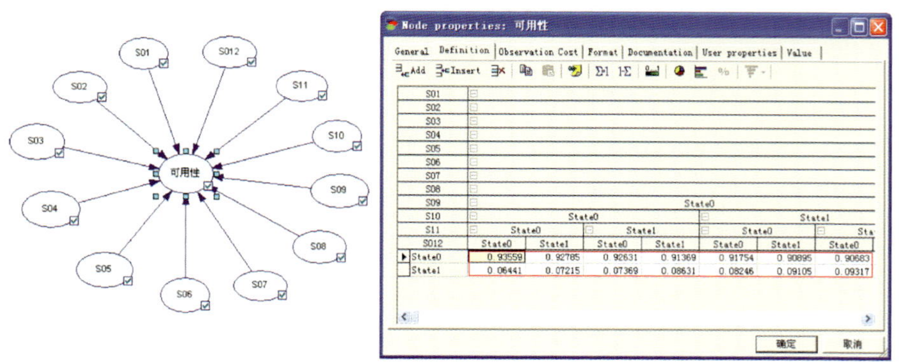

图 5.16 利用 GeNIe 软件建立的星座可用性模型

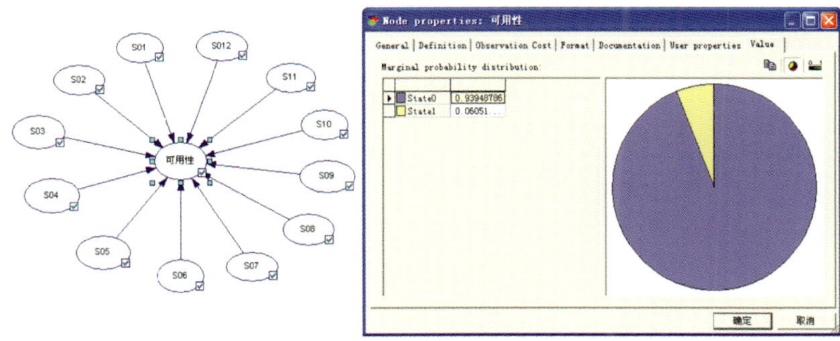

图 5.17　星座可用性计算结果

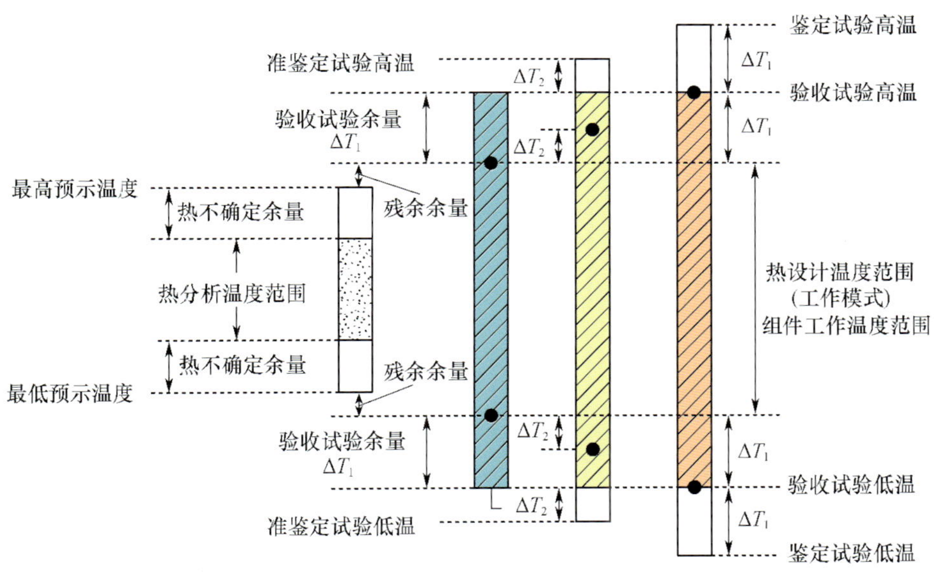

图 6.3　导航卫星星上产品热设计及考核策略

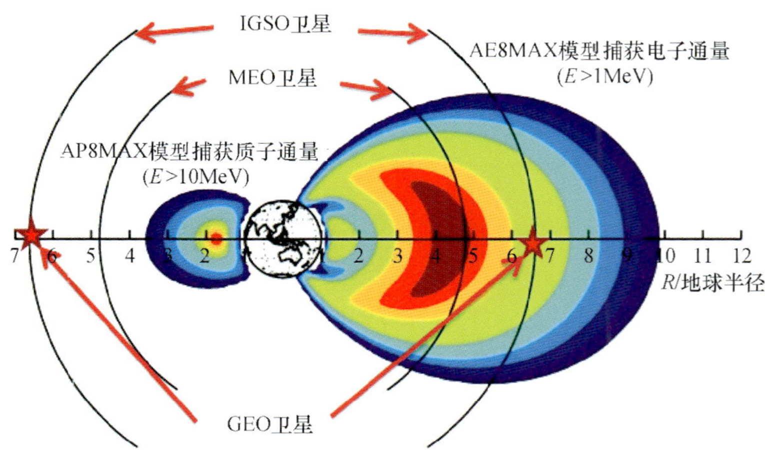

图 6.5　导航三类轨道卫星在地球辐射带中的相对位置

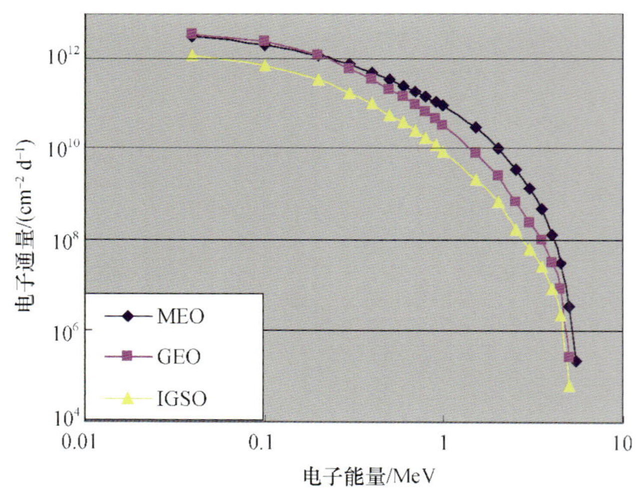

图 6.6　导航三类轨道上的捕获电子能谱

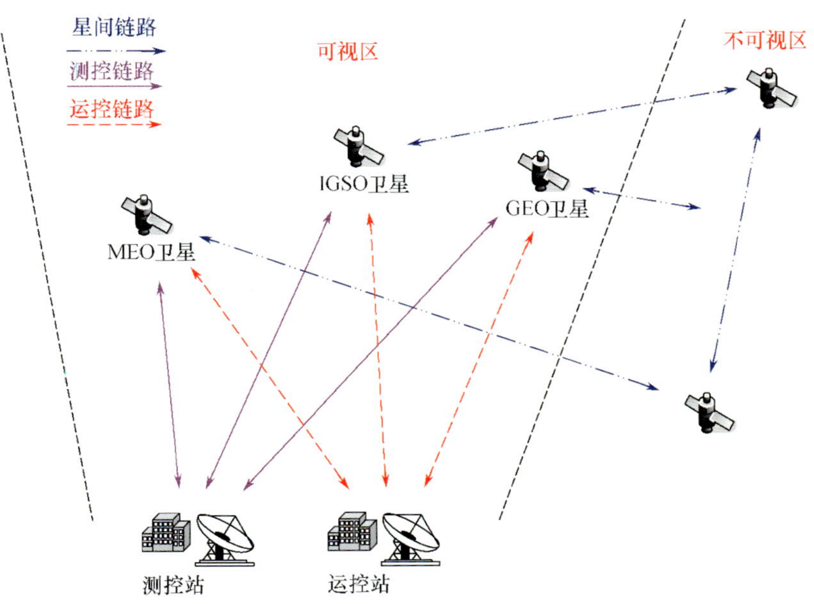

图 6.13 导航卫星星地/星间信息传输通道示意图

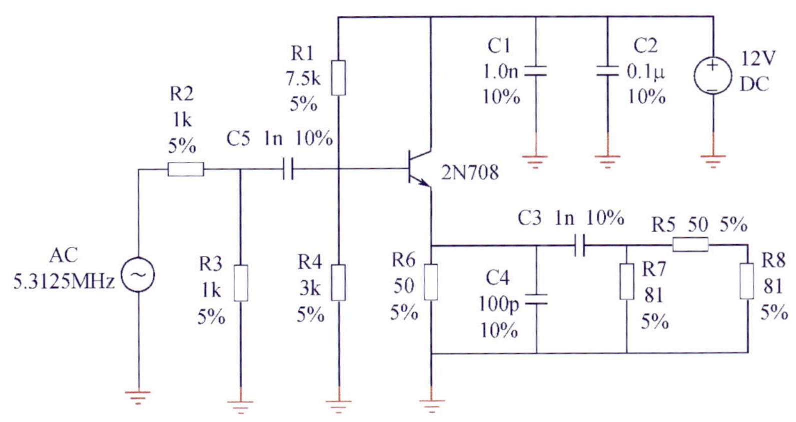

图 7.25 某星载原子钟频综电路

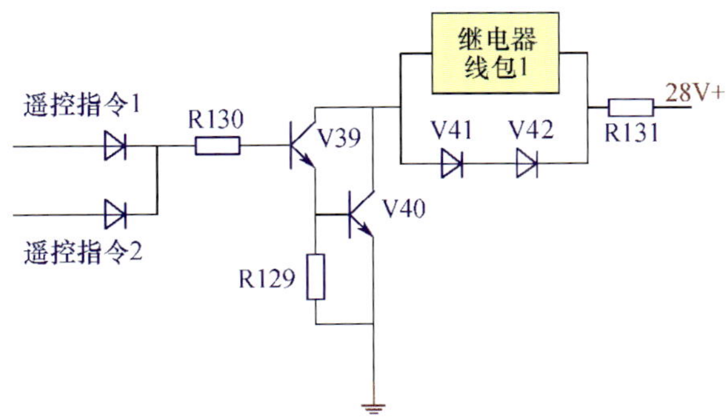

图 7.26 某指令继电器遥控接口电路原理图

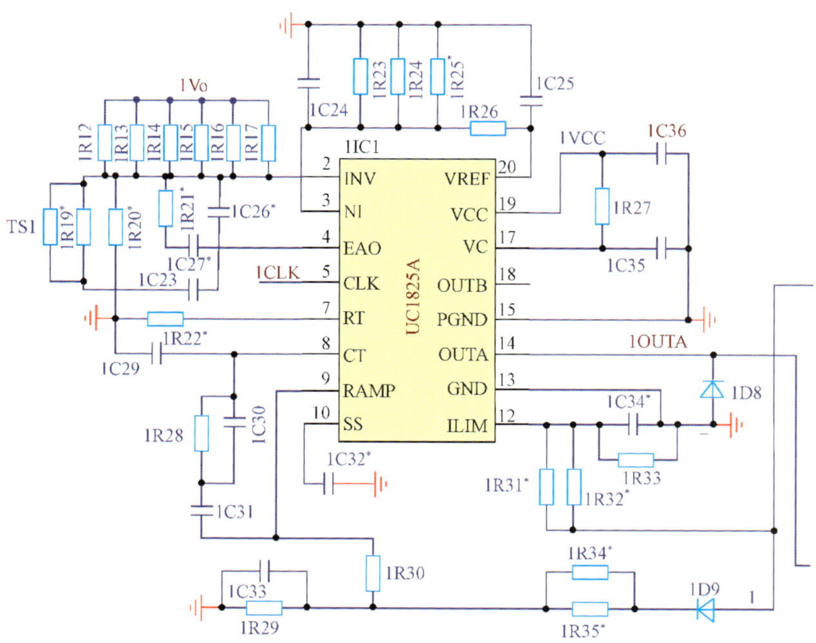

图 7.27　二次电源模块原理图

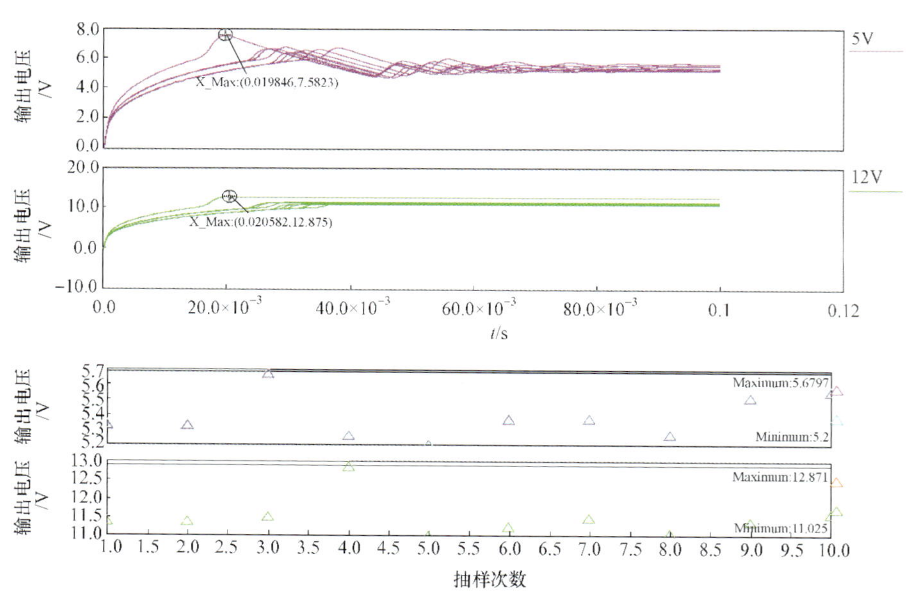

图 7.28　二次电源模块蒙特卡罗最坏情况分析结果

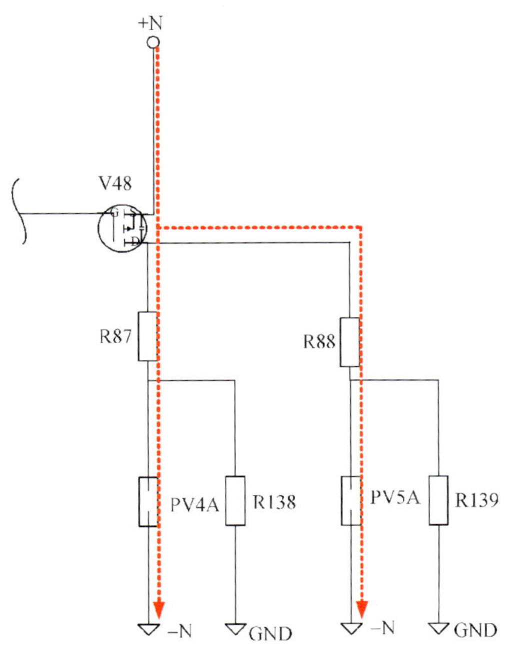

图 7.33　火工品起爆网络树

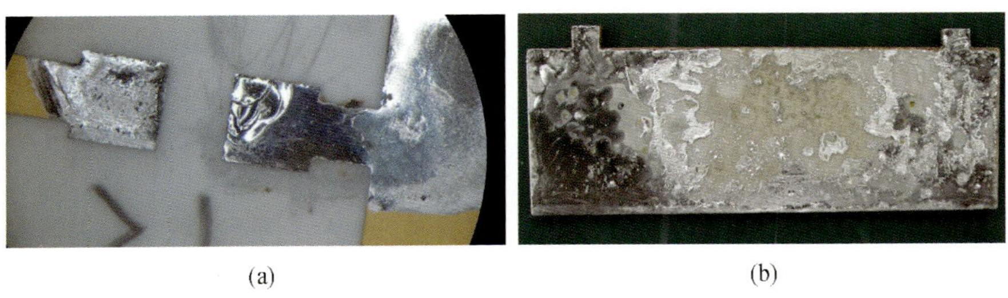

(a)　(b)

图 8.2　MIC 焊接失效现象

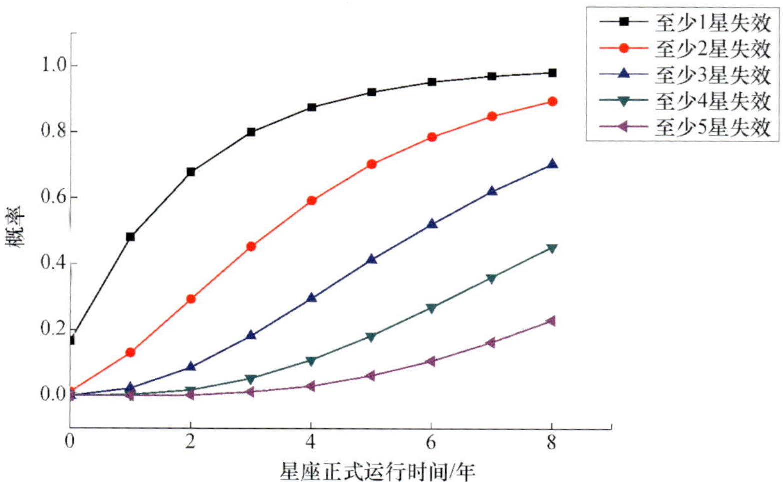

图 8.7　星座至少 n 颗卫星失效的概率分布

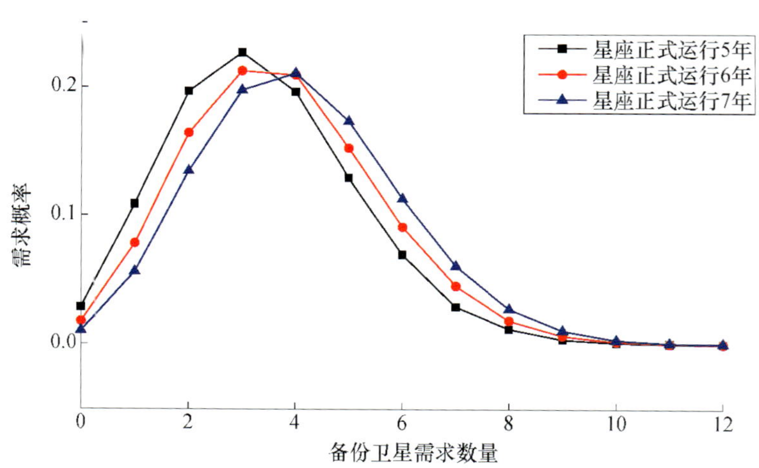

图 8.8　星座备份星数量需求概率分布

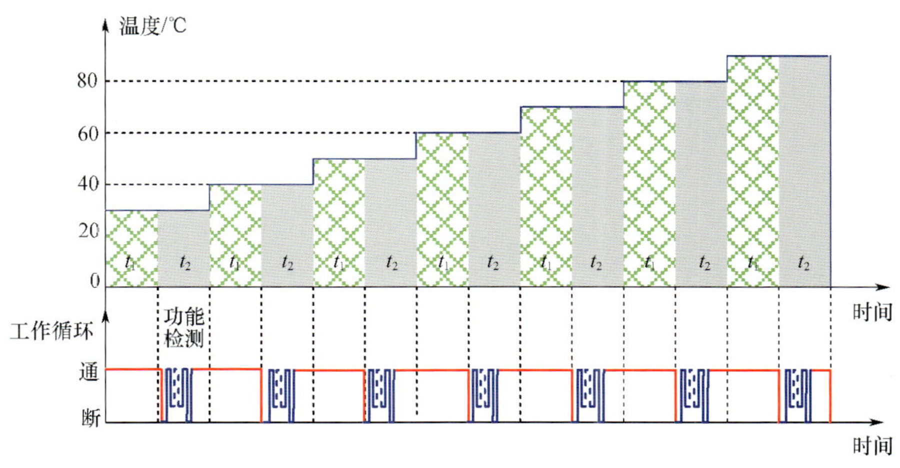

图 9.3　高温步进试验剖面示意图

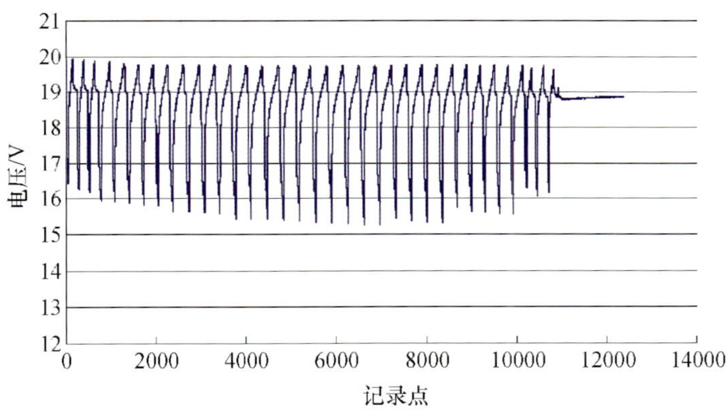

图 9.6　第 1 阴影期蓄电池组的充放电电压变化曲线

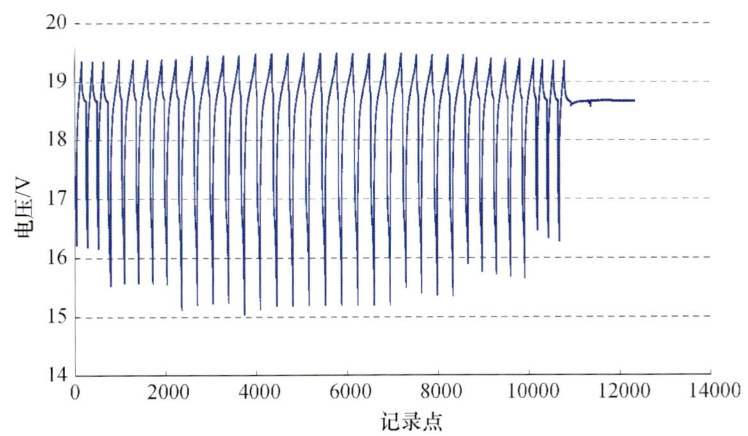

图 9.7　第 20 阴影期蓄电池组的充放电电压变化曲线

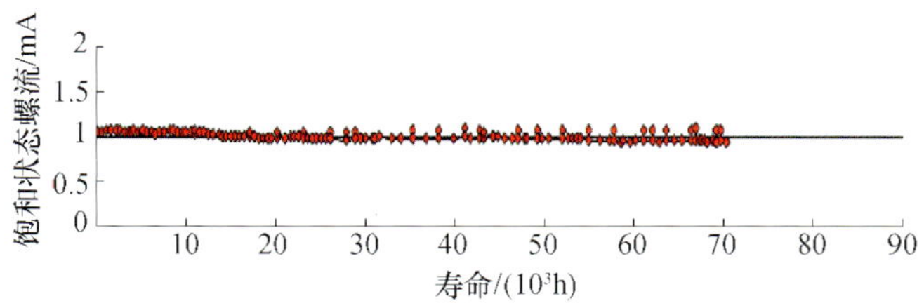

图 9.9　某行波管放大器螺流随时间变化趋势

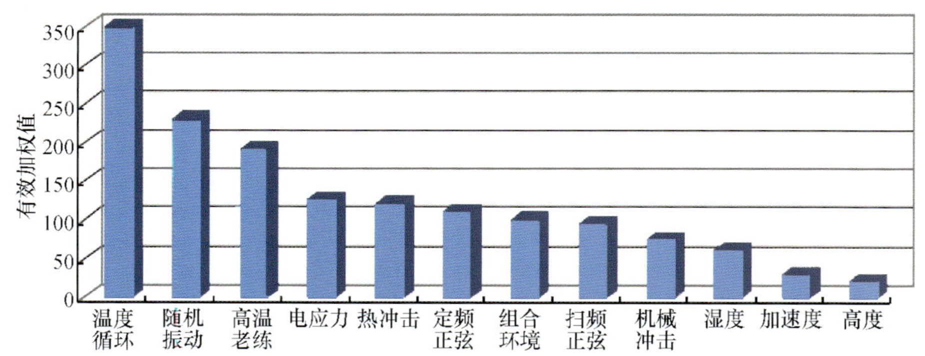

图 9.10　筛选应力的效果

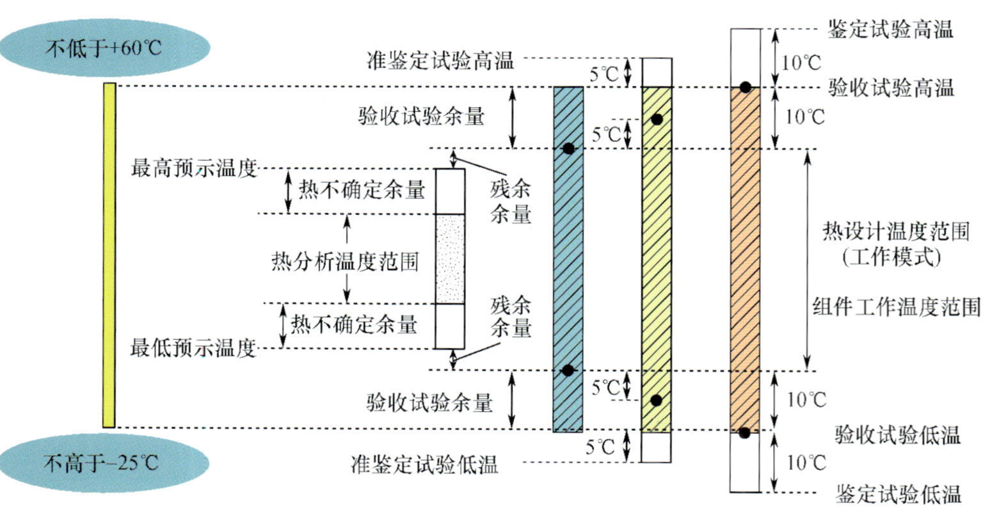

图 9.11　各种试验温度与最高/最低预示温度关系

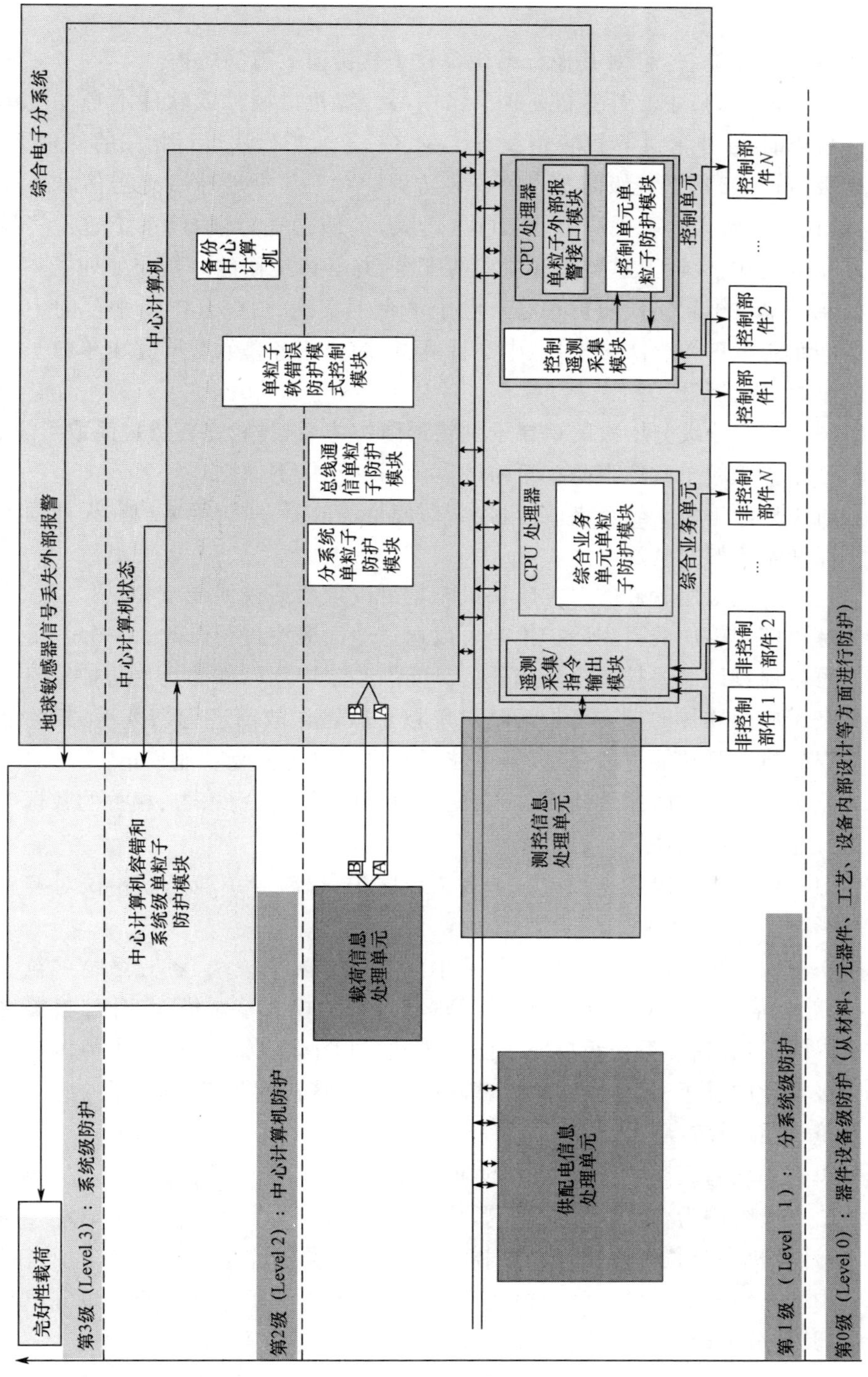

图 4.9　整星单粒子软错误防护体系架构（见彩图）

1－b 级分系统防护：针对 1553B、RS422 总线通信功能发生单粒子软错误故障的防护。

1－c 级分系统防护：针对其他分系统单粒子软错误故障的防护。

第 2 级（Level 2）：中心计算机防护。当中心计算机的硬件或软件本身发生单粒子软错误故障时，由中心计算机容错和系统级单粒子防护模块进行相关的处理。

第 3 级（Level 3）：系统级防护。第 3 级防护针对卫星上地球敏感器信号丢失故障，此类单粒子软错误故障无法由低级（0～2 级）的防护进行恢复，系统防护将导致卫星进入安全模式，保证卫星姿态和能源的安全，并等待地面的分析与处理。

以上 4 级单粒子软错误防护在综合电子平台下实现，由综合电子平台的中心计算机容错和系统级单粒子防护模块、中心计算机、综合业务单元共同完成单粒子软错误信息的整合以及恢复。

针对图 4.9 中分级分层次的单粒子软错误防护体系架构，在各级应采取可靠、高效的防护策略。单粒子软错误防护策略的制定需基于以下原则：

（1）对于任何单粒子软错误故障检测，即使是伪故障，防护策略应在无地面支持的情况下保证系统的完整性；

（2）任一基于应用软件的自主防护策略均可由地面遥控使能或禁止；

（3）基于应用软件的自主防护策略可以通过地面遥控进行修改；

（4）可以通过地面遥控指令生成任何可能的基于应用软件的自主防护策略；

（5）基于应用软件的自主防护策略对单粒子软错误故障进行恢复后，相关的单粒子软错误故障监测功能可以保留，但单粒子软错误自主恢复功能禁止；

（6）星上执行自主防护策略后，应在遥测数据中提供执行报告，相关的数据应保存在遥测日志文件中以便后续进行调查；

（7）卫星应在不同层次进行单粒子软错误防护，以减少单粒子软错误对整星连续工作的影响。

各层次单粒子防护模块包括综合业务单元单粒子防护模块、各分系统单粒子防护模块、总线通信单粒子防护模块、单粒子软错误防护模式控制模块、外部报警接口模块、中心计算机容错和系统级单粒子防护模块。以上单粒子软错误防护体系采用模块化分级设计的思想，该体系结构能够减少中心计算机的负担，利于适应复杂多变的工作环境，并具有较高的动态响应能力。

根据单粒子软错误防护分级，各级防护由不同模块完成：

（1）第 1 级防护为分系统级防护，其中：1－a 级防护通过控制单元单粒子防护模块、中心计算机中单粒子软错误防护模式控制模块共同完成；1－b 级防护通过中心计算机中的总线通信单粒子防护模块完成；1－c 级防护通过综合业务单元单粒子防护模块、其他分系统单粒子防护模块共同完成。

（2）第 2 级防护为中心计算机防护，通过中心计算机容错和系统级单粒子防护模块完成。

（3）第3级防护为系统级防护，通过单粒子外部报警接口模块、中心计算机容错和系统级单粒子防护模块共同完成。

4.3.2.2　第1级单粒子防护

1）1－a级单粒子防护流程

控制单元单粒子防护模块根据预设的控制单粒子软错误规则给出所述控制部件和自身的单粒子软错误状态信息，中心计算机中的单粒子软错误防护模式控制模块根据上述单粒子软错误状态信息的判断结果实施1－a级单粒子防护。具体工作流程如下：

（1）控制单元通过通用的控制遥测采集模块采集卫星上的控制部件的遥测信息，并发送给控制单元单粒子防护模块；

（2）控制单元单粒子防护模块根据预设的1－a级控制单粒子防护规则判断控制相关的单粒子软错误状态信息，并给出判断的结果；

（3）控制单元通过1553B总线将控制相关的单粒子软错误状态信息发送给中心计算机；

（4）当出现地球敏感器信号丢失故障时，控制单元单粒子防护模块将该信息送给单粒子外部报警接口模块，通过外部报警接口模块将信息发送给中心计算机容错和系统级单粒子防护模块；

（5）中心计算机中的单粒子软错误防护模式控制模块根据控制单粒子软错误状态信息决定是否实施单粒子防护；

（6）当需要实施1－a级单粒子防护时，恢复指令通过1553B总线发送给控制单元，完成1－a级单粒子防护。

2）1－b级单粒子防护流程

1－b级防护通过中心计算机中的总线通信单粒子防护模块完成，主要对1553B总线通信功能和RS422总线通信功能的单粒子软错误进行防护。

1553B总线单粒子软错误防护的具体工作流程如下：

（1）正常情况下，中心计算机使用A总线与下位机进行通信；

（2）当中心计算机A总线通信出现问题时，总线通信单粒子防护模块对发送或接收的同一个地址的消息块进行重试操作，重试次数不小于2次；

（3）重试操作未成功，则总线通信单粒子防护模块自动切换采用B总线进行通信，其通信过程与A总线方式一致；

（4）若A总线和B总线均通信失败，总线通信单粒子防护模块对相应的下位机采取复位措施，然后再次进行总线通信，其通信方式及次序与初始方式一致。

RS422总线单粒子软错误防护的具体工作流程如下：

（1）在正常情况下，载荷信息处理单元使用A端口与中心计算机通信，即每n秒向中心计算机发送数据包；

（2）若中心计算机在$3n$秒内未收到任何来自载荷信息处理单元的数据，则中心计算机认为双方通信失败，自动切换至 B 端口；

(3) 中心计算机切换到 B 端口后，发送“载荷信息处理单元 B 端口接收”指令，将载荷信息处理单元切至 B 端口通信。

3) 1 – c 级单粒子防护流程

其他分系统单粒子防护模块和综合业务单元单粒子防护模块根据预设的1 – c 级单粒子防护规则给出所述非控制非通信单粒子软错误状态信息，中心计算机根据上述单粒子软错误状态信息的结果实施 1 – c 级单粒子防护。具体工作流程如下：

(1) 分系统信息处理单元、综合业务单元通过通用的遥测采集指令输出模块采集卫星上的非控制非通信的状态信息，并发送给单粒子软错误防护模块；

(2) 单粒子软错误防护模块根据预设的 1 – c 级单粒子防护规则判断非控制非通信单粒子软错误状态信息，并给出判断的结果。

(3) 分系统信息处理单元、综合业务单元通过 1553B 总线将非控制非通信单粒子软错误状态信息发送给中心计算机。

(4) 中心计算机中的分系统单粒子防护模块根据非控制非通信单粒子软错误状态信息决定是否实施单粒子防护。

(5) 当需要实施 1 – c 级单粒子防护时，分系统单粒子防护模块的恢复指令通过 1553B 总线发送给分系统信息处理单元或综合业务单元，根据恢复指令完成 1 – c 级单粒子防护。

4.3.2.3 第 2 级单粒子防护

1) 中心计算机防护设计

中心计算机容错和系统级单粒子防护模块负责第 2 级单粒子软错误防护和第 3 级单粒子软错误防护。中心计算机由 A 机、B 机组成。对于第 2 级防护，即针对中心计算机自身的软件、硬件故障，由中心计算机容错和系统级单粒子防护模块完成复位、切机等动作，具体逻辑如下：

(1) 中心计算机容错和系统级单粒子防护模块为中心计算机设置“看门狗”电路，使用 WDT 计数器监视 A 机、B 机中当班机的工作状态。

(2) 当中心计算机工作正常时，会定期发出清狗信号(假设中心计算机每隔 m 秒发出清狗信号)。如果 WDT 计数器连续 n 个周期未收到来自中心计算机的清狗信号，则中心计算机容错和系统级单粒子防护模块将对中心计算机的 A 机进行复位操作。

(3) 中心计算机 A 机复位后，如果中心计算机容错和系统级单粒子防护模块连续 k 个周期仍然未收到中心计算机 A 机发出的清狗信号，则中心计算机容错和系统级单粒子防护模块检查允许切机标志。如果该标志为“允许切机”，则中心计算机由 A 机切换到 B 机，同时将允许切机标志置为“禁止切机”。

(4) 如果中心计算机容错和系统级单粒子防护模块连续 $2k$ 个周期没有收到清

狗信号,且允许切机标志为“禁止切机”,则中心计算机容错和系统级单粒子防护模块关闭中心计算机的 A 机和 B 机,并开启应急计算机。

2）多通道设计

(1）测控射频多通道设计:星上配置测控应答机 A 和测控应答机 B,两台测控应答机工作在相同的上行频率,不同的下行频率,接收机互为热备份,发射机根据情况可同时工作或设备工作。每个测控通道都可以独立发送遥控指令、接收下行遥测。即使某一台测控应答机发生 SEU 事件,也不会影响整星的上行、下行通道。

(2）遥测遥控多通道设计:在星上设计硬遥测通道,当单粒子软错误导致基于软件系统的正常遥测模式异常时,切换到硬遥测通道。对卫星重要指令进行遥控多通道设计,当单粒子错误导致软件系统发送的指令功能异常时,可使用硬件指令通道完成相应功能。

(3）多通道互备:对于具有工程测控和业务测控通道的卫星,可在两个通道之间进行信息传输功能的冗余。当单粒子软错误导致某一信息通道异常时,可以通过另外的通道实现信息传输功能的备份。

4.3.2.4 第 3 级单粒子防护

当地球敏感器信号丢失,且单粒子软错误防护模式控制模块的分系统级防护无法完成故障恢复时,通知中心计算机容错和系统级单粒子防护模块启动第 3 级单粒子防护(即系统级单粒子防护),即发送预先设置好的卫星安全模式指令序列,使卫星进入安全模式。

首先发送对地定向安全模式序列,进入搜索地球的安全模式。即借助反作用轮的加速减速,使卫星绕俯仰轴旋转,进行地球搜索。当地球信号出现后,可以重新建立 3 轴姿态稳定,回到正常模式。

如果在预期时间内没有搜索到地球,则发送对日定向安全模式序列,进行太阳捕获,转入对日定向安全模式,等待地面处理。

当单粒子软错误防护模式控制模块无法通知中心计算机容错和系统级单粒子防护模块启动第 3 级单粒子防护时,控制单元的单粒子外部报警接口模块送出的地球敏感器信号丢失信息会在一段时间之后触发中心计算机容错和系统级单粒子防护模块的对日定向安全模式序列,该指令序列使卫星进入对日定向安全模式,等待地面处理。

综上所述,卫星常用的单粒子防护方案如表 4.7 所列。

应用整星单粒子软错误防护设计方法,导航卫星建立了器件设备级、分系统级、中心计算机级和卫星系统级 4 个层次,并以中心计算机为核心的整星系统单粒子软错误防护体系架构,实现了基于 FDIR 的整星系统单粒子软错误防护,有效保证了导航信号的连续稳定。

表 4.7 卫星单粒子防护方案

防护级别	子级别	防护方法	卫星应用示例
分系统级防护（第 1 级）	1－a 级:针对控制推进部件和控制单元发生单粒子软错误故障的防护	① 控制推进分系统设备的冗余切换; ② 控制推进分系统的功能冗余备份; ③ 控制推进分系统模式切换	① 卫星控制推进分系统的同类敏感器可实现备份,如地球敏感器 2:1 备份; ② 卫星控制推进分系统的不同类敏感器可实现相互备份,如陀螺和太阳敏感器
	1－b 级:针对总线通信功能发生单粒子软错误故障的防护	① 双总线冗余切换; ② 总线控制芯片的冗余切换	① 星上 1553B 总线网络采用双总线冗余,当某条总线异常时,自主切换到备份的物理总线进行通信; ② 星上具备对 RS422 总线通信功能的自主监测,当消息发送方一定时间未收到响应或出错时,切换到备份的通路
	1－c 级:非控制推进设备的单粒子软错误故障的防护	① 设备定时复位; ② 设备冗余切换	① 卫星能够对重要功能相关的 FPGA、DSP 进行监测和自主复位; ② 某卫星时频子系统能够自主对输入的两路时频信号进行监测,当使用的一路时频信号发生功能性能不符合要求的情况时,自动切换到使用另一路时频信号
中心计算机防护（第 2 级）	—	① 计算机容错模块对计算机进行复位以及切换处理; ② 程序在轨维护; ③ 通道之间信息传输的相互备份	① 某卫星的计算机容错模块可实现对计算机 A、计算机 B 的双机管理; ② 卫星计算机一般具备程序在轨维护功能,通过上行指令注入的方式,替换 SRAM 中的某个程序模块,实现软件的在轨修改; ③ 某卫星具备多个频段的上行通道,几个通道之间传输的上下行信息可通过卫星上的处理模块实现相互备份
系统级防护（第 3 级）	—	① 自主告警; ② 整星安全模式	① 某卫星能源下降到特定值时,将发出系统自主告警; ② 某卫星设计了对地定向安全模式、对日定向安全模式

4.3.3 软件健壮性设计

卫星导航信号的生成、处理、播发等过程均离不开星载软件的支持。如果导航任务相关的软件存在设计缺陷,在轨运行过程中就可能产生错误、导致导航单元等设备工作异常,从而引发导航信号中断。因此,为保证导航卫星可用性,必须使导航软件具有高可靠性、高容错性,即具有足够的健壮性。

4.3.3.1 软件健壮性设计要素

根据软件工程化的原则和软件可靠性设计的有关规范，导航卫星在软件健壮性设计中开展的工作包括：

（1）软件的体系结构、程序结构、数据结构、模块设计编程等尽量采用了标准的、可靠的、简明的，尤其是已经过飞行试验考核的成熟技术。

（2）采用避错设计，保证最小复杂度、最小特权结构、设计层次清晰。

（3）对机时、存储空间和信息等留有充分的余量。

（4）进行容错设计，提高软件受外部输入干扰和各种可能发生的硬件故障等影响的预防能力。

（5）强实时系统中，控制中断嵌套层次，处理好中断源之间的冲突及中断响应不及时等问题。

（6）进行时序设计、数据有效性判断设计、数据访问冲突分析与设计等。

导航卫星软件健壮性设计有关的基本技术如下：

1）软件避错技术

软件避错技术贯彻预防为主的思想，总的设计原则是控制和减少程序的复杂性。为达到避错的目的，在软件设计时，除要求遵循软件开发的各种标准和规范，采用结构化和模块化设计方法，具备良好的程序设计风格外，还需应用避错设计原理和检错程序设计技术。通过对软件故障原因的分析，可以给出避错设计有关的设计原理，如表4.8所列。

表4.8 避错原理

序号	设计原理	说明
1	简单原理	越简单越好的原理，将复杂的问题用功能分解法进行简化。 简单原理是其他6个原理的基础。简单的含义是指要求结构简单、关系简单，甚至要求语句表达形式简单。需求分析时，应贯彻自顶向下、逐层分解的方式对问题进行分解和不断细化。设计阶段，模块规模应适中、力争降低模块接口的复杂度。编码阶段，在程序设计风格中应使说明便于查阅理解、语句应尽量简单清晰等
2	同型原理	使保持形式一样的原理，使用强类型程序语言，使在编译时就找出不同型的错误。 同型原理要求整个软件的结构形式统一、定义与说明统一、编程风格统一。需求分析人员采用统一的需求建模方法，用统一的文字、图形或数学方法描述每一项功能特性、遵守统一的需求变更规范。设计人员用统一的设计描述方法，遵守统一的设计文档模板。编码人员采用统一的编程风格
3	对称原理	对称原理要求大至整个系统的软件结构，小至程序中的逻辑控制、条件、状态和结果等的处理形式力求对称。如在程序中要经常判别控制逻辑的"是/非"，控制条件的"满足/不满足"，设备状态的"正常/降级/故障"，系统工作状态的"正常/异常"及处理结果的"正确/错误"等。功能需求分析时，不仅需要列出输入在范围内的处理流程，而且需要列出输入在范围外的处理流程

（续）

序号	设计原理	说明
4	层次原理	使形式上和结构上保持层次分明的原理,摈弃反向调用、不规则的转移逻辑等,本质上是将系统实施简化的一种手段
5	线型原理	线型原理是由一系列按顺序运行的可执行单位组成的函数(或程序),形式上尽量保持线性关系,限用易犯错误的程序设计技巧,如指针、递归等。例如函数树中发生逆向调用是不允许的,因为它严重违反了线型原理。根据线型原理,IF、WHILE、FOR、GOTO 和 SWITCH 等语句使用要慎重
6	易证原理	使逻辑上保持容易证明的原理,慎用难以保证正确的中断处理、浮点数比较、并发等。根据易证原理,当采用定量的数值说明非功能需求时应考虑系统的定量要求是否合理以及是否能够验证
7	安全原理	安全设计的目的是对软件进行保护,以防止危险事故的发生。在软件设计和编码时,重点要考虑下列设计注意事项和策略: ① 使用操作系统提供的系统调用和函数调用时,这些系统功能模块一般都提供该模块返回时的例外信息。 ② 全面分析临界区,防止发生冲突。 ③ 动态资源有申请,就要有释放。采用有借有还策略,以免只借不还,将资源消耗尽后造成系统故障。 ④ 对关键信息资源的使用,采用最小特权策略。 ⑤ 对于安全关键功能必须具有强数据类型,不得使用一位的逻辑“0”或“1”来表示“安全”或“危险”状态,其判定条件不得依赖于全“0”或“1”的输入

2）软件容错技术

在出现有限数目的硬件或软件故障的情况下,系统仍可提供连续正确执行的内在能力称为容错。容错设计是指在设计中赋予程序某种特殊的功能,使程序在有缺陷的情况下,系统仍然具有正常运行能力。容错设计的目的是尽可能地防止因软件错误引起的系统故障,或尽可能减轻因故障造成的系统性能和功能下降。

容错设计的基本方法是通过增加冗余资源获得高可靠性。软件冗余资源包括时间资源、需要处理的信息资源和驻留在硬件上的软件配置项(即结构资源)3 个方面。时间冗余通过软件指令的再执行实现冗余。信息冗余通过对信息中外加的一部分信息码或将信息存放在多个内存单元或将信息进行备份等实现冗余。结构冗余通过余度配置模块单元或软件配置项来实现冗余,结构冗余包括结构静态冗余、结构动态冗余和结构混合冗余。

对应 3 种冗余资源形式,有以下 3 类容错技术。

(1) 软件信息容错设计,其设计方法包括:

① 通过在数据中外加一部分冗余信息码达到故障检测、故障屏蔽或容错的目的。这种方式一般用于数据通信软件系统,外加的一部分信息常以编码的形式出现,

称为检错码或纠错码。常用的检错码和纠错码有奇偶校验码、检验和、汉明码、CRC等。对于容易受到外界干扰的重要信息也可用这种信息容错进行故障屏蔽,如不得使用一位的逻辑“0”或“1”来表示“安全”或“危险”状态。一般,外加的信息位越多,其检错和纠错的能力也就越强,但也不能无限制的增加。

② 将 RAM 中的程序和数据存储在 3 个或 3 个以上不同的地方,而访问这些程序和数据都通过表决判断的方式(一致表决或多数表决)来裁决,以防止因数据的偶然性故障造成不可挽回的损失。

软件按位三取二表决方法如图 4.10 所示。

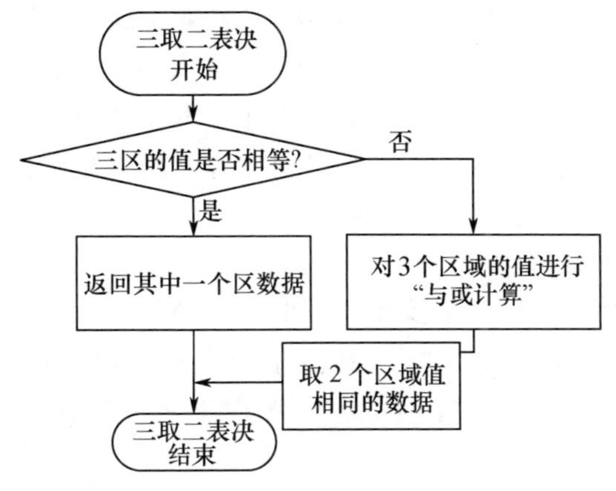

图 4.10　三取二表决方法

③ 建立软件系统运行日志和数据副本,设计较完备的数据备份和系统重构机制,以便在出现误操作或硬件损坏时能恢复或重构系统。该方法的优点是不必增加过多的硬件或软件资源。缺点是增加了时间开销和存储开销。

(2) 软件时间容错设计,是指通过重复执行相应的计算任务以实现检错和容错,其设计方法包括:

① 指令复执。当应用软件系统检查出正在执行指令出错后,让当前指令重复执行 n 次($n \geqslant 3$),若故障是瞬时性的干扰,在指令重复执行时间内,故障有可能不再复现,这时程序就可以继续向前执行下去。指令复执是在指令(语句)级作重复计算,是最简单和传统的时间容错方式。

② 程序卷回。当系统在运行过程中一经发现故障,即可进行程序卷回,返回到起始点或离故障点最近的预设恢复点重试。程序卷回是一种后向恢复技术,以事先建立的恢复点为基础。

(3) 软件结构容错设计,是指基于软件相异性设计原理,通过结构冗余的手段实现容错。

软件相异性设计原理可通过多种方法达到,包括:不同人员进行设计与开发;使用不同的设计方法、不同的程序设计语言、不同的开发工具及开发环境;在实现的某些部分使用不同的算法；测试程序、测试方法等尽可能由不重复的独立人员来开发；最终设计、最终编程由不重复的审核人员进行审核等。

常用的结构容错方案是 N 版本程序(NVP)和恢复块(RB)。将 NVP 和 RB 以不同的方式组合即可产生一致性恢复块、接受表决和 N 自检程序设计。

① RB 是在每次模块处理结束时检验运算结果，在找出故障后通过代替模块进行再次运算以便实现容错。RB 技术的核心是验收测试，包括检测执行结果与预期结果的偏离和防止不安全的输出两种要求。

② NVP 是指对于给定的功能，由 $N(N>2)$ 个不同的设计组独立编制出 N 个不同的程序，然后同时运行并比较运行的结果，从而避免软件设计共性故障。

NVP 对操作结果实行多数表决或一致表决。如果 N 个软件版本运行的结果是一致的，则认为结果是正确的。如果 N 个软件版本输出不尽相同时，则按多数表决的方式判定结果的正确性。NVP 不需要验收测试，算法相对简单，输出具有更好的实时性。但 NVP 需要建立多计算机平台，需要建立多机之间的同步/异步关系和多机之间交叉通道数据通信。

可见，RB 一般用于实时性能要求不高的场合，NVP 则在实时环境下使用。

综上所述，信息容错主要适用于数据通信和某些关键标志；时间容错主要适用于采集硬件数据；结构容错主要适用于故障影响严重的环节。

3）WDT 设计

在软件可靠性设计中，必须提供 WDT 或类似措施，以确保计算机具有处理程序超时或死循环故障的能力。

WDT 的设计原则包括：

(1) WDT 应选用独立的时钟源，用独立的硬件实现。WDT 的定时参数应根据系统要求统筹考虑，一般对于周期性要求的，取周期的 1.3～3 倍为宜，其清零时间一般为周期的 30%～70% 为宜，过大过小均不利于对故障的及时检出和隔离。

(2) 不同 WDT 应有不同的故障处理对策，即软件处理时不宜采用简单复位，应设计多个程序再启动入口，以尽可能保持系统输出状态的平稳或使系统进入安全状态。

(3) 软件设计时需考虑，当软件程序已无法自动恢复时，最终的 WDT 动作能确保卫星的安全，并可进一步接受地面控制重新恢复正常工作。

(4) 软件如已自主发现故障，一般不宜设计为进入死循环，等待 WDT 处理，而应立即自主转入出错处理程序入口。

(5) 硬件状态变化有关的程序设计应考虑状态检测的次数或时间，无时间依据的情况下可用循环等待次数作为依据，超过一定次数作为超时处理。

4）数据访问冲突分析与设计

数据访问冲突分析与设计的要求如下：

(1) 在需求分析阶段，明确相关的中断、任务划分，以及中断频率、时序特性等；

（2）在需求规格说明中，识别具有原子属性的数据或资源，对这些数据或资源的使用提出要求，在软件设计阶段，进一步识别具有原子属性的数据或资源，分析原子属性可能被破坏的场景，并给出合理有效的解决措施；

（3）在软件设计阶段，分析中断与中断、中断与任务、任务与任务之间的共享资源，分析共享资源发生数据访问冲突的场景，并给出合理有效的解决措施；

（4）在软件测试阶段，针对数据访问冲突分析结果进行测试验证；

（5）软件代码走查、复查时，对数据访问冲突分析与设计进行专项检查。

5）数据有效性判断设计

数据有效性判断设计的要求如下：

（1）在需求分析阶段，明确数据来源、数据使用要求；

（2）在需求规格说明中，给出输入数据的来源、判断条件、判断方法、判断结果的生存时间、数据无效时的处理策略等；

（3）在软件设计阶段，落实输入数据的来源、判断条件、判断方法、判断结果的生存时间、数据无效时的处理策略等设计；

（4）在软件测试阶段，针对数据输入条件、数据判断结果的生存时间等设计测试用例；

（5）软件代码走查、复查时，对数据有效性判断进行专项检查；

（6）在分系统测试、整星测试阶段，对外部输入数据的数据输入条件、数据判断结果的生存时间等设计测试用例。

6）时序设计

时序设计的要求如下：

（1）在需求分析阶段，给出系统级时序要求；

（2）在需求规格说明中，对系统级时序要求进行细化，对时序关键点提出性能指标，并提出不期望发生的事件；

（3）在软件设计阶段，进行任务时序设计、中断时序特性分析、中断处理设计、总线通信时序设计；

（4）在软件测试阶段，针对时序相关指标进行测试验证；

（5）软件代码走查、复查时，对时序设计进行专项检查；

（6）在分系统测试、整星测试阶段，对系统级时序进行测试验证。

7）时间系统设计

时间系统设计的要求如下：

（1）在需求分析阶段，明确系统时间系统的格式、精度要求和校时方法；

（2）在需求规格说明中，对时间系统的设计和维护提出要求；

（3）在软件设计阶段，对时间系统的基准、守时、格式、校准进行设计，对时间系统所需的计数器的初始化、计数条件、清零时机等进行设计；

（4）对时间系统所需的硬件计数器溢出、翻转、跳变采取有效的软件保护措施，防止因硬件计数器溢出、翻转、跳变对系统造成不良影响；

(5) 在软件测试阶段，针对时间系统的运行和维护、关键计数器的保护设计测试用例；

(6) 软件代码走查、复查时，对时间系统设计进行专项检查；

(7) 在分系统测试、整星测试阶段，对系统时统和校时方法进行测试验证。

4.3.3.2 软件健壮性设计实施

以提高软件可靠性和容错能力，保持导航信号连续性为目标，导航卫星对重要的应用软件开展了健壮性设计工作，举例说明如下：

1) 重要数据的保护与恢复

对影响整星正常运行稳定性和安全性的重要数据采用基于主总线网络的分布式冗余存储的方式，将重要数据存储在星上 2 个或多个计算机，或非易失性的存储介质中。发生部分信息异常或者采集通道异常时，通过网络请求、索取重要数据，校验正确后进行系统的恢复。例如，星务数据存储在多个远置单元中，备份数据均加有数据头和校验和，保证重要数据可恢复，并避免恢复错误数据。

对于重要数据的保存恢复，从信息源的存储、传输到校验均给予保证，如对重要数据进行编码存储以及三取二定时比对，在恢复请求过程中需要具有多次请求的机制，并且重要数据本身具备校验和。

2) 信息网络重构设计

对于具有多种数据接口的设备，重要信息可以考虑多种信息传输通道，如以 1553 总线网络为主，以 RS422 通道为辅等，在一种信息网络出现异常时，可以通过地面设置或者星上自主选择的方式切换到备份信息网络，确保卫星系统级信息的通畅。

3) 系统关键软件的在轨重构设计

为了处理卫星在轨可能发生的故障，修复软件的缺陷，或满足新的需求，中心管理单元、姿轨控计算机等设备的软件均具有软件或数据在轨注入的能力。卫星设计了通过程序注入实现整个配置项或模块在轨重构的措施，提供了卫星入轨后软件重构的途径，从而保证软件故障可纠正、系统可升级。

为保证软件重构的成功率，在重构程序启动前，需进行重构程序校验值比对，地面可通过卫星遥测判断重构程序的正确性。如果重构代码校验结果错误，地面重新向卫星注入相应的重构数据帧。重构程序校验正确后，配置设备根据地面指令的要求，加载并运行软件重构程序。

4) 软件自主复位/恢复设计

软件能够对自身状态进行周期性自检测，在监测到异常后可进行复位或者重新加载，并具备恢复至异常出现之前状态的能力。对于关键功能或者关键参数，采取三取二或者分区存储的方式，防止出现异常时对其他关键参数误操作造成更大的危害。

5) 飞行安全控制设计

根据卫星的部分遥测参数和总线远程终端返回的矢量字判断卫星是否处于危险

状态，如果条件满足则自动发出安全指令，使卫星工作在最小工作模式，保障卫星安全。所有自主管理中，对指令执行效果正确性的判断需要连续3次检测的状态一致才能确定指令执行正确；在检测影响整星安全的事件时，需要至少2个条件及多次判断后满足触发条件，才能进入相应的安全模式；进行遥控指令有效性判定，对错误的地面遥控指令进行屏蔽，避免因为错误指令的执行而使软件跑死跑飞、系统失效或进入死循环；姿轨控系统控制模式为应急模式时，自动产生关机指令组和控温最小工作模式指令。

4.3.3.3　软件健壮性测试验证

不同于其他简单工程软件，导航卫星星载软件具有代码规模巨大、分支设计复杂、与其他软硬件的数据接口多、信息交互频繁等特点。这些软件运行过程中的健壮性影响因素多、故障触发点及故障模式多样，特别需要关注其长期运行时的健壮性。

对于重要的导航软件，尤其需关注错误分支、非法使用、异常条件、错误输入、故障组合、压力条件等条件下的充分验证。开展软件健壮性测试验证的过程如下。

首先，开展验证剖面分析。导航卫星软件验证剖面包括交联环境剖面、任务工况剖面、功能操作剖面、输入数据剖面4个层次。卫星总体自上而下逐层构建这4项验证剖面，明确剖面的元素组成、转移关系等信息，从而模拟软件在不同任务工况下，连续长期运行过程中的数据传递、功能执行、功能转移、设备交互等实际使用方式。

然后，基于所构建的长期任务工况剖面，进行软件可靠性测试用例设计。软件可靠性测试用例内容抽取与执行次序确定均由软件长期任务工况剖面中的元素与概率信息来决定。实施步骤包括：

（1）软件任务工况剖面抽取；

（2）软件功能操作剖面抽取；

（3）输入数据剖面抽取；

（4）功能操作剖面的后续抽取；

（5）任务工况剖面的后续抽取。

重复上述步骤，依据不同层面的抽取结果，即可确定不同测试用例的执行约束以及次序，包括测试用例相关的功能、操作、接口等及其先后顺序，从而生成所需的软件可靠性测试用例集合。

在此基础上，进一步识别卫星长期运行时可能存在的异常模式，进行基于软件异常模式与压力强度的健壮性测试用例设计。借助卫星软件的长期任务工况剖面，从软件接口数据、操作过程、功能逻辑、工作模式等角度，识别软件的各类异常输入模式，如交互数据异常、执行时序混乱、资源调用冲突、长期运行异常、外部环境变化等。同时，结合软件外部环境、设备资源等信息，识别软件运行过程中的各类压力强度环境信息，包括满负荷运行、资源占用率过高、连续长期运行等。在所识别的异常输入模式和压力强度环境信息基础上，进行健壮性测试用例设计，确定软件健壮性测试用例的输入、约束条件等信息，在导航卫星相关设备的进程调用和外部接口层面，进行基于软件实现的故障注入,从而充分覆盖软件的各类异常激励和极端运行环境。

最后,搭建软件健壮性验证平台,依据软件可靠性、健壮性测试用例,完成软件健壮性验证工作。

4.3.4 卫星在轨计划性维护设计

引起导航信号中断的在轨计划性中断事件中,除需要考虑轨道保持之外,还需要分析导航卫星的其他计划性维护操作是否影响导航信号连续性。当计划性维护操作影响导航信号连续性时,需要通过设计消除其影响或降低计划性维持操作的次数。

例如,某导航卫星除轨道保持之外的在轨计划性维持操作包括:

(1) 地敏探头干扰保护操作;

(2) 卫星钟调频;

(3) 偏航模式转换。

经分析:

(1) 地敏探头干扰保护操作和导航下行功能独立,不会导致导航信号中断。并且在后续导航卫星中设计为星上自动处理,不需人为操作。

(2) 卫星在轨运行过程中,阶段性进行卫星钟调频,但调频幅度很小,不会导致导航信号中断。

(3) 卫星偏航模式转换时会影响导航下行信号连续性,需要采取应对措施。在后续导航卫星设计中,通过连续动态偏航控制,解决了动偏转零偏导致下行信号中断的问题。

4.4 中断快速恢复设计

导航卫星及星座可用性不仅和中断事件发生的次数有关,也与每次中断发生后持续的时间有关。如果导航卫星在轨发生异常后迟迟不能恢复正常工作状态,或者整星失效后长时间没有备份卫星接替,将大大影响导航卫星及星座的可用性。根据工程分析结果,导航星座可用性往往对中断恢复时间比中断次数更敏感。因此,中断后的快速恢复是导航卫星及星座可用性设计的另一个重要目标。根据导航信号中断类型,中断快速恢复设计包括针对长期中断的单轨位卫星快速接替设计,和针对短期中断的轨控快速恢复设计、故障恢复策略设计等。

4.4.1 单轨位卫星快速接替设计

导航星座构型决定了星座中卫星的标称轨道位置(站位)。星座构型不同,则星座中卫星的标称轨道位置不同。单轨位是指星座中单个卫星的标称轨道位置。对于基本星座构型为 Walker24/3/1 的 MEO 全球导航星座,由卫星轨道设计结果可

知，不同轨道面的卫星不能实现接替。因此单轨位卫星故障或到寿后的快速恢复包括单轨位备份卫星的快速接替以及备份卫星的再次发射，并需要考虑星座性能恢复时间是否满足要求，卫星轨道机动能力是否满足构型重组对卫星轨道机动能力的要求等。

1）设计输入

单轨位卫星快速接替设计的输入包括：

（1）星座构型基本设计结果；

（2）星座构型冗余设计结果；

（3）连续性指标要求。

2）设计约束

单轨位卫星快速接替设计的约束包括：

（1）应以导航星座时间可用性损失达到最小或不损失为目标；

（2）漂星、定点捕获或相位捕获对推进剂的需求应满足星上推进剂约束；

（3）整星在轨性能评估时间；

（4）其他工程约束。

3）设计方法

通常，单轨位卫星接替设计以对导航星座在轨服务的影响最小为目标，综合考虑设计约束下取最优方案。

对于 GEO 卫星，通常按下面步骤进行：

（1）接替星进行在轨性能测试，之后择机漂向接替轨位；

（2）当接替星漂至接替轨位附近时（记为轨位 A），被接替星切出系统，开始漂离；

（3）接替星从轨位 A 漂至接替轨位，整星状态评估，接入系统。

假设接替星的漂移率为 $\lambda 1$，轨位 A 距离接替轨位 $\mathrm{d}A$，则不可用时间约为 $\mathrm{d}A/\lambda 1$ 与整星性能评估所需时间之和。为使不可用时间最少，接替星的漂移率需尽可能大。漂移率越大，漂星与重新定点需要推进剂越多，因此，需要在整星推进剂允许的情况下，选择合适的漂移率，尽可能缩短漂移时间，以将不可用时间降至最低。

对于 IGSO 卫星和 MEO 卫星，除了备份卫星在满足工程约束下的直接接替，为了节省燃料和接替速度最快还可根据轨道冗余设计及保持策略的最优实施相对位置接替。完成单轨位接替设计后，需要结合仿真分析来验证设计约束是否满足要求。

4）示例

北斗二号 GEO-7 接替 GEO-3 卫星按照上述方法设计，先实施 GEO-3 在燃料和工程其他约束的合理速度下离开，紧接着再实施 GEO-7 快速向接替轨位漂移，并在接近接替位置时分步刹车，实现燃料最优约束下的精确入位，此时 GEO-3 已到达待命轨位，进行刹车操作，以此达到了综合约束的最优。

4.4.2 轨控快速恢复设计

导航卫星轨道控制引起短期计划中断的持续时间由以下几部分组成:机动操作开始到结束时间,轨道精确确定时间,卫星工作状态参数设置时间。

1）轨道机动开始到结束时间

轨道机动开始到结束时间的设计输入包括:

（1）本次机动的控制量;

（2）本次机动可以选择的控制模式;

（3）本次机动涉及的操作事件。

根据最短时间要求和设计输入,需按以下原则进行设计:

（1）选择完成本次机动的最少操作事件的组合;

（2）操作事件的排序尽量紧凑;

（3）卫星不可用时间的标识严格控制在机动操作的点火时刻。

2）轨道精确确定时间

轨道精确确定时间和卫星地面系统直接相关,主要受制于地面系统。对于卫星自身,需考虑在非轨道控制期间,姿态控制及其他自主操作的实施不得引起轨道位置的改变。

3）卫星工作状态参数设置时间

卫星工作状态参数的设置应简化操作过程,缩短卫星状态设置的时间。

4.4.3 故障恢复策略设计

与导航信号生成、处理、播发直接相关的设备的短期故障,例如导航单元故障、行波管放大器故障等,通常会引起导航信号中断。导航信号中断后的恢复策略即针对有关在轨故障的处理措施,直接影响中断恢复时间,最终体现为对导航信号可用性的影响。故障恢复策略包括自主复位、自主切机、重启、加断电、遥控复位/切机等多种方式,每种方式的恢复时间不同,针对故障的具体原因选用恰当的恢复策略,将有效缩短恢复时间,改善导航信号可用性。

4.4.3.1 设计原则

故障恢复策略设计的原则如下:

（1）利用 FTA 方法,以“导航信号中断”为顶事件,分析引起导航信号中断的故障原因,得到有关设备及其故障模式清单(底事件清单);

（2）针对有关设备及其故障模式,明确是采用在轨自主恢复策略还是地面操作恢复策略。在技术可行的条件下,尽量采取不需要地面干预的自主恢复方式。故障预案的制定以导航信号中断时间最短为关键约束;

（3）进行 FDIR 设计,卫星自主诊断恢复序列以影响信号时间最短为目标;

（4）重要数据和时间信息进行备份,确保在设备复位或加电后可以快速恢复到

故障前状态或快速初始化；

(5) 对于有预案的故障，判断并发出的操作序列不得超过 10min；

(6) 对没有预案的故障以恢复导航信号服务为首要任务，故障定位工作应服从恢复服务需求；

(7) 卫星设计不得因为地面上注的 1 比特数据错误引起信号中断。

4.4.3.2　设计示例

为了提高导航卫星在轨可用性，以“导航信号中断”为顶事件，排查了 20 余项底事件，确定了影响导航信号可用性的故障模式清单。针对这些故障模式，除由于加断电或切机导致一些数据必须由地面进行恢复之外，大部分故障模式进行了自主检测和自主恢复设计，有效缩短了故障处置时间。一些设计示例如下。

1) 原子钟时间信号自主切换设计

早期设计方案：

原子钟产生的 10MHz 频率不能自主切换到热备份钟，只能由地面进行切换处理。

改进设计方案：

平时两台原子钟同时给基准单元提供 10MHz 频率源，基准单元使用当班原子钟的 10MHz 输入频率产生 10.23MHz 基准频率。同时基准单元对当班原子钟的 10MHz 频率和相位进行实时监测，若发现频率或相位出现跳变，则自主切换到热备份钟。主备原子钟自主切换后，导航信号不会中断，导航电文中播发的星钟预报参数在下次注入新的钟差预报参数之前可继续使用。

设计改进后，故障恢复时间由小于 4h 缩短到小于 1min。

2) 导航单元自主复位设计

早期设计方案：

导航单元的快变遥测异常时，需要地面发送复位指令。

改进设计方案：

由综合电子监测导航单元的快变遥测的连续性，当数据连续异常时，由综合电子自主发送“导航单元复位指令”。导航单元复位后，工作参数、时间计数、导航电文保持与之前一致。

设计改进后，故障恢复时间由小于 4h 缩短到小于 10min。

3) 变频调制器自主开机设计

早期设计方案：

如果变频调制器异常关机，需地面发送开机指令。

改进设计方案：

综合电子通过“变频调制器开关机状态”遥测进行判断，当发现变频调制器处于异常关机状态时，通过综合电子发送“变频调制器加电指令”，减少导航信号中断的时间。

设计改进后，故障恢复时间由小于4h缩短到小于5min。

通过分析排查，导航卫星针对影响导航信号连续的有关设备及其故障模式，从缩短导航信号中断恢复时间出发，经过设计改进，将原先由地面处理的原子钟故障、导航单元工作异常、变频调制器故障等更改为由星上自主监测和处理，大大缩短了中断恢复时间，从小时级降低到秒级或分钟级。

(3) 尽管导航单元等的部分故障还无法实现自主处理，但上述故障发生后可通过完好性监测单元自主监测并给用户发出告警信号，避免影响导航信号连续性、完好性。

参考文献

[1] LABEL K A, WAY S, STASSINOPOULOS E G, et al. Solid sate tape recorders: spaceflight SEU data for SAMPEX and TOMS/Meteor-3[C]//1993 IEEE Radiation Effects Data Workshop, 1993: 77-84.

[2] 熊剑平，贾惠波，尤政. 微小卫星数据存储器单粒子作用的检测及纠错[J]. 中国空间科学技术，2000，20(6):50-56.

第 5 章　可用性分析

导航卫星及星座的可用性设计是否满足要求及其薄弱环节的识别，必须通过可用性分析进行定量的判断。在导航卫星工程中，考虑卫星导航系统的可用性要求，必须充分研究导航卫星在轨运行期间可能导致导航信号中断的情况，分析那些在轨可恢复的故障，也就是，需要将导航卫星作为一个可修复系统看待，并开展可用性分析工作。

中断是导致导航信号不可用的直接原因，中断分析是导航卫星可用性分析的基础，包括中断影响分析和中断指标分析两方面工作。单星可用性分析为星座可用性分析提供必需的输入。单星及星座可用性分析的结果为导航卫星和星座可用性设计提供支持。

5.1　中断影响分析

中断分析是一种识别影响产品可用性的薄弱环节，改进并提高产品可用性的分析方法。中断分析的基本思路是针对产品可能引起中断事件的故障模式，利用积累的经验数据分析识别出导致功能或任务中断的故障原因，确定相应的控制或恢复手段，使中断次数出现最少、中断持续时间最短，从而提高产品的可用性。中断分析本质上是一种故障影响分析技术，是 FMEA 技术针对引发中断事件的特定故障的拓展应用。

根据分析的侧重点不同，中断分析包括中断影响分析和中断指标分析两种类型。中断影响分析主要是分析卫星在轨故障和操作对中断的影响及其影响程度，揭示引发中断的各类原因，识别引起中断的薄弱环节并进行控制和预防，提高导航卫星可用性和连续性。中断指标分析则是在中断影响分析基础上，定量计算中断发生频次、中断恢复时间等各类中断指标，验证导航卫星可用性定量要求。本节重点阐述中断影响分析工作，中断指标的定量分析工作见本章第 2 节。中断影响分析的基本对象是短期非计划中断。

5.1.1　导航卫星中断影响分析方法

5.1.1.1　中断影响分析的步骤

中断影响分析一般是从引起任务中断或系统、分系统主要功能中断的基本事件出发，逐层向上分析工作。进行系统中断影响分析时，需获取分系统/设备提供的中断数据。

中断影响分析实施的基本步骤如图 5.1 所示。

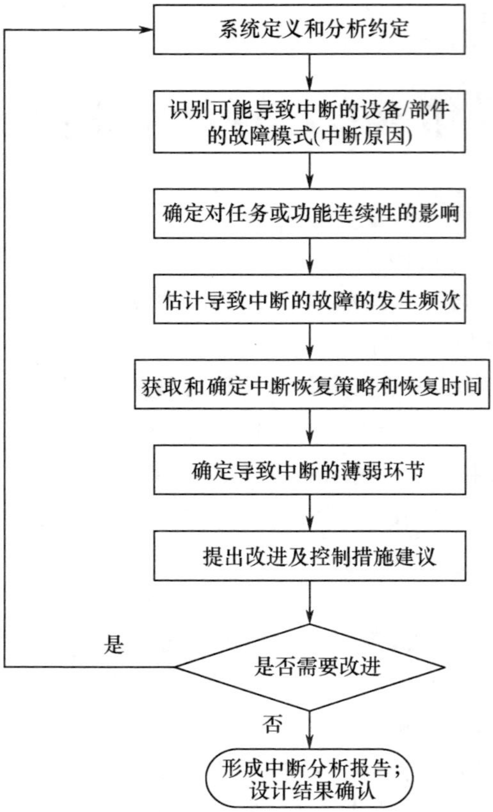

系统定义和分析约定
识别可能导致中断的设备/部件的故障模式(中断原因)
确定对任务或功能连续性的影响
估计导致中断的故障的发生频次
获取和确定中断恢复策略和恢复时间
确定导致中断的薄弱环节
提出改进及控制措施建议
是否需要改进
是
否
形成中断分析报告;设计结果确认

图 5.1　中断影响分析实施的基本步骤

中断影响分析的主要过程如下:

1) 系统定义和分析约定

为支持中断影响分析工作,首先需对被分析对象(导航卫星整星或分系统)进行详细的描述,在有关产品的研制规范、原理图、接口规范、飞行程序、使用及操作规程等有关资料的基础上,尽可能获得全面的有关信息,包括:

(1) 相关产品的任务剖面、功能分析结果、信息流图;

(2) RBD、FMEA 工作表、可靠性预计和必要的元器件信息(如失效率、单粒子翻转率等);

(3) 反映产品功能、性能、启动和运行特性等有关的技术资料。

此外,还需明确中断影响分析的目的,确定分析范围,定义分析的基本条件和假设条件。

2) 开展分析工作

具体的分析工作包括:

(1) 根据 FMEA 结果和工程经验,找出导致导航卫星整星或分系统功能或任务

中断的设备/部件故障模式,即中断的原因;

(2) 分析对导航卫星整星或分系统功能或任务的影响;

(3) 估计引起导航卫星整星或分系统中断的项目的发生频次;

(4) 确定导航卫星整星或分系统功能或任务中断的恢复策略,估计中断的恢复时间。

3) 提出改进措施和建议,形成分析报告

将中断影响分析结果及时反馈,并根据分析结果确定是否需要设计更改,作为是否确认设计结果的决策依据;对于设计更改部分,重复分析过程,直至设计满足要求。

最后,填写分析表格,形成中断分析报告。

5.1.1.2 中断分析表

与 FMEA 类似,中断影响分析的基本方法也是在各个要素分析的基础上填写表格。导航卫星定义的中断分析表见表 5.1。在表格形式上,与 FMEA 表不同的是,导航卫星中断分析表增加了恢复策略、中断持续时间、危害时间等项目。

表 5.1 导航卫星定义的中断分析表

型号: 分系统: 任务阶段: 运行模式:

序号	项目名称和功能	可能导致中断的故障模式	对任务/功能的影响		严酷度	防护措施	中断发生频次	恢复策略	中断持续时间	危害时间	备注
			分系统	系统							

下面对导航卫星中断分析表的主要项目说明如下:

1) 项目名称和功能

识别引起中断的设备/部件及其功能。设备/部件通常指设备或部件级的产品,如应答机、红外地球敏感器、固态放大器等。

2) 可能导致中断的故障模式

依据工程分析、经验信息或相似产品在轨运行数据,获取可能导致中断的设备、部件等软硬件的故障模式。引起中断的原因主要有设备、部件的硬件失效或故障、单粒子事件引起的软错误、软件错误、环境影响和人为差错。

导航卫星在中断影响分析中主要考虑以下两类故障:

(1) 贮备冗余系统和表决系统中处于工作状态的设备或部件发生永久故障,需要切换到备份设备或部件恢复正常工作状态;

(2) 设备发生软故障。例如,发生单粒子事件,软件缺陷或系统设计缺陷造成程序跑飞,软件或 FPGA 复位等。单粒子软错误是引起导航卫星任务中断的重要原因,其主要类型包括 SEU、SET 和 SEFI。

3) 对任务/功能的影响

项目可能的中断事件会影响到项目本身的功能、性能及其连续运行的状态,并可能逐级传播至设备、分系统或卫星系统。

故障或中断事件影响卫星分系统和系统的具体功能和任务,其影响程度和范围需具体情况具体分析,可能是卫星全部任务,也可能是部分功能。有的影响导航信号的可用性,有的则不影响或不直接影响。例如,空间环境对卫星通信产生干扰,导致所有星地链路的通信中断;遥测电路异常导致部分或全部遥测数据暂时丢失,从而引起遥测功能中断等,这些影响若及时恢复将不影响导航卫星可用性,但同样的诱因,若空间环境影响了导航单元,则直接影响导航信号可用性,其中断处置时间直接计算入可用性指标。因此影响分析需结合实际情况区别对待。

4)严酷度

当中断分析只关注直接影响用户服务、使卫星业务运行不连续的那些事件时,并不需要引入严酷度的概念。但当中断分析还关注卫星其他任务或功能的连续可用时,则有必要引入严酷度的概念。例如,导致导航卫星下行导航信号中断的事件应定义Ⅰ类中断,导致导航卫星上注信息中断的事件则定义为Ⅱ类中断,因为卫星上注信息中断不会直接造成下行导航信号不可用,但如果上注信息中断时间过长,将造成导航定位精度下降。

5)防护措施

防护措施是为了降低中断发生频次或中断影响而采取的设计措施。如 FPGA 器件通常采取三模冗余、定时刷新等措施降低单粒子翻转事件的影响,卫星系统通常采取备份措施确保故障可恢复。

6)中断发生频次

中断发生频次的估算可依据以下信息进行:

(1)项目的可靠性数据(产品失效率、可靠度、器件单粒子翻转率、设备软错误率等)。

(2)在轨运行统计数据、地面测试数据、试验数据。

(3)产品的运行特性等。某些产品寿命初期与末期不同,其引起中断的项目的失效率也会有变化,例如大规模集成电路随着辐射剂量的积累其抗单粒子效应的能力下降,因此在寿命末期引起中断的失效率呈上升趋势。

7)恢复策略

依据3)中分析所得的不同中断原因对可用性影响的程度和中断原因可能引起的传播的危害程度,需针对性提出恢复策略。

中断恢复策略是通过排除卫星的在轨故障,使系统或分系统退出中断状态、恢复到正常工作状态的具体措施。中断恢复策略应明确卫星在轨运行中,为消除或减小中断的影响可以采取的措施,包括对中断有关故障的隔离和控制、备份或替换方式的采用、地面遥控干预等。

导航卫星的中断恢复策略一般包括:

(1)自主复位;

(2)遥控复位;

（3）加断电；

（4）切换到备份；

（5）系统重构。

8）中断持续时间

导航卫星在轨发生中断后，该星导航信号处于不可用状态的持续时间即为中断持续时间。对于需要地面处理的中断，其恢复过程按照时间顺序可分为故障发现与定位、确定处置策略与实施、卫星恢复组网3个阶段。

（1）故障发现与定位。地面系统在卫星可见弧段接收导航电文，发现星地数据异常后，进行数据判读与分析，并定位到卫星故障设备。

（2）确定处置策略与实施。卫星故障设备定位后，按照故障预案对设备进行复位、开关机、切机等操作，设备执行初始化、时间初同步等必要程序，进入正常工作状态。某些故障可能需要地面系统与卫星系统进行协调，产生一定的管理延误时间。

（3）卫星恢复组网。卫星恢复正常后，地面系统重新对该星观测、处理，完成导航电文注入，使该星重新恢复组网。

结合以上过程和卫星故障处置的一般流程，卫星中断恢复的典型过程及各阶段时间构成如图5.2所示。

由图5.2可知，卫星中断持续时间的构成如下：

（1）故障发现时间：卫星发生信号异常或中断后，地面检测到该类故障需要的时间。这一时间和地面监测覆盖范围、地面对异常数据的判读时间有关。境外发生的卫星故障，通常需要在入境后才进行判断。

（2）故障定位时间：判断是否为星上故障，并定位到具体设备或更小单元需要的时间。非首次发生的异常一般可以快速定位，首次发生的异常可能需要地面各相关系统联合进行定位。

（3）故障处置时间：对卫星发指令和设备恢复正常功能需要的时间。故障处置过程受故障设备、故障模式、处置策略、设备启动特性等影响。

（4）状态恢复时间：对卫星进行参数恢复、电文注入等恢复运行状态需要的时间。状态恢复过程受故障设备、处置策略等影响。

（5）接入系统时间：地面确认卫星正常后，将卫星置为可用，卫星重新参与系统服务需要的时间。

以上时间要素中，故障发现时间、故障定位时间、接入系统时间主要受地面系统影响，除有软件支持的数据判读时间、故障诊断时间外，其他时间均为管理和保障延误时间。故障处置时间、状态恢复时间主要受卫星系统设计因素影响，其具体数值随着故障设备及故障模式的不同表现出很大的差异。当仅对单星进行中断分析时，中断持续时间可只考虑与卫星自身相关的环节，包括星上故障处置和状态恢复等。当需要为星座可用性分析提供输入时，中断持续时间需要考虑中断恢复过程的所有环节。

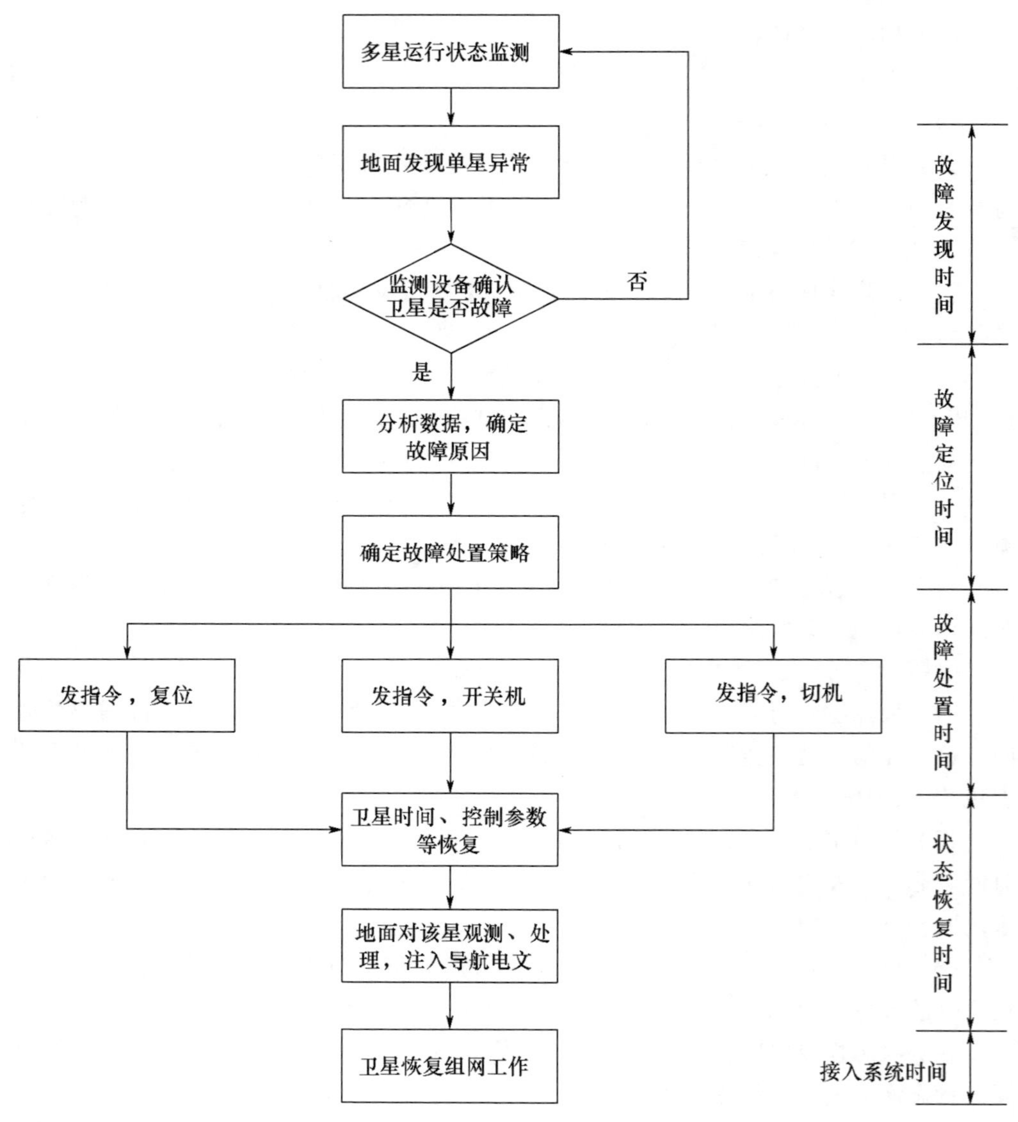

图 5.2　卫星中断恢复的典型过程

9）危害时间

为了有效识别可用性薄弱环节,导航卫星中断分析实施中提出了危害时间的概念。危害时间综合反映了某个中断事件对卫星可用性的影响程度,可作为识别卫星薄弱环节和关键项目的依据。当已知中断发生频次和中断持续时间时,可以定量计算危害时间,其计算公式为

$$T_{\mathrm{Cm}} = P_{\mathrm{o}} t_{\mathrm{m}} t_{\mathrm{d}} \tag{5.1}$$

式中：T_{Cm}为被分析的中断事件的危害时间(h)；P_o为被分析的中断事件的发生频次(1/h)；t_m为被分析项目的任务时间(h)；t_d为对应的中断持续时间(按最恶劣情况计算)(h)。

10) 备注

备注是对中断影响分析后的各种重要建议和对表格填写的补充说明和注释，内容可包括：

(1) 使中断出现的概率最小和持续时间最短，或为防止和减少严重或致命的中断的设计改进建议；

(2) 其他相关的(补偿)措施，如生产加工的质量控制、地面试验要求、环境防护要求、操作和维修的限制等。

5.1.1.3 中断影响分析的输出

中断影响分析的主要输出包括：

(1) 中断的原因；

(2) 中断的影响；

(3) 中断发生频次；

(4) 中断持续时间；

(5) 中断恢复策略；

(6) 设计改进建议；

(7) 所有潜在中断列表等。

在完成中断影响分析工作后，分析人员应将分析结果进行整理，并编写中断分析报告。中断分析报告的内容一般包括：

(1) 产品定义，包括产品(系统或分系统)基本工作原理，组成结构和功能框图，任务剖面、可靠性框图，数据来源等；

(2) 分析定义，包括中断分析范围、对象、产品层次的划分，有关假设等；

(3) 中断分析表，潜在中断事件清单；

(4) 有关卫星可靠性设计、在轨故障处理、系统恢复策略等的设计要求和建议；

(5) 分析结论。

5.1.1.4 中断影响分析的注意事项

中断影响分析的最低产品层次应根据分析所需获取和提供的数据信息来确定。若进行卫星系统或分系统的中断影响分析，则最低限度应把设备、部件级产品确定为分析的最低产品层次，而将系统或分系统作为分析的最高产品层次。这样可以清晰和完整地分析导致卫星系统或分系统中断的所有设备、部件及其接口的原因。

中断影响分析应与产品功能性能设计同步进行，使分析的结果在产品的最终设计中得到反映。应在方案设计阶段开始分析，并随设计的进展不断完善、深入和更新。当设计发生更改时，应对更改部分进行分析，以确保更改不会引入新的中断问题而降低系统的可用性。

中断影响分析本质上是一种故障分析技术。也可以说，中断影响分析是 FMEA 在导航卫星这种任务连续性要求很高的卫星上的扩展和细化。两者的分析内容有一些是相同的，例如都需要确定故障模式、分析故障影响、明确故障纠正措施，都需要识别消除或减小关键故障及其影响的方法。但是，中断影响分析是以中断特性的识别和设计改进为目的，重点关注的是任务连续而不是任务成败，需要分析诸如中断持续时间、引起中断的失效率等反应中断特性的信息，因此，中断影响分析和 FMEA 又有所不同，二者不能相互替代。

5.1.2 导航卫星中断影响分析的实施

导航卫星的高可用性连续性要求是导航卫星区别于其他航天器的显著特征，中断影响分析从而成为导航卫星可靠性分析的重要内容。导航卫星中断影响分析的实施在研制过程的不同阶段持续进行深化和完善，有效识别了导致导航信号中断的软硬件方面的薄弱环节，有力支持了卫星可用性的改进和提升。

5.1.2.1 中断影响分析过程

中断影响分析的关注点在于导航卫星业务的连续可用，而卫星设备的很多故障是成败型的或者是和卫星业务连续不相关的。因此，为了提高分析效率，导航卫星在实施中采用了由系统级自上而下逐步缩小范围、聚焦关键设备，然后由设备级自下而上分析提供中断信息和基础数据的方法。其分析思路如图 5.3 所示。

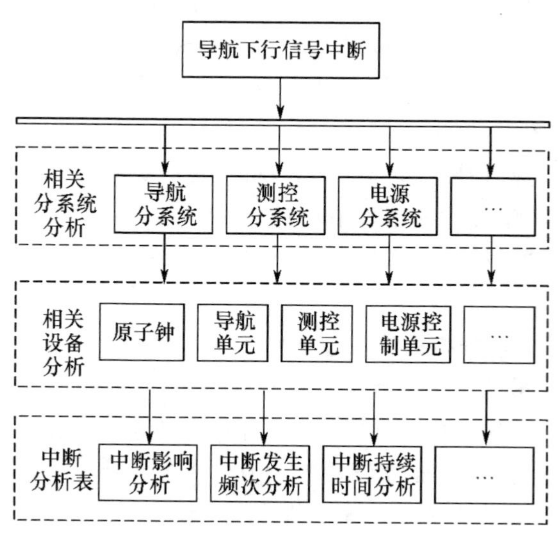

图 5.3 导航卫星中断影响分析的实施思路

以导航下行信号中断为例，根据导航卫星分系统组成和各分系统的功能、软硬件配置情况，对各分系统和导航下行信号中断的关系进行分析，如表 5.2 所列。

表 5.2　导航卫星各分系统和导航下行信号中断的关系(示例)

序号	分系统	与导航下行信号中断的关系
1	导航	导航分系统直接完成下行信号生成与播发,使用了大规模 FPGA 器件,发生单粒子事件或故障切机均可能导致分系统某功能中断。如果导航信号生成或播发功能发生故障,则可能导致单星下行信号短期中断
2	天线	天线分系统完成下行信号播发功能,但无 FPGA、软件、电子元器件,一旦故障将长期影响卫星任务,可以认为不会造成下行信号的短期中断
3	电源	电源分系统由太阳翼、电源控制器、蓄电池组等组成,故障后可自动切换至安全通路,无 FPGA、软件,不会造成下行信号的短期中断
…	…	…

在对各分系统和导航下行信号中断关系分析的基础上,可以明确中断影响分析需重点考察的分系统范围。显然,导航分系统是中断影响分析的首要考察对象。

在此基础上,进一步对相关分系统的各设备进行相关性分析,确定中断影响分析需重点考察的设备范围。

明确中断影响分析的设备范围后,对相关设备开展分析工作,详细列出可能的中断事件,明确对导航卫星下行信号连续性的影响程度,完成中断事件的发生频次和中断持续时间的分析。

5.1.2.2　中断事件清单

完成中断分析表后,可以汇总、归纳得到可能导致卫星中断的中断事件清单。导航卫星分析形成的中断事件清单如表 5.3 所列。

表 5.3　导航卫星可能的中断事件清单(示例)

序号	单机名称	中断事件	对分系统影响	对系统影响	恢复策略
1	行波管放大器	无输出	无法播发下行信号	下行信号丢失	切换至备份
2	导航单元	硬失效	导航处理功能丧失	下行信号丢失	切换至备份
3	导航单元	FPGA 软错误	导航下行信号异常	下行信号不可用	复位或加断电
4	导航单元	非预期的复位	导航处理功能异常	下行信号丢失	无
…	…	…	…	…	…

5.1.3　导航卫星中断影响评价

软故障是导致导航卫星在轨中断的重要原因,在中断影响分析中占有重要的地位。单粒子软错误则是导航卫星最重要的软故障表现形式。导航卫星应用了大量星载大规模集成电路,不可避免地受到单粒子软错误的影响。单粒子软错误可导致电子系统逻辑紊乱、指令错误、功能中断、逻辑异常,从而影响导航卫星的正常功能和服务。对单粒子软错误引起的导航卫星中断的影响评价主要考虑影响后果、发生频次和持续时间 3 个方面。除单粒子软错误外,一些固有设计缺陷(例如抗干扰能力不足)也会导致软故障。为了有效管控单粒子软错误等软故障引发卫星中断的风险,识别卫星软故障防护的薄弱点并进行改进,导航卫星在中断分析实施过程中,研究提出了软故障影响的定量评价方法。

5.1.3.1 软错误传播对整星影响的一般特征

软错误是指不导致永久性损伤、在及时采取断电重启等措施后可以恢复的异常或故障。SEU 是最典型的软错误,是导致卫星在轨可恢复异常的重要因素。

FPGA 等单粒子效应敏感器件发生 SEU 等软错误后,将以一定的概率突破器件级防护并引起设备功能异常或数据错误,并进一步向系统级传播。设备软错误是否影响整星任务以及具体影响程度取决于设备的功能要求、系统防护设计和卫星实时运行特性,其传播有以下几种情况:

(1) 设备功能中断,系统防护失败,最终导致整星信号中断;

(2) 设备功能中断,系统防护失败,整星某项功能中断,若处理不当或不及时,进一步传播会导致信号不连续,即整星是否发生信号中断存在一定的概率;

(3) 设备功能中断,系统防护失败,整星某项功能中断,但不引起信号中断;

(4) 设备数据异常,系统防护失败,整星数据异常,一定概率下整星信号中断或某项功能中断;

(5) 设备功能中断或数据异常,系统防护有效,对整星无影响。

由此可见,设备软错误向整星传播的影响后果存在不确定性,为此,引入软错误影响因子的概念,将设备至整星的软错误影响因子以 β 表示,定义为设备发生某类或某个软错误时,最终导致整星产生某种故障后果的概率。β 是无量纲量,取值范围为 [0,1],取值定义见表 5.4。

表 5.4　设备至整星的软错误影响因子 β 值定义

β 值	说明
0	设备的某个软错误不会导致整星某种后果发生
$0<\beta<1$	设备的某个软错误以一定的概率导致整星某种后果发生
1	设备的某个软错误必然导致整星某种后果发生

软错误对整星影响的程度可以用严酷度区分。严酷度定义为软错误对整星任务、功能或性能等造成的具体后果的严重程度,一般采用分级评价的形式,并通过中断影响分析确定。一种严酷度分类原则如表 5.5 所列。

与整星业务输出直接相关的功能中断和数据/信号异常(一般是有效载荷异常)将导致卫星信号中断,属于最严重的软错误影响。尽管软错误导致整星发生故障后,星上一般可采取复位、加断电(开关机)、切备份等措施恢复整星正常状态,但是对于导航卫星,长时间的中断可能给用户带来巨大损失。因此,软错误对整星的影响不仅体现为功能中断、数据异常等后果,也体现为中断持续的时间。对软错误影响程度的评价应从影响后果、发生频次、持续时间 3 个方面考虑。

表 5.5 软错误严酷度分类原则

等级	严酷度类别	说明
Ⅰ	严重	导致整星信号中断
Ⅱ	重要	可能但不是必然导致整星信号中断的卫星系统级功能中断
Ⅲ	一般	不影响整星信号的卫星系统级功能中断
Ⅳ	可忽略	不影响整星信号的数据错误

5.1.3.2 软错误对整星影响的评价模型

1）整星错误率

整星错误率即整星由于软错误导致的故障发生率，通常以“次/年”或“次/天”表示。为了反映软错误的危害程度，整星错误率应区分影响后果，因此，根据影响后果严重程度和整星错误类型，可定义具体指标如下：

(1) 整星任务中断率 P_{SM}，定义为单位时间内由于软错误导致的暂时不能执行整星任务(或某一任务)的概率，整星任务中断通常指导航信号中断；

(2) 整星功能中断率 P_{SF}，定义为单位时间内由于软错误导致的暂时不能执行整星某一功能的概率，功能中断可能但不必然导致任务中断；

(3) 整星数据异常率 P_{SD}，定义为单位时间内由于软错误导致的整星数据瞬时异常的概率。

给定严酷度下的整星错误率综合反映了软错误造成整星某种/某类影响的风险。软错误自电路级发生并传播到设备后，设备对外输出的软错误是否会影响到整星并导致整星异常是一个典型的概率问题。这取决于设备软错误模式发生概率和设备至整星的软错误影响因子 β。设备至整星的错误率传播示意如图 5.4 所示。

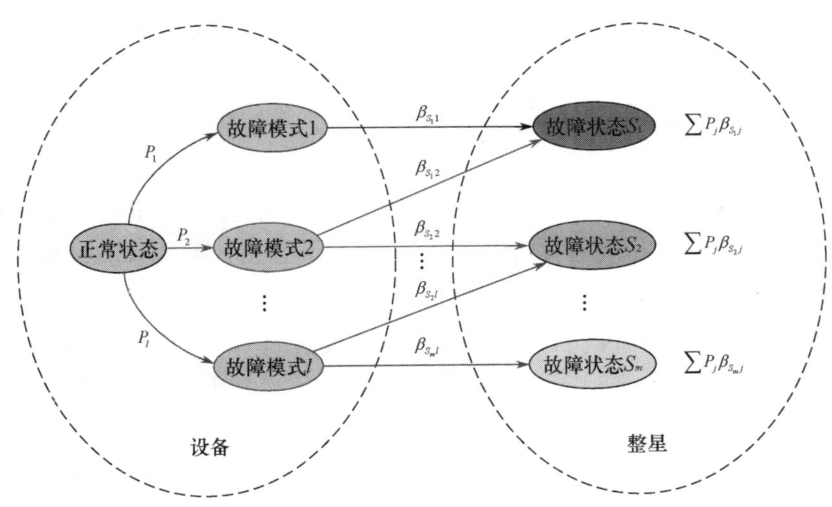

图 5.4 设备至整星错误率传播示意图(见彩图)

分析过程中，以 β_M、β_F、β_D 分别表示设备软错误导致整星任务中断、功能中断、数据异常的影响因子。假设系统有 n 台设备，设备编号为 $i=1,2,\cdots,n$，每个设备有 j 个软错误模式，$j=1,2,\cdots,l_i$，则整星错误率按下式计算：

$$P_{\mathrm{SM}} = \sum_{i=1}^{n}\sum_{j=1}^{l_i} P_{ij}\beta_{\mathrm{M}ij} \tag{5.2}$$

$$P_{\mathrm{SF}} = \sum_{i=1}^{n}\sum_{j=1}^{l_i} P_{ij}\beta_{\mathrm{F}ij} \tag{5.3}$$

$$P_{\mathrm{SD}} = \sum_{i=1}^{n}\sum_{j=1}^{l_i} P_{ij}\beta_{\mathrm{D}ij} \tag{5.4}$$

式中：P_{ij}为第 i 个设备的第 j 个软错误模式的发生率，单位为“次/h”，可以通过理论分析、辐照试验或者在轨数据统计等方法获得；$\beta_{\mathrm{M}ij}$、$\beta_{\mathrm{F}ij}$、$\beta_{\mathrm{D}ij}$为第 i 个设备第 j 个软错误模式的影响因子，是指当前所分析的器件/设备的软错误发生后传播至整星，造成系统级影响后果的概率，可以通过地面故障注入测试、仿真分析、在轨数据统计等方法获得。

2）危害时间

软错误对整星的影响既体现为功能中断、数据异常等后果，也体现为故障恢复所需的时间。整星发生软故障后，一般可采取复位、加断电、切备份、上注修改程序等措施恢复整星正常状态，这一过程称为中断恢复过程，这一过程持续的时间即软错误影响持续时间，单位为“小时(h)”，本书以 t_{oc} 表示。由于产品特性和恢复策略不同，t_{oc} 可能差异很大，从秒级到数小时不等。这种差异带来的用户使用体验差异是巨大的。因此，为更客观地评价软错误对整星的影响，必须在考虑严酷度和整星错误率的基础上，进一步引入中断持续时间进行评价。由此，本书提出软错误危害时间模型。这一模型的优势在于，既可以通过计算整星危害时间评价软错误对整星的整体影响和整星防护设计水平，也可以从系统层面识别关键设备和器件。

设备（或器件）i 的第 j 个软错误的危害时间按下式计算

$$T_{\mathrm{c}ij} = P_{ij}\beta_{ij}t_{\mathrm{life}i}t_{\mathrm{oc}ij} \tag{5.5}$$

式中：$t_{\mathrm{life}i}$为设备 i 的任务时间；$t_{\mathrm{oc}ij}$为设备 i 的第 j 个软错误影响持续时间，时间单位均为“h”，$t_{\mathrm{oc}ij}$可以通过地面故障注入测试数据统计、在轨数据统计和经验分析等方法获得；$P_{ij}\beta_{ij}$为设备 i 的第 j 个软错误发生并产生整星影响的频次；$P_{ij}\beta_{ij}t_{\mathrm{life}i}$为设备 i 的第 j 个软错误在任务时间内发生的总次数；$P_{ij}\beta_{ij}t_{\mathrm{life}i}t_{\mathrm{oc}ij}$为软错误危害时间，其物理含义是，设备 i 的第 j 个软错误在任务时间内造成卫星任务/功能中断的累计持续时间。

例如，某器件的任务时间为 87600h，软错误率 P_{ij}为 5×10^{-4}/h，传播至整星的概率为 0.3，平均影响持续时间为 3h，则该器件软错误危害时间为

$$5\times10^{-4}\times0.3\times87600\times3=39.42(\mathrm{h})$$

得到每一台设备（或器件）的危害时间，可以排序得到关键设备清单，作为软错

误防护设计改进的依据。

整星软错误危害时间模型为

$$T_{CS} = \sum_{i=1}^{n} \sum_{j=1}^{l_i} P_{ij}\beta_{ij}t_{\text{life}i}t_{\text{oc}ij} \tag{5.6}$$

3）可用度

危害时间指标给出的是相对数值,更适用于在系统层面发现软错误防护的薄弱环节。从服务需求看,整星必须关注任务的长期稳定性和连续可用。单星可用性主要取决于短期中断。根据卫星在轨情况,短期中断的主要原因是偶发的可恢复故障,这类故障中,软错误又占主要因素。因此,可以提出基于软错误的可用度指标,从而更方便的评价卫星系统级受软错误影响的程度及系统防护设计的效果。

假设整星有 m 台设备且任意一台设备功能中断均会引起整星不可用,所有设备不会同时输出2种以上软错误,且每个设备有 k_i 个可能引起整星不可用的软错误模式,则基于软错误的整星可用度按下式计算

$$A_s = \prod_{i=1}^{m} \prod_{j=1}^{k_i} \frac{\frac{1}{P_{ij}\beta_{ij}}}{\frac{1}{P_{ij}\beta_{ij}} + t_{\text{oc}ij}} \tag{5.7}$$

5.1.3.3 软错误对整星影响的评价流程

软错误对整星影响评价的主要过程如下：

(1) 基于卫星系统级功能分析、信息流分析、可靠性模型等分析结果,利用中断影响分析方法,分析确定软错误对整星影响的具体后果并分类。

(2) 根据整星软错误影响评价参数,结合中断分析确定的逻辑关系,建立各类评价参数的分析模型,计算评价指标,对软错误对整星影响进行定量评价。

(3) 依据定量评估结果,基于危害时间模型,识别关键软错误,基于错误率和可用度模型,在系统层面评价整星软错误防护设计水平。

软错误对整星影响评价的简要流程如图5.5所示。

根据图5.5,在导航卫星中断影响评价中：

(1) 针对不同的影响后果,整星错误率给出了软错误导致整星异常的频次,适用于评价软错误系统级影响;

(2) 基于软错误的可用度指标反映了整星在软错误影响下随时处于可用状态的能力,适用于表征卫星系统级的软错误防护能力;

(3) 软错误危害时间客观反映了设备对整星影响的程度,对关键软错误的识别提供了归一化手段,适用于整星软错误防护薄弱点的定量判定。

5.1.3.4 分析示例

假设某卫星工作寿命要求为10年(87600h),可能引起卫星任务中断的设备为A、B和C。假设设备A、B和C的软错误故障模式及基础数据如表5.6所列。

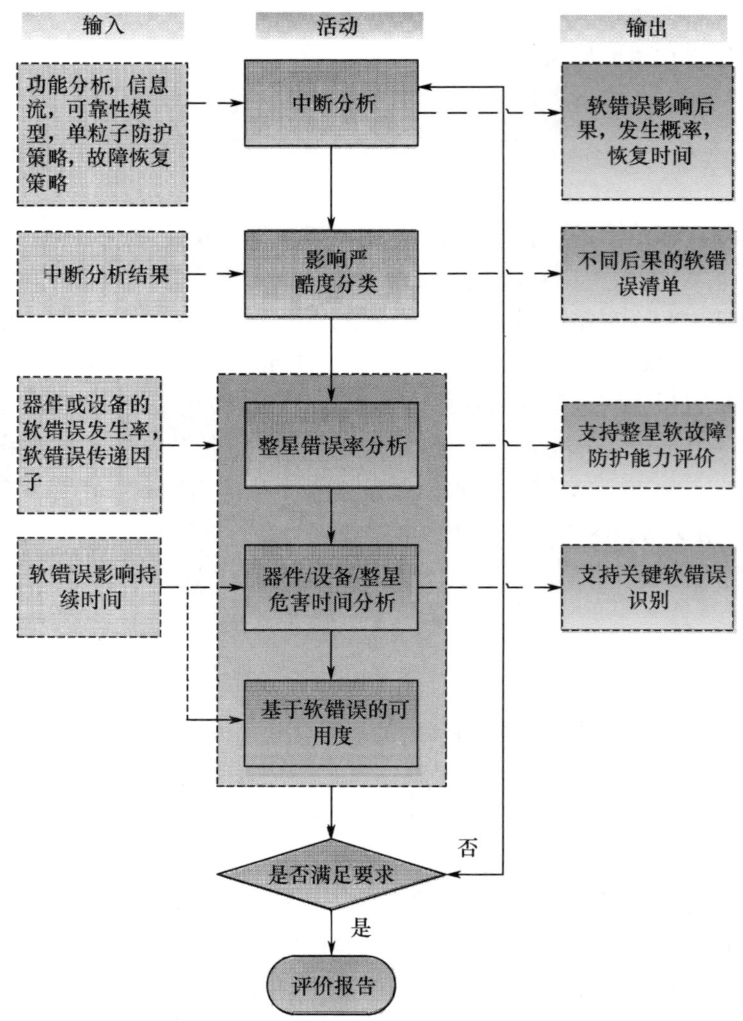

图 5.5 软错误对整星影响评价的简要流程(见彩图)

表 5.6 设备 A、B、C 的软错误数据

分析对象	软错误模式	发生频次 $P_{ij}/(10^{-5}/\mathrm{h})$	影响因子 β_{ij}	影响持续时间 t_{ocij}/h
A	时间传输错误	20	0.3	3
B	时间基准错误	15	1	5
	播发信号错误	5	1	4
C	时间生成错误	3	1	5

由表 5.6 和式(5.2)可知，整星任务中断率为

$$P_{SM} = P_{11}\beta_{11} + P_{21}\beta_{21} + P_{22}\beta_{22} + P_{31}\beta_{31} = 2.9 \times 10^{-4}(\text{次}/\mathrm{h})$$

等价于 2.5 次/年。

假设设备A的任务时间为6年,设备B、C的任务时间为10年,为识别软错误防护薄弱环节,计算各设备的危害时间如表5.7所列。

表5.7 设备A、B、C的软错误危害时间

分析对象	软错误模式	软错误危害时间/h	设备危害时间/h
A	时间传输错误	9.5	9.5
B	时间基准错误	65.7	83.2
	播发信号错误	17.5	
C	时间生成错误	13.1	13.1

由表5.7可见:3台设备中,尽管设备A的软错误发生率最大,但由于其影响因子小、任务时间短,其危害时间反而最小;设备B的软错误危害时间则远大于设备A、C,其“时间基准错误”模式的危害时间远大于其他模式,因此设备B及该软错误是卫星软错误防护的薄弱点,需要采取改进措施。

5.2 中断指标分析

导航卫星在轨可用性的高低取决于卫星发生中断的频次和中断后系统恢复时间的长短,卫星在轨可用度的计算和评估首先需要获得中断指标。由第2章所述可知,卫星导航系统包含4类中断:长期/永久性非计划中断、长期计划中断、短期非计划中断和短期计划中断,每一类中断都可用MTBO和MTTR两个参数描述。计划中断的发生通常是确定性的,导航卫星在轨工作寿命期内平均进行多少次维护性操作、多长时间进行某轨位卫星的替换等,都是提前策划的,星座设计确定后,若不考虑地面操控手段的提升和管理机制的改善,在实际执行中也不会有太大偏差。因此,计划中断指标不是卫星可用性分析的重点。

非计划中断的发生则是随机性的。卫星导航系统的非计划中断主要由卫星引起,因此,通过建模、求解、预估等手段获得非计划中断指标是导航卫星可用性分析的重要内容,也是分析卫星系统可用度的前提条件。

5.2.1 短期非计划中断频次分析

短期非计划中断一般由星上软故障或冗余系统的当班机硬故障引起。此处软故障是指可自主恢复或通过复位、加断电等措施使产品恢复到正常工作状态的设备器件故障。软故障的特征是:产品本身没有硬件故障或损坏,但产品的功能或输出却出现了异常,当采取对应措施后,产品又恢复到正常工作状态,而不会对整星造成长期影响。

1) 整星短期非计划中断频次(P_{STU})分析

当卫星系统可用性模型是一个m个单元的串联模型时,可以将各单元的中断事

件发生频次相加直接得到整星 P_{STU}，即

$$P_{STU} = \sum_{i=1}^{m} \frac{1}{MTBO_{STUi}} \tag{5.8}$$

由于卫星由大量设备组成，为快速计算整星 P_{STU}，可以根据卫星中断影响分析结果，直接剔除不会引起卫星中断的设备，缩小分析范围。在计算频次指标时，采用故障树建模比采用 RBD 建模更直观。因此，导航卫星在求解整星 P_{STU} 时，采用了故障树建模方法。

以“导航下行信号中断”为顶事件，结合卫星中断事件及影响分析的结果，可以建立可用性分析的故障树模型。某导航卫星的下行信号中断故障树如图 5.6 所示。

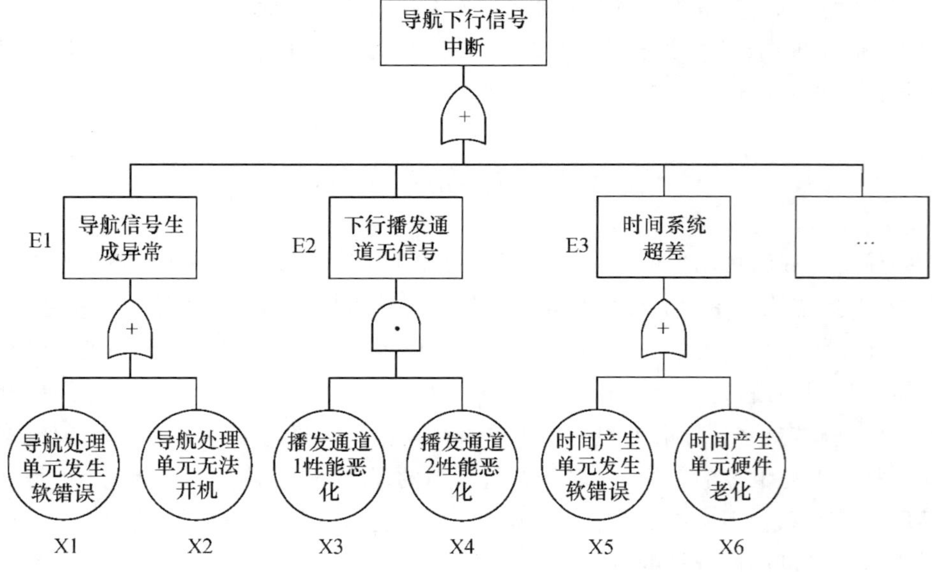

图 5.6 某导航卫星下行信号中断故障树

利用中断故障树模型计算整星 P_{STU} 需注意以下两点：

(1) 不是所有设备的故障均会导致卫星中断，也不是设备的所有故障均会导致卫星中断。某些星上设备的软故障或硬故障可能是以一定的概率导致整星不可用，由此可将星上设备分为 3 种情况，并将这一概率定义为影响因子 β，如表 5.8 所列。

表 5.8 星上设备对整星影响及影响因子 β 的取值

设备对整星影响	β 取值
设备故障必然导致系统不可用	$\beta = 1$
设备故障以概率 x 导致系统不可用	$\beta = x, 0 < x < 1$
设备故障不会导致系统不可用	$\beta = 0$

在考虑影响因子的情况下，式(5.8)需修正为

$$P_{\mathrm{STU}} = \sum_{i=1}^{m} \beta_i \frac{1}{\mathrm{MTBO}_{\mathrm{STU}i}} \tag{5.9}$$

式中:β_i 为第 i 个设备故障导致卫星系统不可用的概率。

(2) 当故障树底事件的发生频次不是常值或故障树不是简单的或门结构时,可以利用专业分析软件以蒙特卡罗仿真算法进行整星 P_{STU}的计算。

2) 设备 P_{STU}的获取

设备短期非计划中断由软故障引起,已知的软故障原因包括:

(1) 单粒子软错误影响。单粒子软错误发生后及时采取断电重启等措施,器件可以恢复正常状态。SRAM 型 FPGA、DSP 等均属于单粒子敏感器件,容易发生单粒子软错误。

(2) 星载软件故障。整星功能的实现离不开星载软件,除计算机系统软件外星上还有大量的应用软件,软件设计的缺陷会导致软件偶发故障,程序跑飞,需要通过复位、重置等手段恢复软件正常功能。

(3) 固有设计缺陷。例如抗干扰能力差、时序竞争等。

软件缺陷和固有设计缺陷属于产品固有设计问题,一般一经发现均可以采取措施彻底消除,而单粒子软错误来源于空间环境,在设计上无法根除,只能采取措施降低其发生概率。因此,设备 P_{STU}的计算主要是获得单粒子软错误的发生率。

获得单粒子软错误发生率的技术途径包括工程分析、辐照试验、在轨数据统计。

5.2.2 短期非计划中断 MTTR 分析

当卫星系统可用性模型是一个各单元的串联模型,且假设各单元中断恢复时间是一个稳定的平均值时,导航卫星整星短期非计划中断的 MTTR 为

$$\mathrm{MTTR}_{\mathrm{STU}} = \frac{\sum_{i=1}^{k_{\mathrm{U}}} P_{\mathrm{STU}i}\mathrm{MTTR}_{\mathrm{STU}i}}{P_{\mathrm{STU}}} \tag{5.10}$$

式中:k_{U}为引起系统短期非计划中断的中断事件总数;$P_{\mathrm{STU}i}$为第 i 种中断事件的中断频次(次/h);$\mathrm{MTTR}_{\mathrm{STU}i}$为第 i 种中断事件的平均恢复时间(h)。

事实上,设备短期非计划中断的 MTTR 往往是在一定的时间区间内并服从某种分布,因此,为获得整星短期非计划中断 MTTR 的更准确结果,可以利用专业分析软件以蒙特卡罗仿真算法进行分析。

设备的短期非计划中断恢复时间受以下因素影响:

(1) 设备自身的启动特性。例如,很多空间行波管放大器在加电后需要 10min 左右的时间才能进入稳定的工作状态,导航单元启动后需要加载多个程序和配置工作参数完成后才能进入正常工作状态。

(2) 设备发生软故障后采取的恢复策略。例如,对设备进行软复位和断电后再重新启动需要的时间明显不同。

获得设备的短期非计划中断 MTTR 的技术途径包括工程分析、地面测试、在轨数据统计。

5.2.3 长期非计划中断指标分析

长期非计划中断由星上设备或系统的长期故障引起,表现为卫星彻底失效。长期非计划中断指标包括平均寿命和替换卫星所需时间。替换卫星所需时间取决于发射场、运载和卫星等多个系统,属于星座系统可用性分析范畴。本节只讨论导航卫星平均寿命的计算。

根据国内外卫星在轨故障统计[1-2],卫星寿命终结不仅和燃料耗尽有关,也和随机失效、退化失效有关。因此,对卫星寿命的分析应完整考虑突发故障、退化和消耗多种因素。

1) 卫星寿命与失效特征

按照寿命特征,星上产品一般可分为以下 3 类:

(1) 随机寿命类,即产品寿命服从随机失效分布,在轨可能很快发生故障并永久失效,也可能长期正常运行并远远超过设计寿命。星上多数产品可归为这一类,如通用电子产品。

(2) 退化寿命类,即产品特性服从特定的退化规律并在可预见的时间范围内必然达到寿命,如蓄电池、太阳电池阵、行波管放大器等。

(3) 消耗寿命类,一般是指推进剂等消耗性物质,当消耗到规定阈值时,产品到寿。

此外,某些产品的寿命可能具有多种特征,如行波管放大器既有退化失效也有随机失效,铷钟既有消耗寿命也有随机失效等。这类产品在处理时需要分析多种机理。

根据星上产品的寿命特征和国内外卫星故障情况,卫星长期在轨工作过程中,寿命终结的原因一般包括:

(1) 由于突发故障导致整星失效。这类故障的发生具有随机性,故障产品在失效前的长期工作中没有明显的性能变化,往往在某种诱因下突然失效。如 2003 年 2 月,泰国通信卫星-3 在发射 5 年 10 个月后,由于电源系统短路造成整星失效;2000 年 3 月,ERS-1 卫星发生姿态控制故障导致任务失败、服役结束等。在没有其他类型故障和消耗性物质足够的前提下,卫星实际运行时间可能远超出其设计寿命。如 1990 年后发射的大多数 GPS-2A 卫星均大大超过了 7.5 年的设计寿命。

(2) 由于消耗性物质用尽导致卫星到寿。如星上剩余推进剂达到规定值,卫星不得不进行离轨操作或直接退役。这种情况下卫星并未发生故障,通常已经超过规定的工作寿命要求。

(3) 由于产品性能退化到不可接受的程度导致卫星到寿。典型情况如太阳电池阵效率下降导致整星功率不足、行波管增益下降导致射频通道失效等。如 Echostar 在 20 世纪末发射的多颗回声星出现行波管放大器和太阳电池阵异常。

根据国内外工程经验，卫星随机失效（突发故障）通常取威布尔分布并在很多情况下为了处理的方便假设服从指数分布。卫星系统可靠度一般是依据设备或各分系统可靠性预计值利用系统可靠性模型计算得到。由于卫星大量采用冗余设计，典型的系统可靠性曲线如图5.7中的威布尔分布曲线所示。

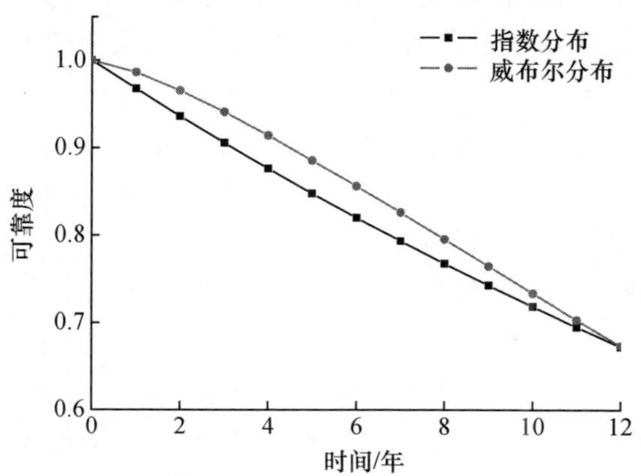

图5.7　典型的卫星系统可靠性曲线（见彩图）

假设卫星服从指数分布时，一般利用下式计算卫星的失效率：

$$\lambda_s = -\frac{\ln R(T_s)}{T_s} \tag{5.11}$$

式中：λ_s 为卫星失效率；T_s 为卫星的规定寿命；$R(T_s)$ 为根据卫星系统可靠性模型计算得到的规定寿命的可靠度。由此可得到卫星的指数分布曲线。

由图5.7可见，在规定寿命期内，卫星采用指数分布描述其随机失效特征是保守的。但指数分布具有“无记忆性”，即产品的工作寿命和产品已工作多长时间无关。这一特性在处理很多工程问题时具有极大的方便性。

2）基于随机失效的卫星寿命分析

尽管星上设备种类很多，但如前所述，根据系统可靠性模型最终可以得到一个整星随机寿命分布。利用这一分布，通过蒙特卡罗仿真可以得到基于随机失效的卫星寿命。

假设卫星服从指数分布，在1次蒙特卡罗仿真中产生的随机失效时间为 T_r，有

$$T_r = -\frac{1}{\lambda_0}\ln(1-\eta) \tag{5.12}$$

式中：η 为随机数，$0<\eta<1$。

若卫星服从威布尔分布且当前的概率密度函数为

$$f(t) = \frac{c}{b}\left(\frac{t}{b}\right)^{c-1} e^{-\left(\frac{t}{b}\right)^c} \tag{5.13}$$

式中：b 为特征寿命；c 为形状参数。

则卫星随机失效时间的仿真值为

$$T_r = b(-\ln\eta)^{\frac{1}{c}} \tag{5.14}$$

3）基于消耗性物资的卫星寿命分析

大多数卫星的消耗寿命仅取决于推进剂。考虑更一般的情况，假设有 m 种影响卫星寿命的独立消耗因素，则卫星消耗寿命取决于消耗最快的因素，有

$$T_c = \min(T_{21}, T_{22}, \cdots, T_{2m}) \tag{5.15}$$

式中：$T_{2i}(i=1,2,\cdots,m)$为第 i 种消耗因素的预估寿命，根据每种消耗因素的寿命模型计算而得。

4）基于退化失效的卫星剩余寿命分析

假设有 n 种影响卫星寿命的独立退化失效因素，则在一次仿真中，卫星退化寿命取决于退化最快的因素，有

$$T_d = \min(T_{31}, T_{32}, \cdots, T_{3n}) \tag{5.16}$$

式中：$T_{3i}(i=1,2,\cdots,n)$为第 i 种退化失效的预估寿命，根据每种退化模型计算而得。

以太阳电池阵功率衰减为例，假设初期功率为 P(W)，年衰减率为 $Y_1(\%) \sim Y_2(\%)$，卫星正常功率需求为 P_0(W)，并假设太阳电池阵衰减率可按均匀分布处理，则由太阳电池阵衰减决定的卫星剩余寿命为

$$T_3 = (T_{3a} + \eta(T_{3b} - T_{3a})) \times 8760 \tag{5.17}$$

式中

$$T_{3a} = \frac{P - P_0}{PY_2}$$

$$T_{3b} = \frac{P - P_0}{PY_1}$$

T_3的时间单位为 h，T_{3a}、T_{3b}是无量纲量。

5）卫星平均寿命仿真

对导航卫星平均寿命仿真作如下考虑：

（1）卫星由退化、消耗和随机失效 3 类寿命特征产品组成，仅考虑其中任何一类产品都是不完整的，因此整星平均寿命仿真模型不仅应考虑推进剂等消耗性物质，以及太阳电池阵、蓄电池组等产品的退化，还应考虑卫星任务相关的所有分系统和设备，包括有效载荷和平台的电子产品、机电产品、活动部件等各类产品的突发故障。

（2）某些产品同时存在多种失效机理，如蓄电池组既可能由于电路缺陷突发故障，也可能由于性能衰降而失效。当没有占主导地位的失效机理时，应同时考虑多种失效机理，如蓄电池组需同时考虑随机失效和退化失效，在分析时引入指数分布和退化模型。

（3）卫星随机失效可用威布尔分布或指数分布描述，威布尔分布的分析结果一般更准确，适用于单星寿命预测等对准确度要求较高的情况，指数分布的分析过程则

更简单,可用于多星星座的备份星策略等对单星随机寿命敏感性不高的情况。

依据卫星组成与产品寿命特征,可全面梳理影响卫星寿命的因素,并按消耗、退化、随机失效分为3类,如图5.8所示。

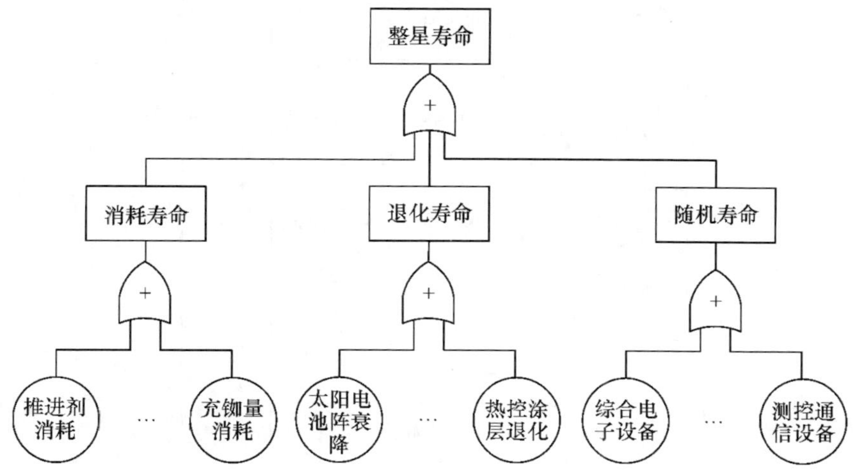

图5.8 卫星寿命影响因素树图

由图5.8可见,随机失效、退化失效和消耗三者中的任何一类因素都可能导致卫星到寿,在整星层面,寿命模型体现为"或门"形式的竞争模型。在底层单元建模中,每一种消耗或退化失效因素应作为独立单元列出。随机寿命模型可以在系统级可靠性模型基础上,通过去除退化单元、仅保留随机失效单元建立,通常包括各类电子设备和以指数分布/威布尔分布表征的机电设备、推进组件等。如前所述,在整星层面可以将随机失效拟合为威布尔分布模型或指数分布模型,当然也可以不做拟合,全部纳入整星寿命模型中。

由此,假设卫星随机失效决定的寿命为T_r,m种消耗因素决定的寿命为$T_{2i}(i=1,2,\cdots,m)$,n种退化失效决定的寿命为$T_{3i}(i=1,2,\cdots,n)$,则基于竞争模型的卫星寿命为

$$T_s=\min(T_r,\min(T_{21},\cdots,T_{2m}),\min(T_{31},\cdots,T_{3n})) \tag{5.18}$$

在已知随机失效各单元寿命模型以及消耗和退化规律的前提下,可以利用蒙特卡罗仿真方法进行卫星寿命计算,其仿真流程如图5.9所示。

根据图5.9,卫星平均寿命的仿真分析过程如下(所有时间单位均为h):

(1) 设置初始条件。初始条件包括各单元寿命模型的参数值,卫星预期运行时间,仿真次数等。

(2) 依据卫星随机失效模型,利用蒙特卡罗仿真抽样公式,产生卫星随机失效时间T_r。

(3) 根据消耗性物质的消耗规律,获取每一种消耗因素的寿命$T_{2i}(i=1,2,\cdots,m)$,比较并取其最小值即得到一次仿真中的消耗寿命T_c。

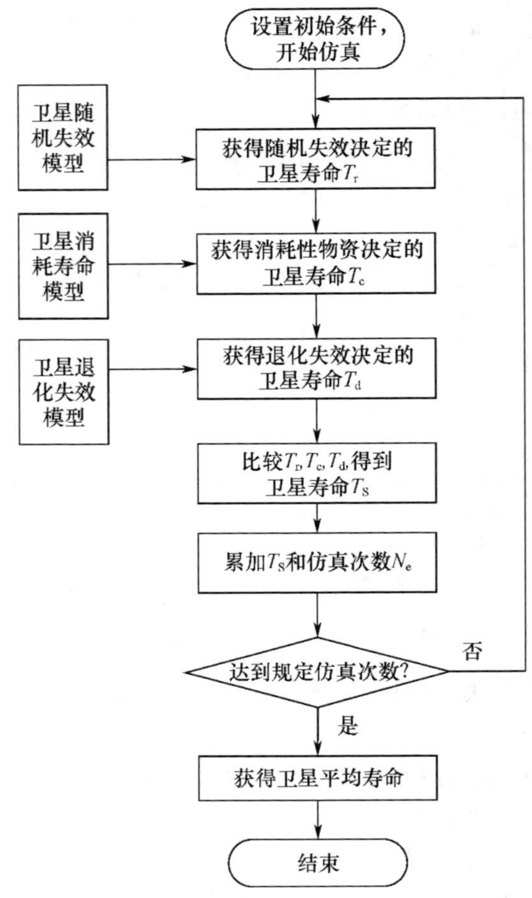

图 5.9　卫星平均寿命的仿真流程

(4) 根据各种退化因素的退化规律，获取每一种退化因素的寿命 T_{3i}($i=1,2,\cdots,n$)，比较并取其最小值即得到一次仿真中的退化寿命 T_d。

(5) 根据式 5.26，比较并取 T_r、T_c、T_d 中的最小值即得到卫星在一次仿真中的寿命 T_s。

(6) 重复(2)～(5)，进行多次仿真后，可得到仿真次数 N_e 和 N_e 个卫星寿命值，则卫星平均寿命为

$$\overline{T}_s = \frac{\sum_{i=1}^{N_e} T_s}{N_e} \tag{5.19}$$

5.3　单星可用性分析

导航卫星可用性分析的目的是:

(1) 为卫星可靠性设计、在轨故障处理、系统恢复策略和维护性操作等进行权衡分析提供有力工具,保证卫星获得优化的设计特性和更好的使用与维护方案;

(2) 通过可用性指标预估和参数敏感性分析等,识别影响卫星可用性连续性的关键设备、部组件和软件,从而改进、提高可用性;

(3) 验证卫星设计是否符合规定的可用性指标要求。

导航卫星可用性分析的必要性不仅在于卫星是决定星座可用性的关键环节,也是导航卫星自身提高可用性的必然途径。

5.3.1 可用性参数

导航卫星可用性参数可分为综合性参数和输入性参数两类。

1) 输入性参数

输入性参数包括短期非计划中断频次(P_{STU})、短期非计划中断的 MTTR、短期计划中断频次(P_{STS})、短期计划中断的 MTTR、长期中断的 MTTR、平均寿命等,这些参数是可用度指标计算的输入。

2) 综合性参数

综合性参数包括使用可用度、固有可用度、可达可用度。各综合性参数的定义如下。

使用可用度(A_o):与能工作时间和不能工作时间有关的一种可用性参数。其一种度量方法为:产品的能工作时间与能工作时间、不能工作时间的和之比。

固有可用度(A_i):仅与能工作时间和短期非计划中断的 MTTR 有关的一种卫星可用性参数。其一种度量方法为:产品的能工作时间与能工作时间、短期非计划中断的 MTTR 的和之比。

可达可用度(A_a):仅与能工作时间、短期非计划中断的 MTTR 和短期计划中断的 MTTR 有关的一种卫星可用性参数。其一种度量方法为:产品的能工作时间与能工作时间、短期非计划中断的 MTTR 和短期计划中断的 MTTR 的和之比。

5.3.2 可用性分析方法

5.3.2.1 解析法

解析法计算可用性指标首先需要建立可用性模型。常见的可用性模型如图 5.10 所示,包括串联模型和并联模型。根据可用性模型,利用下一级产品数据,即可计算上一级产品的可用度、P_{STU}等指标。

串联模型是最为常见的可用性模型,其特征是只要有一个单元不可用,整个系统就不可用;并联模型的典型例子是星上电子设备并联系统,主份和备份同时提供输出给下游设备,当主份不可用时,备份仍可保持输出的连续性,从而保持系统可用。

当可用性输入性参数已知时,各层次产品的可用度均可根据可用度的定义直接计算得到。

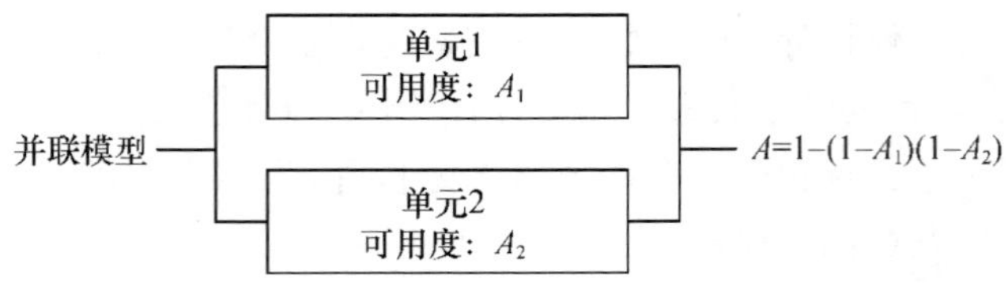

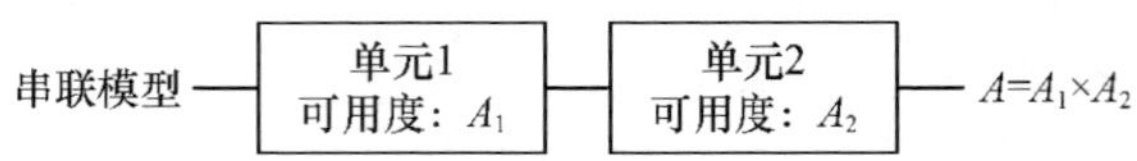

图 5.10 常见的可用性模型

固有可用度的计算公式为

$$A_{\mathrm{i}}=\frac{\mathrm{MTBO_{STU}}}{\mathrm{MTBO_{STU}}+\mathrm{MTTR_{STU}}} \tag{5.20}$$

式中：A_{i}为固有可用度；$\mathrm{MTBO_{STU}}$为短期非计划中断的 MTBO，与 P_{STU}互为倒数(h)；$\mathrm{MTTR_{STU}}$为短期非计划中断的 MTTR(h)。

可达可用度的计算公式为

$$A_{\mathrm{a}}=\frac{\mathrm{MUT_a}}{\mathrm{MUT_a}+\mathrm{MDT_a}} \tag{5.21}$$

式中：A_{a}为可达可用度；$\mathrm{MUT_a}$为平均能工作时间(h)；$\mathrm{MDT_a}$为平均不能工作时间(h)。

$\mathrm{MUT_a}$和 $\mathrm{MDT_a}$分别按式(5.22)、式(5.23)计算。

$$\mathrm{MUT_a}=\frac{1}{\dfrac{1}{\mathrm{MTBO_{STU}}}+\dfrac{1}{\mathrm{MTBO_{STS}}}} \tag{5.22}$$

式中：$\mathrm{MTBO_{STS}}$为短期计划中断的 MTBO(h)。

$$\mathrm{MDT_a}=\frac{\mathrm{MTBO_{STS}}}{\mathrm{MTBO_{STU}}+\mathrm{MTBO_{STS}}}\mathrm{MTTR_{STU}}+\frac{\mathrm{MTBO_{STU}}}{\mathrm{MTBO_{STU}}+\mathrm{MTBO_{STS}}}\mathrm{MTTR_{STS}} \tag{5.23}$$

式中：$\mathrm{MTTR_{STS}}$为短期计划中断的 MTTR(h)。

5.3.2.2 蒙特卡罗仿真

当需要考虑各类中断参数具体数值的不确定性或系统组成单元多、可用性模型比较复杂时，需要采用蒙特卡罗仿真方法计算可用性指标。以可用性的几个综合性参数为例，其蒙特卡罗仿真的分析步骤如下：

(1) 确定需计算的可用度参数和相应需考虑的中断类型。计算 A_{i}，仅考虑短期非计划中断；计算 A_{a}，需考虑短期非计划中断和短期计划中断。

(2) 在中断分析基础上，结合需考虑的中断类型，建立卫星系统可用性模型。

(3) 针对系统可用性模型中的每个单元，获得有关输入参数的概率分布。$\mathrm{MTBO_{STU}}$一般可取指数分布，$\mathrm{MTBO_{STS}}$一般可取正态分布，$\mathrm{MTTR_{STU}}$和 $\mathrm{MTTR_{STS}}$一般可

取对数正态分布,分布参数根据相似产品在轨统计数据或工程分析获得。

(4) 利用蒙特卡罗仿真,进行分布参数抽样,获得每个单元在给定时间段的可用度指标。

(5) 依据系统可用性模型,获得系统在给定时间段的可用度指标。

5.3.2.3 在轨数据评估

当卫星已经在轨飞行,积累了较多飞行数据后,可以利用实际在轨时间数据分析或评估卫星可用度指标。

导航卫星在轨可用性评估所需输入数据及统计要求见表5.9。

表5.9 导航卫星可用性评估所需数据及统计要求

可用性评估输入	需记录的数据项	统计方法
卫星在轨时间	卫星交付用户日历时间,当前日历时间	卫星在轨时间 = 当前日历时间 - 卫星交付用户日历时间
卫星工作时间	卫星工作时间	统计卫星执行任务时间
卫星不工作时间	卫星不工作时间	累加载荷能工作但不要求工作或未参与执行任务的时间
卫星修复时间	① 引起卫星中断的故障次数; ② 每次故障的星上修复时间	卫星修复时间 = ① × ②
卫星维护时间	① 引起卫星中断的维护次数; ② 每次维护的星上修复时间	卫星维护时间 = ① × ②
卫星保障和管理延误时间	① 每次故障的地面保障和管理延误时间; ② 每次维护的地面保障和管理延误时间	累加所有地面保障和管理延误时间

以表5.9数据为输入,固有可用度的评估公式为

$$A_i = \frac{T_o}{T_o + T_{CM}} \tag{5.24}$$

式中:A_i 为卫星固有可用度;T_o 为卫星工作时间(h);T_{CM} 为卫星修复时间(h)。

可达可用度的评估公式为

$$A_a = \frac{T_o}{T_o + T_{CM} + T_{PM}} \tag{5.25}$$

式中:A_a 为卫星可达可用度;T_{PM} 为卫星维护时间(h)。

使用可用度的评估公式为

$$A_o = \frac{T_o + T_s}{T_o + T_s + T_{CM} + T_{PM} + T_{ALD}} \tag{5.26}$$

或

$$A_o = \frac{T_o + T_s}{T_{orbit}} \tag{5.27}$$

式中:A_o 为卫星使用可用度;T_s 为卫星不工作时间(h);T_{ALD} 为卫星管理和保障延误时间(h);T_{orbit} 为卫星在轨时间(h)。

5.3.3 系统可用性分析

导航卫星系统可用性分析的一般流程如图 5.11 所示。图 5.11 中虚线箭头表示可达可用性分析可在固有可用性分析基础上进行。

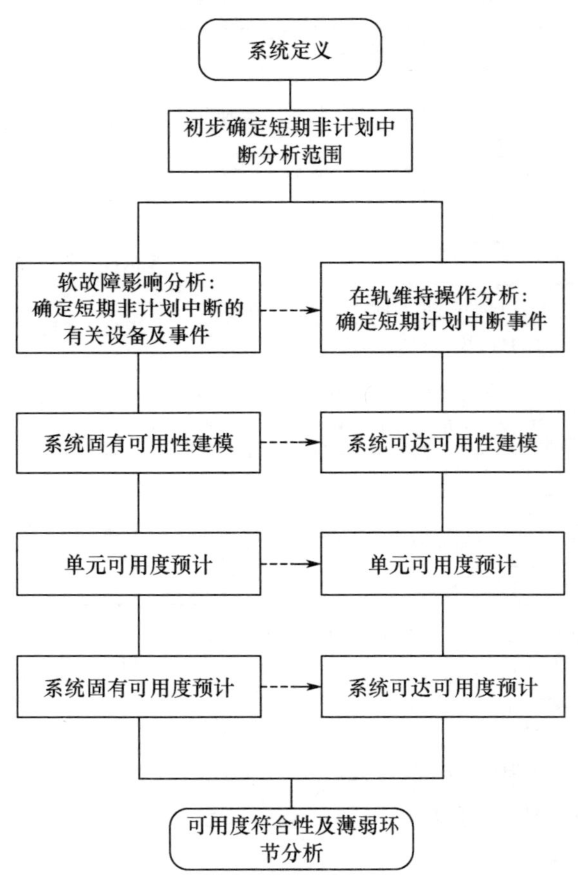

图 5.11 导航卫星系统可用性分析的一般流程

1) 系统定义

明确导航卫星系统组成及任务、功能要求;明确导航卫星交付用户后的任务剖面,包括任务及任务阶段、工作环境、工作模式等;明确分析的层次及有关分系统、设备的功能、组成及任务;明确导航卫星任务中断判据及有关分析假设等。

2）初步确定短期非计划中断分析范围

只有有限的故障才会引起导航卫星中断，因此，为保证可用性分析的效率，避免不必要的分析工作，应当初步确定短期非计划中断分析的范围，给出假设条件。

此处主要需要明确：

（1）是否需要考虑平台故障引起的任务中断？平台故障引起任务中断一般有两种情况，一是电源故障，二是姿态异常。这两种情况下，如果冗余切换过程能够保持功能连续，也不会引起任务中断。整星任务对平台其他功能的短期中断则一般是容许的，例如测控应答机故障后，只要测控通道不是长时间得不到恢复，就不会影响整星任务的连续性。

（2）是否需要考虑硬故障？从在轨飞行数据看，只有极个别的硬故障导致了导航卫星中断。从理论分析看，硬故障导致导航卫星中断的概率远远低于软故障，往往是数量级的差距，因此，需要根据具体情况明确是否考虑硬故障。

（3）载荷产品中，需要考虑哪些设备？同时，应确定哪些设备需要分析硬故障，哪些设备需要分析软故障。一般，凡是冗余系统，需要分析硬故障；凡使用FPGA、DSP 等大规模集成电路或包含软件的设备，需要分析软故障；无冗余的单机可以只考虑长期故障。

3）进行软故障影响分析和/或在轨维持操作分析

原则上，星上所有配置有 FPGA、DSP 等大规模逻辑器件和有星载软件的设备均应开展软故障影响分析。根据 2）的分析结果，可以指定设备清单，利用中断影响分析方法分析软故障影响。软故障影响分析的输出是可能导致卫星任务中断的设备及中断事件清单，以及中断事件发生频次、中断恢复时间等后续进行设备可用度计算的必要数据。

列出导航卫星可能的在轨维持操作计划，分析是否在操作期间会影响卫星正常任务执行，如果在此期间卫星不可用，则在进行可达可用性分析时需要纳入可用性模型。此处需给出每项维持操作的频次和持续时间。

4）建立可用性模型

根据系统定义、短期非计划中断分析、软故障影响分析结果，可以建立系统固有可用性框图模型。根据固有可用性框图模型，可以建立固有可用性的数学模型。

在系统固有可用性模型基础上，引入短期计划中断事件，可建立系统可达可用性模型。

5）设备可用度预计

已知设备的短期非计划中断间隔时间和恢复时间，可计算设备可用度。如果设备内部有多个独立模块/器件会导致设备功能的短期中断，并且中断恢复时间不同，则设备的可用性指标计算可参考系统可用性分析的方法，通过建立可用性模型进行预计。

6）系统可用度预计

根据可用性框图可建立系统可用性数学模型，输入设备可用度数据，即可计算得到系统固有可用度或系统可达可用度。

7）结果分析

根据可用度预计结果，可检验与系统指标要求的一致性。如果预计结果满足要求，则预计结束；否则，应指出可用性薄弱环节，提出设计改进建议，待设计改进完成后再重新进行可用性预计，直至满足要求。

此外，还可以通过调整设备或系统可用性基础数据的数值，进行中断指标敏感性分析，为系统可用性设计提供参考。

在导航卫星可用性分析中，通过假设多个不同值，对6个中断指标进行了敏感性分析，得到单星可用性影响因素分析结果如下：

（1）短期非计划中断的MTTR对单星可用性水平有重要影响，必须尽可能缩短短期非计划中断持续时间；

（2）较恶劣的组合条件将使某些因素对单星可用性的影响加剧，如短期非计划中断的MTTR在1天以上时，将加剧短期非计划中断次数对单星可用性的影响。因此，应尽量保证各因素保持一个优化的水平；

（3）单星补网替换时间对星座可用性影响最大。

以上分析结果为单星及星座可用性指标论证和后续设计提供了依据。

5.4　导航星座可用性分析

导航星座可用性分析的目的是：

（1）为星座构型保持和可用性设计、星座运行与维护策略提供数据支持，保证星座获得优化的设计特性和更好的使用与维护方案；

（2）通过可用性指标分析，识别影响星座可用性的关键环节，从而改进、提高可用性；

（3）预估星座可用性设计是否符合规定要求。

5.4.1　星座可用性分析的流程

星座可用性分析的实施流程如图5.12所示。

具体实施过程如下：

1）确定输入条件和约束

在进行星座可用性分析之前，首先明确分析目的、星座构型、任务剖面、可用性计算条件和具体输入参数。

根据任务要求和系统组成，明确星座可用性要求，包括可用性指标要求、约束条

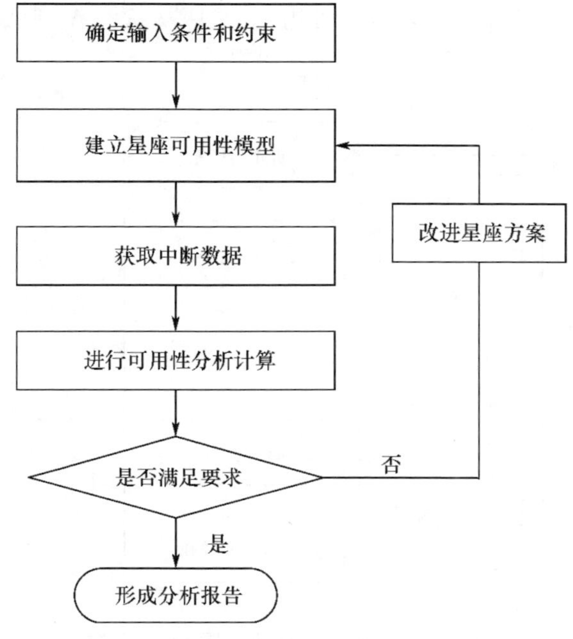

图5.12 星座可用性分析的实施流程

件、可用性判据（如 DOP 阈值）和失效判据等。

2）建立星座可用性模型

根据星座设计方案，利用可用性建模的有关方法，建立星座可用性模型。星座可用性建模的主要方法包括马尔可夫模型、贝叶斯网、Petri 网和蒙特卡罗仿真等。

3）获取中断数据

根据卫星和地面系统中断分析的结果，获得短期中断、长期中断的 MTBO、MTTR。导航星座空间段和地面系统的中断频次相互独立，但中断恢复时间一般是空间段导航卫星和地面系统的综合贡献。

4）可用性计算

根据各类中断数据，利用星座可用性模型，完成可用性计算。对比可用性计算结果和星座可用性要求，确定是否改进星座设计。

5）输出可用性分析报告

星座可用性分析工作的主要输出是星座可用性分析报告，主要包括概述、可用性指标要求、可用性建模、中断分析、可用性计算、结果比对、结论与建议等内容。

5.4.2 建模与分析方法

5.4.2.1 基于马尔可夫模型的方法[3]

对于由相同状态卫星组成的导航星座，可以利用马尔可夫模型建立星座可用性模型。假设星座包含 N 颗卫星，其马尔可夫模型的最大状态为 N（表示有 N 颗卫星可用），最小状态为 0（表示有 0 颗卫星可用）。星座从状态 N 到状态 $(N-1)$ 的马尔可夫状态转移过程，如图 5.13 所示。

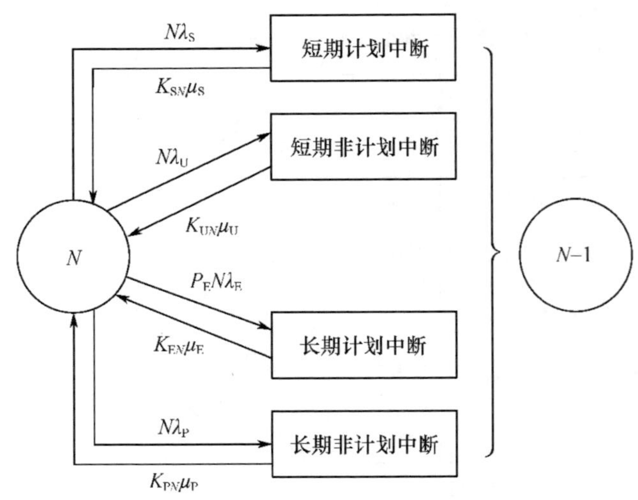

图 5.13　基于马尔可夫模型的星座可用性模型

将 4 类中断进行合并后得到星座的从状态 N 到状态 $(N-1)$ 的失效率和修复率分别为

$$\lambda_N = N(\lambda_S + \lambda_U + \lambda_P + P_E\lambda_E) \tag{5.28}$$

$$\mu_N = \frac{\lambda_S + \lambda_U + \lambda_P + P_E\lambda_E}{\dfrac{\lambda_S}{K_{SN}\mu_S} + \dfrac{\lambda_U}{K_{UN}\mu_U} + \dfrac{\lambda_P}{K_{PN}\mu_P} + \dfrac{\lambda_E}{K_{EN}\mu_E}} \tag{5.29}$$

式中：λ_N 为星座由 N 颗卫星工作转变为 $(N-1)$ 颗卫星工作的失效率；μ_N 为星座由 $(N-1)$ 颗卫星工作恢复到 N 颗卫星工作的修复率；λ_S 为卫星短期计划中断的失效率；λ_U 为卫星短期非计划中断的失效率；λ_E 为卫星长期计划中断的失效率；λ_P 为卫星长期非计划中断的失效率；μ_S 为卫星短期计划中断的修复率；μ_U 为卫星短期非计划中断的修复率；μ_E 为卫星长期计划中断的修复率；μ_P 为卫星长期非计划中断的修复率；P_E、K_{SN}、K_{UN}、K_{EN}、K_{PN} 为修正系数。

利用星座状态转移的失效率和修复率，借助马尔可夫模型，可以得到星座状态概率如下：

$$\begin{cases} P_N = \left(1 + \sum\limits_{j=0}^{N-1}\left(\prod\limits_{k=N}^{N-j}\dfrac{\lambda_k}{\mu_k}\right)\right)^{-1} \\ P_i = \left(\prod\limits_{k=N}^{i+1}\dfrac{\lambda_k}{\mu_k}\right)P_N \end{cases} \tag{5.30}$$

式中：P_N为星座 N 颗卫星都正常工作的概率；P_i 为星座中有 i 颗卫星正常工作的概率；λ_k为星座由 k 颗卫星工作状态变为$(k-1)$颗卫星工作状态的失效率；μ_k为星座由$(k-1)$颗卫星工作状态恢复到 k 颗卫星工作状态的修复率。

星座性能反映了其构型的优劣，一般选用 CV 作为目标函数来评价星座性能，通常采用仿真计算方法得到。根据星座状态概率和 CV 可得导航星座的可用度

$$A = \sum_{i=M}^{N} P_i \alpha_i \tag{5.31}$$

式中：M 为星座满足用户使用至少要保证的卫星数量；α_i 为星座中有 i 颗卫星正常工作的 CV。

5.4.2.2　基于贝叶斯网的方法

对于由不同状态卫星构成的混合导航星座，可以先利用马尔可夫模型建立单轨位的可用性模型，再利用贝叶斯网建立星座的可用性模型。具体过程如下。

1）建立单轨位马尔可夫模型，进行可用性分析

针对星座中的某个轨位，利用马尔可夫模型建立单轨位可用性模型，如图 5.14 所示。假设某轨位只有可用和不可用两种状态，从可用状态到不可用状态由 4 种不同中断类型引起。

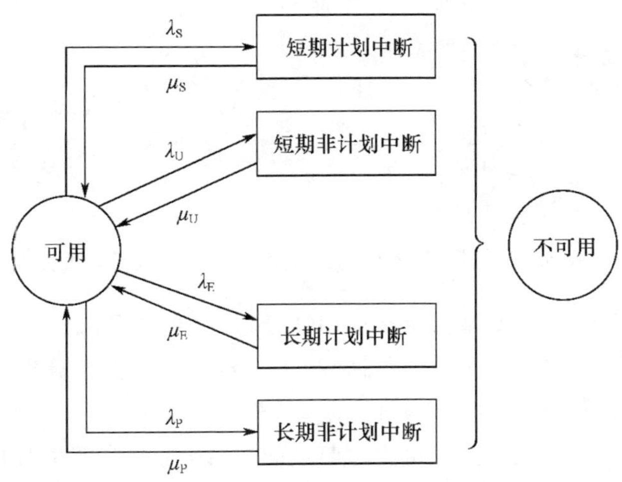

图 5.14　基于马尔可夫模型的单轨位可用性模型

根据 4 类中断的 MTBO 和 MTTR 可以计算出相应的失效率和修复率，综合后可以得到单轨位的失效率和修复率

$$\lambda_m = \lambda_S + \lambda_U + \lambda_P + \lambda_E \tag{5.32}$$

$$\mu_m = \frac{\lambda_S + \lambda_U + \lambda_P + \lambda_E}{\dfrac{\lambda_S}{\mu_S} + \dfrac{\lambda_U}{\mu_U} + \dfrac{\lambda_P}{\mu_P} + \dfrac{\lambda_E}{\mu_E}} \tag{5.33}$$

式中：λ_m为星座中卫星 m 由可用状态变为不可用状态的失效率；μ_m为星座中卫星 m 由不可用状态恢复为可用状态的修复率。

根据单轨位的失效率和修复率可以得到单轨位的可用度为

$$A_m = \frac{\mu_m}{\lambda_m + \mu_m} \tag{5.34}$$

2）建立基于贝叶斯网的星座可用性模型，进行星座可用性分析

利用马尔可夫模型和贝叶斯网建立星座的可用性模型，如图 5.15 所示。模型中网络节点包括星座中所有的 N 颗卫星 $X_m(m=1,2,\cdots,N)$，以及所有卫星的子节点 X_{N+1}"星座可用性"，该节点中的条件概率表反映了各卫星节点与"星座可用性"节点的逻辑关系。各卫星节点的状态均为"可用"和"不可用"两种状态。

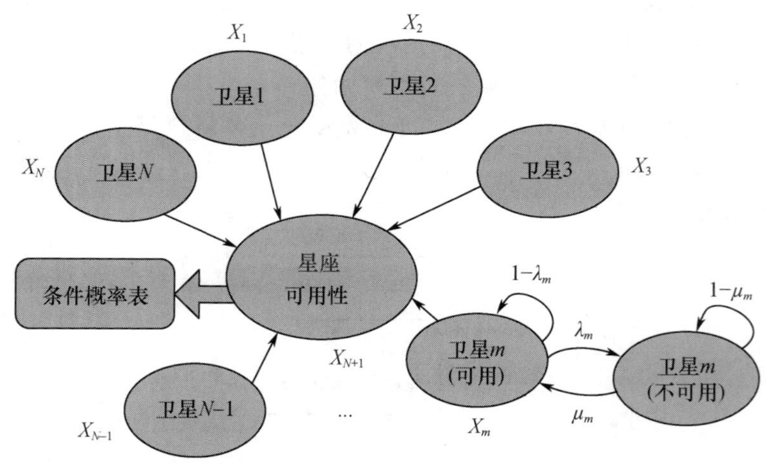

图 5.15 基于贝叶斯网的星座可用性模型（见彩图）

在该星座可用性模型基础上进行可用性分析，主要过程如下：

（1）根据每颗卫星的 4 类中断数据，利用马尔可夫模型计算出星座中各轨位卫星的可用度 A_m，即第 m 个卫星节点 X_m 的边缘概率 $P(X_m)(m=1,2,\cdots,N)$；

（2）根据各卫星节点与星座可用性节点的逻辑关系确定贝叶斯网中各节点的条件概率表。条件概率表中输入的是星座性能仿真结果，即不同故障卫星组合下的 CV。于是得到"星座可用性"节点 X_{N+1} 的条件概率 $P(X_{N+1} \mid \text{parent}(X_{N+1}))$，其中，$\text{parent}(X_{N+1})$ 是"星座可用性"节点 X_{N+1} 的父节点集。由贝叶斯网链式规则，得到所有节点的联合概率分布，即

$$P(X) = \prod_{m=1}^{N+1} P(X_m \mid \text{parent}(X_m)) \tag{5.35}$$

式中：$P(X_m \mid \text{parent}(X_m))$ 为网络节点的条件概率。当 m 取 1 ~ N 时，由于各卫星节点没有父节点，则 $P(X_m \mid \text{parent}(X_m)$ 即卫星节点 X_m 的边缘概率 $P(X_m)$；当 m 取

$N+1$ 时，$P(X_m \mid \text{parent}(X_m))$ 即 $P(X_{N+1} \mid \text{parent}(X_{N+1}))$，是"星座可用性"节点 X_{N+1} 的条件概率。

(3) 在已知各轨位卫星可用度的条件下，通过贝叶斯网推理可以计算得到星座可用性。贝叶斯网推理主要是利用贝叶斯网这种对变量(节点)联合概率分布的表达方式，在给定一个变量集合 E 的观测值(证据)时，计算出任何需要考察的变量集合 Q 的后验概率分布($P(Q \mid E)$)的过程。目前已有很多有效的算法来进行贝叶斯网推理，包括精确算法和近似算法。

5.4.3　导航星座可用性分析示例

不失一般性，以不同类型卫星组成的导航星座为例开展可用性建模与分析。假设某卫星导航星座由 12 颗不同轨道类型的卫星(其中，S1 ~ S4 为 GEO 卫星，S5 ~ S8 为 IGSO 卫星，S9 ~ S12 为 MEO 卫星)构成，服务区在我国境内。通过开展星座可用性建模与分析，判断其是否满足规定的可用性指标要求，进而确定星座设计方案。利用匹兹堡大学决策系统实验室开发的 GeNIe 软件进行可用性建模与计算。

1) 可用性指标要求

以 PDOP 作为星座性能仿真的判据，假设 PDOP 的阈值为 6，星座可用性指标要求为 0.93。

2) 可用性建模

选用基于马尔可夫模型和贝叶斯网相结合的方法，利用 GeNIe 软件建立星座可用性模型，如图 5.16 所示。模型中的条件概率表根据星座性能仿真计算得到。

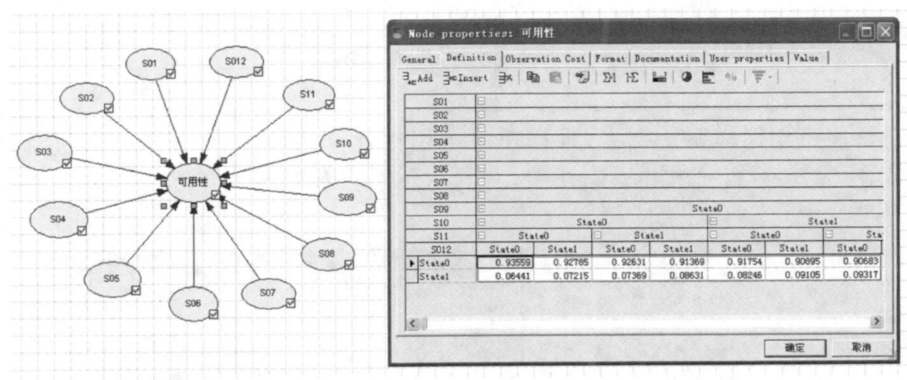

图 5.16　利用 GeNIe 软件建立的星座可用性模型(见彩图)

3) 获取中断数据

收集卫星和地面系统的中断数据，得到各轨位卫星(S1 ~ S12)4 类中断的 MTBO 和 MTTR，进一步得到 4 类中断的失效率和修复率，如表 5.10 所列。

需注意，此处的各类中断指标，尤其是 MTTR 指标，均包含了地面系统在内。

表 5.10 单轨位中断指标分析结果(示例)

中断类型	短期计划中断	短期非计划中断	长期计划中断	长期非计划中断
MTBO/h	4000	3000	65000	35000
MTTR/h	10	20	2000	2000
失效率/h^{-1}	2.5×10^{-4}	3.33×10^{-4}	1.54×10^{-5}	2.86×10^{-5}
修复率/h^{-1}	0.1	0.05	0.0005	0.0005

4）可用性计算

根据单轨位中断指标,结合马尔可夫模型,得到各轨位卫星的可用度为0.9115。

选择CV作为目标函数来评价星座性能。结合星座性能仿真结果,给出星座不同数量卫星故障时的CV,如表5.11所列。

表 5.11 不同数量卫星故障时的 CV

卫星故障数量	故障卫星序号			CV
无故障卫星	/			0.99985
1颗卫星故障	1			0.97663
	2			0.98341
	…			…
2颗卫星故障	1	2		0.93559
	1	3		0.93426
	…	…		…
	11	12		…
3颗卫星故障	1	2	3	0.92785
	1	2	4	0.92631
	…	…	…	…

在星座可用性模型基础上,根据单星可用性计算结果,结合星座不同状态下的CV,利用GeNIe软件计算得到星座可用度为0.9395,如图5.17所示。

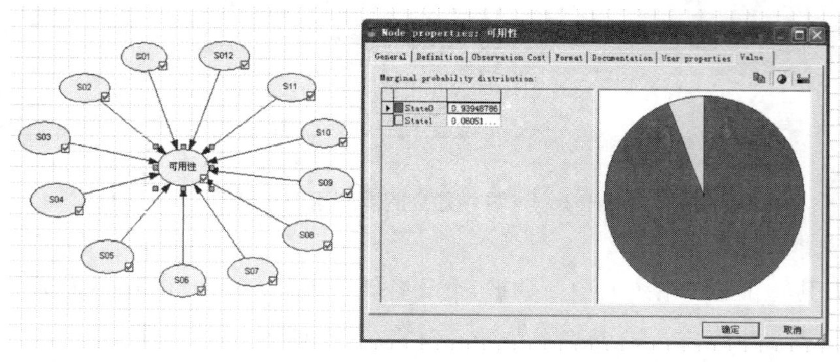

图 5.17 星座可用性计算结果(见彩图)

5）结果比对

本示例中星座的可用性指标计算结果为 0.9395，满足星座可用度 0.93 的要求，因此，不需改进星座设计方案。

6）结论

经分析，本示例计算的星座可用度满足规定的指标要求，给定的星座设计方案满足要求。

参考文献

[1] 谭春林，胡太彬，王大鹏．国外航天器在轨故障统计与分析[J]．航天器工程，2011，20(4)：130-136.

[2] 赵海涛，张云彤．东方红三号系列卫星在轨故障统计分析[J]．航天器工程，2007，16(1)：33-37.

[3] SLATTERY R，KOVACH K. New and improved GPS satellite constellation availability model [C]// Proceedings of the 12th International Technical Meeting of the Satellite Division of the Institute of Navigation，Nashville，TN，Alexandria，VA，Institute of Navigation，1999：2103-2112.

第6章　可靠性设计

可靠性设计是导航卫星工程设计的有机组成部分。导航卫星系统复杂、环境严酷、成本高昂,如果在轨发生故障,可能导致致命性后果,而且导航卫星属于批量研制,其固有设计缺陷将影响到多颗相同和相似状态的卫星,轻则进度推迟、重则系统损失不可估量,因此导航卫星可靠性要求高,在研制初期就必须开展可靠性设计工作,并及时进行设计验证和改进,保证产品可靠性满足要求。

有效的冗余是消除卫星单点故障的基本方法,合理的降额是保证星上元器件长期工作可靠性的基本原则,本章首先介绍导航卫星的冗余设计、降额设计。

热设计、环境影响分析与防护设计是可靠性设计的重要准则,导航卫星在发射、变轨、在轨飞行过程中,将经受恶劣的力学环境、长期的真空高低温交变和复杂的空间辐射环境,并持续受自身复杂的电磁环境影响。本章接下来介绍导航卫星的抗力学环境设计、热设计、空间环境防护设计、EMC 设计。

从功能和构成要素角度,导航卫星是由机、电、热、信息等构成的有机整体。供配电关系到导航卫星的生存和任务安全,信息流关系到导航卫星的业务和用户服务。本章对这两个最受关注的要素进行介绍,包括供配电可靠性设计和信息流可靠性设计。面向批量研制需求和混合星座特点,本章最后介绍导航卫星批产条件下可靠性设计的关注点。

6.1　冗余设计

冗余设计是针对不能满足可靠性要求的产品,通过采取软硬件备份等手段确保产品可靠性满足要求的常见可靠性设计技术。

广义的冗余设计包括:

(1) 硬件冗余:采用硬件(元器件、部件、设备)备份实现的冗余。

(2) 信息冗余:通过各种遥测信息及其之间存在的相关性实现的冗余。

(3) 指令冗余:通过重复发送、执行某些指令或程序段实现的冗余。

(4) 软件冗余:通过增加备用程序段、并列采用多版本程序等实现的冗余。

导航卫星作为一次发射长期使用的航天器,星上软件产品大多可以进行在轨更改和维护,但硬件产品在轨是不可维修的,因此,为保证卫星固有可靠性和避免单点失效,必须采取冗余设计措施。

6.1.1 冗余设计要求

6.1.1.1 设计要点

(1) 硬件冗余设计一般在较低层次(设备、部件)使用,功能冗余设计一般在较高层次进行(分系统、系统)。

(2) 冗余单元可以是相同的(相似冗余),也可以是不同的(非相似冗余或异构冗余)。尤其对于导航卫星,存在很多同一种设备由不同厂家设计和生产的情况,这在星上配置中即构成异构冗余,可以有效避免共因故障。异构冗余情况下,在系统设计上需特别注意接口兼容性、维修可达性、设备互换性等要求。

(3) 冗余设计的实现依赖于以下3个核心单元:

① 隔离保护单元(IPU):当一个备份发生故障时,用于确保该故障不会影响其他备份正常工作的功能单元。需考虑对冗余单元的有效隔离,防止故障传播对冗余系统中的其他单元产生有害影响。可以用熔断器(保险丝)、断路器、过载继电器等隔离和保护冗余设计结构。

② 交叉连接切换单元(CSSU):为冗余单元提供交叉连接和信号流切换的功能单元。冗余切换的设计需考虑切换环节的故障概率对冗余系统的影响,尽量选择高可靠的转换器件。

③ 故障检测管理单元(FDMU):用于监测基本功能单元、IPU和CSSU的健康状态,判断是否出现故障,并在确认故障后发出冗余管理命令的功能单元。冗余单元的工作状态应该是可检测的,如果不能被检测,就失去了冗余设计的意义。

(4) 重点关注共用接口和共因故障所带来的影响:

① 采用相同部件进行冗余可以降低随机故障,但有可能同一个故障原因造成主份、备份都出现故障;

② 采用相同软件进行冗余可能会出现因同一错误,而造成主份、备份都出现故障;

③ 若冗余配置在同一区域,该区域遭到破坏,主份、备份都可能受损。

(5) 考虑不同故障模式下冗余系统的不同工作模式,如:

① 电路中两只串联的二极管,短路故障情况下相当于并联,开路故障情况下则相当于串联;

② 由于故障模式的不同,推进管路阀门的泄漏、打不开等不同的故障模式,对应了不同的冗余方式。

(6) 冗余设计的余度不是越大越好。系统的备份越多,付出的重量、体积、功耗、费用的代价越大,但对系统可靠度的改善却越来越少。

(7) 必须开展冗余有效性分析工作,确认冗余能真正起到作用,避免共因故障或单点故障。

6.1.1.2 各研制阶段的设计要求

1）方案设计阶段

方案设计阶段应尽早开展冗余设计，一般通过定性判断和定量分析来确定是否需要冗余并确定具体的冗余方案。

2）初样研制阶段

初样研制阶段需完成冗余设计，并开展冗余分析与测试验证，主要内容如下：

（1）确定冗余三要素，依据各要素的设计要点进行冗余设计。重点关注共用接口、冗余电源和冗余三要素的单点环节设计，并遵循可测试性设计、简化设计原则。

（2）开展冗余分析相关工作，包括共因故障分析、切换有效性分析、潜在电路分析、共用信号接口和电源的可靠性分析等。

（3）在冗余分析的基础上，结合设备测试、分系统联试、整星电性能测试等对冗余设计进行故障注入测试。对冗余系统中的电源可进行专项测试。在研制地面测试设备时，有必要充分考虑故障注入测试的需求。

3）正样研制阶段

在正样研制阶段，对冗余设计进行复核确认。在不损伤正样产品的前提下，结合地面测试设备，有选择地开展冗余设计的测试验证。

6.1.2 冗余设计流程

冗余设计可以分为方案论证、设计实现、分析验证和测试验证 4 个步骤，其基本流程如图 6.1 所示。

1）方案论证

（1）确定冗余设计对象：根据 FMEA、FTA、可靠性建模、可靠性预计等手段，识别设计薄弱环节，以消除或减少单点故障、保证可靠性指标满足要求为目标，确定冗余设计的对象。

（2）确定冗余方案：包括冗余方式选择、冗余配置方案、冗余管理方案。

冗余方式通常有两大类，即工作冗余和非工作冗余。工作冗余的特征是当出现故障时不需要外部的元件、部件和设备来完成检测、判断和转换。非工作冗余则需要检测及转换设备，当故障发生时切换至正常部件、设备以代替故障部件、设备。

可靠性并联系统是最简单的工作冗余系统。但并联单元越多，对系统可靠性的相对提升也越少，同时并联系统的可靠性并不服从指数分布。

2）设计实现

开展 IPU 设计，核算正常状态和故障状态下 IPU 所受应力，进行充分降额，确保 IPU 在全寿命周期内不因过应力而失效，力争被保护对象在发生故障后可恢复。根据 IPU 和被保护对象的 FMEA 结果设计合适的 IPU。

开展 CSSU 设计，CSSU 包括电源和信号的连接和切换，设计时需确保 CSSU 本

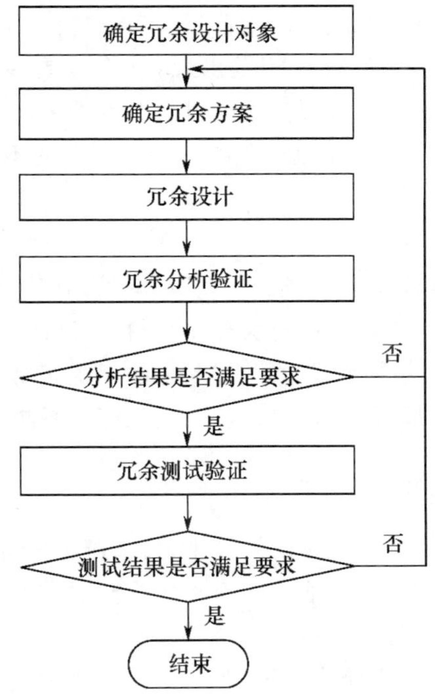

图6.1　冗余设计的基本流程

身不存在单点故障。基本功能单元间尽量采用独立的CSSU和IPU,以消除单点故障。

开展FDMU设计,实现故障检测和管理。在实际应用中,应根据具体情况采取多数表决、比较、自检、看门狗或其他专用的检测单元(如电流、位置、温度等传感器)来检测故障。设计应确保当FDMU发生故障时,不影响系统正常运行。当被检测单元发生故障时,FDMU应及时报警并管理,避免因故障传播对其他单元产生致命影响,或故障自身恶化为不可恢复故障。尽可能进行直接检测而不是间接检测。合理设置故障检测阈值,确保在全寿命周期中各阶段和各种环境条件下,FDMU都能可靠工作。

开展电源隔离保护设计,尤其应关注共因故障分析以及潜在的安全性因素。尽可能给各备份单元独立供电,若不能独立供电,则各备份单元之间应具有电源隔离保护,避免出现单点故障。

3）分析验证

(1) FMEA:通过FMEA分析FDMU、CSSU和IPU的所有故障模式及影响,确保不存在不可接受的故障模式。

(2) 冗余切换分析:分析冗余设计中发生单一故障时,是否会影响冗余切换功能。应确保发生故障时能切换成功。分析结果可纳入测试细则,并通过测试进一步验证。

(3) 共因故障分析:分析冗余系统内部发生单一故障时,是否会导致冗余系统及其外部对象出现(或在很短的时间内相继出现)两个或更多的故障。冗余设计应确保冗余备份之间、冗余备份与外部对象之间没有共因故障。

(4) SCA:通过 SCA 发现不同的状态和时序组合下的不期望的功能。冗余管理电路是 SCA 的重点。

4) 测试验证

(1) 冗余系统的故障模拟测试:根据 FMEA 结果,对其中的故障模式进行故障模拟并注入,检查 IPU、CSSU 和 FMDU 的状态,验证冗余设计的实现情况。

(2) 冗余系统的电源专项测试:冗余加断电瞬间很容易发生故障,应对冗余电源隔离保护能力及其加断电瞬间进行专项测试,确保冗余系统可靠供电。

6.1.3 导航卫星冗余设计

导航卫星在系统、分系统和设备的设计中,为了避免单点故障模式和提高整星任务可靠性,在各级产品层次上均采取了一系列冗余设计措施。例如卫星测控通道上下行分别有两路通道,互为备份;在不同工作模式下设置了多种可替代的控制方式;多数电子设备采用整机备份或模块备份方式;关键指令执行有程控和地面遥控两种方式等。一些冗余设计措施示例如表 6.1 所列。

表 6.1 导航卫星冗余设计措施示例

产品层次		冗余设计措施示例
卫星系统	功能级	卫星正常模式与应急模式下的遥控、遥测、能源、热控等功能互为备份
综合电子分系统	功能级	① 上行遥控通道双机热备份。 ② 整星直接指令处理、输出双机热备份。 ③ 能源、热控管理功能双机冷备份。 ④ 星箭分离开关信号多路冗余
	设备级	① 双总线热备份。 ② 计算机模块双模冷备份
测控分系统	功能级	① 上下行测控通道互为备份。 ② 应答机、固放的直接指令和间接指令互为备份
	设备级	① 测控固放双机热备份。 ② 应答机遥控接口双路热备份
供配电分系统	设备级	① 电源控制器中放电调节器模块三取二表决,遥测、遥控模块双模冷备份。 ② 太阳电池阵分阵配置冗余,可允许 1 路失效。 ③ 蓄电池单体功率冗余,可允许 1 串失效

（续）

产品层次		冗余设计措施示例
控制分系统	功能级	① 卫星滚动、俯仰姿态测量可由地球敏感器或二浮陀螺提供，互为备份。 ② 反作用轮角动量卸载可以采用磁力矩器或推力器，互为备份。 ③ 卫星姿态可以采用反作用轮控制或推力器控制，互为备份
	设备级	① 光纤陀螺双模冷备份。 ② 液浮陀螺4取3表决。 ③ 地球敏感器双机冷备份。 ④ 控制计算机双机冷备份
推进分系统	功能级	10N推力器A/B两组互为备份，并具有交叉重组能力
	设备级	① 单向阀、10N推力器电磁阀及电爆阀都采用了双密封冗余设计。 ② 490N发动机采用双驱动设计
热控分系统	功能级	加热器控制方式为自控+遥控
	设备级	蓄电池组加热器、原子钟加热器、推力器加热器双机冷备份
导航分系统	设备级	① 多台原子钟，既有热备钟，也有冷备钟。 ② 导航各功能单元双模冷备份。 ③ 行波管放大器双机冷备份

为了保证冗余设计的有效性，各分系统针对冗余设计措施，从主备共用情况、切换方法、切换条件、星上恢复时间、测试覆盖性、冗余设计准则符合性等方面进行了冗余有效性分析工作。示例如表6.2所列。

表6.2 控制分系统冗余有效性分析示例

序号	产品名称	冗余设计措施	主备共用环节	切换方法	切换条件	星上恢复时间
1	太阳敏感器	双机冷备份	无	自主切换或遥控切换	太阳信号丢失	<1s
2	地球敏感器	双机冷备份	无	自主切换或遥控切换	地球信号丢失	<20s
3	陀螺	四取三热备份	无	自主切换或遥控切换	陀螺角速度异常	<10min
4	控制计算机	双机冷备份	无	自主切换或遥控切换	容错板判断当班机工作异常	<2s

此外，针对冗余设计措施，在设备和分系统测试过程中进行了多次主备切换和故障模拟测试，验证了冗余设计的有效性。

6.2 降额设计

降额设计的目的是通过降低元器件承受的电、热和机械应力，以降低元器件的工作失效率,从而提高产品的可靠性。电子产品的可靠性对电应力和温度应力比较敏感,适当地降低元器件的工作应力,可以在不改变设备的重量、体积、成本的情况下,显著改善元器件的失效率,是导航卫星可靠性设计中非常有效的设计方法。

6.2.1 降额设计要求

6.2.1.1 设计要点

元器件降额设计的内容是确定元器件需采用的降额等级、降额参数和降额因子,保证降额设计满足降额等级要求。根据导航卫星和其他航天器的工程经验,降额设计的工作要点如下:

(1) 实际使用中允许降额量值的某些变动,但不允许改变降额等级,更不能用降额来补偿解决劣质元器件的使用问题。

(2) 温度降额是降额设计的重点,通常是降低半导体器件的结温和元件的热点温度,并通过降低功率和改善工作温度来实现。

(3) 温度对元器件的失效率影响很大,必须关注大功耗器件的温度降额问题。对大功耗器件,应通过热数学模型获得其结温,进行散热设计以保证降额满足要求,并建议进行热平衡试验验证。

(4) 降额参数的计算应以正常工作状态下的最恶劣工况为输入条件。如温度参考点应为产品工作温度范围的最高值(和最低值)。

(5) 瞬态应力也应降额。如果有规定的降额因子,应按规定的降额因子降额。厂家没有提供允许瞬态应力值时,按专用技术文件的规定降额。如果没有规定,则瞬态应力原则上不应超过额定值。

(6) 避免过度降额。降额可以有效地提高元器件的使用可靠性,但过度的降额有可能降低这一好处。例如,某些元器件过度降额会使其正常特性发生变化,如晶体管的工作点的变化;过度的降额还可能引入元器件新的失效机理,如小型云母电容器的低电平失效。

6.2.1.2 各研制阶段的设计要求

方案设计阶段,需对关键元器件(大功率、高电压、大电流、高功率密度等)进行初步的降额设计,明确高发热元器件散热对结构设计的要求,确定关键元器件的可获得性和可使用性。

初样研制阶段,应完成所有元器件有关参数的降额设计。不满足规定降额要求的部分应完成专门的可使用性分析及报批工作。尤其需注意的是,在导航卫星批量研制中,对应用于多种轨道多个技术状态的导航卫星的产品,降额设计应针对最恶劣的使用工况进行。

正样研制阶段,当元器件有更改或元器件使用条件有变化时,应重新进行降额设计。

6.2.2 降额设计的实施

元器件降额分为Ⅰ级降额、Ⅱ级降额和Ⅲ级降额3个等级,其中,Ⅰ级降额是最大的降额,对元器件使用可靠性的改善最大。导航卫星产品使用的元器件均按要求实施Ⅰ级降额。

6.2.2.1 设计输入

降额设计的输入包括以下内容。

1）产品设计报告

设计报告应能提供以下信息:

(1) 原理图;

(2) 元件表;

(3) 设备的工作模式和元器件使用工况;

(4) 通过分析或实测得出的各元器件在最恶劣工况下的应力情况(电的和机械的应力,稳态及瞬态应力);

(5) 热分析数据,应包含印制电路板(PCB)温度和作为散热器的安装面温度,及主要发热元器件的壳温;

(6) 抗辐射设计数据。

2）元器件基本信息

降额设计需要的元器件基本信息主要包括:

(1) 性能参数(要特别注意厂家对所提供的性能参数的限定条件);

(2) 热阻和/或降额曲线;

(3) 厂家对降额的特殊要求。

没有可用数据时可采用分析、试验或与相似产品对比的方法获取数据。

6.2.2.2 分析表格

常用的元器件降额设计表如表6.3所列。

表6.3 元器件降额系数核算表

型号__________ 整机名称__________ 产品代号__________ 阶段标志__________

电路板名称__________ 板号__________

序号	名称	型号 规格	降额参数	参数值			降额因子		降额 等级	备注
				额定	允许	实际	规定	实际		

表6.3中:

(1) 序号栏指元器件在原理图及元件表上的序号;

(2) 型号规格栏应填写元器件型号及主要规格;

(3) 参数值中的允许值是指Ⅰ级降额允许值;

(4) 备注栏主要填写瞬态应力(脉宽,幅度,频率及占空比)或其他要说明的问题。

6.2.2.3 降额准则

GJB/Z 35《元器件降额准则》中提出了12类72种元器件的降额要求,各类元器件的降额参数、降额等级如表6.4所列。

表6.4 元器件降额准则一览表[1]

元器件种类			降额参数	降额等级		
				Ⅰ	Ⅱ	Ⅲ
集成电路	模拟电路	放大器	电源电压	0.70	0.80	0.80
			输入电压	0.60	0.70	0.70
			输出电流	0.70	0.80	0.80
			功率	0.70	0.75	0.80
			最高结温/℃	80	95	105
		比较器	电源电压	0.70	0.80	0.80
			输入电压	0.70	0.80	0.80
			输出电流	0.70	0.80	0.80
			功率	0.70	0.75	0.80
			最高结温/℃	80	95	105
		电压调整器	电源电压	0.70	0.80	0.80
			输入电压	0.70	0.80	0.80
			输入输出电压差	0.70	0.80	0.85
			输出电流	0.70	0.75	0.80
			功率	0.70	0.75	0.80
			最高结温/℃	80	95	105
		模拟开关	电源电压	0.70	0.80	0.85
			输入电压	0.80	0.85	0.90
			输出电流	0.75	0.80	0.85
			功率	0.70	0.75	0.80
			最高结温/℃	80	95	105

（续）

<table>
<tr><th colspan="3" rowspan="2">元器件种类</th><th colspan="2" rowspan="2">降额参数</th><th colspan="3">降额等级</th></tr>
<tr><th>Ⅰ</th><th>Ⅱ</th><th>Ⅲ</th></tr>
<tr><td rowspan="11">集成电路</td><td rowspan="7">数字电路</td><td rowspan="3">双极型电路</td><td colspan="2">频率</td><td>0.80</td><td>0.90</td><td>0.90</td></tr>
<tr><td colspan="2">输出电流</td><td>0.80</td><td>0.90</td><td>0.90</td></tr>
<tr><td colspan="2">最高结温/℃</td><td>85</td><td>100</td><td>115</td></tr>
<tr><td rowspan="4">MOS型电路</td><td colspan="2">电源电压</td><td>0.70</td><td>0.80</td><td>0.80</td></tr>
<tr><td colspan="2">输出电流</td><td>0.80</td><td>0.90</td><td>0.90</td></tr>
<tr><td colspan="2">频率</td><td>0.80</td><td>0.80</td><td>0.90</td></tr>
<tr><td colspan="2">最高结温/℃</td><td>85</td><td>100</td><td>115</td></tr>
<tr><td colspan="2" rowspan="3">混合集成电路</td><td colspan="2">厚膜功率密度/(W/cm^2)</td><td colspan="3">7.5</td></tr>
<tr><td colspan="2">薄膜功率密/(W/cm^2)</td><td colspan="3">6.0</td></tr>
<tr><td colspan="2">最高结温/℃</td><td>85</td><td>100</td><td>115</td></tr>
<tr><td colspan="2">大规模集成电路</td><td colspan="2">最高结温</td><td colspan="3">改进散热方式以降低结温</td></tr>
<tr><td rowspan="18">分立半导体器件</td><td colspan="2" rowspan="9">晶体管</td><td rowspan="2">反向电压</td><td>一般晶体管</td><td>0.60</td><td>0.70</td><td>0.80</td></tr>
<tr><td>功率MOSFET的栅源电压</td><td>0.50</td><td>0.60</td><td>0.70</td></tr>
<tr><td colspan="2">电流</td><td>0.60</td><td>0.70</td><td>0.80</td></tr>
<tr><td colspan="2">功率</td><td>0.50</td><td>0.65</td><td>0.75</td></tr>
<tr><td>功率管安全工作区</td><td>集电极-发射极电压</td><td>0.70</td><td>0.80</td><td>0.90</td></tr>
<tr><td colspan="2">集电极最大允许电流</td><td>0.60</td><td>0.70</td><td>0.80</td></tr>
<tr><td rowspan="3">最高结温(T_{jm})/℃</td><td>200</td><td>115</td><td>140</td><td>160</td></tr>
<tr><td>175</td><td>100</td><td>125</td><td>145</td></tr>
<tr><td>≤150</td><td>$T_{jm}-65$</td><td>$T_{jm}-40$</td><td>$T_{jm}-20$</td></tr>
<tr><td colspan="2">微波晶体管</td><td colspan="2">最高结温</td><td colspan="3">同晶体管</td></tr>
<tr><td colspan="2" rowspan="6">二极管（基准管除外）</td><td colspan="2">电压（不适用于稳压管）</td><td>0.60</td><td>0.70</td><td>0.80</td></tr>
<tr><td colspan="2">电流</td><td>0.50</td><td>0.65</td><td>0.80</td></tr>
<tr><td colspan="2">功率</td><td>0.50</td><td>0.65</td><td>0.80</td></tr>
<tr><td rowspan="3">最高结温(T_{jm})/℃</td><td>200</td><td>115</td><td>140</td><td>160</td></tr>
<tr><td>175</td><td>100</td><td>125</td><td>145</td></tr>
<tr><td>≤150</td><td>$T_{jm}-60$</td><td>$T_{jm}-40$</td><td>$T_{jm}-20$</td></tr>
<tr><td colspan="2">微波二极管</td><td colspan="2" rowspan="2">最高结温</td><td colspan="3" rowspan="2">同二极管</td></tr>
<tr><td colspan="2">基准二极管</td></tr>
</table>

（续）

元器件种类		降额参数		降额等级		
				I	Ⅱ	Ⅲ
分立半导体器件	晶闸管(可控硅)	电压		0.60	0.70	0.80
		电流		0.50	0.65	0.80
		最高结温(T_{jm})/℃	200	115	140	160
			175	100	125	145
			≤150	$T_{jm}-60$	$T_{jm}-40$	$T_{jm}-20$
	半导体光电器件	电压		0.60	0.70	0.80
		电流		0.50	0.65	0.80
		最高结温(T_{jm})/℃	200	115	140	160
			175	100	125	145
			≤150	$T_{jm}-60$	$T_{jm}-40$	$T_{jm}-20$
固定电阻器	合成型电阻器	电压		0.75	0.75	0.75
		功率		0.50	0.60	0.70
		环境温度		按元件负荷特性曲线降额		
	薄膜型电阻器	电压		0.75	0.75	0.75
		功率		0.50	0.60	0.70
		环境温度		按元件负荷特性曲线降额		
	电阻网络	电压		0.75	0.75	0.75
		功率		0.50	0.60	0.70
		环境温度		按元件负荷特性曲线降额		
	线绕电阻	电压		0.75	0.75	0.75
		功率	精密型	0.25	0.45	0.60
			功率型	0.50	0.60	0.70
		环境温度		按元件负荷特性曲线降额		
电位器	非线绕电位器	电压		0.75	0.75	0.75
		功率	合成、薄膜微调	0.30	0.45	0.60
			精密塑料型	不采用	0.50	0.50
		环境温度		按元件负荷特性曲线降额		
	线绕电位器	电压		0.75	0.75	0.75
		功率	普通型	0.30	0.45	0.50
			非密封功率型	—	—	0.70
			微调线绕型	0.30	0.45	0.50
		环境温度		按负荷特性曲线降额		

（续）

元器件种类	降额参数	降额等级 I	降额等级 II	降额等级 III
热敏电阻器	功率	0.50	0.50	0.50
热敏电阻器	最高环境温度/℃	$T_{AM}-15$	$T_{AM}-15$	$T_{AM}-15$
电容器 固定玻璃釉型	直流工作电压	0.50	0.60	0.70
电容器 固定玻璃釉型	最高额定环境温度 T_{AM}/℃	$T_{AM}-10$	$T_{AM}-10$	$T_{AM}-10$
电容器 固定云母型	直流工作电压	0.50	0.60	0.70
电容器 固定云母型	最高额定环境温度 T_{AM}/℃	$T_{AM}-10$	$T_{AM}-10$	$T_{AM}-10$
电容器 固定陶瓷型	直流工作电压	0.50	0.60	0.70
电容器 固定陶瓷型	最高额定环境温度 T_{AM}/℃	$T_{AM}-10$	$T_{AM}-10$	$T_{AM}-10$
电容器 固定纸/塑料薄膜	直流工作电压	0.50	0.60	0.70
电容器 固定纸/塑料薄膜	最高额定环境温度 T_{AM}/℃	$T_{AM}-10$	$T_{AM}-10$	$T_{AM}-10$
电容器 电解电容器 铝电解	直流工作电压	–	–	0.75
电容器 电解电容器 铝电解	最高额定环境温度 T_{AM}/℃	–	–	$T_{AM}-20$
电容器 电解电容器 钽电解	直流工作电压	0.50	0.60	0.70
电容器 电解电容器 钽电解	最高额定环境温度 T_{AM}/℃	$T_{AM}-20$	$T_{AM}-20$	$T_{AM}-20$
电容器 微调电容器	直流工作电压	0.30~0.40	0.50	0.50
电容器 微调电容器	最高额定环境温度 T_{AM}/℃	$T_{AM}-10$	$T_{AM}-10$	$T_{AM}-10$
电感元件	热点温度(T_{HS})/℃	$T_{HS}-$(40~25)	$T_{HS}-$(25~10)	$T_{HS}-$(15~0)
电感元件	工作电流	0.6~0.7	0.6~0.7	0.6~0.7
电感元件	瞬态电压/电流	0.90	0.90	0.90
电感元件	介质耐压	0.5~0.6	0.5~0.6	0.5~0.6
电感元件	扼流圈工作电压	0.70	0.70	0.70
继电器	连续触点电流 小功率负荷(<100 mW)	不降额		
继电器	连续触点电流 电阻负载	0.50	0.75	0.90
继电器	连续触点电流 电容负载(最大浪涌电流)	0.50	0.75	0.90
继电器	连续触点电流 电感负载 电感额定电流的	0.50	0.75	0.90
继电器	连续触点电流 电感负载 电阻额定电流的	0.35	0.40	0.75
继电器	连续触点电流 电机负载 电机额定电流的	0.50	0.75	0.90
继电器	连续触点电流 电机负载 电阻额定电流的	0.15	0.20	0.75
继电器	连续触点电流 灯丝负载 灯泡额定电流的	0.50	0.75	0.90
继电器	连续触点电流 灯丝负载 电阻额定电流的	0.07~0.08	0.10	0.30
继电器	触点功率(用于舌簧水银式)	0.40	0.50	0.70

（续）

<table>
<tr><th rowspan="2" colspan="2">元器件种类</th><th rowspan="2" colspan="3">降额参数</th><th colspan="3">降额等级</th></tr>
<tr><th>Ⅰ</th><th>Ⅱ</th><th>Ⅲ</th></tr>
<tr><td rowspan="7" colspan="2">继电器</td><td rowspan="2" colspan="2">线圈吸合电压</td><td>最小维持电压</td><td>0.90</td><td>0.90</td><td>0.90</td></tr>
<tr><td>最小线圈电压</td><td>1.10</td><td>1.10</td><td>1.10</td></tr>
<tr><td rowspan="2" colspan="2">线圈释放电压</td><td>最大允许值</td><td>1.10</td><td>1.10</td><td>1.10</td></tr>
<tr><td>最小允许值</td><td>0.90</td><td>0.90</td><td>0.90</td></tr>
<tr><td colspan="3">最高额定环境温度(T_{AM})/℃</td><td>$T_{AM}-20$</td><td>$T_{AM}-20$</td><td>$T_{AM}-20$</td></tr>
<tr><td colspan="3">振动限值</td><td>0.60</td><td>0.60</td><td>0.60</td></tr>
<tr><td colspan="3">工作寿命(循环次数)</td><td>0.50</td><td></td><td></td></tr>
<tr><td rowspan="11" colspan="2">开关</td><td rowspan="9">连续触点电流</td><td colspan="2">小功率负荷(<100mW)</td><td colspan="3">不降额</td></tr>
<tr><td colspan="2">电阻负载</td><td>0.50</td><td>0.75</td><td>0.90</td></tr>
<tr><td colspan="2">电容负载(电阻额定电流的)</td><td>0.50</td><td>0.75</td><td>0.90</td></tr>
<tr><td rowspan="2">电感负载</td><td>电感额定电流的</td><td>0.50</td><td>0.75</td><td>0.90</td></tr>
<tr><td>电阻额定电流的</td><td>0.35</td><td>0.40</td><td>0.50</td></tr>
<tr><td rowspan="2">电机负载</td><td>电机额定电流的</td><td>0.50</td><td>0.75</td><td>0.90</td></tr>
<tr><td>电阻额定电流的</td><td>0.15</td><td>0.20</td><td>0.35</td></tr>
<tr><td rowspan="2">灯泡负载</td><td>灯泡额定电流的</td><td>0.50</td><td>0.75</td><td>0.90</td></tr>
<tr><td>电阻额定电流的</td><td>0.07~0.08</td><td>0.10</td><td>0.15</td></tr>
<tr><td colspan="3">触点电压</td><td>0.40</td><td>0.50</td><td>0.70</td></tr>
<tr><td colspan="3">触点功率(舌簧或水银开关)</td><td>0.40</td><td>0.50</td><td>0.70</td></tr>
<tr><td rowspan="3" colspan="2">电连接器</td><td colspan="3">工作电压</td><td>0.50</td><td>0.70</td><td>0.80</td></tr>
<tr><td colspan="3">工作电流</td><td>0.50</td><td>0.70</td><td>0.85</td></tr>
<tr><td colspan="3">最高接触对额定温度 T_M/℃</td><td>T_M-50</td><td>T_M-25</td><td>T_M-20</td></tr>
<tr><td rowspan="3" colspan="2">电机</td><td colspan="3">最高工作温度/℃</td><td>$T-40$</td><td>$T-20$</td><td>$T-15$</td></tr>
<tr><td colspan="3">低温极限/℃</td><td>0</td><td>0</td><td>0</td></tr>
<tr><td colspan="3">轴承载荷额定值</td><td>0.75</td><td>0.90</td><td>0.90</td></tr>
<tr><td rowspan="2">灯泡</td><td>白炽灯</td><td colspan="3">工作电压(如可行)</td><td>0.94</td><td>0.94</td><td>0.94</td></tr>
<tr><td>氖/氩灯</td><td colspan="3">工作电压(如可行)</td><td>0.94</td><td>0.94</td><td>0.94</td></tr>
<tr><td rowspan="6" colspan="2">电路断路器</td><td rowspan="5">电流</td><td colspan="2">阻性负载</td><td>0.75</td><td>0.75</td><td>0.90</td></tr>
<tr><td colspan="2">容性负载</td><td>0.75</td><td>0.75</td><td>0.90</td></tr>
<tr><td colspan="2">感性负载</td><td>0.40</td><td>0.40</td><td>0.50</td></tr>
<tr><td colspan="2">电机负载</td><td>0.20</td><td>0.20</td><td>0.35</td></tr>
<tr><td colspan="2">灯丝负载</td><td>0.10</td><td>0.10</td><td>0.15</td></tr>
<tr><td colspan="3">最高额定环境温度 T_{AM}/℃</td><td colspan="3">$T_{AM}-20$</td></tr>
</table>

（续）

元器件种类		降额参数		降额等级		
				Ⅰ	Ⅱ	Ⅲ
保险丝		电流额定值	>0.5A	0.45~0.5	0.45~0.5	0.45~0.5
			≤0.5A	0.2~0.4	0.2~0.4	0.2~0.4
		$T>25$℃时,1℃增加降额		0.005	0.005	0.005
晶体		最低温度/℃		T_L+10	T_L+10	T_L+10
		最高温度/℃		T_U-10	T_U-10	T_U-10
微波管		最高额定环境温度/℃		$T_{AM}-20$	$T_{AM}-20$	$T_{AM}-20$
		输出功率		0.80	0.80	0.80
		反射功率		0.50	0.50	0.50
		占空比		0.75	0.75	0.75
声表面波器件		输入功率($f>100$MHz)		降低+10dBm		
		输入功率($f>100$MHz)		降低+20dBm		
纤维光学器件	光纤光源	峰值光输出功率		0.50(适用于ILD)		
		电流		0.50(适用于LED)		
		结温		设法降低		
	光纤探测器	PIN反向压降		0.60		
		结温		设法降低		
	光纤与光缆	温度		上限额定值-20℃; 下限额定值+20℃		
		张力	光纤	耐拉试验的0.20		
			光缆	拉伸额定值的0.50		
		弯曲半径		最小允许值的2.0		
		核辐射		按产品详细规范降额或加固		
导线与电缆		最大应用电压		最大绝缘电压规定值的0.50		
		最大应用电流/A	线规(A_{WG})	30,28,26,24,22,20,18,16		
			单根导线电流(I_{SW})	1.3, 1.8, 2.5, 3.3, 4.5, 6.5, 9.2, 13.0		
			线规(A_{WG})	14 12 10 8 6 4		
			单根导线电流(I_{SW})	17.0, 23.0, 33.0, 44.0, 60.0, 81.0		
注:降额参数中电压、电流、功率、频率对应数值均为系数						

在GJB/Z 35《元器件降额准则》中,大部分元器件绘有降额曲线,用以指导元器件的降额设计。如功率晶体管的降额曲线如图6.2所示。

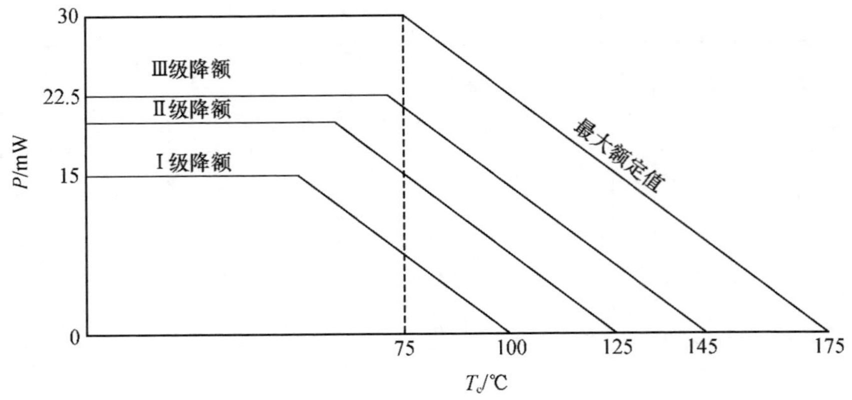

图 6.2 功率晶体管降额曲线

6.2.2.4 元器件热点温度的计算

1）元器件壳温

在忽略辐射换热情况下，元器件的壳温计算公式为

$$T_c = T_b + Q \cdot R_{c-b} \tag{6.1}$$

式中：T_c为壳温（℃）；T_b为安装元器件的印制电路板（PCB）或机箱板温度（℃）；Q 为热功耗（W）；R_{c-b}为元器件管壳与 PCB 或机箱板间的导热热阻（℃/W）。

热功耗 Q 由电路分析计算求得，也可通过实测获得。

板温 T_b通过安装该元器件的电子设备热分析计算或热平衡试验实测获得。

元器件壳－板间的导热热阻 R_{c-b}取决于元器件的安装方式。

若元器件仅以安装腿固定在 PCB 上，则只需计算安装腿的导热热阻，如式（6.2）所示。

$$R_{(c-b)1} = \frac{L}{nA_1 k} \tag{6.2}$$

式中：$R_{(c-b)1}$为安装腿的导热热阻（℃/W）；L 为安装腿的长度（m）；n 为安装腿的数目；A_1为安装腿的截面积（m^2）；k 为安装腿的热导率（W/（m·℃））。

若元器件仅以安装表面固定在 PCB 或机箱板上，则只需计算安装面的接触热阻，如式（6.3）所示。

$$R_{(c-b)2} = \frac{1}{A_2 h} \tag{6.3}$$

式中：$R_{(c-b)2}$为安装面接触热阻（℃/W）；h 为安装面接触传热系数（W/（m^2·℃））；A_2为安装面面积（m^2）。

若元器件以安装腿固定在 PCB 上，且利用底面接触传热，则总热阻如式（6.4）所示。

$$R_{(c-b)} = \frac{R_{(c-b)1} R_{(c-b)2}}{R_{(c-b)1} + R_{(c-b)2}} \tag{6.4}$$

对不单独划分计算节点的小热功耗元器件，$T_c \approx T_b$。

2）电阻、电容、变压器、电感线圈热点温度

热分析中计算的元器件温度只代表元器件的平均温度或壳温。若元器件发热量很大（0.3W 以上），则还需根据元器件内部的具体结构和热源分布，计算其热点温度。

3）集成电路、晶体管、二极管结温

集成电路、晶体管、二极管结温按式（6.5）计算。

$$T_j = T_c + Q \cdot R_{j-c} \tag{6.5}$$

式中：T_j为结温（℃）；R_{j-c}为结与管壳间的热阻（℃/W）。

元器件结－壳间的热阻 R_{j-c}可查手册或由元器件制造商提供。

6.2.3 降额设计的输出

完成降额设计后，需填写完整的降额系数核算表，对不满足Ⅰ级降额要求的元器件进行风险分析，并编写降额设计报告。

导航卫星规定降额设计报告的主要内容包括：

（1）概述产品降额设计的背景信息，如产品设计寿命、在轨工作方式（连续运行、短期运行还是断续运行）、工作温度范围等。

（2）描述设计输入信息，如原理图、元器件明细表、元器件正常使用条件和极端工况、热分析结果、元器件基本数据、降额的特殊要求等。

（3）说明降额设计的计算工况及各类元器件降额设计的计算原则与方法。

（4）降额设计表。

（5）对不满足规定降额等级的元器件及参数进行汇总列表，进行风险分析，给出改进建议。

6.3 抗力学环境设计

6.3.1 导航卫星的力学环境

导航卫星在研制生产、发射和在轨服务的全寿命周期中，需经历总装测试与试验、运输、运载火箭发射、空间飞行等不同环境。特别是在运载火箭发射飞行过程中，要经受复杂和严酷的力学环境，其诱因主要有运载火箭发动机推力引起的近似稳态的加速度过载环境，运载火箭发动机工作及液体火箭飞行中纵向耦合振动效应产生的低频振动环境，运载火箭发动机点火、关机和级间分离产生的瞬态振动环境，火工装置和其他分离装置产生的高频瞬态冲击环境，以及气动噪声通过结构传递的高频

随机振动环境等。

上述这些力学环境效应主要表现为对导航卫星结构和产品的振动响应，这种响应可能导致卫星产品结构变形、失稳、开裂，导致电子设备性能参数发生漂移、超差和安装点损坏、断裂，导致推进剂管路产生裂纹、设备连接电缆松动甚至脱落等。据国外统计，卫星发射后第一天出现的故障，有 30% ~60% 是由于力学环境所引起[2]。国内外航天器发射过程的大量案例表明，恶劣的力学环境条件是造成航天器出现故障甚至导致任务失败的主要原因之一。因此，必须对导航卫星经历的力学环境有全面而准确的了解，获取其实际经历的环境参数，从而进行有针对性的抗力学环境设计，保证卫星发射、入轨和在轨期间的可靠性。

6.3.1.1 发射前环境

导航卫星发射前环境包括：地面自然环境、生产制造环境、操作环境、贮存环境、运输环境和地面试验环境等。

1）地面自然环境

地面自然环境因素包括：地球引力引起的重力、大气压、温度和湿度、腐蚀、颗粒和污染，卫星抗力学环境设计需重点关注的是重力和大气压力。

卫星主结构多为铝蜂窝板结构，在地球重力环境下结构板会因自重载荷、安装设备作用而发生变形。在总装操作过程中，必要时应安装工艺板作为支撑。

重力引起的结构弹性变形，在卫星入轨后因失重而消失，对有位置高精度要求的控制系统、测量系统设备会产生影响。为此，在系统级抗力学环境设计中，应考虑重力环境对高精度设备的影响，并采取合理的解决措施，通过多次精度测量验证设计措施的有效性。

2）生产制造环境

生产制造过程对卫星产品可能引起的问题主要有：

(1) 某些生产制造过程（如热处理、机械弯曲成形等）会产生较大的残余应力、热应力；

(2) 某些高强度金属材料在制造过程中会产生氢脆现象，从而造成产品损坏。

3）操作环境

在卫星制造、装配和试验过程中，经常有设备、舱段或整星的起吊、翻转操作。系统级抗力学环境设计需考虑起吊时的工况，保证起吊的载荷不超过规定值。在某些敞开的舱段起吊时，可能会引起舱段的有害变形，应为此设计专用的保形工装设备。

4）贮存环境

在地面绝大部分时间内，卫星处于停放或贮存状态。考虑可能的测试、操作等因素，卫星有不同的停放方向和停放状态，采用合理的停放支撑工装设备是必须考虑的设计问题。

5）运输环境

地面公路运输是比较恶劣的运输环境，常见的情况是路面的凹坑、突变和粗糙地

面，由此引起的载荷环境具有随机性，并会引起较大的瞬态冲击载荷。对此可以通过卫星包装箱内部的减振设计来避免星上的较大响应，并在地面运输过程控制卫星运输车辆的行进车速。

飞机空运环境主要由一些瞬态事件组成，包括飞机起飞时的加速度、飞机降落时的冲击力、飞行中的气流扰动引起的随机振动等。空运过程中的环境条件一般优于地面公路运输，卫星通常是设计专用的空运包装箱，包装箱内有减振装置，并配置有温度、湿度、振动与加速度传感器和温度调节设备。

6）地面试验环境

在卫星环境规范中根据与运载火箭的接口文件和以往经验数据，明确规定了系统级、设备级地面环境试验的载荷条件，并分为验收级、准鉴定级和鉴定级3个等级。

验收级的载荷条件是实际飞行环境的包络，准鉴定级试验条件是验收级的1.25倍，用于对首飞产品的功能考核，鉴定级试验条件为验收级的1.5倍，用于对工程样机的全面功能性能鉴定考核。

6.3.1.2 发射环境

导航卫星发射过程从运载火箭起飞时开始，直到在预定轨道上运载火箭或上面级与卫星分离时结束。

运载火箭通常由多级发动机组合而成，当上一级的推进剂耗完而熄火时，该级的结构、贮箱和发动机就与运载火箭分离而被抛弃，接着下一级的发动机点火。表6.5为一般运载火箭发射环境中的主要载荷类型。

表6.5 一般运载火箭发射中的事件及载荷类型

事件	载荷的主要类型
火箭起飞	瞬态载荷和噪声
最大气动载荷	瞬态载荷和噪声
发动机分离	瞬态载荷和冲击
一级火箭点火	瞬态载荷（轴向）
整流罩分离	冲击和瞬态载荷
一级火箭熄火	瞬态载荷（轴向）
二级火箭点火	瞬态载荷（轴向）
二级火箭熄火	瞬态载荷（轴向）

1）准静态载荷

准静态载荷是指外力加载状态变化缓慢，以至于可以略去其惯性力的作用载荷。在运载火箭发动机推力作用下，整个运载火箭和卫星组合体被稳定地推动升空，作准静态的加速飞行，在这个过程中，卫星承受准静态载荷作用。

2）低频振动载荷

运载火箭在起飞和飞行过程中将经历起飞、助推器分离、级间分离等事件，在该过程中运载火箭发动机将伴随着点火、熄火等动作可能造成较大的瞬态低频振动载荷。另外，在运载火箭级间分离时，运载火箭结构产生的弹性势能的释放，也会引起瞬态低频振动载荷。

3）噪声载荷

卫星在运载火箭发射过程中的噪声载荷主要来源于以下两个方面：

（1）运载火箭起飞过程中发动机的排气噪声，当运载火箭发动机启动时，在短时间内排气速度有巨大的变化，在发射台的排气槽和周围空气中的压力会迅速增加，对运载火箭产生不对称的瞬态空气压力脉动，引起运载火箭和卫星周围严重的噪声环境。该噪声的作用频率范围一般为20～2000Hz。

（2）最大气动载荷，当运载火箭飞行速度接近和超过声速（即跨声速期间）时，因运载火箭周围的空气被压缩形成冲击波，运载火箭外表面气流扰动会产生压力脉动，造成运载火箭和卫星周围严重的噪声环境。该噪声载荷的作用频率范围一般为20～10000Hz。

噪声载荷会引起星上次级结构和部件的高频振动，并对一些敏感器设备产生噪声影响，特别是对于太阳翼等面积/质量比较大的薄壁结构产品造成影响。

4）冲击载荷

卫星在发射过程中所经历的整流罩分离、星箭分离等均采用火工装置分离，该分离方式通常采用点火爆炸或弹簧分离，对卫星及距离火工装置较近的卫星电子与结构产品会产生较大的高频冲击环境。

6.3.1.3 在轨环境

导航卫星入轨后，抗力学环境设计需要重点考虑星表大型部组件产品（如太阳翼）展开锁定冲击载荷、卫星轨控发动机点火、反作用轮等活动部件工作时产生的微振环境，以及推进剂液体晃动产生的力学环境。

1）星表大型展开产品锁定冲击载荷

在卫星发射阶段，由于受到运载火箭整流罩内部的容积限制，卫星上的大型展开产品（如太阳翼）一般都处于收拢状态。当卫星进入预定轨道后，需要展开这些部件并且锁定。此时，卫星系统设计上经常采取火工切割器或弹簧锁定的方式。当需要展开时，卫星自动按照程序或接收地面遥控指令，使火工切割器或弹簧打开，此时将产生展开锁定冲击载荷。

如果展开部件或周围其他产品对冲击载荷特别敏感，则需要开展专项动力学分析，以检验展开锁定冲击载荷是否可能影响相关产品的性能。

2）轨控发动机工作时载荷

卫星轨控过程中采用轨控发动机（或随上面级入轨）进行试喷、变轨等脉冲推力，使卫星或组合体产生较大的加速度。这种作用对星体结构可能产生较大的变形

和应力,对于已经展开的太阳翼等大型产品,其应力载荷必须在系统设计上加以考虑。卫星飞行过程中,太阳翼已经展开,轨控发动机的推力作用会对太阳翼与卫星本体连接的SADM产生较大的弯矩和剪力作用,严重时可能导致太阳翼根铰或SADM破坏。

3) 微振动

在轨微振动或扰振主要影响星上敏感度高的部组件,包括星上的高精度指向天线、窄波束天线、高精度的星上测量仪器等。卫星在轨工作时,星上的动量轮、陀螺、SADM等多种活动部件按照设计要求工作,均存在运动或高速运动。同时,星上各类大型柔性部件的任何微小振动均会使星体产生抖动,并可能造成系统影响。

4) 液体晃动

卫星贮箱内液体燃料的晃动特性对卫星的动力学特性和控制系统稳定性有很大影响,变轨机动时的发动机开关机工况、大姿态角机动工况等,都会激起贮箱中液体燃料的小幅乃至大幅晃动。

6.3.2 抗力学环境设计要求

6.3.2.1 系统级设计要求

卫星系统级抗力学环境设计的要求包括刚度、强度和安装精度3方面。

(1) 刚度要求:卫星整体刚度(频率)应满足运载火箭对卫星刚度的约束条件;应对卫星上次级结构、大质量/大尺寸组件、一般组件的刚度进行合理分配,避免组件与卫星出现动力耦合。

(2) 强度要求:卫星结构在寿命周期内应满足强度设计要求,不出现强度破坏现象。

(3) 安装精度要求:对于有安装精度要求的设备,在经历各种力学环境后其安装精度应满足要求。

6.3.2.2 组件级设计要求

卫星组件级抗力学环境设计的要求包括:

(1) 强度要求:结构部件、连接件强度在各种力学环境中应不发生破坏,其安全裕度金属材料至少大于0,非金属材料应大于0.25。

(2) 刚度要求:组件的刚度应满足卫星要求;应对组件的变形量进行限制,避免出现破坏现象;关键元器件(如晶振等)的响应加速度应小于该元器件的限制要求。

(3) 其他要求:结构材料的寿命应不低于组件的设计寿命;结构设计应考虑到设备调试及交付后的维修,具备可达性。

6.3.2.3 各研制阶段的设计要求

1) 方案设计阶段

方案设计阶段应根据卫星任务特点(任务要求、运载火箭类型、发射方式等),识别卫星力学环境,并开展载荷分析。之后根据卫星初步构型布局,建立卫星初步计算分析模型,获取卫星动态特性参数,并与运载火箭部门协调卫星系统级力学环境条件,将分析模型提供运载火箭部门联合开展卫星/运载火箭载荷耦合分析。根据运载火箭提供的力学试验条件,进一步计算卫星频率响应特性,结合卫星/运载火箭载荷耦合分析,给出力学环境预示结果,作为卫星及其组件初样设计和试验条件的依据。

2)初样研制阶段

应根据方案设计结果和更准确的力学环境条件,进行产品的抗力学环境设计,并针对抗力学环境设计存在的困难,提出必要的试验项目,通过试验改进设计或者完善力学环境试验条件。

初样鉴定级力学试验是卫星抗力学环境设计及验证的关键手段,一般应进行初样产品的模态试验及振动试验,了解卫星的力学特性,并进一步修改设计以及处理试验中产生的问题。

3)正样研制阶段

在初样研制阶段暴露的卫星抗力学环境设计所存在的问题,经完善解决后,可以转入正样研制阶段。

在正样研制阶段,根据卫星正样构型布局以及质量特性,进一步细化卫星分析模型,计算卫星力学特性,并将有限元模型提供运载火箭部门联合开展卫星/运载火箭载荷耦合分析。根据运载火箭提供的力学试验条件,进一步计算卫星频率响应特性,结合卫星/运载火箭载荷耦合分析,给出力学环境预示结果,确认抗力学环境设计完全满足任务要求。

6.3.3 系统级抗力学环境设计

6.3.3.1 强度设计

导航卫星系统级强度设计包括整星主传力结构形式设计、主承力结构部件的强度设计与校核、组件连接强度设计与校核等内容。

1)整星主传力结构形式设计

根据导航卫星载荷任务特点、运载火箭发射方式,需开展卫星合适的传力结构形式设计。如采用间接入轨发射方式的某导航卫星,因卫星需要装载大量燃料,选取了承力筒方式的主结构传力方式,该方式可有效的支撑燃料贮箱。而采用直接入轨发射方式的某导航卫星,不再需要装载大量燃料,则开展了桁架式传力结构设计,进一步提升了卫星空间利用效率。

2)主承力结构部件强度设计与校核

根据导航卫星的静态/准静态、动态设计载荷,一般选用数值分析法按照各种载荷工况进行卫星主承力结构部件的强度设计与校核,获得卫星主承力部件的应力和位移。然后根据各类材料的强度判断准则,校核卫星强度,强度分析结果必须满足抗力学环境设计要求。

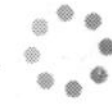

强度校核一般采用安全裕度进行判断,安全裕度计算公式为

$$MS = \frac{\sigma_f}{f_s \times \sigma_{SGE}} - 1 > 0 \tag{6.6}$$

式中:MS 为安全裕度,其取值应满足卫星总体要求;f_s 为安全系数,一般取 1.5;σ_f 为许用破坏应力(MPa);σ_{SGE} 为等效使用应力(MPa)。

3) 组件连接强度设计与校核

导航卫星安装了多种天线和太阳翼等大型展开部件,该类部件质量大、质心高,在运载火箭发射段将存在较大载荷传递到卫星结构上,如何设计、校核这些部件与卫星结构的连接强度至关重要,卫星试验中容易发生上述部件的连接处强度破坏现象。

在卫星组件连接强度设计中,首先进行刚度设计,即要求组件刚度满足卫星总体刚度指标要求,实现组件频率与整星频率的解耦;其次采用传力路径最小原则开展大型部件的布局设计,让组件的载荷尽量在最短距离内传递到卫星主承力结构上;最后开展各种工况载荷下的连接强度校核,其强度校核一般采用连接件的安全裕度进行判断,其计算公式为

$$MS = \frac{F_f}{f_s \times F} - 1 > 0 \tag{6.7}$$

式中:MS 为安全裕度,其取值应满足卫星总体要求;f_s 为安全系数,一般取 1.5;F_f 为许用载荷(N),许用载荷由连接处结构设计能力确定;F 为连接内力(N)。

6.3.3.2　刚度设计

导航卫星刚度主要包含频率、结构稳定性、结构变形和尺寸稳定性等内容。

1) 频率

卫星固有频率须满足运载火箭要求,同时其次级结构、组件等频率应与卫星固有频率解耦。频率参数可以通过模态分析方法进行确定。

2) 结构稳定性

结构设计中,必须考虑卫星结构稳定性,避免发生结构失稳(屈曲)现象。结构失稳一般分为整体失稳和局部失稳,整体失稳是指卫星整体结构(如主结构)失稳,局部失稳一般是指局部结构或者局部位置失稳。

整体稳定性一般由临界稳定性系数 λ_{cr} 来衡量,λ_{cr} 指在某一受压工况下失稳时的临界压力与该工况下卫星所受压力的比值,当 λ_{cr} 大于 1,卫星不会发生整体失稳现象,反之有可能发生失稳。该参数一般采用有限元分析软件中的线性屈曲分析得到。

局部失稳可发生在结构板和下锥壳(中心承力筒为主结构的卫星)。局部失稳的临界应力可以采用由解析法导出的半经验公式来计算。

结构板一般采用蜂窝夹层结构,其稳定性一般由临界失稳应力 σ_{lj} 来衡量,若 σ_{lj} 大于静应力,则蒙皮不会发生局部失稳,若 σ_{lj} 小于静应力,则蒙皮会有发生局部失稳

的可能。

3）结构变形

由于运载火箭包络限制、卫星有效载荷要求等原因，导航卫星对结构变形量有相应的要求，因此在卫星设计过程中，需要获取卫星在各种受力工况下的最大变形量，判断其是否满足设计要求。

获取卫星位移量可以采用解析法和数值法。解析法用于简单结构（如梁、板等）的初步设计，而大多数变形分析主要依靠数值法，一般采用可信度高的商用有限元软件进行计算。

4）尺寸稳定性

尺寸稳定性是指结构在各种环境条件下保持其大小、形状或位置不变化的能力。对于具有要求精确指向的敏感器、天线、光学仪器等设备，若尺寸稳定性达不到要求，则会影响到它们的正常工作。尺寸稳定性实质也是通过在载荷、温度、湿度作用下的结构变形量（位移）来衡量。因此，其获取方法与结构变形一致，只是判断标准不同，需要根据设备安装要求来判断结构变形是否满足要求。

6.3.3.3 注意事项

系统级抗力学环境设计应注意：

(1) 强度设计中应避免出现局部应力集中现象；

(2) 应进行合理的刚度分配，避免出现大型组件与整星频率耦合；

(3) 应进行整星及局部结构的稳定性校核，避免出现结构失稳现象；

(4) 对安装精度要求高的设备，应进行局部的结构变形校核，避免结构变形对安装精度的影响；

(5) 在结构材料选择上应选择比强度、比刚度高的材料，同时还应考虑空间对结构材料性能的影响；

(6) 导航卫星存在技术状态相似但采用不同运载火箭发射并运行在不同轨道高度的情况，此时需注意力学分析和力学试验条件应能够包络不同运载火箭的力学环境条件。

6.3.4 组件级抗力学环境设计

组件级设计分为大质量/大尺寸组件和一般电子组件，大质量/大尺寸组件（如太阳翼、大型天线等）可参考整星设计方法，而一般电子组件的抗力学环境设计则包括元器件布局、器件的安装与固定、PCB 的抗力学环境设计、结构设计等内容。

6.3.4.1 元器件布局

元器件布局需遵循以下原则：

(1) 元器件应均匀布置，元器件的取向应有利于元器件的受力；

(2) 抗振性能较差、较重或发热量较大的元器件应布置于 PCB 上靠近机箱壁的边缘处，有利于抗振和导热；

(3) 必要时应将过大、过重或过热的元器件独立安放于机箱侧壁或箱底部位；

(4) 在两块 PCB 对装时，应协调地布置元器件，尽可能减小 PCB 的层间距，以缩小机箱的空间。

6.3.4.2 器件的安装与固定

元器件布局一般遵循以下原则：

(1) 较大元器件安装固定：较大的元器件一般推荐采用胶封形式固定，较重的元器件还可采用螺钉、捆扎等形式固定；

(2) 大规模芯片安装固定：尺寸和热耗较大的芯片在安装固定时除考虑 PCB 变形对器件的受力影响外，还应考虑器件散热问题，以保证 PCB 不产生过大的热变形而造成器件的损坏；

(3) 变压器和滤波电感安装固定：变压器和滤波电感一般采用卡簧压紧固定的形式，以减轻对铁芯中心柱的压力，并能适应温度变形；

(4) 功率器件的安装固定：功率二极管在安装固定时应增加导热、散热措施以保证不产生过大的热应力；

(5) 大、重或发热量大的元器件的特殊安装固定：大、重或发热量大的元器件在保证绝缘的前提下可安装于机箱底板或侧壁上，既可降低热阻，又可降低整机的质心，使其获得较理想的散热和抗力学环境能力；

(6) 继电器安装固定：继电器安装位置应靠近 PCB 振动响应小的部位(如有约束的边缘)，且安装方向应使触点运动方向上的加速度载荷尽量小，以减小振动振幅对继电器动作机构的影响；

(7) 对振动环境敏感器件的安装固定：对振动环境敏感的器件(如晶振等)，应特别关注器件的敏感频率，将器件布置在敏感频率下 PCB 振动响应尽可能小的部位。

6.3.4.3 PCB 的抗力学环境设计

PCB 的抗力学环境设计包括以下方面。

(1) PCB 材料力学性能。需明确 PCB 基材的拉伸模量、抗弯模量、泊松比、强度和热膨胀系数等机械性能和物理性能，作为电子设备抗力学环境设计分析时的输入参数。

(2) PCB 的刚度和强度。提高 PCB 的结构刚度是卫星电子设备抗力学环境设计中的关键。提高 PCB 的结构刚度可提高 PCB 的基频，减少 PCB 的变形，在设备受静、动力载荷条件下，可减少元器件及固定处(引脚)的应力。

(3) PCB 的形状。在满足空间布局要求的前提下 PCB 的形状力求简单，一般为长宽比例不大的长方形，慎用异形 PCB。PCB 长宽尺寸越小则板的刚度越大，对于板面面积较大的 PCB，需要采取措施进行加强。

(4) PCB 的厚度。除满足电性能需求外，PCB 的厚度应考虑所安装元器件的重量、PCB 外形尺寸，以及承受的力学载荷，根据 PCB 的刚度和强度需求来合理选择。

(5) PCB 的加强设计。大幅面的 PCB 可通过加筋或边框进行加强,并适当增加 PCB 边框、机箱间的连接螺钉来提高 PCB 刚度。支撑边框形状可有口字、曰字、田字、T 字等形式,视 PCB 的具体情况而定。使用金属材料加强时应注意防止电气短路。

(6) PCB 的板层布局。板层布局尽可能使设备整机质心降低,厚重的电源板应在最底层(也有利散热),功放板次之,轻薄的板置于最高层。冷、热备份电路板应间隔摆放,以利于散热。

(7) PCB 的安全板层间距。PCB 的板层间距应以降低整机高度、降低整机质心、缩短导热路径和增加散热效果并保证抗力学环境为原则来合理确定。安全的板层间距应确保上、下 PCB 的器件在最大动力响应位移下不会干涉,并留有足够的安全余量。

(8) PCB 安装连接。PCB 安装连接设计应满足与机箱连接的刚度、强度、阻尼和导热要求;便于设备的电性能调试、测试和地面维修。PCB 的刚度与板边缘连接状况相关,连接状态可从简支边界到固支边界,板边缘连接刚度越好则板的刚度越大。

(9) PCB 的变形校核。在各种力学环境中,PCB 与电子管脚的相对位移是引起元器件、引脚及其焊点损伤与破坏的主要原因。因此,应规定一个根据试验统计结果得到的无量纲许用极限值。弯曲变形的量度以板的最大挠度(即板中心与板边缘的相对变形)除以板宽度,正则化为单位长度的变形来表达,分析中通过与许用极限的比较来判断 PCB 的变形是否过大,计算公式为

$$\varepsilon = \frac{\Delta d}{L} \tag{6.8}$$

式中:ε 为 PCB 弯曲的量度;Δd 为 PCB 的最大挠度;L 为 PCB 的中心到边缘的距离(宽度方向)。

6.3.4.4 结构设计

设备的结构类型通常有:箱体插板式、模块化拼接式、支架式、盒体式、笼屉式等。

设备结构设计应满足下列要求:

(1) 各结构件应有足够的强度、刚度,并符合卫星总体的指标要求;

(2) 结构件之间的连接要有足够的连接刚度和强度;

(3) 结构件之间有良好的导热路径,并满足抗辐射与 EMC 的设计要求;

(4) 质量轻,工艺性良好。

机箱底座应满足下列要求:

(1) 足够的连接强度、刚度:通常电子设备与卫星(蜂窝板)结构的连接点数量以不大于 1.5kg 的设备质量需要一个(M4 或 M5 螺钉)连接点来设计;

(2) 表面粗糙度、平面度和接地等要求应满足相关标准或者规范要求。

力学分析不正确、结构设计不合理等往往会导致产品抗力学环境设计不满足要求,从而在试验或飞行中发生故障。

例如，某卫星正弦振动试验过程中，天线馈源支撑管突然断裂，断裂位置在馈源支撑管的转折处。分析确定馈源支撑管发生断裂的根本原因在于对天线的一阶基频估计过高。在振动试验前进行的模态试验得到天线的一阶频率为20Hz，而模态计算得到的天线一阶基频为27Hz。天线实际的一阶基频比计算值低了许多，引起悬臂梁端部产生过大的动态响应，在馈源支撑管转折处因强度不够而发生断裂。这是一个由于力学分析不准确造成刚度分配不合理，从而在试验过程中出现不合理的动力耦合而造成产品故障的典型案例。

6.4 热设计

6.4.1 导航卫星的热环境

导航卫星在整个寿命周期中要经历地面、发射、在轨工作过程中复杂的热环境，这些热环境包括：

(1) 地面产品研制、装配、测试、试验、转运及运输条件下的温度变化，此类环境一般与卫星产品装配房间、总装测试厂房、产品运输包装箱等有直接关系。

(2) 发射过程中从地面到空间真空下的温度变化、转移轨道段的温度变化，以及寿命期内在轨热环境的考验。要求星上热控分系统通过采取主动、被动控制措施，保证卫星及星上产品的工作温度范围在规定的环境条件内，并具有一定的余量。

1) 发射前准备阶段

在完成卫星与运载火箭对接后，卫星置于发射塔架的空调间内，在空调间内为卫星提供(20±5)℃的温度环境。在安装了整流罩以后，在整流罩内用经过净化的恒温空气(15~20℃，洁净度等级10万级)给卫星提供符合要求的温度环境。

2) 从卫星起飞到太阳翼展开阶段

在上升段气动加热会使整流罩外表面温度较高，但由于整流罩内采取了隔热措施，其内表面任一点的辐射热流密度不会超过一个上限值。由于上升段时间短，卫星外表面的部件如太阳翼、多层隔热组件、天线等的温度均不致因气动加热而超过允许的温度水平，而卫星本体内设备受影响很小。

在抛整流罩和太阳翼展开前，尽管卫星本体的散热面大部分被折叠的太阳翼遮挡，但卫星本体内部的设备温度均不会超过允许值。这是因为从起飞到太阳翼展开只有较短的时间，舱内设备的功耗较小，此时仍有一部分卫星散热面能向空间散热。在此阶段需注意蓄电池组的温度，蓄电池组一直在放电发热，散热条件又较差，至太阳翼展开时蓄电池组的温度将比起飞时的温度有所升高。

3) 从太阳翼展开到卫星进入工作轨道阶段

在此阶段，卫星有效载荷不工作，卫星热耗较少。由于太阳翼的展开，卫星散热面不再受遮挡。卫星会由于热耗少而温度水平很低，必须打开星内的替代电加热器，以维持卫星设备在允许的最低温度水平上。

4）轨道正常运行阶段

卫星进入工作轨道并长期在轨正常运行期间，随着季节变化和热控涂层性能退化，卫星将经历高温和低温工况的考验。

由于导航卫星处于20000km以上的MEO或36000km的GEO、IGSO上，卫星受到的地球红外辐射和地球反照加热均可忽略不计，影响卫星温度变化的空间环境热源是太阳辐射。由于卫星本体除+Y、-Y板散热面之外的其余外表面均包覆多层隔热组件，卫星本体内部的温度水平主要随散热面外热流的变化而变化。

在寿命初期，卫星表面热控涂层的太阳吸收比均较低，蓄电池组的效率较高，而春分和秋分卫星会出现最长阴影期，因此卫星本体在寿命初期的春、秋分出现低温工况。

卫星寿命末期的冬至或夏至将出现高温工况。在寿命末期，卫星散热面的热控涂层性能退化，太阳吸收比将升高，随着蓄电池组放电效率的下降其热耗也将增大，这些都导致卫星的温度升高。

6.4.2 热设计要求

导航卫星热设计的任务是使卫星及其电子设备或部件的温度、温度差、温度稳定性等热参数保持在要求的范围内。系统级热设计的目的是为电子设备提供合适的热环境，进而提高卫星及其电子设备的可靠性。电子设备热设计的目的是确保元器件工作在允许的温度范围内，使元器件、零部件满足温度降额要求，或是减少零部件温度交变的幅度或温差，满足设备性能指标要求。

6.4.2.1 系统级热设计要求[1]

卫星系统级热设计的要求包括：

（1）考虑各阶段的环境影响，满足卫星轨道、姿态、工作模式等可能出现的极端热工况和极端冷工况的要求。

（2）建立星内电子设备热量排放的通道，选择外热流小或外热流变化小的卫星表面作为散热面。

（3）在星外表面设置适当的热控涂层和多层隔热组件，降低太阳周期性照射引起的卫星及其电子设备的温度波动。

（4）对工作温度范围、温度差要求严格的电子设备或环境进行主动控制。

（5）对热环境更恶劣的舱外电子设备采取必要的措施，确保它们的温度满足要求。

（6）为有效载荷提供满足要求的热接口。

（7）热控产品应降额使用。

（8）必要时电加热器及其控制电路可分别或同时采用备份，起重要作用的固定热导热管应采用贮备工作方式。

(9) 考虑太阳紫外辐射、质子和电子辐射对热控产品的影响,如星外表面热控涂层的退化等。

(10) 热控产品应安装牢固,防止活动部件在振动与冲击载荷下因变形、位移而卡死。

(11) 对污染特别敏感的热控产品,如低太阳吸收比热控涂层和低发射率热控涂层,应采取措施防止和消除其在组装、试验过程中受到的环境污染。热控产品的真空放气率应满足技术要求,并采取适当措施防止热控产品放气对卫星光学表面的污染。

(12) 星外表面热控涂层和多层隔热组件均应与卫星地电导通,防止 ESD 对卫星造成破坏。

(13) 建立卫星热分析模型,计算卫星及电子设备的温度,检验设计的合理性。

6.4.2.2 电子设备热设计要求[1]

电子设备热设计的要求包括:

(1) 选择稳定性好、耐温范围宽、功耗低的元器件和导热性能好的 PCB。热耗散大的元器件表面应有较高的发射率,如采取黑色阳极氧化处理或喷涂黑漆、铝粉涂层。按 GJB/Z 35 对元器件进行电压、电流、功率和温度的降额。

(2) 元器件布局力求热耗散分布均衡,防止因热耗散过于集中而形成局部热点,安装应有利于热量的排散,热耗散大的元器件,如大功率器件,应直接安装在电子设备底板(安装面)或机壳上,也可加装散热器;对温度变化敏感的元器件要远离热耗散大、温度变化激烈的元器件或采取热屏蔽措施。

(3) 增大元器件与 PCB(或机壳)的安装接触面积,降低接触表面的粗糙度,增大接触压力,在接触界面间填充导热填料,如硅橡胶垫,石墨垫,导热脂等,是减小安装面接触热阻的有效途径。选用厚度大的印制线,以利于印制线的导热。减小元器件引线的安装长度,可以降低元器件和 PCB 之间的导热热阻。

(4) 选择散热路径,包括导热散热路径和辐射散热路径等,使元器件的热量沿着这些路径传到电子设备的底板(安装板)或机壳上。元器件的散热路径一般应以导热散热路径为主。应尽可能使元器件到热沉的导热距离最短。

(5) 电子设备机壳应有足够大的安装接触面积,安装面粗糙度和平面度应符合相关规范要求,机壳表面(包括内外表面)应有较高的发射率,如采取黑色氧化处理或喷涂黑漆。

(6) 建立电子设备的热分析模型,根据卫星提供的边界条件,计算电子设备及其元器件的温度,检查元器件的结温(或壳温)是否低于降额后允许的最高值。

6.4.3 系统级热设计

导航卫星热设计的任务是保证卫星从发射到寿命末期各种工作模式下星上设备均处在要求的温度范围内,满足星上所有设备对热环境的要求,以保证卫星的正常工作。导航卫星分布在 GEO、IGSO 以及 MEO 上,其热设计原则是以各自长期运行工作轨道的卫星正常工作阶段为主,兼顾其他阶段的要求。整星热设计包括散热面设计、热管系统设计、热控涂层设计、电加热器配置设计和一些特殊设备(如蓄电池组)的设计等。

导航卫星系统级热设计的基本过程如下:

(1) 根据卫星构形、设备布局、轨道、姿态、工作模式、工作环境等设计输入条件,分析卫星的极端热工况和极端冷工况;

(2) 根据需要排散热量的大小和分布,选择热控涂层、热管、多层隔热组件和电加热器等热控部件,控制散热路径,选择散热面的位置及尺寸;

(3) 建立卫星的热分析模型,计算出极端热工况和极端冷工况的温度,与设计要求进行比较,适当调整未满足要求的设计;

(4) 进行整星热平衡试验,验证热设计的正确性,并根据热平衡试验数据,修改设计和热分析模型。

1) 方案设计阶段

方案设计阶段,卫星系统级热设计的工作包括:

(1) 进行任务剖面分析,提出热控系统的论证方案;

(2) 根据热控论证方案,明确需要研制的新材料、新部件、新技术和新工艺;

(3) 进行卫星热控方案设计,确定热控系统的总构架,尽可能采用被动热控技术,方案力求简化;

(4) 根据任务剖面分析,识别全寿命周期环境应力对热控的要求;

(5) 在总体构形布局工作中,尽可能使热源分布合理、传热路径较短;

(6) 进行外热流及内热源分析、合理选择散热面布局、尽可能简化热传输所需部件的品种和数量;

(7) 进行初步热分析,进行多方案比较和优化热控方案;

(8) 确定可能选用的热控产品,优先采用成熟产品。

2) 初样研制阶段

初样研制阶段,卫星系统级热设计的工作包括:

(1) 确定卫星初样热控设计状态;

(2) 进行详细的热分析,并进行试验验证,验证温度、加热器功率等的设计余量;

(3) 进行热控产品的设计、研制与试验;

(4) 在卫星电性模型、结构模型、热模型上进行热控系统的性能和功能测试;

(5) 进行初样卫星热平衡试验,热平衡试验后进行热分析模型修正,热平衡试验结果应表明温度、加热器功率等满足规定的设计余量,否则应进行热设计更改。

3) 正样研制阶段

正样研制阶段,卫星系统级热设计的工作包括:

(1) 根据总体要求及初样热分析和热平衡试验结果,确定卫星正样热控设计

状态；

(2) 进行正样卫星热分析，包括正样热平衡试验后的热分析模型修正以及飞行温度预示等，验证飞行温度、加热器功率等是否满足规定的设计余量；

(3) 进行正样卫星热平衡试验，验证温度、加热器功率等的设计余量；

(4) 确定正样卫星最终热控技术状态。

6.4.4 设备级热设计

设备级热设计的基本过程如下：

(1) 根据设备工作温度范围和规定的环境设计余量确定电子设备应能承受的最高温度和最低温度；

(2) 按照电性能要求和标准规定的要求选择元器件；

(3) 按照电原理图和热设计原则进行元器件布局和安装工艺设计；

(4) 依次建立 PCB 级的热数学模型和整机的热数学模型，以设备壳体应能承受的最高温度和最低温度为等温边界条件，计算元器件、PCB 的温度，检验元器件结温(或壳温)是否满足降额要求；

(5) 修改设计，直到满足全部设计要求；

(6) 按照环境试验规范的要求进行电子设备的热真空-热平衡试验，检验设计的合理性。

1) 各研制阶段的热设计工作

方案设计阶段，卫星设备级热设计工作包括：

(1) 确定热控方案；

(2) 确定可能选用的热控产品，优先采用成熟产品；

(3) 进行设备热环境分析，确定传热路径，提出散热与隔热要求；

(4) 进行初步热分析，比较和优化热控方案。

初样研制阶段，卫星设备级热设计的工作包括：

(1) 进行设备的热设计。电子设备热设计的主要内容是：元器件选用、布局及安装设计，特别是大功率器件布局及散热路径设计；PCB 散热设计，包括材料选择、PCB 安装；机箱热设计，导热填料设计。机电(如转动天线、反作用轮)、光机电(如地球敏感器)设备热设计的主要内容是散热设计、制冷设计、隔热设计、热收集和热传输设计、热补偿设计、等温化设计、恒温设计、热储存和利用设计。

(2) 进行详细的热分析，对电子设备，验证元器件是否满足温度降额要求；对机电和光机电设备，验证温度、加热器功率等是否有一定的设计余量。

(3) 在设备鉴定件上进行初样热平衡试验，验证设备热设计，试验后进行热分析模型修正。根据试验结果判断是否满足温度降额要求及有一定的热设计余量，若不满足，则进行热设计更改。

正样研制阶段，卫星设备级热设计的工作包括：

（1）进行热设计复核，确定正样设备最终的热控技术状态；

（2）若设备设计有较大更改，则对更改部分重新进行热设计和热分析，验证热设计余量。

2）导航卫星的热设计与试验考核策略

为验证星上设备的热环境适应性，星上产品均要求完成相应的热环境试验考核，包括热真空试验、热循环试验、设备的老炼试验和高温浸泡试验等，这些试验既考核了卫星及装星产品的工艺水平，也考核了产品在拉偏或极限温度条件下的工作能力。导航卫星星上产品热设计及考核策略见图 6.3。

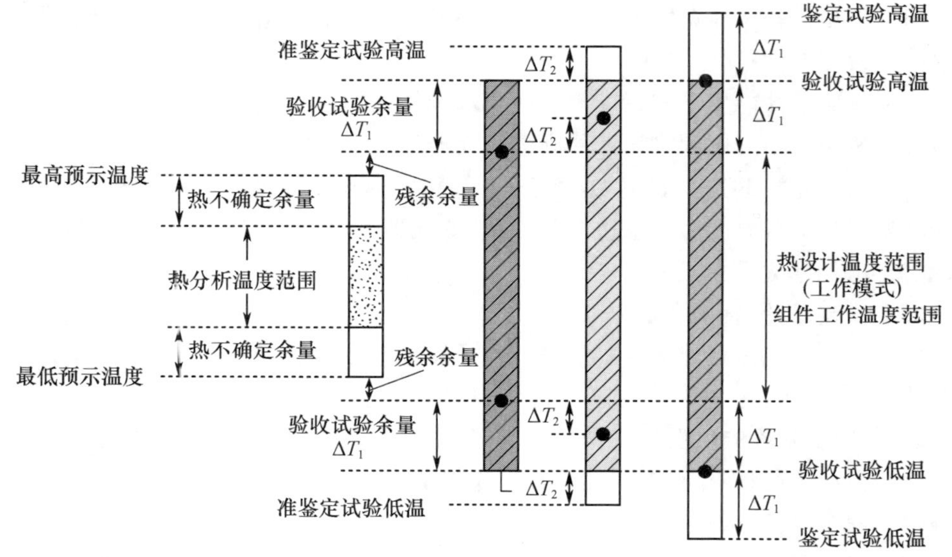

图 6.3　导航卫星星上产品热设计及考核策略（见彩图）

设备和部组件通过热试验考核交付卫星总体后，卫星系统还需进行整星系统级的热平衡和热真空环境试验。热平衡试验是对卫星整个热控系统的设计水平、性能指标进行评估和考核，保证热设计能够通过在轨热环境对卫星的考核；热真空试验则考核整星的产品装配、生产工艺以及系统级功能在规定环境条件下，在进一步拉偏或极限温度的过程中，产品的性能符合性、适应性和可靠性。

3）设备热设计示例

导航卫星的很多设备同时应用于中轨和高轨两类轨道，因此在热设计时必须考虑对热环境条件的包络性。以某推进电路单元为例，该产品热设计的边界条件选取了两种轨道条件下的恶劣工况组合，采取了以下热设计措施：

（1）元器件安装时涂抹导热硅脂，减小功率管与机箱之间的导热热阻；

（2）机箱壳体的内面板发黑处理，强化线路板与电源外壳之间的辐射散热；

（3）高发热元器件垫导热绝缘垫，减小元器件与机箱之间的接触热阻；

(4) 加宽线路板上的印制铜泊导热截面积,防止温度过高;

(5) 在功率线绕电阻下增加散热片,以便将电阻的热量传导至机箱。

为了验证推进电路单元的热设计,在选定的组合工况约束下,开展了热分析和热平衡试验验证工作:

(1) 使用热分析软件对推进电路单元内8块电路板稳态工作情况下进行仿真与分析,画出热流图,对每块电路板上的发热元器件进行复核。

(2) 使用热扫描仪对每块电路板进行热扫描。在仿真的基础上对推进电路单元内发热较严重的电路板进行热扫描,以确认电路板上的发热元器件,通过分析复核证明以上的热设计措施有效。

(3) 对推进电路单元建立热分析模型,指导推进电路单元开展热平衡试验验证。

(4) 开展热平衡试验,通过对热平衡试验数据的整理与分析,计算得出所有元器件的热点温度均能够在组合工况约束下满足Ⅰ级降额要求,证明采取的热设计及热控措施有效。

6.5　空间环境防护设计

6.5.1　导航卫星的空间环境

导航卫星在轨运行期间,将遭遇各种空间环境要素,包括太阳电磁辐射、空间带电粒子辐射、等离子体、地球磁场、真空等,这些空间环境要素作用于卫星上的元器件、材料及组件甚至整星等不同对象,可产生复杂多样的后果,即产生各种空间环境效应,包括带电粒子辐射损伤、充放电效应、真空环境影响、太阳紫外辐射损伤、地球磁场影响等。

6.5.1.1　太阳紫外辐射损伤

来自太阳的波长在0.01~0.4μm之间电磁辐射称为太阳紫外辐射,太阳紫外辐射对材料具有损伤作用。波长在0.3μm以下的紫外光子的能量高于376.6kJ/mol,而有机聚合物分子的结合键能一般在250~418kJ/mol,因此足以造成某些有机化学键的断裂。其破坏结果是使材料变脆,产生表面裂纹、皱缩等,使机械性能下降。紫外辐照还使聚合物基体严重变色,影响其光学性能。

6.5.1.2　带电粒子辐射损伤

1) 电离总剂量(TID)效应

空间带电粒子与导航卫星星上采用的元器件和材料发生撞击时,可通过电离相互作用将部分甚至全部能量传递给元器件和材料,使其性能发生变化,这就是所谓的"TID效应"。

随着接受剂量的增加,电子元器件、材料和电路的性能将会发生漂移,功能出现衰退。当累积剂量超过元器件或材料所能承受的最大剂量时,元器件或材料就会完全失效或损坏,从而对在轨卫星造成严重威胁。

2) 位移效应

高能粒子与材料的相互作用过程中除了通过电离相互作用交换能量外,还可以通过非电离相互作用交换能量,即产生非电离能量损失,简称非电离能损。非电离能损是高能粒子与原子核的相互作用,产生的原子移位通常称为位移效应。

受位移效应影响最大的主要是利用少数载流子工作的器件(简称少子器件),如双极结型晶体管、太阳电池、电荷耦合器件(CCD)和光电耦合器等。位移效应会使少子器件的信噪比变差,输出信号衰减等。强太阳风暴发生时,导航卫星轨道上的高能质子通量显著增加,将引起星敏感器等成像载荷的成像质量严重下降,甚至出现卫星姿态数据不可用等问题。高能带电粒子会对太阳电池阵造成持续的损伤,导致太阳电池阵的输出功率下降、光电转换效率下降,甚至有可能使太阳电池阵在任务后期不能满足卫星能源需求。

3) 单粒子效应

单个的空间高能质子或重离子轰击卫星上的微电子器件时,在其运动路径上通过电离作用产生大量的电子空穴对,这些电子空穴在器件内部重新分布后,可能会造成数据错误、电路功能混乱甚至计算机系统瘫痪,引发卫星在轨异常和故障,这种由单个高能粒子引发的微电子器件突发异常就是所谓的单粒子效应。单粒子效应分为SEU、单粒子锁定(SEL)、单粒子烧毁(SEB)、单粒子栅击穿(SEGR)等多种类型。SEU是可以恢复的“软”错误,不损伤硬件。如果发生SEL,通过器件的电流过大可将器件烧毁,造成设备损毁,这就属于硬错误。

6.5.1.3 充放电效应

1) 表面充放电效应

卫星充电是指卫星从环境积累电荷的过程。卫星充电情况取决于空间环境特性,包括卫星光照条件、太阳活动和地磁活动情况等,同时还与卫星表面材料导电特性及接地方式等密切相关。卫星充电可以用绝对充电和相对充电来表征。绝对充电是指卫星作为一个整体相对周围的等离子体环境的电位差;相对充电是指星上不同部位之间存在电位差。通常对卫星危害较为严重的是相对充电。卫星表面不同材料间或表面材料与结构地间形成相对电位差,当其超过材料击穿阈值时产生ESD。卫星表面ESD可能会产生具有瞬时高压和强电流特征的电磁脉冲,导致星上敏感电子元器件及组件损坏或误动作,干扰卫星与地面通信,甚至造成卫星任务的失败。ESD还可引起卫星表面材料的物理损伤,并诱发材料表面污染增强效应等。

2) 内带电效应

引发内带电的电子能量范围为100keV到几MeV。对于能量2MeV的电子,其射程可穿透5mm铝。当高能电子连续不断地入射,嵌入绝缘材料中并快速地堆积电荷,一旦电荷累积速率超过绝缘材料的自然漏电率,便可造成绝缘材料击穿,引起ESD,直接对电子系统产生干扰,严重时可造成卫星故障。

6.5.1.4　真空环境影响

1）低气压放电

存在电位差的两个电极，在约 1～1000Pa 范围内的低气压环境下可能引起气体电离现象而引发低气压放电。卫星发射过程中，会经历从一个大气压直至极高真空的环境条件，在这期间工作的电子电工设备就有可能遭受低气压放电效应的影响。

2）真空干摩擦与冷焊

当导航卫星处于超高真空环境时，卫星运动部件的表面处于原子清洁状态，无污染。而清洁、无污染金属接触面间原子键结合造成的粘接现象会使活动部件驱动力矩加大，甚至有可能发生接触面粘接或焊死，这就是真空干摩擦和冷焊现象。

3）真空出气

材料在空间真空环境中，由于蒸发（液体）、升华（固体）以及有机聚合物材料在制造中添加的催化剂、抗氧化剂、增塑剂、增黏剂等的挥发导致材料的质量损失，带来材料成分变化，可能引起材料性能的变化，导致材料硬化、脆化和龟裂，造成防护层的分层、破裂等现象；另外，材料表面和内部吸附的水汽、二氧化碳和其他气体及氧化物在真空环境中会产生材料放气，使材料表面更加清洁，使材料的电学、光学性能得到改善，但是由于活动部件表面吸附的气体分子逃逸到空间中去，会使活动部件驱动力矩加大，逐渐发展到接触面黏结或焊死（冷焊），使活动部件失效；此外，由于材料的质量损失和放气，其挥发物将会污染星上的敏感表面如光学镜头、热控涂层、继电器触点等，使其功能降低甚至失效。

4）微放电

微放电效应是发生在真空环境中微波高功率系统中的二次电子倍增放电现象。在微放电过程中，真空腔体中的初始一次电子受高功率电场加速并撞击金属表面，产生二次电子发射现象。二次电子的指数增长可能导致持续的雪崩放电，即微放电。微放电的发生将导致系统的性能恶化，甚至完全失效。

6.5.1.5　地球磁场影响

地球磁场对导航卫星的影响主要表现在产生磁力矩对卫星的姿态造成干扰。卫星由于结构和性能的需要总要使用一些永磁材料和感磁材料，因此卫星总会有一定的剩磁矩，星上设备内和设备间连线中的电流也会产生磁矩。在轨道上导航卫星的磁矩和空间磁场相互作用会产生干扰力矩，影响卫星的姿态。

6.5.2　空间环境防护设计要求

1）太阳紫外辐射防护设计要求

（1）根据卫星姿态、轨道、寿命等总体参数，分析寿命期内的太阳紫外辐射总量，分析结果用于指导导航卫星太阳紫外防护设计。

（2）选用的星表材料，包括有机材料、高分子材料、光学材料、薄膜材料、胶黏剂和涂层等,应对其抗紫外辐射能力进行分析,必要时通过试验进行测定,确保相关材料在轨全寿命期内因太阳紫外辐射产生的性能退化满足应用要求。

2）TID 效应防护设计要求

（1）导航卫星产品应用的所有电子器件(除电阻、电容、电感等总剂量不敏感器件外)都必须考虑抗 TID 设计,并明确其抗 TID 能力数据。

（2）导航卫星产品应用的所有功能材料都必须考虑抗 TID 设计,并确定其抗 TID 能力。

（3）厂家不提供抗 TID 能力数据的元器件及材料,应进行辐照试验测定。

（4）元器件和材料的辐射设计余量(RDM)需要满足总体要求。

3）位移效应防护设计要求

（1）进行寿命末期功率预算时,应考虑空间带电粒子对太阳电池阵产生的位移损伤,即太阳电池阵在寿命期内等效 1MeV 电子损伤通量下的开路电压、短路电流和最大功率的衰减情况。

（2）导航卫星产品中采用的光电器件(如光耦)应考虑抗位移损伤效应对性能的影响。

（3）光电器件的抗位移损伤能力需要具有一定的余量。

4）单粒子效应防护设计要求

（1）导航卫星产品中采用的逻辑器件(如 CPU、DSP、FPGA 等)应开展 SEU 防护设计;

（2）导航卫星产品采用的体硅 CMOS(互补型金属氧化物半导体)器件应开展 SEL 防护设计;

（3）用于高压(大于 70V)条件下的功率 MOSFET(金属氧化物半导体场效应晶体管),应开展 SEB 和 SEGR 防护设计。

5）表面充放电效应防护设计要求

（1）详细分析轨道热等离子体环境及表面充电效应,指导导航卫星表面充电效应防护设计。

（2）确定导航卫星表面充放电效应防护指标(表面充电相对电位的最大限制值)。

（3）制定导航卫星表面充放电效应的具体控制措施或规范,包括表面材料电阻率控制、接地设计、屏蔽设计、滤波设计、静电敏感元器件防护设计等方面。

（4）按照制定的导航卫星表面充放电效应具体控制措施或规范的要求开展卫星系统级表面充放电效应防护设计。

6）内带电效应防护设计要求

（1）详细分析轨道高能电子环境及内带电效应,指导导航卫星内带电效应防护设计。

（2）确定内带电防护设计指标(允许的介质材料内部最大注入电流密度或充电

电场）。

（3）制定内带电效应控制的具体措施或规范，包括材料电阻率控制、屏蔽设计、接地设计、滤波设计、静电敏感元器件防护设计等方面。

（4）按照内带电效应控制的具体措施或规范的要求，开展导航卫星系统级内带电效应防护设计。

7）真空环境适应性设计要求

（1）导航卫星产品需考虑真空环境带来的材料出气、材料蒸发、材料升华、材料分解（质损）、真空放电等效应。

（2）应明确选取材料的真空出气率及真空质损率要求。

（3）应梳理需开展真空环境适应性设计的相关分系统与设备清单并进行控制，包括主动段加电或入轨时密封而后缓慢漏气的电子产品（涉及低气压放电）、射频部件与设备（涉及微放电）、机构与活动部件（涉及真空干摩擦和冷焊）等。

8）地磁场环境适应性设计要求

（1）根据导航卫星任务要求，确定卫星及设备磁洁净度控制指标，必要时制定卫星磁洁净度控制要求。

（2）按照系统确定的剩磁控制与设计指标，在材料和器件（部件）选用、器件排列与部组件布局、电流环路设计等方面开展产品剩磁设计与控制，必要时通过磁屏蔽或磁补偿的措施改善设备的剩磁特性。

6.5.3　系统级空间环境防护设计

导航卫星系统级空间环境防护设计的内容与过程如图6.4所示。

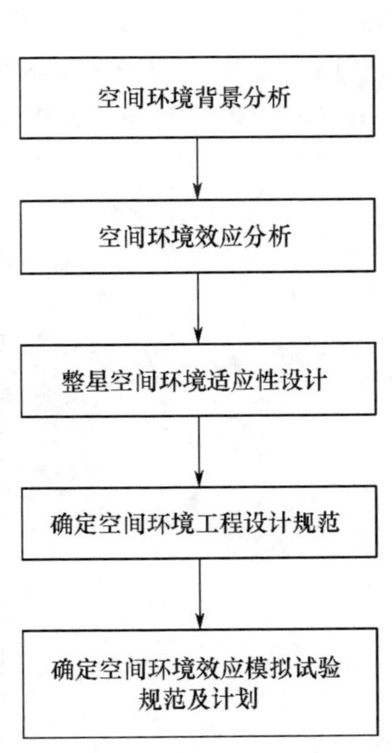

图6.4　导航卫星系统级空间环境防护设计过程

1）开展卫星空间环境效应分析

卫星空间环境效应是各种空间环境要素与卫星材料、电子器件等相互作用的结果。对于不同的卫星，其面临的空间环境效应状况，不仅与卫星轨道位置有关，还与卫星中采用的元器件及对象的特点密切相关。因此，卫星空间环境效应分析，需要针对特定的卫星任务及其设计状态开展具体的分析。

客观上，轨道空间环境要素种类很多，但是并非所有的空间环境都影响卫星的正常运行。因此，在导航卫星研制中，重点关注那些对卫星产生不利影响的空间环境及效应。

卫星空间环境效应分析工作是根据当前对空间环境基本科学规律的认识，以及各空间环境要素对星上的元器件或材料相互作用机理的认识，采用各种空间环境模型及空间环境效应分析软件(例如国际上广泛采用的 Space Radiation、Omere 等),对卫星轨道可能遭遇的各种空间环境要素及效应开展定量分析及评估。这些空间环境要素有空间带电粒子辐射(包括地球辐射带粒子、银河宇宙线、太阳能量粒子)、等离子体、真空度和太阳紫外辐射、地磁场等。同时,结合卫星设计采用的元器件及材料,对这些空间环境要素对元器件及材料产生的空间环境效应状况开展分析,包括对元器件及材料 TID 效应、光电器件位移损伤(包括太阳电池辐射损伤)、单粒子效应发生概率、卫星表面充电电位及内带电效应风险开展分析和评估。

导航 MEO 卫星运行轨道高度为 20000km 左右、轨道倾角为 55°的圆轨道上,此轨道处于外辐射带的中心区域,因此 MEO 卫星面临的带电粒子辐射环境比较恶劣。由于外辐射带主要由捕获电子组成,因此 MEO 卫星遭遇的捕获粒子主要是捕获电子,捕获质子的强度较小。

导航 GEO/IGSO 卫星运行轨道高度为 36000km 左右,位于地球外辐射带外边缘附近,在轨期间将持续遭遇外辐射带的捕获粒子环境。由于外辐射带主要由捕获电子组成,GEO/IGSO 卫星遭遇的捕获粒子主要是捕获电子,捕获质子的强度较小。

图 6.5 给出了 MEO/GEO/IGSO 三类轨道卫星在地球辐射带中的相对位置。导航卫星遭遇的地球辐射带捕获电子和捕获质子,具有连续能谱特性,包含了能量从 0.04 ~5.5MeV 的电子,能量从 0.1 ~2MeV 的质子。图 6.6 中分别给出了 MEO/GEO/IGSO 上的捕获电子日累积积分通量。整体而言,MEO 卫星面临的带电粒子辐射环境状况要比 GEO 和 IGSO 卫星恶劣,而 GEO 卫星和 IGSO 卫星的带电粒子辐射环境状况比较接近,IGSO 卫星略低于 GEO 卫星。

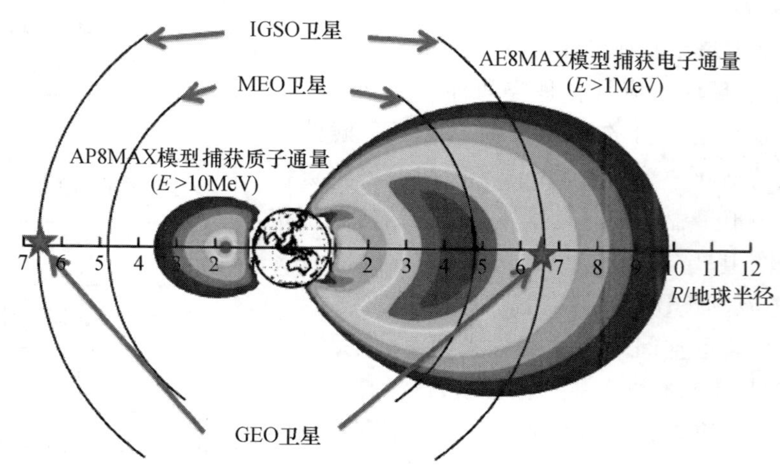

图 6.5　导航三类轨道卫星在地球辐射带中的相对位置(见彩图)

2) 制定卫星空间环境工程设计规范

在初样研制初期,总体需确定卫星空间环境工程设计要求,制定空间环境工程设

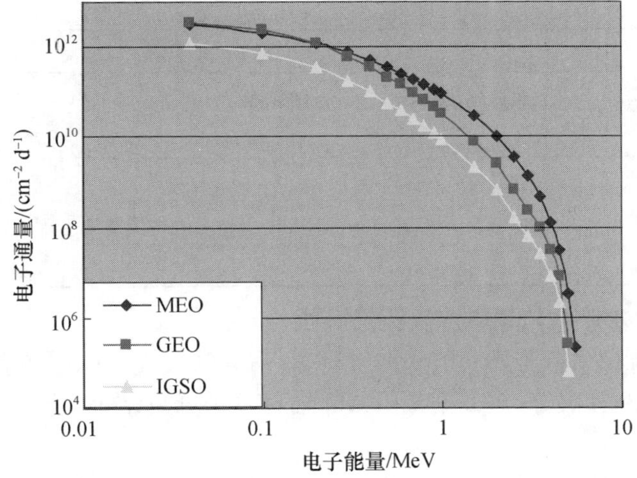

图6.6 导航三类轨道上的捕获电子能谱(见彩图)

计规范,作为卫星产品空间环境适应性设计的基本依据和顶层要求。针对影响卫星的各空间环境效应,给出防护设计的具体量化要求、设计措施、验证方法、试验要求等,指导相关的产品设计实施。

3) 制定卫星空间环境效应模拟试验规范

在初样研制阶段,确定卫星空间环境效应模拟试验条件与要求,制定空间环境效应模拟试验规范,确立试验项目、试验方法、试验条件、试验要求等,作为卫星产品开展空间环境模拟试验的基本依据和顶层要求。

6.5.4 组件级空间环境防护设计

导航卫星产品设计与研制中,在对产品设计及应用状态进行分析的基础上,进行空间环境剖面分析,分析明确产品自身及所用元器件、材料的敏感的空间环境效应,进而开展了针对性的防护设计。各种典型空间环境效应的一般作用对象见表6.6。

表6.6 各种空间环境效应作用对象

空间环境效应	受影响的对象
太阳紫外辐射损伤	直接受太阳光照射的有机材料、高分子材料、光学材料、薄膜、胶黏剂和涂层等
TID效应	所有的电子元器件及材料
位移效应	光电池、CCD、星敏感器、光耦
SEU	逻辑器件、单/双稳态器件
SEL	体硅CMOS器件
SEB与SEGR	功率MOSFET器件
表面充放电效应	表面包覆材料、涂层及所有有源电子设备及母线电压大于70V的高压太阳电池阵

（续）

空间环境效应	受影响的对象
内带电效应	星内电阻率超过1012Ω · cm的介质材料和面积超过$3cm^2$或长度大于25cm的孤立导体等
真空干摩擦与冷焊	存在相对运动的机构部件
真空放电	发射时开始工作，或在常压下密封、入轨后允许缓慢漏气而导致其真空度逐渐上升的电子设备

6.5.4.1 太阳紫外辐射效应防护设计

导航卫星直接受太阳光照的表面材料，包括有机材料、高分子材料、光学材料、薄膜材料、胶黏剂和涂层等，应根据太阳紫外辐射总量分析结果，选择具有足够紫外辐射耐受能力的材料。

当无法确定材料的耐紫外辐射能力时，应通过紫外辐照试验予以确认。紫外辐照试验应覆盖10～400nm的光谱范围。

6.5.4.2 TID效应防护设计

进行TID效应防护设计的第1种措施是选取对TID效应不敏感的元器件及材料。导航卫星设计过程中，需对元器件和材料的抗辐射能力进行考察，在选用元器件和材料时，尽量选择那些抗TID能力强的元器件和材料。另外，还应考虑生产工艺过程的质量控制、工艺稳定性和一致性等因素，尽量减小不同批次的元器件或材料抗TID能力的离散性。

TID效应防护设计第2种措施是质量屏蔽。TID效应主要是由空间带电粒子产生的。空间带电粒子入射到质量屏蔽材料中后，如果粒子的射程小于材料的厚度，则粒子将被完全屏蔽。因此，通过增加质量屏蔽，可以减少入射到卫星内部的元器件或材料上的带电粒子通量，进而可以减少其遭受的TID。不过，从成本控制角度考虑，应尽量减少仅为TID效应防护而增加的额外屏蔽，而优先考虑通过卫星总体布局优化，利用卫星自身提供的有效质量屏蔽，进行TID防护。确实需要增加质量屏蔽时，应选择在质量屏蔽薄弱的方向增加局部屏蔽。

进行辐射屏蔽分析时，需根据导航卫星设计情况，将不同材料对空间带电粒子的辐射屏蔽效果以等效铝厚度表示。计算不同材料的等效铝厚度的公式为

$$H = \frac{10M}{\rho_{Al} S} \tag{6.9}$$

式中：ρ_{Al}为铝的质量面密度（g/cm^2）；M为材料大面积部分的质量（扣除材料中质量过度集中部分的质量，如卫星结构蜂窝板中的预埋件质量）（g）；S为材料的实际面积（需要扣除材料中挖空部分的面积，如开孔）（cm^2）；H为材料的等效铝厚度（mm）。

卫星产品的TID效应防护设计需要具备一定的RDM，以保证产品在轨任务期内空间辐射环境中的安全。RDM定义为

$$RDM = \frac{D_{失效}}{D_{环境}} \tag{6.10}$$

式中：$D_{失效}$为产品中元器件或材料自身的辐射失效剂量；$D_{环境}$为产品中元器件或材料实际使用位置处的剂量。

在TID效应防护设计中，不仅需要根据导航卫星在轨运行的全寿命期内的轨道位置、空间粒子环境模型，以及太阳耀斑活动周期等数据，计算出卫星所受的累积辐射总剂量，还需要根据各设备在卫星内部或星体表面安装的总体布局，在计算与每一部件上下、左右、前后相邻部件的主要构件屏蔽贡献的基础上，给出每一部件所受的累积辐射剂量水平，从而提供部件抗辐射设计的依据。

6.5.4.3 位移效应防护设计

使用光电器件和光耦器件，应确定其抗位移损伤能力是否满足卫星总体要求。对于无法确认抗位移损伤能力的器件，应通过辐照试验予以测定。

进行整星寿命末期功率预算时，需考虑太阳电池阵在寿命期内等效辐射损伤下的开路电压、短路电流和最大功率的衰减情况，通过计算确定是否满足卫星寿命末期功率需求。

6.5.4.4 单粒子效应防护设计

单粒子效应防护设计的有效措施之一是选择单粒子效应敏感度低或不敏感的元器件。导航卫星工程中抗SEU器件选用的要求有：

(1) 原则上选用具有较高抗SEU的传能线密度(LET)阈值和较低饱和翻转截面的元器件；

(2) 抗SEU的LET阈值大于15MeV·cm^2/mg的器件可选用，但需评估其SEU风险，必要时采取系统级防护措施；

(3) LET阈值小于15MeV·cm^2/mg或无LET阈值数据的器件，应进行系统抗SEU防护设计，并对其效果进行评估，确认能满足要求后，方可选用。

抗SEL器件选用的要求有：

(1) LET阈值大于75MeV·cm^2/mg的器件可直接选用；

(2) LET阈值在(37～75)MeV·cm^2/mg的器件，在对系统防护设计并对其效果评估后，经总体认可，可选用；

(3) 不得选用LET阈值小于37MeV·cm^2/mg的器件。

如果器件的单粒子效应敏感度未知，必须通过重离子辐照试验予以测定，重离子在Si材料中的射程不得小于30μm，试验方案与大纲需经过严格评审，以确保试验的有效性。

工程实践中，单粒子效应不敏感的抗辐射加固器件往往比较昂贵，且种类有限，性能又可能达不到卫星任务的要求。因此，对于无法避免使用的单粒子效应敏感器件，有必要进行系统级防护设计。

针对SEU效应，可以通过采用奇偶校验码、汉明码、R-S码等编码方式，在中央处理器与存储器进行数据交换的通道中进行检错纠错，及时发现 SEU 引起的数据错误并进行纠正。对星上计算机存储器中的存数数据根据重要程度进行分类存储，把那些关键的程序或数据放在只读存储区。对中央处理器可以采用三模冗余设计，即用 3 个相同的模块执行同样的任务，产生的结果通过表决器进行表决，这样可以确保一个模块发生 SEU 时，输出结果仍然是正确的。对于 SEU 可能造成中央处理器死机的现象，可以使用看门狗电路。如果系统出现故障，有一个或多个任务工作不正常时，看门狗发出复位信号可使系统复位。另外，还可以在软件设计中，采用自诊断程序、多重编码、指令复执、程序卷积、分支流程作两次以上有效性判断、程序模块间隔离等软件设计措施，减少 SEU 对电子系统的影响。

针对 SEL 效应，可以对 CMOS 器件的电源端进行限流设计，一般是通过在电源端串接限流电阻来实现。在电路设计时，设置过流断电保护功能，当电流异常增大时，可自动将电路切断，避免电流过大烧毁器件。在系统设计上，将电子设备设计成具有遥控或自主断电重启功能，当设备出现 SEL 时，可通过遥控指令或自主纠正的方式，使设备断电或重新启动，以解除锁定状态。另外，对于多机容错结构，采取各设备独立供电模式，可以有效降低 SEL 引发的故障对其他设备的影响。

对器件单粒子瞬态效应防护的有效办法是对器件的输出端进行滤波设计。针对 SEB 和 SEGR 的防护，主要措施是严格遵守器件降额设计准则，使器件工作电压远低于击穿电压。此外，还可采取器件或系统冗余措施。

在 SEU 设计中，必须采取三模冗余、定时刷新等主动防护措施，而不能只采取检测、复位等被动防护措施。例如，在导航卫星某电子设备的初期设计中，仅采取了关键元器件外围设置监控电路、异常时复位或重新启动功能模块等措施，但这类防护措施都是“事后补偿”，导致该设备在轨多次发生 SEU 事件，尽管未影响整星任务，但也增加了卫星维护保障负担。在后期改进中，该设备增加了对重要数据定时刷新以及重要数据的三模冗余功能，飞行后在轨几乎没有再发生 SEU 事件，有效提高了设备的可靠性。

6.5.4.5 表面充放电效应防护设计

为从源头上控制表面充放电效应的发生，需严格控制卫星星表材料的选择与应用，包括：

（1）选用低电阻率的介质材料。热控多层面膜层的表面电阻率应不大于 $1\times10^{6}\Omega/\square$；采用玻璃型二次表面镜（OSR）片，外表面应镀氧化铟锡（ITO）膜，其膜层的表面电阻率应不大于 $1\times10^{6}\Omega/\square$；天线反射器等应采用防静电的热控漆；太阳电池玻璃盖片在技术成熟的前提下，可采用外表面镀 ITO 膜（或其他导电膜）的盖片玻璃。

（2）接地要求。结构和机构、电子设备的外壳等应该实现良好的电连接，结构部

件连接的直流电阻小于2.5mΩ；外表面的多层隔热材料应设置接地点和接地线与结构地实现电连接，每块表面多层隔热材料至少设置2个接地点，且材料上的接地点应尽量均匀分布。

(3) 母线电压大于70V的高压太阳电池阵，需要通过控制串间电压、在太阳电池片缝隙间涂胶，防止其在空间等离子体环境中引起一次放电而导致二次放电。

6.5.4.6 内带电效应防护设计

设备内部使用高电阻率材料时，该材料的电阻率与接地应满足总体防护要求，并应分析材料处高能电子注入电流密度并控制在0.1pA/cm^{2}以下。

对设备内部面积超过3cm^{2}或长度大于25cm的悬浮导体接地，除非确认其应用位置上不存在可引发内带电效应的高能电子环境，或该导体即使发生内带电也不会造成卫星任何部件受损并满足EMC要求。

采取充分的抗干扰设计，确保发生内带电时设备功能不受影响。设备应在PCB电路空白处采用大面积接地覆铜设计且覆铜设计应满足PCB设计相关规范。采用4层(含)以上的PCB，应设置专门的电源层和地线层。

6.5.4.7 真空环境适应性设计

一般要求材料总质量损失<1%、挥发物凝聚量<0.1%，避免使用低温升华材料(如镀镉、镀锌材料)。

主动段开机的设备，或者在常压下密封但是入轨后有缓慢漏气的设备，可通过真空放电试验考核其承受低气压环境的能力。

在方案设计和初样研制阶段，确认星上有相对运动的金属组件在超高真空环境中的动作能力，无法确认的可通过真空干摩擦和冷焊试验予以测定。

针对星上大功率微波组件采取防护措施，确保通过微放电或功率耐受试验的考核。在不产生微放电的阈值基础上，正样产品要经过+3dB的考核试验，初样产品要通过+6dB的考核试验。

6.5.4.8 磁场环境适应性设计

依据以下要求选用材料和器件：

(1) 在综合考虑材料物理性能及使用要求的基础上，尽量选用磁化率低的材料；

(2) 在特性参数同等情况下尽量选用低磁或无磁的元器件；

(3) 软磁材料很容易被磁场环境磁化，引起卫星磁矩和磁场的变化。慎重使用铁、轧钢、坡莫合金、殷钢、铁氧体等软磁材料。

通过合理布线使电流回路面积减到最小，常见设计措施有：

(1) 供电线路采用双绞线，或使正、负电缆尽量靠近；

(2) 在接地通路中避免形成较大面积的电流回路；

(3) 太阳电池阵的布线设计要尽量减小回路面积，正负母线尽量靠近；

(4) 成对的电池单体反向安装，以抵消环路电流产生的磁矩(磁场)。

6.6 EMC 设计

6.6.1 EMC 设计要求

EMC 是指卫星系统、分系统、设备在共同的电磁环境中能一起执行各自功能的共存状态，即设备不会由于受到处于同一电磁环境中其他设备的电磁辐射导致不允许的性能降级或故障，也不会由于自身的电磁干扰（EMI）使同一电磁环境中的其他设备不允许的性能降级或故障。如果系统中受扰设备的敏感度门限高于耦合到它的干扰发射电平，则可确认系统电磁兼容。

EMC 是导航卫星正常工作的基本要求，包括系统内（星内设备和电缆网等）兼容和系统间（卫星与运载火箭、卫星与发射场等）兼容两方面。导航卫星有多种电子设备，这些设备在不同频率区间和不同功率条件下工作，有些强信号、大功率设备易发射干扰，而有些弱信号、高灵敏度设备易受到干扰。

导航卫星 EMC 设计的目的是通过采取控制干扰和提高抗干扰能力的措施，实现卫星系统内部和外部 EMC 指标，确保卫星在特定的电磁环境中完成飞行任务。

1）EMC 设计的一般要求

卫星系统、分系统和设备的 EMC 设计应与其功能设计同步进行，统筹考虑。卫星系统需针对星载无线设备进行整星系统的频率规划和分析。经分析可能产生干扰或受扰的设备，应在设备抗干扰能力、整星防护或者工作模式等方面采取相应的防护措施。

分系统/设备应根据卫星总体的 EMC 技术要求，开展以下工作：

（1）分析设备所处的电磁环境中噪声与干扰的物理特性或相应的 EMI 控制要求。

（2）进行设备的 EMC 设计，包括电子元器件的选用、印制电路板的布局、电缆的屏蔽与接地设计、滤波、隔离等，以预防和减少可能出现的各类电磁不兼容现象。

（3）通过评审、外观检查、现场检测、试验验证等 EMC 验证手段，评估设备的 EMC 特性，得出设备能满足的 EMI 限值和能承受的电磁敏感度等指标。

2）系统级设计要求

实施卫星系统设计时，既要确保卫星内部各分系统的电磁兼容，也要确保卫星与运载火箭、上面级、发射场及测控系统等的电磁兼容。有关的设计要求包括：

（1）在星箭电磁环境界面上，卫星的有意或无意发射电平应低于规定的要求。

（2）在星箭电磁环境界面上，卫星允许运载火箭和发射场的有意或无意发射不超过规定值。

（3）卫星研制过程中应针对测控系统和应用系统的频谱特性进行仿真分析，结合设备的 EMC 测试结果，对星上的潜在干扰对进行分析和验证，并对真实存在的干

扰对进行改进。

3）设备级设计要求

EMC 设计提倡折中原则，以系统兼容为主要目的，不需要追求设备指标最好。设备内部的电磁兼容重点考虑以下方面：

（1）电路设计和元器件选用；

（2）线缆类型的选取和接头的装配；

（3）滤波电路设计和瞬态干扰抑制；

（4）机箱及箱内干扰电路/敏感电路的屏蔽防护；

（5）PCB 分层设计和布局；

（6）抑制系统内发射机的附加发射以及适当选择系统内接收机的动态范围，抑制镜像干扰、中频干扰及寄生干扰等。

4）电磁兼容安全余量

电磁兼容安全余量是系统中受扰设备的敏感度门限与耦合到该设备的发射干扰电平的差值。敏感度门限高于发射干扰电平，余量代表的是正的 dB 数，反之为负值。

国内外航天类电磁兼容系统标准中对系统电磁兼容安全余量的要求为：安全类和任务类关键测试点具有 9dB 的安全余量（火工品要求有 20dB 的安全余量），其他测试点具有 6dB 的安全余量。

6.6.2　EMC 设计方法[1]

1）接地与隔离

接地就是两点之间建立导电通道，其中一点通常是系统的电气元件，另一点则是参考点。接地的有效性取决于接地系统的电位差和地电流的大小。接地不好的系统往往会使杂散寄生的电压、电流耦合到电路、设备中去，从而使设备的屏蔽有效度下降。

卫星金属结构主体是结构接地系统的主要组成部分。一般是在靠近一次电源地线端，在星体主结构上选择一个易于外部操作的卫星单点接地点。

一般电子设备有浮地、单点接地和多点接地 3 种方式。卫星一般选用混合接地方式，即 1MHz 以下低频设备单点接地，10MHz 以上高频设备多点接地，1 ~ 10MHz 时酌情选用。

必须良好接地，接地不良有时比不接地的影响更恶劣（产生更大干扰）。同样，不应连接的地方必须电隔离。

2）搭接

搭接就是指在两金属表面之间建立低阻通道。为了确保卫星不受故障电流冲击和 ESD 的影响，应通过实施可靠的电气搭接，提供故障电流泄流通路。同时，搭接有助于抑制星体静电积累和电磁干扰。

搭接设计时应考虑振动、温度等环境条件的影响。如果某一搭接适用于多种类型的搭接目的,设计时应选用最严格的搭接要求。

所有要求电搭接的金属部件应提供清洁的金属接触面。机箱、机箱安装底座、搭接片及所有搭接件的接触面尺寸应良好配合。搭接安装前应对搭接面进行表面清洗。任何保护层,如阳极氧化等,在搭接前应从搭接面上除去。搭接后应对搭接面进行相应的保护处理。

3）屏蔽

屏蔽是通过吸收、反射电磁波,防止干扰外泄或外界干扰进入。

铜和铝是各种频率下的良好电屏蔽材料,对电磁波有较大的反射损耗。屏蔽体厚度仅维持足够的结构强度即可。

电路设计中可以从机箱屏蔽、局部屏蔽、电缆屏蔽 3 方面采取措施,包括:整体机箱作为一个良导体,并良好接地;机箱内部可以用金属板隔离有强干扰源的电路板;灵敏度高的局部电路,可局部加屏蔽罩;对灵敏度高的信号电缆通常采用屏蔽线;设备屏蔽盒注意屏蔽的连续性;等等。

4）滤波

滤波的机理是通过吸收或反射,使直流或某些频率的传导干扰大为减弱。无论是抑制干扰源和消除干扰耦合,还是增强接收电路的抗干扰能力都可采用滤波技术。

抑制干扰的主要方法按次序为:接地、布线、屏蔽、滤波。接地良好可降低屏蔽和滤波要求,而屏蔽良好可以降低滤波要求。故滤波器只在必要时使用。能使用简单的防干扰电容器就不必采用复杂滤波器。

5）电缆网

电缆网设计是实现整星电磁兼容的重要环节,其布线布缆原则是:基本上每一类导线不与另一类导线安排在一束电缆内;不同类型的线束在空间上分开,尽量减少干扰耦合,利用有限布线空间分配最佳间距;敏感线束与干扰线束分开布缆时二者最好垂直走向,至少夹一定角度;电缆束尽量贴近结构铺设,以减小电容性耦合和耦合回路面积。每隔一定距离要加以固定。

6）接收机

接收机 EMC 设计应考虑的措施如下:

(1) 接收机接收有用信号的带宽应压缩至最低限度,接收机的灵敏度和动态范围要合理选用,防止灵敏度过高易受干扰,可在传输电路中考虑采用限幅和消隐电路以防大幅度脉冲干扰,应使用滤波器来减少接收基波以外的杂波或谐波干扰;

(2) 天线引入线尽量短且必须屏蔽,信号输入电路应有足够的动态范围,输入端元件、电路、电缆应有足够绝缘强度且工艺精良;

(3) 机内射频部分与输出部分应分开屏蔽,高频放大、混频、中频放大级应互相隔开,进出机壳的线应尽量少;

(4) 本振应屏蔽并具有良好的屏蔽连续性,必要时使用双层屏蔽,屏蔽罩良好接

地,振荡器单点接地;

(5) 机内尽量不安放产生干扰的器件如继电器、开关等,必须使用时,继电器应屏蔽,线包应单独供电,线包及触点采取降低干扰措施;

(6) 外电源供电输入端应滤波,所有控制电缆应屏蔽,各输出端应有抑制寄生干扰的旁路电容器或滤波器;

(7) 接收机应与星体良好搭接。

7) 发射机

发射机 EMC 设计应考虑的措施如下:

(1) 应采取措施抑制从天线发射的谐波和寄生信号,发射机到天线的连接应保证良好匹配和电接触;

(2) 机箱内高低电平线路尽量分开,功率级应良好屏蔽和滤波;

(3) 低电平输入线应屏蔽,进出设备的控制线路应屏蔽和滤波;

(4) 电源输入电路应抑制发射信号产生的传导干扰;

(5) 高压电路、元件、电缆应使用足够绝缘强度的材料和工艺;

(6) 发射机应良好接地并远离对射频敏感的设备。

6.6.3 导航卫星 EMC 设计

1) 整星 EMC 设计

导航卫星整星 EMC 设计主要考虑了以下方面。

(1) 接地和搭接设计。按照卫星接地要求,建立卫星系统级接地,实现星箭之间、舱段之间、舱板之间、舱板与设备、结构件与星体、星表多层与结构之间等电位。

(2) 电缆网布局和走向设计。电缆网走向设计考虑了火工品电缆、SADM 到电源控制器供电电缆等单独走向设计,以减少大电流电缆对周边电缆和设计影响。

(3) 星内设备布局设计。考虑设备工作频率和功率进行分区设计。考虑工作频率因素,上行设备如接收天线、接收机等根据链路最优以及减少损耗要求,靠近布局。下行设备如行波管放大器、固态放大器、发射天线等从考虑降低下行损耗方面靠近布局。根据频率隔离要求,在星内设备布局上将不同频率的设备安装在卫星不同舱板上,减少频率之间的相互干扰。考虑设备功率因素,大功率设备和小功率设备分开布局。

(4) 星外天线布局设计。根据天线空间隔离度要求进行上行和下行天线布局设计。根据上行注入天线和下行导航天线电磁兼容试验结果,在整星布局上,保证上行注入天线和下行导航天线距离足够远,以满足空间隔离度需求。

在满足天线视场基础上,根据天线工作服务区要求,测控天线、上行注入天线以及导航天线可能存在多径,通过调整天线布局减少天线之间对性能的影响,减少可能存在的多径效应。

2) 整星 EMC 分析

导航卫星包括多种频段的射频信号,既有大功率发射设备又有小信号接收设备,各设备的本振信号均不相同,所产生的谐波分量错综复杂,不同信号间的 EMC 直接关系到卫星各相关分系统是否能正常工作。因此,卫星在研制过程中,开展了 EMC 分析工作。

导航卫星的 EMC 分析包括以下 3 个部分:

(1) 频率分析:频率分析主要完成发射设备与接收设备之间是否存在可能的干扰对的判断。频率分析主要涉及发射机的晶振、本振、发射频率、带宽、发射链路上产生的中间频率,接收机的接收频率、本振、带宽等,然后判断收发设备之间是否存在各种干扰。

(2) 多径分析:根据卫星布局,分析卫星发射和接收的射频信号经过多次反射后与直射信号合成而引入多径效应,包括干扰路径及多径信号相对强度,为有测距精度要求的天线布局提供参考。

(3) 天线隔离度分析:通过频率分析结果,在现有卫星布局的情况下,对干扰发射天线和敏感接收天线之间的隔离度进行分析,其结果是系统级电磁兼容分析的重要组成部分。

通过整星 EMC 分析,卫星系统识别了敏感单机以及干扰源,并在总装布局和单机设计上采取相应的措施进行防护或规避。

3) 整星 EMC 试验

整星 EMC 试验的主要目的是:对整星潜在不兼容情况、射频通路的设计及安装情况进行确认;获取星载设备实际工作的电磁环境;获取卫星在上升段 EMC 测试数据,判断卫星与运载是否能够兼容;验证星上各分系统之间的 EMC 性能,判断各分系统及设备间是否存在电磁干扰问题。

依据 EMC 试验大纲,导航卫星开展了主动段电场辐射发射、卫星在轨段电场辐射发射及其相应状态的背景测试项目。卫星 EMC 试验考虑了在轨可能的各种工作组态。通过 EMC 试验,验证了卫星各分系统之间电磁兼容。

6.7 供配电可靠性设计

6.7.1 供配电可靠性设计要求

供配电可靠性是影响导航卫星任务安全和长寿命的基本要素之一。供配电可靠性设计的目的是通过开展供配电及供电链路的可靠性设计及分析,确保卫星供电满足供配电任务要求以及可靠性要求。导航卫星的供配电可靠性设计,针对电能的产生、存储、传输、使用等流转环节,提出以下设计要求:

(1) 能量平衡设计:卫星的发电设备和储能设备,所产生和存储的电能,应满足不同光照期、地影期等不同轨道时段中,整星所有用电设备的需求,并留有一定的余量。

（2）供电通路可靠性设计：卫星的配电设备和电能的传输通路，应可靠地将整星各用电设备所需的电能传输到位，避免由于开路而导致电能的传输路径被截断，或者由于短路而导致电能被旁路掉。供电通路可靠性设计的内容包括供电通路的绝缘性设计、硬件冗余设计、冗余控制方式设计和安全间距设计。

（3）用电设备的故障隔离设计：卫星的各用电设备在进行供电接口设计时，应确保用电量不超过被分配的额度，同时，在自身发生故障时，应确保不影响卫星对其他设备的正常供电。

（4）供电系统稳定性设计：卫星的供电系统和各用电设备之间应具有一定的匹配性，确保卫星供电系统的稳定性，从而确保在各种工况下，供电系统的纹波、上冲、下陷等情况均不会对用电设备造成伤害。

6.7.2 能量平衡设计

导航卫星的工作轨道为GEO、IGSO和MEO，可供蓄电池组充电的时间长，负载一般比较稳定，因此一般采取当圈能量平衡的方式进行设计，即蓄电池组在地影期间放电能量在光照期内给以补足。能量平衡设计依据以下原则：

（1）在卫星寿命末期的最长地影期间，太阳电池阵的输出功率除满足光照期供电母线的负载功率、充电功率及供电线路损耗外，应留有5%～10%的裕度，对大功率的卫星一般为5%的功率裕度。

（2）在卫星寿命末期的最长地影期间，考虑一节电池失效时，蓄电池组的放电深度一般不大于60%、80%、80%。

（3）在光照期对蓄电池组除进行高倍率和中倍率充电外，应留有1h以上的涓流充电时间。对于锂离子蓄电池组，不设置涓流充电。

6.7.3 供电通路可靠性设计

6.7.3.1 绝缘性设计

1）太阳电池阵绝缘性设计

导航卫星太阳电池片与太阳翼基板之间的绝缘电阻应满足一定要求，一般要求大于10MΩ，这是靠太阳翼基板的表面处理工艺和太阳电池片的贴片工艺保证的。太阳翼基板的正面采用绝缘材料覆盖或涂覆，如覆盖聚酰亚胺膜。采用底片胶将带盖片的太阳电池片与经过表面绝缘处理后的太阳翼基板粘接，底片胶具有高的电绝缘性能。为了防止太阳电池片与太阳翼基板之间的绝缘层由于某种原因（多余物刺破或材料老化等）失效而导致太阳电池片与卫星结构地之间形成电流回路，太阳翼基板与太阳翼上的其他金属部分（如连接架、法兰、铰链、微动开关等）相连接处采取绝缘措施，太阳翼整翼与SADM相连接处也采取绝缘措施。此外，为了确保太阳翼不积累静电电荷，采用静电泄放电阻将太阳翼基板与太阳翼上的其他金属部分相连接。太阳翼整翼的金属部分再采用导线通过SADM信号环与整星结构地相连接。

2）蓄电池组绝缘性设计

蓄电池单体的外壳与蓄电池组结构之间采取绝缘措施，如在单体与卡套的接触面之间填充硅橡胶等。对于某些类型蓄电池单体，其外壳与其两个电极中的一个相连，为了防止蓄电池单体外壳与蓄电池组结构之间的绝缘层失效而导致蓄电池单体与卫星结构地之间形成电流回路，蓄电池组结构与卫星结构地之间采取绝缘措施，如在将蓄电池组安装在卫星舱板上时，在其底板与舱板之间隔聚酰亚胺膜。此外，为了确保蓄电池组金属结构及单体的金属外壳不积累静电电荷，采用静电泄放电阻将蓄电池组底板与卫星结构地相连接。

3）电能控制装置和配电装置绝缘性设计

在电能控制装置和配电装置内部，导航卫星供电通路上的继电器、功率二极管、MOSFET 等功率器件采取绝缘措施安装在设备结构或 PCB 上，如在安装面垫装云母片等。导线束在设备内部走线时，遇结构有棱角处应对结构采取绝缘措施，如贴聚酰亚胺膜等。

4）SADM 绝缘性设计

SADM 内部导线与 SADM 外壳、边框、金属支架等之间应采取绝缘防护和固定措施，杜绝由于线束活动与结构件间摩擦，导线绝缘层破损造成的短路。为了防止上述绝缘措施失效而导致太阳电池阵输出的电能无法正常传输至卫星内部，SADM 与卫星结构的安装面处采取绝缘措施，如垫装聚酰亚胺膜等。此外，为了确保 SADM 的金属外壳不积累静电电荷，采用静电泄放电阻将 SADM 的金属外壳与卫星结构地相连接。

5）电缆网绝缘性设计

电缆网在卫星舱板内表面走线时，遇舱板有棱角处应对舱板采取绝缘措施，如贴聚酰亚胺膜等。

导航卫星供电通路绝缘性设计中，太阳翼基板、蓄电池组底板和 SADM 外壳均通过垫装聚酰亚胺膜等绝缘措施与卫星结构连接，并分别通过规定阻值的电阻连接至卫星结构板规定位置的接地桩。

在绝缘性设计中，需特别注意母线导线正线与结构的安全间距及工艺实施问题，避免导线与结构距离过近导致绝缘层受损，导致卫星母线短路。

6.7.3.2 硬件冗余设计

供配电系统的硬件冗余设计对象包括太阳电池阵、蓄电池组、电源控制装置、电源配电器、SADM 和功率线等，其主要设计措施如下：

（1）太阳电池阵的冗余设计：通过适当增加并联串数和每串太阳电池增加 1 ~ 2 片太阳电池片的方法进行冗余设计。

（2）蓄电池组的冗余设计：采用单体冗余方式，一般允许 1 组蓄电池中有 1 节单体电池开路或短路失效。

(3) 电源控制装置冗余设计:分流调节一般采用多级顺序线性分流调节或多级顺序开关调节,允许 1 级 ~2 级分流电路开路失效而维持正常供电,防止短路失效;充放电控制一般采用主备控制模块并联或冷备份方式进行冗余;主误差信号放大可采用三取二表决电路等。

(4) 功率线、重要的控制信号线、重要的遥测参数线及相关的电缆、电连接器采用多点多线传输。

6.7.3.3 冗余控制方式设计

按以下原则进行冗余控制方式设计:

(1) 故障隔离设计采用自主隔离为主和遥控干预为辅的冗余控制方式。

(2) 蓄电池组的充电控制采用自主控制为主、多种控制手段互为备份的冗余方式。各种控制方式及控制阈值的选择需经过充分论证和试验验证,避免多种控制方式竞争。对氢镍蓄电池组可采用电压-温度($V-T$)曲线充电控制、电子电量计充电控制、压力-温度($P-T$)曲线充电控制;锂离子电池蓄电池组可采用硬件和软件进行充电终压控制。

(3) 蓄电池组充电控制策略可遥控更改,如自控方式选择、控制阈值选择等。当出现氢镍蓄电池组过温及压力超限、锂离子蓄电池组过电压等异常时,或卫星需要改变蓄电池组自主充电策略时,能够利用遥控指令实现对蓄电池组充电控制的修改。

(4) 在条件允许的情况下使两组蓄电池能够交叉充电。

6.7.3.4 安全间距设计

为了提高导航卫星供配电可靠性,在电能控制装置和配电装置内部,以及卫星各负载设备中的供电接口电路部分,都要确保卫星各级别供电通路的正线和回线之间的安全间距以及它们与卫星结构地之间的安全间距满足要求。以北斗二号卫星为例,在进行这些电子设备的设计时,供电安全间距遵循的要求如下:

(1) 卫星一次母线(包括在 PCB 上部分和使用导线的部分)与设备内部的金属体器件、裸线或其他金属零件(包括安装螺钉、导轨、导槽、边框等)之间的间距至少为 1.6mm。

(2) 在各设备中,卫星一次母线的正线与回线(二者均包括在 PCB 上部分和使用导线的部分)之间的间距至少为 0.4mm。若线路表面有绝缘涂层处理,可放宽为至少 0.13mm。

(3) 在各设备中,卫星二次电源的正线与回线(二者均包括在 PCB 上部分和使用导线的部分)之间的间距至少为 0.25mm。若线路表面有绝缘涂层处理,可放宽为至少 0.13mm。

(4) 在各设备中,相邻 PCB(包括安装在上面的元器件)之间以及 PCB 与设备机构之间的最小间距至少为 5mm。

6.7.4 用电设备的故障隔离设计

6.7.4.1 总体原则

用电设备只要有可能因单点故障造成供电母线短路，都应采取短路保护措施，主要设计原则如下：

(1) 短路保护措施应尽量分散到设备、部件、模块单元级，优选分散到模块单元级；

(2) 保护方式包括熔断器、遥控切换和自动切换 3 种方式；

(3) 同一功能的主份单元与备份单元不能共用一个过流保护；

(4) 小电流的仪器设备尽可能采用限流电阻作为母线保护电路；

(5) 采用双独立母线供电的导航卫星，主份单元与备份单元不应使用同一条母线。

6.7.4.2 实施方法

短路保护可采取串联熔断器或串联限流电阻的方法。

1) 串联熔断器

串联熔断器实现短路保护的电路示意图如图 6.7 所示。

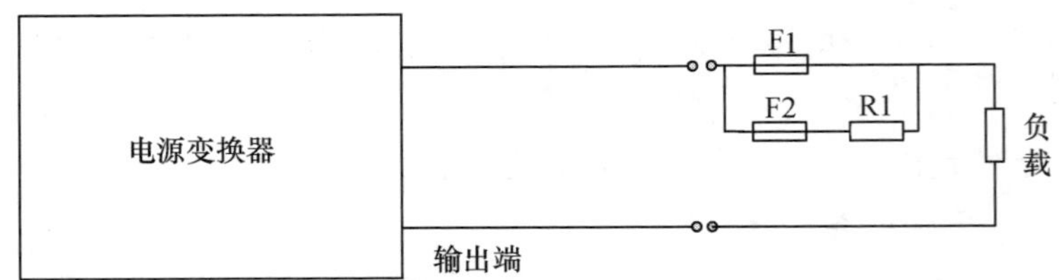

图 6.7 串联熔断器保护电路示意图

根据熔断器 F1、F2 的不同类型，设计不同的电阻 R1，使得在正常工作时，流过 F1 的电流为负载正常工作电流的 95%，此时，熔断器 F1、F2 的额定熔断流不得大于电源变换器最大保护电流值的 95%。若电源变换器为多个负载供电，熔断器 F1、F2 的额定熔断电流与其他负载正常工作电流之和应小于电源变换器的最大保护电流值的 95%。熔断器的应用原则如下：

(1) 熔断器的作用是维护供电系统不受损坏，熔断器的负载范围尽量小，以减小熔断器熔断后的故障影响；

(2) 熔断器降额系数使用不能太大，一般取 0.5，必须分析从电源到熔断器供电回路(如回路中的电源变换器输出过流保护点、继电器触点、电连接器接点、导线、PCB 敷铜电路)是否能承受熔断电流，以确保熔断器的有效性；

(3) 熔断器必须安置在设备的电源输入处，不能用硅胶固封；

(4) 检查熔断器的瞬态过流熔断特性是否满足设备瞬态过流(浪涌电流)的要求，熔断器的瞬态过流特性可从熔断器产品手册或经测试获得，设备的瞬态过流特性

一般需经测试获得。

2）串联限流电阻

串联限流电阻实现短路保护的电路示意图如图 6.8 所示。

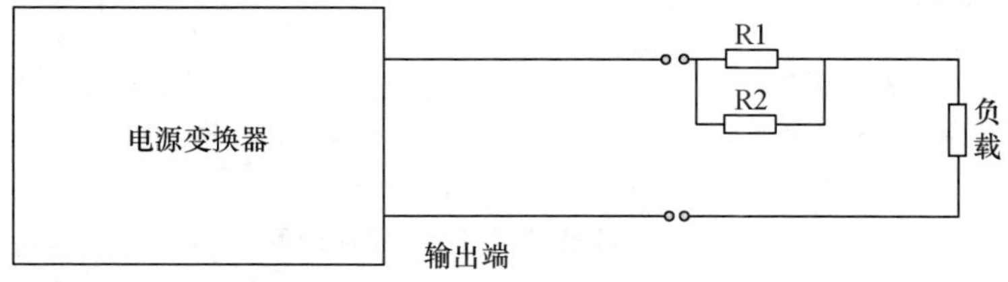

图 6.8　串联限流电阻保护电路示意图

根据负载的特性及电源变换器的最大保护电流，选择适当的限流电阻，在负载短路时，将最大电流限制在可接受的范围内，限流值应小于变换器的最大保护电流，若电源变换器为多个负载供电，任意一个负载的限流值与其他负载正常工作电流之和应小于变换器的最大保护电流值。限流电阻的选用原则如下：

（1）限流电阻自身产生的电压降不能影响负载的正常工作；

（2）限流电阻的额定功率应大于在负载短路时其最大功率，且满足降额要求；

（3）某一个限流电阻发生开路故障时，不能影响负载的正常工作。

导航卫星的负载设备在供电接口上均设计了串联熔断器或串联限流电阻的保护方法，以确保在自身发生故障时，不影响卫星对其他设备的正常供电。

6.7.5　供电系统稳定性设计

导航卫星的供电系统或负载设备在经历一次偶然的短时干扰后，如果可以恢复，则其稳态工作点是稳定的。供电系统稳定性设计就是考虑在一定因素的扰动下，保证稳态工作点的维持的设计。

1）供电系统关键单机的稳定性

该部分主要关注电源控制装置内部闭环控制的相对稳定性问题，这些闭环控制一般包括母线电压闭环控制、蓄电池充电闭环控制、太阳电池阵最大功率点跟踪闭环控制等。

电源控制器作为供电系统的关键单机，其内部均采用负反馈控制系统，来控制输出的母线电压、充电电流等。

如图 6.9 所示，G 是主设备的传递函数，H 是反馈控制回路的传递函数，整个系统的传递函数（TF）可以表示为

$$\mathrm{TF}=\frac{\text{输出 }y(t)\text{ 的拉普拉斯变量}}{\text{输入 }x(t)\text{ 的拉普拉斯变量}}=\frac{G(s)}{1+G(s)H(s)} \tag{6.11}$$

式（6.11）表明，当 $1+G(s)H(s)=0$ 时，对任意一个小的输入都有一个无限大的输出，该式的解叫作系统极点，一般为复数。假定输出放大，即如果 $G(s)H(s)=-1$，

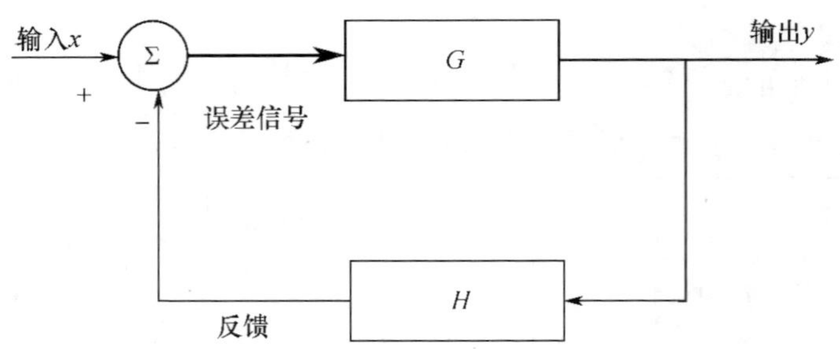

图 6.9　典型的反馈控制系统模型

则系统是不稳定的。换句话说,在某个频率下,开环回路增益为 0dB,且相角为 180°时,系统变得不稳定。通常判定稳定性的方法是,画出增益和相角与频率之间的关系曲线,即图 6.10 所示的 Bode 曲线。如果增益低于 0 并且有一定的裕度,相角偏离 180°线并且有一定的裕度,则一般认为系统是稳定的,因此一般采用增益裕度和相位裕度作为衡量系统稳定性的指标,图 6.10 中在增益为 0dB 的频率下对应相位的值,与 −180°时的差即为相位裕度;在相位为 −180°时的频率下对应增益的值即为增益裕度。

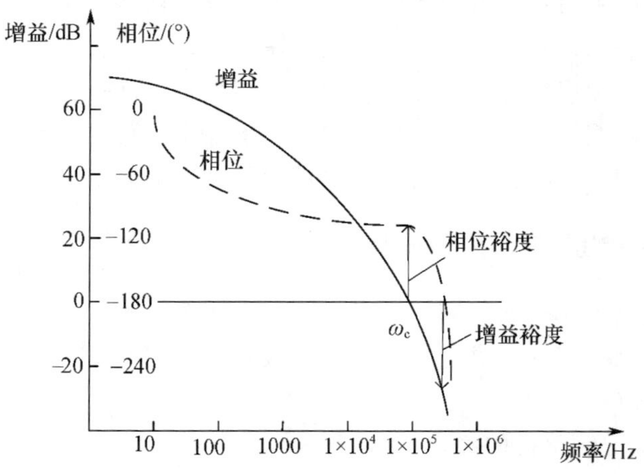

图 6.10　开环回路 Bode 曲线

对于电源控制器的母线电压闭环控制系统,欧洲空间局(ESA)提出的标准是 60°相位裕度、10dB 的增益裕度,美国国家航空航天局(NASA)提出的标准是 45°相位裕度、10dB 的增益裕度。

2) 供电系统级联的稳定性

由于供电系统所连接的负载多种多样,而且并不是所有的负载都可以提前确定,在保证供电系统单机稳定性下,供电系统接入不同类型的负载后,整个系统仍应具有稳定性。

级联后的供电系统可以分解为源子系统和负载子系统,图 6.11 给出了供电系统级联的结果示意图。设前一级子系统的输出阻抗为 Z_S,与其相连的后一级子系统输

入阻抗为 Z_L,源子系统输入到输出的传递函数为 T_S,负载子系统输入到输出传递函数为 T_L。

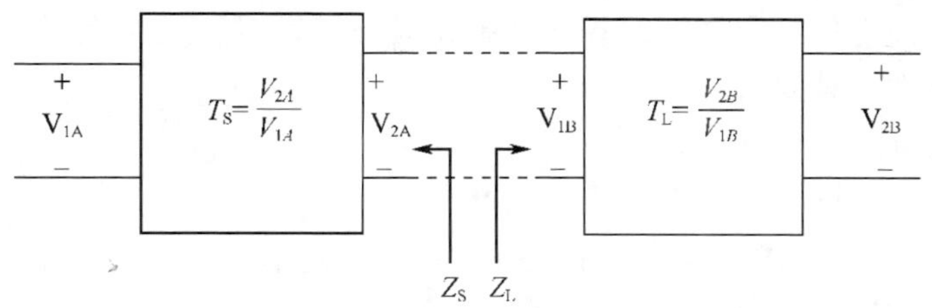

图 6.11 供电系统级联示意图

针对某一个稳态工作点,图 6.11 的级联系统可以简化成图 6.12 中的模型。可推算出

$$\frac{V_{2A}}{Z_S + Z_L} = \frac{V_{1B}}{Z_L} \tag{6.12}$$

式中:$V_{2A} = T_S \cdot V_{1A}$,$V_{1B} = \dfrac{V_{2B}}{T_L}$,则两个系统级联之后的传递函数为

$$T_{SL} = \frac{V_{2B}}{V_{1A}} = \frac{T_S \cdot T_L}{1 + (Z_S/Z_L)} \tag{6.13}$$

图 6.12 稳态工作点上的级联系统等效电路模型

其中比例系数 Z_S/Z_L 可以认为是级联之后系统的开环增益,该系数决定整个系统的稳定性,如果 $|Z_L| > |Z_S|$,无论相角处于何种关系,$1 + (Z_S/Z_L)$ 均大于0,那么整个系统将会稳定。如果在某个频率范围内 $|Z_L| < |Z_S|$,那么只要输出、输入阻抗的相角、幅值满足一定关系,同样可以满足一定的稳定裕度的要求,例如所要求的幅值裕度为 GM(依照 ESA 的标准,确保系统稳定的幅值裕度为10dB),相角裕度为 PM(依照 ESA 的标准,确保系统稳定的相位裕度为60°),那么只要在所有频率范围内 $|Z_L|/|Z_S| > GM$ 就可以满足要求,但如果在某个频率范围内 $|Z_L|/|Z_S| < GM$,那么只要式(6.14)成立,同样可以满足所要求的稳定裕度。

$$180° - PM < \angle Z_S - \angle Z_L < 180° + PM \tag{6.14}$$

6.8 信息流可靠性设计

6.8.1 信息流可靠性设计要求

信息流定义为具有规定流动方向和格式的信息从信源向信宿传递的过程。导航卫星信息流是实现导航卫星 RNSS 与星地时间同步、RDSS 与数据传输等任务的基本要素,信息流的可靠性直接影响了导航卫星导航信号的可用性、连续性、完好性,也关系到整星测控安全和全球组网服务性能。

导航卫星具有信息接口多、信息类型丰富、信息路径关系复杂的特点，涉及地面、它星以及本星内部信息网络中的各分系统和设备。针对这些特点，导航卫星提出以下信息流可靠性设计要求。

1）权衡设计

权衡设计的一般原则如下：

（1）反复迭代，寻求工程应用的最优解或最合理解；

（2）严格控制设计更改，避免微小变化产生重大影响；

（3）在系统层面分析可靠性、安全性等各项设计措施的效果和代价，权衡利弊；

（4）权衡信息资源的需求和实现代价，合理分配和调度。

2）简化设计

简化设计能降低非正常信息流通道或非正常信息（无效信息、错误信息、非预期信息等）存在的可能，减少其对系统信息流可能带来的负面影响。简化设计的主要原则如下：

（1）减少硬件间的连接关系，用总线传输代替单一信息的电缆传输，用软件功能代替硬件功能；

（2）减少信息类型和数量，如删减不必要的冗余信息；

（3）采用分层设计方法，减小设备间通信协议的复杂度。

3）冗余、容错与传输余量设计

冗余、容错与传输余量设计的主要原则如下：

（1）采取冗余设计措施，对关键设备、部件、模块冗余备份；

（2）重要的信息源保留冗余，如用分布式冗余方式存储重要数据等；

（3）进行容错设计，消除或屏蔽故障，避免冗余设计产生非预期的信息流关系；

（4）信息流通道传输信息时留有余量，避免信息流网络局部死锁、信息流通道堵塞。

4）安全性设计

信息流安全性设计即采取措施防止信息流网络局部被破坏而影响卫星系统安全。主要原则如下：

（1）保证信息本身的安全性，对重要数据采取存储、处理等措施，如保存重要控制状态信息以保证控制连续性，提供重要数据的地面上行注入修改功能等；

（2）保证信息控制指令发出的安全性，对关键或重要的控制指令采取多级控制、认证等措施，避免指令意外执行；

（3）保证信息传输的安全性，避免信息传输错误，如对遥控注入数据进行验证以减少错误率；

（4）保证信息接收的安全性，确保信息来源和内容的正确合法，如使用信息来源身份标签。

6.8.2　信息流可靠性设计要素

6.8.2.1　信息需求分析

信息流可靠性设计和信息流设计同步进行，融合在信息流设计过程中。进行信息流设计时，需首先统计确定卫星系统的信息需求，一般步骤如下：

（1）在任务分析及分系统间接口协调的基础上，明确各分系统的信息需求；

（2）统计各种信息需求；

（3）进行需求可行性分析，形成信息需求分析报告。

信息需求分析随着卫星设计方案的细化逐渐完善。信息需求分析应至少从信息类型、信息数量、信息传输速率、信息余量 4 个方面确认各分系统信息需求的满足情况。

6.8.2.2　信息流网络设计

多条信息流通道和多个信息流节点（设备、部件、模块等）组成信息流网络。信息流网络设计，即设计信息流网络中信息流通道、节点组成关系的方案，确保信息流网络架构满足信息需求和卫星总体要求。与可靠性密切相关的设计主要包括网络分级设计、主干结构可靠性设计、信息接口设计和网络流量分析。设计时，需根据卫星信息需求分析结果，调研、比较、分析不同信息流网络方案的可行性，重点考虑信息流网络结构体系、信息流网络主干实现技术、信息接口实现的通用性等，对信息流网络的可实现性、可靠性、安全性、扩展性等进行评价，获得适用于具体卫星的信息流网络方案。

1）信息流网络分级设计

信息流网络分级设计主要确定信息流网络结构的层次，如由主干网络、下级网络、终端节点组成的三级结构层次。

信息流网络根据信息处理的方式可分为分布式结构、集中式结构、混合结构。大型卫星一般采取分布式结构，并形成系统、分系统、设备和部件的分级处理模式，以降低信息流关系复杂度。在分布式结构的信息流网络中，信息处理主节点一般为完成系统级任务的计算机，信息处理从节点一般为完成单一功能的智能处理单元。

2）信息流网络主干结构可靠性设计

卫星系统信息流网络主干结构一般为总线型。数据总线是卫星系统信息流网络的信息交换中枢，通过数据总线实现卫星的分布式控制以及指令、遥测、广播数据等信息的传递。

串行数据总线可靠性设计的要求有：

（1）通常选用已有成熟应用经验或经过在轨考核验证的总线；

（2）监测总线通信情况，若发现终端节点通信异常，则自动切换到备份总线；

（3）进行通信超时处理，避免总线系统某个节点的故障影响整个总线系统数据通信的安全；

(4) 进行系统保护与故障隔离,主节点应有备份,从节点故障不能影响系统工作;

(5) 具备差错控制方式,如 CRC、奇偶校验、累加和校验等;

(6) 总线平均传输数据通信量不得全部占用总线传输最大数据量;

(7) 必要时允许卫星不同上下行通道相互备份部分数据。

3) 信息流信息接口设计

信息流信息接口设计的目标是确保信息接口双方按照预期设计的逻辑可靠、安全地传输信息。以信号特征作为划分依据,卫星系统信息流分为低频信息流、射频信息流两大类。低频信息流包括遥测信息流、遥控信息流等,射频信息流包括测控信息流、星间链路信息流等。

低频信息流的信息接口设计需重点关注接口的匹配性、可靠性、安全性。射频信息流的信息接口设计需重点关注卫星与其他系统(如运载系统、测控系统等)的兼容性、各分系统间的兼容性,保证各射频信息流通道间互不影响。信息流信息接口设计需适应卫星的任务特点,按照卫星设计与建造规范及有关的标准进行。

4) 信息流网络流量分析

在进行信息流网络设计时,一般自下而上,逐级计算获得信息流网络流量的常值、峰值数据和余量。基于信息流网络流量分析结果,评价是否存在信息流网络局部或全局堵塞的现象,并针对堵塞现象改进信息流网络设计。

6.8.2.3 信息流处理设计

信息流处理设计,即设计信息流节点对信息流的处理方案,确保信息流节点不影响信息流网络的正常运行,或利用信息流节点为信息流网络运行提供管理维护。与可靠性密切有关的设计主要包括信息流时序设计、信息流自主管理设计、信息流网络在轨维护设计等。

1) 信息流时序设计

信息流时序关系存在于信息流通道中具有信息流关系的相邻节点间。信息流时序设计一般在通信双方使用的通信协议的相同协议层进行,遵循如下原则:

(1) 采取通用化、标准化的成熟通信接口;

(2) 时序关系应适应卫星整个寿命期间的接口性能变化需求;

(3) 在满足功能和性能要求的前提下,简化时序关系;

(4) 统筹考虑软件运行相关的时序;

(5) 系统中各事件响应的先后次序应符合设计逻辑要求,如从故障检测到纠正的时间应小于从故障检测到发生的时间。

2) 信息流自主管理设计

作为信息流主节点的计算机通过运行软件,完成故障诊断、故障隔离、重构等部分自主管理功能。信息流自主管理设计一般遵循如下原则:

(1) 能自主检测信息流网络中关键信息流通道和节点的工作状态、可能出现的

故障,及时控制主备份切换,进行重要数据恢复等;

(2) 具备时间管理功能,通过遥控指令授时、校时,保持系统信息流的时间同步;

(3) 针对外部接口设备故障、SEU、电磁干扰、软件逻辑错误、操作失误、程序“跑飞”或死循环等情况,设置防错、避错和容错等自恢复措施,保证软件可靠性。

3) 信息流网络在轨维护设计

信息流网络关键节点一般具备通过地面发令实现在轨维护的功能,以修复软件缺陷或扩展软件功能,维护信息流网络的正常运行。一般遵循如下原则:

(1) 能通过遥控指令禁止、使能某个软件功能模块;

(2) 能通过遥控数据注入,修正或替换某个软件功能模块,甚至替换整个软件;

(3) 关键节点的在轨维护软件与应用软件应独立。

6.8.3 导航卫星信息流可靠性设计

6.8.3.1 信息流网络设计

导航卫星信息流覆盖测控、运控、星间3类信息传输通道。测控信息流分为测控上行信息流、测控下行信息流;运控信息流分为运控上行信息流、运控下行信息流;星间信息流分为星间接收信息流、星间发送信息流。卫星信息传输通道如图6.13所示。

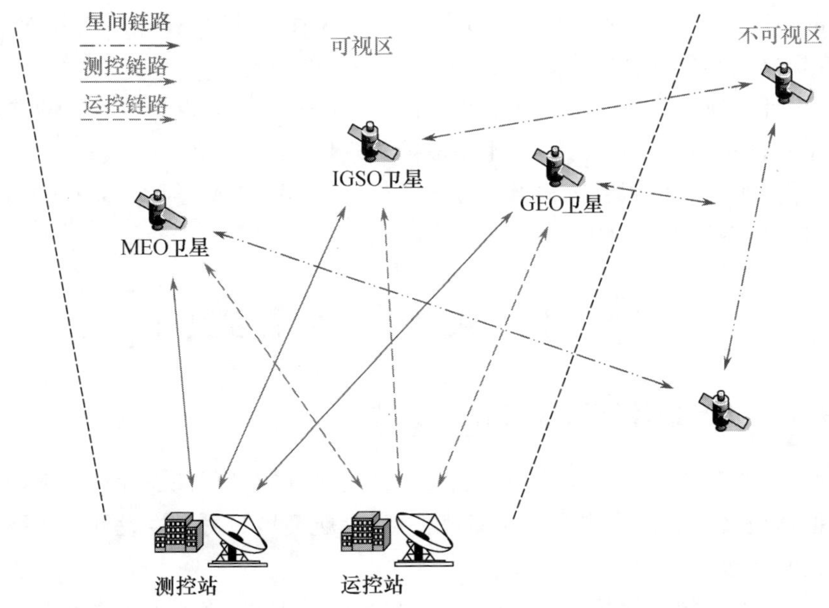

图6.13 导航卫星星地/星间信息传输通道示意图(见彩图)

导航卫星的信息流网络由主干网络、下级网络、终端节点三级结构组成,采用分布式结构,形成系统、分系统、设备及部件的分级处理模式。卫星信息处理的主节点为中心计算单元,从节点包括各分系统的信息处理单元、收发单元等。

在可靠性设计方面,导航卫星信息流网络采取了以下措施:

(1) 选用有成熟应用经验并经过在轨考核验证的总线;

(2) 设置控制单元监测总线通信情况,在发现设备及部件通信异常时能够自动切换到备份总线;

(3) 在通信协议中明确最小不响应超时时间,避免某个节点的故障影响整个总线系统;

(4) 卫星部分信息传输通道可以相互备份部分数据,增强信息传输的可靠性和安全性;

(5) 信息流通道上的设备或部件均有备份,并提供两路冗余的总线接口,中心计算单元具备自主切机能力;

(6) 通过 CRC、奇偶校验、累加和校验等进行检错纠错;

(7) 总线平均传输数据通信量、总线负载均留有安全余量。

6.8.3.2 信息流处理设计

为确保信息流处理的可靠性,导航卫星采取的一些设计措施有:

(1) 卫星时间信息分别存放于多个终端节点,当业务处理单元发生错误需要开关机时,可以快速地从其他设备读取时间信息,实现快速恢复;

(2) 中心计算单元能够监测业务单元的工作状态和关键遥测参数,当业务单元由于外部接口设备故障、SEU、软件错误等出现异常后,可进行自主复位处理,并具备开关机或切机等其他处置能力,有效降低异常事件的影响;

(3) 设计在轨维护软件和应用软件,在轨维护软件可支持应用软件的在轨修复更新,应用软件包括整星遥测遥控、整星故障处理等,可支持在轨更改;

(4) 计算机系统采用高抗辐射等级的器件,并采用 EDAC 对 RAM 存储访问进行校验和纠错,实现对 SEU 的防护。

6.9 批产条件下的可靠性设计

6.9.1 批产条件下可靠性设计的特点

尽管单星研制的可靠性设计和导航卫星批量研制的可靠性设计在一般内容上没有区别,但适应批量研制需求和混合星座特点,导航卫星在可靠性设计上更强调稳定性、包络性和更改控制,具体体现在:

(1) 导航卫星的设计状态一旦确定,卫星各级产品的固有可靠性水平也就确定了。不同类型、不同状态的导航卫星整星少则 3 颗,多则十几颗,星上同种设备的配套有数十台乃至数百台,这客观上对导航卫星产品技术状态的稳定性、成熟度提出了更高要求。为了确保可靠性设计一次到位,避免过程反复和批次性问题,导航卫星在设计阶段及时开展了可靠性设计专项检查,通过复核复审、集中检查及时发现设计上

的薄弱点和潜在隐患，将设计改进和可靠性增长落实在产品设计定型之前。

（2）导航卫星分布在3种类型的轨道上，选用的运载火箭及发射方式不同，不同类型卫星将经历不同的发射段力学环境条件和不同的空间环境条件。例如，北斗二号MEO卫星和IGSO卫星技术状态基本一致，但前者采用中圆地球轨道，后者采用倾斜地球同步轨道。同时，批量研制也不代表各卫星技术状态完全一致，不同星的设备配置可能有所不同。在设备层面，同样的产品可能用于多种状态的卫星。因此，导航卫星的可靠性设计相比单星更为强调对环境条件、使用工况和工作模式的包络性、覆盖性，并具体体现在特性分析、裕度设计等工作中。

（3）尽管同类型导航卫星技术状态基线相同，但在批量研制中，由于功能要求变化、设备配套变化、产品升级、质量问题归零和举一反三等原因，导致后续卫星的设计发生变化，如布局调整、信息流拓扑变化等。因此，技术状态更改在导航卫星批量研制中不可避免，更改过程中需要分析对可靠性的影响，必要时需针对有关变更重新进行可靠性设计。

6.9.2 可靠性设计的检查确认

导航卫星的批量研制，在对产品的可靠性设计提出更高要求的同时，也使产品的设计定型和产品化成为必然。为了确保可靠性设计一次到位，导航卫星在产品初步设计完成后、最终设计状态确定前大范围地开展了可靠性设计检查确认工作，通过设计师复核、同行专家和相关专业专家复查，确认可靠性设计的有效性和符合性。

可靠性检查主要以项目办制定的可靠性设计检查线索表为依据。导航卫星典型的可靠性设计检查线索如表6.7所列。

表6.7 典型的可靠性设计检查线索

可靠性设计要素	检查线索示例
冗余设计	主备共用环节：主备共用器件、共用焊盘、共用印制线等是否存在单点？ 主备切换设计：主备切换方式，主备切换逻辑，主备切换器件及故障模式，主备切换时间。 主备供电隔离设计：主备一次电源入口，主备二次电源配置方式，主备供电隔离性，主备供电器件故障模式。 主备信号接口设计：主备输入信号切换或分路方式，主备输入接口故障模式，主备输出信号切换或合成方式，主备输出接口故障模式，主备互联信号，当班状态遥测设计等
降额设计	是否给出单机工作模式和元器件使用工况； 元器件降额参数的计算是否以常态下的最恶劣工况为输入条件； 元器件降额参数是否全面； 温度参考点是否是产品工作温度范围的最高值； 热点温度计算是否依据热分析结果或热平衡试验结果； 元器件温度（结温、工作温度）计算方法是否正确； 瞬态应力是否按要求降额； 是否有不满足Ⅰ级降额要求的元器件等

（续）

可靠性设计要素	检查线索示例
抗力学环境设计	抗力学环境设计与分析项目的全面性； 有限元模型的正确性、有效性（如均布质量、集中质量及其他简化措施）； 分析结果（包括关键元器件力学响应分析结果）及校核结果等
热设计	热分析模型简化是否合理； 计算工况选取是否全面、合理； 边界条件及初始条件是否正确； 计算参数选取是否正确； 分析结果是否给出单板温度和0.3W以上元器件的温度等
空间环境防护设计	是否对电子元器件及材料的抗电离总剂量能力进行RDM分析及防护设计，且元器件及材料的RDM≥2； 采用的大规模逻辑器件（如CPU、FPGA、总线芯片等）及单/双稳态器件，是否给出器件SEU的LET阈值，并采取防护措施； 采用的体硅CMOS器件，是否给出器件SEL的LET阈值，并采取防护措施； 是否在较高电源电压或工作电压下采用功率MOSFET器件，若采用，是否给出器件SEB和SEGR的阈值电压，并降额使用； 是否对星表材料电阻率、接地方式及最长接地距离进行控制并给出具体指标； 采用的大块高绝缘介质材料及孤立导体，是否采取接地或提供足够的等效铝屏蔽等防护措施保证充电电流小于$0.1pA/cm^2$； 太阳电池在接受规定的等效1MeV电子损伤通量后性能参数是否满足要求； 是否给出材料耐受太阳紫外辐射能力数据等
EMC设计	是否给出模拟和逻辑有源元器件的EMC特性，检查有源器件的频谱特性是否落入敏感频带； 是否给出晶振、本振、二次电源等设备内部频率参数列表及其波形的频谱特征，检查内部频率信息是否会对接收频段造成潜在的干扰； 是否给出电路板在机箱内的分布情况，检查是否存在数字插板与敏感小信号模拟板相邻安装的情况，对于干扰电路板和敏感电路板是否有隔离措施； 是否给出地线层分布情况及各分区连接情况，及接地布线网络图，是否存在共阻抗回路，数字地、模拟地及干扰地是否彼此隔离； 是否针对PCB的设计结果开展信号完整性分析，包括由于PCB布线引起的信号反射、衰减、振荡等，传输的高速信号是否发生畸变而导致工作异常； 是否针对PCB的设计结果开展功率完整性分析，考察PCB的实际功率分配情况、功率电流传输情况、功率负载的静态及动态特性； 是否针对发射射频设备给出其带外辐射特性分析，并给出发射设备的发射功率、带外抑制、有源器件的非线性特性等，评估其带外辐射发射特性； 是否对于接收射频设备给出受扰裕量分析，并给出接收设备的链路增益、带外抑制、灵敏度等信息等

（续）

可靠性设计要素	检查线索示例
供配电可靠性设计	电源输入引线和接插件接点电流、设备内部功率线束电流是否满足降额要求； 是否采取浪涌抑制措施； 设备主份与备份是否共用二次电源，二次电源输入与输出是否隔离； 供电电路正线与负线之间、正线与机壳之间的最小间距； 一次电源是否采取过压、过流保护措施，过压保护是否可恢复，过流保护是否可恢复； 熔断器选用情况，熔断器使用方式； 二次电源过流保护点，二次电源的负载最大浪涌，二次电源的负载最大过流值，二次电源公用部分失效影响等
信息流可靠性设计	存在单点故障模式的信息流通道、节点的故障影响情况； 信息流网络中实际并发事件形成的最大信息流量对信息流网络运行的影响； 对实际通信链路余量的确认； 是否进行信息流网络对外接口的匹配性、安全性分析，确定其对信息流网络运行的影响； 信息流通道备份措施是否落实等

在导航卫星批量研制过程中，一方面根据分析、测试、试验等暴露的问题和举一反三，另一方面根据可靠性评审、可靠性复核复审、可靠性专项检查等提出的建议，开展各级产品的可靠性设计改进和完善，并结合可靠性专项验证，做到状态明确、设计固化、裕度摸底，产品的固有可靠性得到有效保证。

6.9.3 可靠性设计的包络性

6.9.3.1 关键特性分析

特性是指产品的性能、参数和其他技术要求。关键特性一般是指如有故障，可能危及人身安全、导致系统或完成所要求使命的主要系统失效的特性，或其波动会显著影响产品的安装、性能、使用寿命和可制造性的特性。

导航卫星的批量研制，使整星、设备的测试与试验数据比对具备了更好的条件，使产品性能的稳定性、一致性成为设计必须考虑的问题，这对卫星各级产品的关键特性分析工作提出了更高要求。识别关键特性、保证关键特性的裕度并控制关键特性的波动，是保证导航卫星可靠性设计包络性的重要途径。

关键特性分析就是利用各种分析方法，如统计分析、树图、故障影响分析等，进行技术指标分析、设计分析等工作，对产品特性进行分类并识别、确定关键特性的过程。关键特性可细分为设计、工艺和过程控制关键特性，其中设计关键特性是决定产品设计方案的关键设计参数的总和，如对产品使用环境变化敏感的设计参数，对制造工艺偏差敏感的设计参数，在产品最终状态下不可测试的关键功能性能等。

关键特性分析的方法可分为以下 4 类：

(1) 基于关系矩阵的方法。基于关系矩阵的方法有层次分析法、质量功能展开和优先次序矩阵等,这类方法通过建立关系矩阵,分析矩阵行和列各元素之间的相关程度,以量化手段定性评价考察对象的重要性,依据排序确定关键特性。其中,优先次序矩阵具有较大的灵活性,实施过程简单,是效率较高的方法。

(2) 基于故障影响分析的方法。基于故障影响分析的方法是通过自上而下分析故障原因或自下而上分析故障影响,以定性或定量方式识别关键原因或关键故障模式,确定相关关键特性。这类方法有 FMEA、因果图等。FMEA 在航天器工程中有广泛的应用基础。

(3) 基于统计数据的方法。某些情况下,关键特性必须依靠统计数据分析才能准确识别。基于统计数据的方法很多,如正交设计、信噪比分析、质量损失函数、相关性与回归分析、主成分分析、排列图等。限于数据量,航天型号常用方法有正交设计、相关性与回归分析、排列图等。

(4) 基于树图的方法。基于树图的方法包括 FTA、关键质量特性树、功能树等。这类方法通过将重点关注的产品性能和功能逐层分解,最终分解出可控制、可测量的关键特性指标,通常以树的形式表达,并和经验分析、故障分析、统计分析等方法结合使用。树图能够以最直观的形式表现产品的关键特性。

国内外的工程实践表明,选择什么方法分析识别关键特性和产品的特点密切相关,没有哪一种方法是万能的。特别是对于卫星这种复杂系统,需要以专家经验和工程分析为基础,灵活运用多种方法综合确定关键特性。

导航卫星在可靠性设计过程中,主要应用了 FMEA、FTA、设计裕度分析、飞行时序动作分析、成功数据包络线分析等方法,开展了设计关键特性的识别。在整星层面,卫星将设计关键特性的来源分为关键技术指标和系统级关键设计点两类。关键技术指标主要是对实现用户技术要求至关重要的、设计和实现过程具有较大不确定性的总体技术指标。系统级关键设计点则是在研制过程中,通过工程分析、测试、试验等活动发现的对系统有重要影响的设计特性。

识别系统级设计关键特性,首先需要识别总体技术指标中的关键指标。卫星总体技术指标一般包括有效载荷指标,轨道,总质量,功率,体积尺寸,精度,推进剂,刚度,寿命,可靠性,姿轨控、测控、热控、电源指标,与运载接口等。一方面,可以根据以往研制经验初步判断关键指标,另一方面,可以结合 FMEA,根据故障影响程度和发生可能性,综合判定关键指标。在确定关键指标时,不仅需要考虑用户的技术指标要求,还需要考虑空间环境敏感性和实现过程敏感性,如导航信号连续性指标对单粒子效应是敏感的,天线增益指标对工艺及生产过程是敏感的。

识别系统级设计关键特性,其次需要在关键指标基础上,进一步明确系统级关键设计点。例如,铷钟的频率准确度属于整星关键指标。分析铷钟频率准确度的影响因素,发现铷钟的工作温度是影响铷钟时间精度的关键因素之一。由于铷钟存在工作温度的控制指标苛刻(工作温度范围窄且温度变化率≤±1℃/轨道周期)、热耗复

杂、外部热流环境复杂、进出影过程中热功率变化大等难点,因此,铷钟的热控设计是系统级关键设计点。又如,某卫星寿命需要在现有基础上提升3年,分析确定蓄电池供电能力是整星关键指标。分析发现,按照新的寿命要求,蓄电池组的在轨充放电次数需提高50%,目前设计的蓄电池组已经不能满足要求。由于蓄电池组自身无法更改,为满足新的寿命要求,只能通过系统级采取措施降低蓄电池放电深度实现,如增加蓄电池组、减小用电负载等。因此,降低蓄电池放电深度成为系统级关键设计点。

6.9.3.2 关键特性参数的裕度设计

裕度是为适应卫星产品工作边界条件、工程实现误差及其他不确定因素,在设计上相对于指标要求预留的设计余量。开展裕度量化分析,识别工作条件和工作模式的最大包络,考虑产品飞行过程所经历的极端条件下的关键特性参数的可能变化情况和各种条件下的实际使用状态,进行裕度设计,是适应导航卫星批产和多场景应用特点、实施技术风险量化控制的重要手段。

裕度设计需在关键特性分析和确认的基础上进行。需根据产品关键特性,建立完整的关键技术指标体系;需根据技术要求和产品设计状态,从"性能符合性、环境适应性、接口匹配性、设备安全性"等方面,详细梳理出产品的关键特性参数,在研制、调试、测试和试验等过程中开展裕度设计和确认工作。

裕度设计的主要内容及要求如下:

(1) 确定裕度设计项目。影响任务成败的关键特性参数均应纳入裕度设计项目。整星、分系统应结合飞行任务剖面,围绕"与整星任务直接相关的功能、性能指标""供配电、姿轨控、信息管理与传输、测控等任务保障性项目""系统自兼容性以及与其他系统之间的匹配性、协调性相关项目""力学、热、EMC等环境适应性项目""影响整星安全的项目"等,设备应围绕"功能性能符合性""环境适应性""接口匹配性""设备安全性"等,逐一梳理确定裕度设计项目。

(2) 裕度设计与实现。首先应合理确定裕度量化要求。裕度量化要求可依据规范性文件、专用技术文件等,结合产品任务特点确定,如整星寿命末期功率余量一般不小于整星平均功耗的10%。产品承制方则根据裕度量化要求,结合裕度设计要求值,明确设计值。在此基础上,裕度设计的实现体现为对应的产品设计,并在综合资源约束、工艺实现复杂度与研制成本等各方面因素权衡下,和上一级产品不断迭代、协调完成。在产品设计完成后,对于不满足裕度要求的情况,应进行针对性的设计完善,如使用改进的技术与工艺、性能更优良的材料、更高指标的元器件、合理的冗余等。

(3) 裕度设计的验证。裕度设计结果验证优先选用测试或试验验证,并应满足不同环境、不同测试状态下裕度的要求,特别是对导航卫星,需包络所有使用状态和环境条件。

导航卫星从整星结构强度、结构刚度、太阳翼展开静力矩裕度、太阳翼展开冲击裕度、天线强度裕度、天线展开力矩裕度、压力容器安全裕度、推进剂余量、功率裕度、蓄电池最大放电深度、温控余量、微放电余量、功率耐受余量、测控链路余量、FPGA资源余量等方面开展了裕度设计工作。在设备级,重点围绕设备的关键技术指标、环境适应性开展了裕度设计工作。

6.9.4 可靠性再设计

相比单星研制,导航卫星不仅在首发星研制中会出现技术状态更改,更多情况下是在后续组网星研制中,由于卫星功能要求、载荷配置的局部变化,或已发射卫星在轨问题的举一反三,或器件换代、国产化或产品升级等原因,卫星不可避免地出现技术状态更改,此时,需要进行可靠性的再设计。根据技术状态更改原因和更改内容的不同,需要采取不同的处理方式。

1) 卫星功能要求变化的再设计

在全球导航卫星研制中,工程大总体提出增量发展的思路,各类导航卫星除配置基本导航服务载荷外,GEO 卫星和部分 MEO 卫星配置了报文通信载荷,部分 MEO 卫星还配置了搜救载荷和激光星间链路载荷等。相对于首批组网星,后续组网星在载荷配置或平台功能上有所变化,这些变化带来以下影响:

(1) 卫星增加相关分系统和设备,如增加报文通信分系统(含报文通信单元、报文天线)、搜救分系统(含滤波器、搜救固放、搜救天线等),这些新增分系统和设备需要按型号规范要求全面开展冗余设计、降额设计、环境适应性设计等可靠性设计工作。

(2) 由于载荷配置和平台设备配置的变化,会带来整星功耗、热耗和布局变化,热控设计、布局设计、供配电设计等需要适应性更改,因此整星需要针对这些变化重新开展热设计、抗力学环境设计、EMC 设计、供配电可靠性设计、信息流可靠性设计等工作。

2) 在轨问题举一反三的再设计

与单星任务相比,导航卫星分批研制,通过多次发射实现组网,前序卫星已在轨运行,后续卫星可能还在测试。同时,北斗二号导航卫星和北斗三号导航卫星均在组网前发射了试验卫星,其在轨运行时间更长。在北斗三号导航卫星研制时,北斗二号导航卫星正处于长期运行阶段。因此,导航卫星的首发星相对于试验星,后续星相对于试验星和前序星,北斗三号导航卫星相对于北斗二号导航卫星,均存在根据在轨问题进行举一反三的情况。

在轨问题的举一反三通常仅涉及硬件或软件的局部状态更改,且多数是软件更改,如软件参数更新、判决策略调整等。当出现硬件更改时,需要针对具体变化,分析其对可靠性、环境适应性的影响情况,有选择地进行可靠性设计的复核,必要时需同步更改可靠性设计。

3) 器件升级换代、国产化或产品改进的再设计

导航卫星从北斗一号、北斗二号到北斗三号的研制经历了 20 余年时间,伴随着

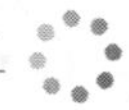

近年来的工业技术进步,在卫星配套产品的研制中必然存在元器件升级换代、元器件国产化或产品升级改进带来的技术状态基线变化或更改。对这些更改,需要复核相关的可靠性设计,确认产品的技术状态变化不会降低固有可靠性或者降低可靠性要求的符合性。

针对元器件的更改,主要应复核:

(1)元器件的热耗、热点温度是否有明显变化,如有应重新进行热分析和降额设计;

(2)元器件的失效率是否有明显变化,如有应更新产品的可靠性预计值;

(3)元器件的耐辐射总剂量是否仍满足要求,单粒子效应的敏感性和其他空间环境效应的敏感性有无变化,如有需进行防护设计;

(4)元器件的故障模式是否有变化,如有应更新产品的FMEA;

(5)所在电路的各路电压、电流等是否有变化,元器件的降额是否仍符合要求等;

(6)元器件的运算速度是否有变化,细微的变化需考虑对所涉及电路乃至设备的稳定性、匹配性的影响;

(7)与所替代的元器件额定允差是否有区别,若有区别,需复核电路设计的稳定裕度。

针对电路的更改,除应覆盖元器件更改复核内容外,还需复核电路的EMC设计、空间环境防护设计、供配电设计、信息流设计等。

针对机械产品和涉及产品结构的更改,需复核产品的抗力学环境设计。

其他类型的更改,如增加指令、增加通信接口、频率变化等,需复核有无新增故障模式及故障原因、故障影响的变化。

参考文献

[1] 国防科学技术工业委员会. 卫星可靠性设计指南:QJ 2172A[S]. 北京:中国航天标准化研究所,2005.

[2] TIMMINS A R,HEUSER R E. A Study of first-day space malfunctions[R]. NASA-TN-D-6474, G-1038, 1971.

第 7 章　可靠性分析

可靠性分析是利用有关的方法从不同的方面识别产品的关键特性和薄弱环节,从而制定和落实相应的设计、改进措施以提高产品可靠性的一项技术工作。导航卫星产品的可靠性分析包括任务剖面分析、FMEA、FTA、WCCA、SCA 等。任务剖面分析是可靠性及相关关键特性分析的基础,FMEA、FTA 用于识别潜在的设计或工艺中的薄弱环节和确定关键项目,WCCA 用于发现电路设计中的薄弱环节,SCA 用于识别引起非设计期望的功能或抑制期望功能的潜在状态。

7.1　任务剖面分析

7.1.1　任务剖面分析的实施步骤

任务剖面分析的目的是明确卫星产品在执行任务期间经历的所有事件、环境条件、使用工况等,为产品可靠性设计提供全面、正确的输入。

卫星系统、分系统任务剖面分析的实施步骤如下:

(1) 在卫星轨道设计的基础上,分析卫星系统/分系统任务时间内经历的所有环境(包括自然环境、诱导环境、环境与产品相互作用产生的环境效应),明确并量化影响卫星系统/分系统功能、性能与可靠性的关键环境要素及条件;

(2) 在卫星任务分析的基础上,分析卫星系统/分系统任务期间的所有飞行事件及事件链,明确事件链中的关键事件;

(3) 在事件链及关键事件分析的基础上,分析由卫星空间环境和卫星系统/分系统本身的工作模式相组合的工作状态,明确卫星系统/分系统所有工况(包括工作模式及持续时间、该模式下环境应力、对外接口特性的变化等),确定卫星系统/分系统各种工作状态下的最恶劣工况;

(4) 在卫星系统/分系统最恶劣工况分析的基础上,分析影响卫星系统/分系统功能实现或导致任务失败的关键故障模式,明确卫星系统/分系统关键故障模式及可接受的降级模式,建立卫星系统/分系统任务成功的判别准则;

(5) 在与设备充分协调的基础上,下达设备研制任务书,明确设备在任务时间内所经历的环境要素及条件、事件链及关键事件、最恶劣工况,明确卫星对设备的使用要求。

卫星设备任务剖面分析的实施步骤如下:

（1）根据卫星对设备的使用要求，分析设备在任务时间内所经历的特定环境，明确并量化影响设备功能、性能与可靠性的关键环境要素及条件；

（2）在设备任务分析的基础上，分析设备在任务期间的所有飞行事件及事件链，明确设备事件链及关键事件；

（3）在设备事件链及关键事件分析的基础上，分析设备所有工况（包括工作模式及持续时间、该模式下环境应力、对外接口特性的变化等），确定设备的最恶劣工况；

（4）分析包含有主备份模块的设备、两个以上的同种设备的任务剖面协调性；

（5）根据设备所经历的环境条件、事件链及关键事件、最恶劣工况，明确设备设计的环境适应性要求；

（6）根据卫星对设备的使用要求，对设备在任务时间内所经历的环境要素及条件、事件链及关键事件、最恶劣工况等进行确认。

7.1.2　导航卫星任务剖面分析

以北斗三号MEO卫星为例，卫星采取一箭双星发射方式，通过上面级送入预定轨道。根据卫星飞行程序，卫星与上面级分离后，依次完成太阳捕获、太阳翼展开、地球捕获、建立地球指向姿态、进入正常模式，然后卫星择机进行相位捕获和长期管理状态设置。开通有效载荷后，经一段时间的在轨测试，卫星交付用户，持续提供导航服务。

根据卫星飞行程序和卫星飞行过程经历的环境分析结果，MEO卫星的任务剖面如图7.1所示。

MEO卫星事件链及关键事件集中在与上面级分离至相位捕获段，关键事件主要包括太阳翼展开与锁定、地球捕获等。在事件链及关键事件分析的基础上，结合各分系统工作模式设计及飞控实施的复杂程度，可定义4种整星工作模式。

（1）等待模式：应用于火箭起飞到卫星与上面级分离阶段，该模式下卫星的主要任务是监视卫星状态。

（2）姿态机动及保持模式：为了满足测控、能源及姿态测量需求，在卫星入轨初始或者某些异常情况下需要按照一定的控制逻辑对卫星姿态进行机动控制，目标搜索成功后进行姿态维持，例如太阳搜索、地球搜索等，此类工作模式定义为姿态机动及保持模式。卫星一旦处于姿态机动模式，有效载荷一般不可用。

（3）正常模式：指卫星进入工作轨道，卫星 $+Z$ 轴对地，平台工作稳定，导航载荷提供正常服务信号的模式。

（4）应急安全模式：指卫星工作异常时，进行应急故障处理的工作模式。

整星各工作模式间的切换关系如图7.2所示。

在整星工作模式基础上，各分系统完成分系统工作模式定义。例如，电源分系统在轨工作阶段有3种工作模式：光照供电充电、光照供电不充电、地影供电，如图7.3所示。

针对整星及各分系统工作模式，进一步确定不同工作模式下参与工作的设备及

阶段	火箭主动段	上面级转移轨道段	与上面级分离至相位捕获	在轨测试	在轨运行
事件	运载火箭点火 → 抛整流罩 → 上面级与运载火箭分离	上面级第一次点火 → 上面级第二次点火 → 卫星与上面级分离	太阳捕获 → 太阳翼展开锁定 → 地球捕获 → 地球指向 → 转正常模式 → 择机相位捕获 → 转正常模式	开通有效载荷 → 载荷测试	正常运行 → 计划性操作
工作状态	各分系统按设置的初始状态工作	各分系统按设置的初始状态工作	姿轨控依据飞行程序，按相应工作模式工作。其他分系统按正常模式工作	载荷依据测试要求进行操作各分系统按正常模式工作	各分系统按正常模式工作
环境	噪声、振动、过载、热、真空(抛罩后)、冲击(分离)、低气压放电	噪声、振动、过载、热、真空、冲击(分离)、低气压放电	空间环境：真空、高低温交变、空间辐射	空间环境	空间环境
时间	约10min	约5h	约10天	约30天	10年

图 7.1　导航 MEO 卫星任务剖面

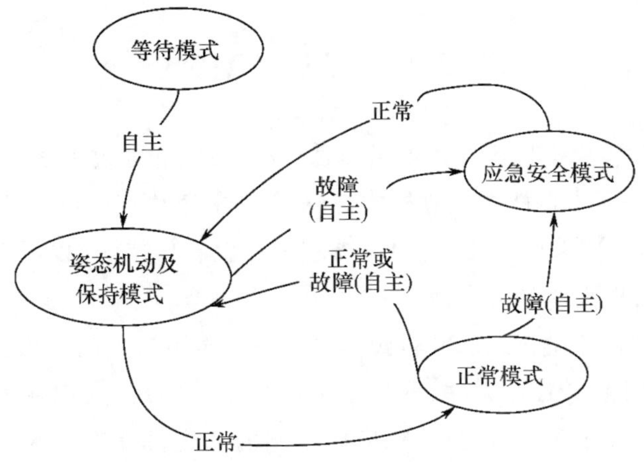

图7.2 MEO卫星工作模式切换示意图

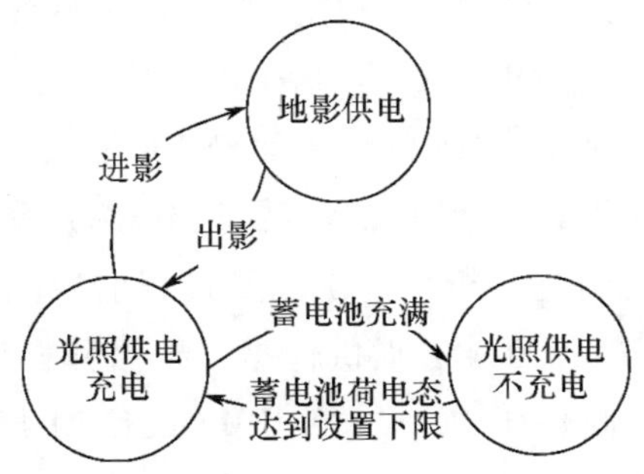

图7.3 MEO卫星电源分系统工作模式(在轨工作段)

其工作状态,并明确其任务持续时间、环境应力条件。仍以电源分系统为例,其在轨工作模式分析如表7.1所列。

表7.1 电源分系统在轨工作模式分析

序号	工作模式名称	工作模式描述	设备工作状态	应用条件
1	光照供电充电	光照期电源系统给整星供电,又给蓄电池组充电	① 太阳电池阵:发电。 ② 电源控制器:分流调节、充电调节、放电不调节、遥测遥控工作。 ③ 锂离子蓄电池组:充电	刚出影期或光照期蓄电池荷电态达到设置下限
2	光照供电不充电	光照期电源系统给整星供电但不给蓄电池组充电	① 太阳电池阵:发电。 ② 电源控制器:分流调节、充电不调节、放电不调节、遥测遥控工作。 ③ 锂离子蓄电池组:不充放	光照期蓄电池充满电后
3	地影供电	地影期电源系统给整星供电	① 太阳电池阵:不发电。 ② 电源控制器:分流不调节、充电不调节、放电调节、遥测遥控工作。 ③ 锂离子蓄电池组:放电	地影期

7.2 设计 FMEA

FMEA 是一种工程上广泛应用的可靠性分析方法,它通过系统分析和归纳,识别出产品设计或过程所有可能的故障模式,分析每种故障模式的影响及原因,找出潜在的薄弱环节,提出可能采取的预防/纠正措施和在轨补偿措施,以降低故障严酷度和(或)发生可能性,提高产品可靠性。

FMEA 最早起源于美国,在 20 世纪 50 年代初,美国格鲁门飞机公司在研制飞机主操纵系统时采用了 FMEA 方法,取得了良好效果。随后,人们在 FMEA 基础上扩展了危害性分析(CA)方法,判断故障模式影响的程度具体有多大,使分析定量化。从 20 世纪 60 年代起,FMEA 方法广泛地应用于航空、航天、舰船等装备研制中,并逐渐扩展到机械、汽车、医疗设备等民用工业领域,取得了显著的效果。

在多年的发展与应用中,FMEA 扩展、衍生出多种类型。考虑产品研制不同阶段的适用性,FMEA 通常分为设计 FMEA 和过程 FMEA 两大类。设计 FMEA 的目的是分析产品功能、硬件、软件等的设计缺陷与薄弱环节,为产品设计改进和方案权衡提供依据。过程 FMEA 的目的是分析生产工艺及过程的缺陷和薄弱环节对产品的影响,为生产工艺的设计及过程的改进提供依据。根据分析对象的不同,设计 FMEA 又可以分为功能 FMEA、硬件 FMEA、软件 FMEA、使用 FMEA 等类型。如图 7.4 所示。

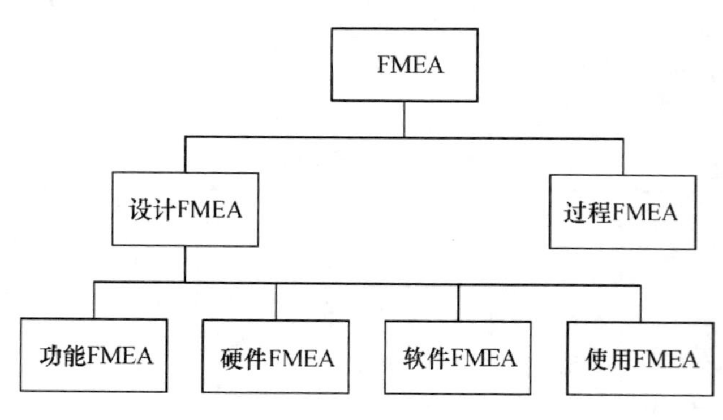

图 7.4　FMEA 的类型

在导航卫星设计 FMEA 实施中,在故障模式影响的严重程度基础上,增加了对故障模式发生可能性的分析,通过定性的危害性矩阵识别和控制产品风险。

设计 FMEA 的输出结果可以为导航卫星的可靠性定性验证、关键项目清单的识别和过程控制提供依据,为确定可靠性试验项目、故障预案及安全性设计、测试性设计等提供信息。

7.2.1　设计 FMEA 的实施步骤

设计 FMEA 的实施步骤如图 7.5 所示。

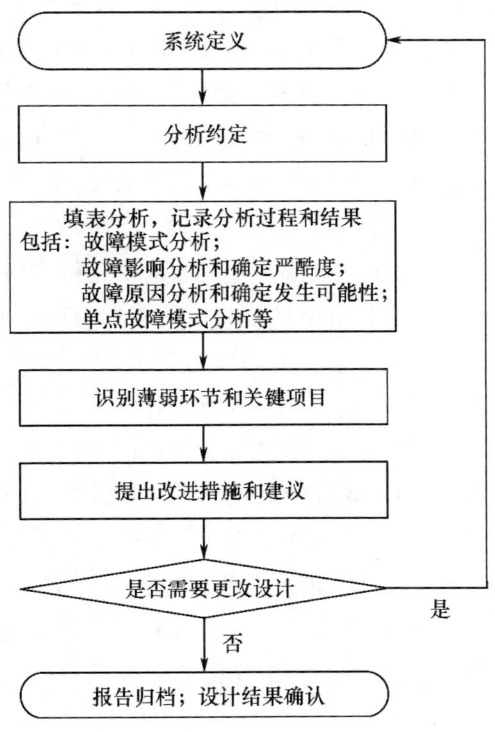

图 7.5　设计 FMEA 的实施步骤

设计 FMEA 的主要步骤说明如下：

1）系统定义

系统定义的目的是使分析人员有针对性地对被分析产品在给定任务和功能下进行所有可能的故障模式、原因和影响分析。完整的系统定义包括以下内容：

(1) 系统任务及寿命剖面，需包含全任务阶段；

(2) 功能树、功能框图(含接口、信息流)，辅以详细的文字描述；

(3) 系统组成，需包含设备配套表中的所有产品，包括电缆在内；

(4) 系统工作模式，需给出每个工作模式下的系统配置、设备工作状态；

(5) 系统故障判据；

(6) 各任务剖面、工作模式的任务可靠性框图，且应能够清楚地表明系统内部的冗余逻辑关系；

(7) 整星布局图。

2）分析约定

分析约定是对设计 FMEA 实施过程的规范性定义，包括：

（1）对分析对象的说明。对分析对象的范围、完整性、覆盖性、技术状态进行说明。例如，某导航卫星 FMEA 中明确，“本报告分析对象覆盖卫星除扩展功能外的所有系统级功能。扩展功能指：电磁环境监测功能和力学环境监测功能”。

（2）定义初始约定层次、约定层次和最低约定层次。在整星 FMEA 中，初始约定层次为整星，约定层次为所有硬件设备，包括各类星上设备、电缆、接插件、管路等，最低约定层次为模块/部组件，即故障原因分析到的最低层次。约定层次对应的硬件即 FMEA 表中“项目名称”一栏对应的被分析项目。

（3）明确 FMEA 的分析方法。设计 FMEA 的基本分析方法包括硬件分析法和功能分析法。通常，功能分析法在设计早期硬件不能确定的情况下使用，当可以获得硬件的相关信息和数据时，则应使用硬件分析法进行分析。功能分析法得到的分析结果相对比较概括，而硬件分析法的分析结果比较具体。

① 硬件分析法：该方法列出每个独立的硬件产品，分析每个硬件可能的故障模式及其影响。该方法通常适用于硬件产品设计的图纸及有关的设计信息已基本确定的情况。硬件法一般是以自下而上的方式进行，分析从最低层次产品开始，逐级向上，通过迭代的方式向系统更高级别的产品进行。

② 功能分析法：该方法重点考虑每个组成部分产品的功能及其故障。分析时，首先应确定各组成部分的功能以及对应的功能故障模式的描述，然后进行分析。功能法在硬件产品不能唯一确定时采用。当设计工作已完成系统功能框图，但没有确定所使用的硬件时，通常采用功能法进行分析。该方法一般在设计的早期使用，并应随着设计进展或设计更改而更新。对于较高产品层次，通常也采用功能分析法。

在具体工作中，可根据产品的复杂程度、研制状态及有效数据的情况，决定所采用的分析方法。硬件分析法和功能分析法可独立进行，也可根据需要结合使用。

（4）明确分析的假设条件。为了分析的效率和方便，有时需要作一些假设。例如，分析中假设结构板、总装直属件等结构类产品不会故障。

（5）对故障严酷度、故障发生可能性、风险评价指数等进行定义。

3）实施分析

这一步骤需要找出产品所有可能出现的故障模式，确定每个故障模式可能产生的影响和后果，并对其严重程度进行分析；找出每个故障模式产生的原因，对其发生可能性进行分析，并梳理现有控制和预防措施；分析故障检测方法，为维修性与测试性设计和在轨故障预案提供依据；确定单点故障模式等。

4）确定薄弱环节

通过归纳整理，确定系统的单点故障模式清单和Ⅰ、Ⅱ类故障模式清单，并依据关键项目的确定原则，结合危害性风险指数，确定可靠性关键项目。

5）提出改进措施和建议

归纳 FMEA 表格中的建议和措施，综合薄弱环节分析结果，提出后续改进措施和设计、工艺、在轨使用等方面的建议，从而进一步消除或减小故障影响，提高产品可靠性。

6）编写 FMEA 报告

分析人员按规定要求将 FMEA 过程记录下来，并经过整理形成 FMEA 报告。FMEA 报告应进行签署，并在研制的各个阶段作为设计文件的一部分提交设计评审。

7.2.2　设计 FMEA 的分析方法

7.2.2.1　故障模式分析

故障模式分析是 FMEA 的基础。故障模式是故障的表现形式，用规范化的词汇描述某一故障现象，如短路、开路、断裂等，故障模式的主体是产品。

故障模式分析的任务是根据系统定义中的功能描述及故障判据中规定的要求，预测并列出所有可能的故障模式。为了确保全面地分析，至少应就下述典型的故障状态对每一故障模式和输出功能进行分析研究：

(1) 不能准时启动(即提前或滞后动作)；

(2) 间歇工作；

(3) 应工作时不工作；

(4) 不应工作时工作或不能准时停止工作；

(5) 输出消失；

(6) 工作能力下降，输出能力减弱或性能变差。

在进行故障模式分析时，应注意以下几点：

(1) 列举的故障模式务求全面。故障模式的来源包括：通过下一级产品 FMEA 报告分析整理的故障模式清单；被分析项目的故障模式库；GJB/Z 299C《电子设备可靠性预计手册》等。

(2) 描述故障模式时用词简洁、规范，且不能用“某某故障”“某某失效”等模糊的方式描述。

(3) 如果可能，应找出产生故障模式的故障原因，如零件断裂故障模式的故障原因可能是疲劳、应力腐蚀等。

一些典型的故障模式如表 7.2 所列。

表 7.2　典型的故障模式[1]

序号	故障模式	序号	故障模式	序号	故障模式	序号	故障模式
1	结构故障(破损)	12	超出允差(下限)	23	滞后运行	34	折断
2	捆结或卡死	13	意外运行	24	输入过大	35	动作不到位
3	共振	14	间歇性工作	25	输入过小	36	动作过位
4	不能保持正常位置	15	漂移性工作	26	输出过大	37	不匹配
5	打不开	16	错误指示	27	输出过小	38	晃动
6	关不上	17	流动不畅	28	无输入	39	松动
7	误开	18	错误动作	29	无输出	40	脱落
8	误关	19	不能关机	30	(电的)短路	41	弯曲变形
9	内部泄漏	20	不能开机	31	(电的)开路	42	扭转变形
10	外部泄漏	21	不能切换	32	(电的)参数漂移	43	拉伸变形
11	超出允差(上限)	22	提前运行	33	裂纹	44	压缩变形

7.2.2.2　故障影响分析

故障影响分析是 FMEA 的关键点。故障影响是指某一故障模式对系统使用、功能或状态的影响。故障影响一般可分为:局部、高层及最终影响 3 个等级。

局部影响是指故障模式对自身及当前所分析的约定层次产品(通常是有输入输出接口的产品及物理接近的产品)的使用、功能或状态的影响。确定局部影响的目的是为评价补偿措施及提出改进措施建议提供依据。局部影响一般用丧失功能、功能降低、性能超差、无影响等词汇描述,也可以是所分析的故障模式本身。局部影响可能构成上一层的故障模式。

高层影响是指故障模式对当前所分析的约定层次高一层产品的使用、功能或状态的影响,当前约定层的故障模式对上一层的影响可能构成上一层的故障模式。

最终影响是指故障模式对初始约定层次产品的使用、功能或状态的影响。最终影响体现了故障模式对系统的危害程度,是判定采取纠正措施的主要依据之一。

为了评价故障影响的程度,需要依据严酷度等级定义确定每个故障模式的严酷度。通常,故障模式严酷度等级的定义需要考虑人员伤亡、任务失败、产品损坏等方面的影响程度。

卫星产品的故障严酷度等级一般分为 4 类,可根据产品特点作出具体定义。例如,某卫星 FMEA 故障严酷度等级定义如表 7.3 所列。

表7.3 某卫星FMEA故障严酷度等级定义

严酷度等级	说明		
	系统	分系统	设备
Ⅰ (灾难性的)	导致系统全部考核试验彻底失败;系统毁坏等安全性灾难事故;系统在轨寿命损失45天以上	导致其他分系统功能丧失或系统功能丧失;或构成一个安全性危险,如推进剂泄漏	导致其他设备功能丧失、或分系统功能完全丧失;或构成一个安全性危险,如推进剂泄漏
Ⅱ (关键性的)	导致系统某1项或某几项考核试验失败;系统在轨寿命损失15天以上	导致本分系统主要功能丧失或严重降级	导致本设备功能完全丧失或严重降级
Ⅲ (非主要的)	导致系统扩展试验失败;考核试验受到一定影响	导致本分系统完成任务能力一般降级	导致本设备完成任务能力的一般降级
Ⅳ (可忽视的)	轻于Ⅲ类的影响	轻于Ⅲ类的影响	轻于Ⅲ类的影响

需要注意的是,确定严酷度等级不考虑已有的补偿措施,冗余的存在不会影响到严酷度等级。当某故障影响是在冗余补偿措施失效后才发生时,可在严酷度等级后加后缀R表示冗余。

7.2.2.3 故障原因分析

在设备底层单元的FMEA中,分析故障原因一般从两方面入手,包括:

(1) 导致产品功能故障或潜在故障的产品自身的物理或化学过程、设计、工艺缺陷、零件使用不当或其他过程等直接原因;

(2) 由于其他产品的故障、环境因素和人为因素等引起的间接原因。

例如,某晶体管的故障模式是“集电极到发射极开路”,其可能的故障原因是“晶体管内基片上有裂缝”。

在系统、分系统FMEA中,下一约定层次的故障模式往往是上一约定层次的故障原因。例如,应答机、固态放大器、测控天线构成卫星遥测子系统,测控天线增益下降这一故障模式就是遥测子系统误码率增加的故障原因。

7.2.2.4 故障发生可能性

故障发生可能性的引入是在故障严酷度基础上进行定性的危害性分析,从而更好地识别影响产品可靠性的关键环节。故障发生可能性一般以故障模式发生概率等级表示。故障模式发生概率等级一般分为5级,在早期的FMEA实施中,其定义如表7.4所列。

实际实施中,按表7.4定义的概率等级对故障模式进行分析是比较困难的,由于不知道产品发生故障的总概率,因此难以对某个故障模式的概率等级进行判断。为了更有操作性,卫星产品在FMEA实施中采用了绝对数值定义故障模式发生概率等级,如某卫星FMEA的故障模式发生可能性等级定义如表7.5所列。

表 7.4 故障模式发生概率等级的早期分类

等级	故障模式发生概率
A 经常发生	高于总故障概率的 0.2
B 很可能发生	为总故障概率的 0.1 ~0.2
C 偶有发生	为总故障概率的 0.1 ~0.01
D 很少发生	为总故障概率的 0.01 ~0.001
E 几乎不可能	低于总故障概率的 0.001

表 7.5 故障模式发生可能性等级参考分类标准

等级	程度	发生可能性(参考)		
		系统	分系统	设备
A	频繁发生	发生概率大于 10^{-1}	发生概率大于 10^{-2}	发生概率大于 10^{-3}
B	有时发生	发生概率小于 10^{-1} 但大于 10^{-2}	发生概率小于 10^{-2} 但大于 10^{-3}	发生概率小于 10^{-3} 但大于 10^{-4}
C	偶然发生	发生概率小于 10^{-2} 但大于 10^{-3}	发生概率小于 10^{-3} 但大于 10^{-4}	发生概率小于 10^{-4} 但大于 10^{-5}
D	很少发生	发生概率小于 10^{-3} 但大于 10^{-4}	发生概率小于 10^{-4} 但大于 10^{-5}	发生概率小于 10^{-5} 但大于 10^{-6}
E	极少发生	发生概率小于 10^{-4}	发生概率小于 10^{-5}	发生概率小于 10^{-6}

7.2.2.5 故障检测方法分析

确定故障检测方法的目的是为系统的测试性设计、在轨故障的定位、处理和恢复提供依据。卫星设计 FMEA 中,故障检测方法是针对在轨飞行过程进行分析,通常只能通过各种下行遥测信息或下行业务信息进行直接或间接的判断。具体的方法包括机内测试(BIT)、自动传感装置、星上自主健康管理系统的故障诊断等。故障检测可分为事前检测和事后检测两类,对于潜在的故障模式,应尽可能设计事前检测方法。

如果某一故障模式对卫星系统有重要影响但无法检测,则该故障模式必须予以重视。

7.2.2.6 预防/纠正措施分析

预防/纠正措施分析是针对每个故障模式的原因、影响,提出控制、改进、补偿措施,是切实提高产品可靠性的重要环节。预防/纠正措施包括地面研制过程的控制、改进措施和在轨使用过程的补偿措施两个方面。

地面预防/纠正措施包括:

(1) 设计补偿措施,例如能保证持续安全运行的冗余设备或可选操作模式,能有效地控制或抑制故障影响的安全或保险装置;

(2) 过程控制措施;

（3）可以消除或减轻故障影响的设计改进，如优选元器件、降额设计等。

注意：地面预防/纠正措施原则上应逐条对应故障原因。

在轨补偿措施包括：

（1）一旦出现故障，星上自主或通过地面操作可以采取的故障恢复/补救措施，例如复位、切换至备份设备、在线修改软件等；

（2）为了避免或预防故障的发生，在卫星维护过程中规定的使用策略和操作，如对原子钟进行调相操作，以避免星上时频指标不满足规范要求。

7.2.2.7　填写 FMEA 工作表

FMEA 的实施一般通过填写 FMEA 表格进行，将以上各节分析的结果填入相应单元格中。设计 FMEA 通用的 FMEA 工作表格如表 7.6 所列。

表 7.6　卫星设计 FMEA 工作表

研制阶段：　　　　初始约定层次产品：　　　　分析人员：

序号	项目名称	功能描述	故障模式	任务阶段和工作模式	故障影响			严酷度类别	发生可能性	风险评价指数	单点故障	故障检测方法	故障原因	预防/纠正措施	在轨补偿措施	备注
					局部影响	高层影响	最终影响									

表 7.6 的填写说明如下。

（1）研制阶段：填写卫星所处的研制阶段，如方案设计、初样研制和正样研制等阶段。

（2）初始约定层次产品：填写初始约定层次中的产品名称。

（3）序号：序号编排应本着方便查找的原则，可按硬件层次分级编号，也可采用其他方法。

（4）项目名称：填写被分析产品的硬件或功能的名称。

（5）功能描述：填写产品或其组成部分（硬件、功能块或功能单元）的功能的具体内容。应根据事先进行的产品定义，在该栏中具体填写被分析产品所具有的功能，该功能应与产品的设计要求及有关的功能分解的结果相一致。

需特别注意的是，填写内容应包括与接口部分的关系。接口部分的支持作用、辅助作用是被分析产品在正常完成任务时所必需的，如供电、冷却、加热部分或产品的输入、输出信号部分等。

（6）故障模式：填写通过分析或经验信息得到的硬件或功能输出可能的故障模式。硬件 FMEA 需考虑电子、电气、机电、机械、热、光学、推进、压力、气动、火工等各类产品可能的故障模式。

（7）任务阶段和工作模式：任务阶段即填写分析所对应的卫星任务阶段，如发射、在轨运行等。工作模式即填写卫星、分系统、设备或部件对应的工作模式，如整星的初始姿态捕获、相位保持、应急等工作模式。

(8) 故障影响:填写每一故障模式对产品功能、运行和状态所产生的可能后果。需分别填写故障模式对本级产品(含相邻产品)的影响、对上级产品的影响和对初始约定层次产品的影响。

(9) 严酷度类别、发生可能性、风险评价指数:依据严酷度等级定义和故障发生可能性定义填写相应的等级标识。风险评价指数用于评价故障模式的危害性,由故障严酷度和故障发生可能性二者综合权衡产生,其矩阵表如表 7.7 所列。

表 7.7 风险评价指数矩阵

风险评价指数		故障严酷度			
		Ⅰ	Ⅱ	Ⅲ	Ⅳ
故障发生可能性	A	1	3	7	13
	B	2	5	9	16
	C	4	6	11	18
	D	8	10	14	19
	E	12	15	17	20

表 7.7 中,风险指数越大,对应的危害性就越小,反之,对应的危害性越大。典型的风险评价规范如下:

① 风险指数在 1 ~5,为不可接受的风险,必须采取措施予以消除或降低,使其达到可接受的程度;

② 风险指数在 6 ~9,为有条件的接受的风险,需采取针对性的措施;

③ 风险指数在 10 ~17,为经评审或审批后可接受的风险;

④ 风险指数在 18 ~20,为可接受的风险。

(10) 故障原因:填写故障模式出现的最可能的原因,包括本身和外部因素(如试验、测试设备与方法,操作,运行程序,软件,环境等)。

(11) 单点故障:分析该故障模式是否属于单点故障,若属于单点故障的填“是”,不属于单点故障的填“否”。单点故障是指会引起系统故障,而且没有冗余或替代的措施作为补救的局部故障。

(12) 故障检测方法:填写每个故障模式出现后,对其如何诊断或检测,包括地面目视检查、直接遥测判断、间接工程判断、无法检测等。

(13) 故障预防/纠正措施:填写在产品设计中为避免或减少故障造成的影响,已经采取的措施,包括对故障的隔离和控制、备份或替换方式的采用、地面遥控干预等。其目的是防止故障发生或降低故障发生的可能性。

(14) 在轨补偿措施:在轨补偿措施指在轨发生故障后,可以采取的补救措施,将故障的后果控制在可接受的水平。在轨设计补偿措施一般包括故障时能保持继续工作的冗余设备、安全或保险装置、可替换的工作方式等。

(15) 备注:填写各种建议和对表格填写的补充说明。例如:

① 设计拟采取纠正措施的建议;

② 为减少Ⅰ、Ⅱ类故障模式出现,建议或已经采取的其他措施,例如工艺修改、生产加工的质量控制、地面试验、环境防护要求、检测要求等;

③ 有别于常规设计的特点说明,如新材料、特殊工艺,引进元器件等。

7.2.2.8 识别薄弱环节

根据设计 FMEA 表的分析结果,可以归纳整理得到:Ⅰ、Ⅱ类故障模式清单,Ⅰ、Ⅱ类单点故障模式清单,可靠性关键项目清单,其形式如表7.8~表7.10所列。

具有Ⅰ、Ⅱ类单点故障模式的项目,或故障发生概率高于规定数值的Ⅰ、Ⅱ类故障模式的项目,通常列为可靠性关键项目。

表7.8　Ⅰ、Ⅱ类故障模式清单

序号	项目名称	故障模式	任务阶段与工作模式	故障影响	严酷度类别
1					
…					

表7.9　Ⅰ、Ⅱ类单点故障模式清单

序号	项目名称	故障模式	任务阶段与工作模式	严酷度类别	故障预防与纠正措施
1					
…					

表7.10　可靠性关键项目清单

序号	项目名称	关键故障模式	故障预防与纠正措施	责任人
1				
…				

7.2.2.9 形成 FMEA 报告

FMEA 的最终结果以 FMEA 报告的形式提供。

FMEA 报告的内容一般包括:

1) 概述

简要说明报告包含的内容和分析实施过程。

2) 系统定义

包括分析对象和分析范围、任务描述、剖面、成功和故障判据、数据来源、功能分析和可靠性框图等。

3) 基本规则与假设

包括分析方法、约定层次划分、严酷度等级定义、故障发生可能性等级定义、可靠性关键项目识别准则等。

4) 分析结果及要求填写的工作记录

包括 FMEA 表格,Ⅰ、Ⅱ类故障模式清单,Ⅰ、Ⅱ类单点故障模式清单,可靠性关键项目清单等。

5）结论与建议

对FMEA的结果进行总结，对风险识别及可控性进行说明，对可靠性薄弱环节和可靠性关键项目提出建议的补偿措施，包括需要其他产品采取措施的建议。

7.2.3 导航卫星设计FMEA

导航卫星研制过程中，由主管可靠性的卫星副总师负责，总体可靠性专业人员技术牵头和实施，各分系统设计师参加，开展了多颗卫星的系统级设计FMEA工作。

7.2.3.1 系统定义

导航卫星系统定义的主要内容如下。

1）卫星任务与功能分析

考察RNSS基本导航服务，导航卫星的主要任务是：

(1）接收地面控制系统注入的导航电文，并存储、处理生成导航信号，向地面控制系统和用户发送。

(2）接收、执行地面控制系统上行的遥控指令，并将卫星状态等遥测参数下传给地面控制系统。

导航卫星包括有效载荷和平台两部分，平台实现姿态与轨道控制、供配电、热控、综合业务管理等功能，有效载荷在平台支持下实现RNSS基本导航功能。根据卫星任务与功能要求，卫星总体建立了整星功能树，并明确了不同级别功能与卫星分系统和设备间的关系。卫星1、2级功能树的示例如图7.6所示。功能树的建立，为导航卫星系统级FMEA提高了基本的分析逻辑。

2）卫星组成与原理框图

导航卫星有效载荷包括导航分系统、天线分系统，平台部分包括控制分系统、推进分系统、测控分系统、电源分系统等。

卫星系统建立了总装布局图、热控实施图、总体电路与接地关系图、信息流图等系统级框图，为系统级设计FMEA的实施提供了必要且有效的输入。

此外，各分系统工作原理框图也作为重要的输入条件。

3）卫星任务剖面与工作模式

导航卫星任务剖面与工作模式可参见7.1.2节内容。

4）卫星可靠性模型和冗余设计

可靠性模型提供了卫星各组成单元之间的故障逻辑关系，是设计FMEA工作的重要基础。导航卫星建立了卫星系统和各分系统的可靠性框图模型。

以电源分系统为例，其在轨可靠性框图如图7.7所示。

7.2.3.2 分析约定

导航卫星系统级设计FMEA约定的主要内容如下。

1）分析范围

导航卫星系统级设计FMEA的范围包括：

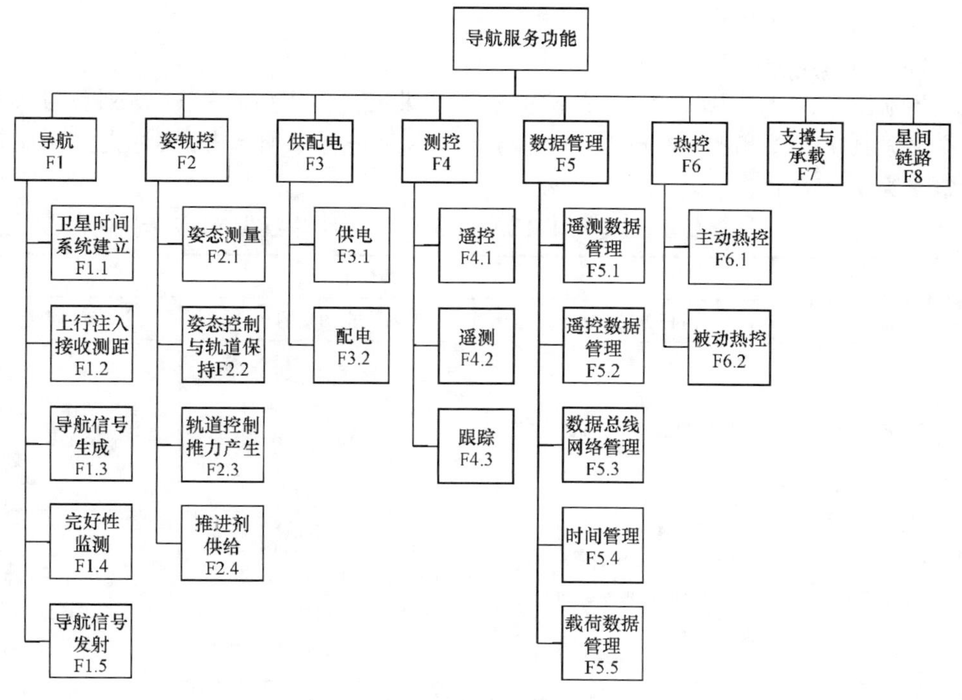

图 7.6　导航卫星功能树示例

图 7.7　导航卫星电源分系统在轨可靠性框图

(1) 卫星配套表中的所有硬件产品(包括电缆、接插件)和各分系统间接口;

(2) 卫星全任务阶段和主要飞行事件。

2) 分析方法

在方案设计阶段采用功能分析法(即功能 FMEA)。

3) 约定层次

FMEA 的初始约定层次为卫星整星,最低约定层次为部组件,约定层次为设备。

4) 分析假设

分析过程中假设:结构板、总装直属件等结构类产品不会故障;同一产品不会同时发生两种故障模式。

同时,鉴于共因故障的可能性,考虑相同产品冗余系统的多重故障,但不考虑其他形式的多重故障。

5) 故障严酷度等级定义

鉴于导航卫星的特点,故障最终影响需考虑以下方面:

（1）对卫星任务成败和导航信号连续性的影响；

（2）对卫星安全的影响；

（3）对卫星寿命的影响。

导航卫星设计 FMEA 的一种故障严酷度等级定义示例如表 7.11 所列。与大多数产品设计 FMEA 相比，导航卫星对任务影响后果进行了加严考虑，将丧失导航功能定义为Ⅰ类故障。

表 7.11 导航卫星设计 FMEA 的故障严酷度等级定义（示例）

故障严酷度等级	故障影响		
	对任务的影响	对安全的影响	对寿命的影响
Ⅰ（灾难的）	导航功能彻底丧失	死亡、生命垂危、永久残废或职业病； 长期严重的影响环境； 卫星爆炸	卫星工作寿命损失一半以上
Ⅱ（严重的）	导航信号可用性、连续性大幅降低，大部分时间不能提供服务	暂时丧失能力但不威胁生命，或暂时的职业病； 对环境有重要影响； 星上或地面设备有重大损坏	卫星工作寿命损失 1/4 以上
Ⅲ（一般的）	导航信号可用性、连续性下降，在星座允许范围内的部分时间不能提供服务	轻微的可治愈的人体伤害或职业病； 对硬件的轻微损坏； 短期有害的环境影响	卫星工作寿命损失 1 年以上
Ⅳ（轻微的）	轻于以上影响	无	轻于以上影响

6）故障发生可能性

故障发生可能性等级描述故障模式发生的可能性。在缺少详细的硬件设计信息时，该项数据仅做参考。导航卫星设计 FMEA 的一种故障发生可能性等级定义示例如表 7.12 所列。

表 7.12 导航卫星设计 FMEA 的故障发生可能性等级定义（示例）

等级	程度	发生概率
A	频繁发生	发生概率大于或等于 10^{-1}
B	有时发生	发生概率小于 10^{-1} 但大于或等于 10^{-2}
C	偶然发生	发生概率小于 10^{-2} 但大于或等于 10^{-3}
D	很少发生	发生概率小于 10^{-3} 但大于或等于 10^{-4}
E	极少发生	发生概率小于 10^{-4}

7.2.3.3　分析结果

依据系统定义和设计 FMEA 原则，导航卫星系统级设计 FMEA 针对卫星发射/转移轨道段、在轨运行段两个任务阶段，针对 100 多个分系统故障模式和 100 多台设备的故障模式进行了全面的分析工作。

导航卫星系统级设计 FMEA 的示例如表 7.13 所列。

导航卫星系统级设计 FMEA 的结果全面梳理了分系统Ⅰ、Ⅱ类故障模式及其单点故障环节，对有单点故障模式的产品进行了风险分析，确认了预防和纠正措施的有效性，系统识别了可靠性方面的薄弱环节，提出了可靠性关键项目清单，在验证卫星系统级设计正确性的同时，也为后续研制过程控制提供了有力的依据。

7.2.4　设计 FMEA 的实施经验

导航卫星在系统级设计 FMEA 实施过程中，梳理了系统级设计 FMEA 的思路，针对以往 FMEA 工作的不足，提出了多维分析、相互作用分析等指导性原则，并在多颗卫星 FMEA 工作基础上，归纳总结了以下实施经验。

7.2.4.1　FMEA 策划经验

根据产品的成熟度，设计 FMEA 的对象包括 3 种情况，分别为：

(1) 新设计；

(2) 对现有设计的更改；

(3) 在新的环境、应用条件下，使用现有的设计。

针对第一种情况，FMEA 范围包括完整的设计；针对第二种情况，应着重于设计的更改及可能引起的相互作用，也包括规范和要求的变更；针对第三种情况，应着重于新的环境、应用条件对现有设计的影响。

在方案设计阶段，重点针对系统、分系统开展功能 FMEA。在初样研制阶段，重点针对硬件及接口开展硬件 FMEA。在正样研制阶段，主要针对技术状态更改补充实施相应的分析，并支持发射场和在轨运行的故障预案落实和完善相应的措施。

7.2.4.2　FMEA 管理经验

FMEA 必须由团队完成，分析团队的成员应了解产品功能和组成、具体设计和工艺等相关问题，并经过相关技术培训。

FMEA 是一个反复迭代的过程，其原理应作为设计人员的基本思维方式，贯穿整个设计过程。FMEA 还特别强调“事前预防”，即尽可能在产品设计确定之前实施分析和改进，以最大限度地降低故障的危害。

FMEA 作为产品设计分析的重要手段，必须与产品设计同步进行，便于及早发现产品中的潜在薄弱环节，在设计评审和可靠性专题评审时，FMEA 结果应作为评审的重要内容。

应进行 FMEA 的动态管理和闭环管理，使方案设计阶段、初样研制阶段和正样研

表 7.13 导航卫星系统级设计 FMEA 表(示例)

序号	项目名称	功能描述	故障模式	任务阶段或工作模式	局部影响	最终影响	严酷度类别	发生可能性	风险评价指数	单点故障	故障检测方法	故障原因	预防/纠正措施	在轨补偿措施	备注
1	卫星时间系统建立	产生卫星基准频率和卫星秒脉冲时间,并发播给其他子系统	无法建立星上时频基准	工作轨道段	无工作时钟	导航功能丧失	Ⅰ类	E	12	否	下行导航信息	①原子钟失锁;②基准单元故障	①配置多台原子钟;②双机备份	切换备份	
2	姿态控制与轨道保持	按规定的模式控制卫星姿态控制并保持在预定轨道	某方向姿态控制误差超差	正常模式	某方向姿态控制精度降低或不受控	姿态不稳定	Ⅱ类	E	15	否	遥测	①反作用轮转速不受控;②磁力矩器不能完成卸载	①反作用轮备份;②设计多种卸载方式	①改为三轮控制方式;②必要时采取喷气卸载	
3	推进剂供给	推进剂储存、流量管理、密封等	液路当通不通	与上面级分离后全任务阶段	无法连通液路,所在分支组件失去功能	卫星无法进行轨道控制	Ⅱ类	E	15	否	遥测	自锁阀打不开	加强过程控制;双分支设计	使用备份推力器组件	

制阶段的分析结果不断完善，跟踪分析时提出的预防/纠正措施和在轨补偿措施的落实情况。

必要时应对识别出的故障模式进行仿真或试验验证，其影响后果和采取措施的有效性也需要验证。

FMEA 以卫星各级产品的故障模式及相关故障数据为分析基础，能否准确获得这些信息是决定 FMEA 工作有效性的关键，因此，各级产品的研制和生产单位应在实际工作中注意收集、整理有关的产品故障信息，并通过规范有效的方法逐步建立和完善相应的故障信息数据库。各种分析、研究、试验、生产、评审中所识别的新的故障模式应及时反映到 FMEA 中。

7.2.4.3　FMEA 分析经验

1）紧密围绕“系统”和“设计”开展 FMEA

系统的显著特点是各单元相互关系的总和，因此导航卫星设计 FMEA 的重点放在接口和相互作用上。设计最直接的体现是图纸和报告，因此分析之前首先需建立系统级的总装布局图、热控实施图、总体电路与接地关系图、信息流图等大图。

2）强调多维分析

所谓多维，就是从多方位、多角度去分析，避免分析的单一化和局限性。从产品看，既应包括系统中所有硬件单元，也应包括电缆、接插件甚至软件，既应考虑系统的不同功能，也应考虑系统的不同工作模式。从分析方向看，既应考虑设备—分系统—系统的关系（纵向），也应考虑设备—其他设备—其他分系统的关系（横向）。从工作条件和环境看，要全面考虑机、电、热等的交互作用和 EMC、静电、真空、辐射等卫星内外环境。从时间看，要考虑卫星从发射到入轨到长期在轨运行的全过程，如可见弧段和不可见弧段、光照期和阴影期等。

考虑卫星工作环境条件与任务要求的关系，结合具体的任务要求，对卫星在各种特殊空间运行环境中可能产生的故障模式及其后果进行全面的分析和研究。

3）突出相互作用

相互作用既体现在硬件接口上，也体现在环境等因素上。前者如设备 A 有输出给设备 B，如果设备 A 输出故障对 B 会有什么影响？后者如由于 A 的故障会否导致周边环境的改变？如温度变化、质心变化、电流电压变化？进而会否影响有关设备的正常工作？这种相互作用的分析是系统级 FMEA 的主要工作，并且必须有各方设计师参与。

重视分系统间和设备间各种接口（机、电、热等）以及卫星与运载火箭、地面测控、发射场和应用系统间的接口故障模式的识别和分析。

4）重视客观依据

所有环节的分析都应尽可能找到客观依据，这是分析结果合理、正确的前提。如故障影响分析须依据之前建立的框图，包括总体电路图、热控实施图等，应考虑实际情况如何，不能想当然。尽管故障模式、故障原因可以用头脑风暴的方式获得输入，但在后期分析中仍需结合工程经验和客观依据考察其合理性。

5）故障模式分析要点

在故障模式分析中，应强调识别和说明被分析对象在所有任务阶段和所有工作模式情况下的全部故障模式。

应重视卫星备份件的切换、故障检测与隔离环节的故障模式分析，确保备份的作用不被接口的故障影响所抵消。凡无法独立检测备份单元故障的环节均应视作潜在的单点失效。备份单元检测与切换环节中故障模式分析应考虑的主要方面有：

（1）自主切换单元的故障诊断、逻辑控制和切换；

（2）备份单元的状态检测能力；

（3）主份单元故障检测能力；

（4）相关故障或从属故障的可能；

（5）切换环节误动作和不能准时通、断；

（6）主、备份间反复切换等。

6）故障原因分析要点

分析故障原因时，不只分析设备或某分系统自身的原因，还应充分考虑其他设备或分系统的原因。对于严酷度等级高的故障模式，应进行“根本原因分析”，分析到能够采取针对性措施为止。应注意本层的故障原因、故障模式以及下层的故障模式和故障影响有可能交互补充。某些故障原因可能需要做大量的分析工作，在此过程中可进一步对有关设备的接口设计和FMEA进行确认，例如对母线短路故障原因的分析。此外，故障原因和故障发生可能性密切相关。

7）故障影响分析要点

故障影响分析环节中最重要的就是以设计为依据，根据各种系统大图确认故障设备所在的安装位置、信号走向，该设备都和哪些设备相连接，进而分析故障是否会传播到其他区域。故障影响既应考虑对设备本身功能、性能的影响，也应考虑对周围环境和系统特性的影响，由此可进一步分析上级影响和最终影响。不同设备的故障影响往往相互关联，尤其应注意无直接接口关系的设备间的相互作用。某些故障可能局部无影响，但对系统有影响。整个故障影响的分析过程需要严格按设计慎重考虑，不能想当然。

注意共因故障的影响，对于冗余设计的分析不能固守“单一”故障假设，不能只关注单一冗余单元的故障，应注重对冗余策略或冗余组合状态变化的分析。应注意可能出现的连锁影响，即二次故障，有时这两种故障的组合可能对系统产生严重的后果。

7.3　故障树分析

FTA 的目的是运用演绎法逐级分析，寻找导致某种故障事件（顶事件）的各种可能原因，直到最基本的原因，并通过逻辑关系的分析确定潜在的硬件、软件的设计缺陷，以便采取改进措施，提高产品可靠性。FTA 除了用于改进设计，还可用于查找故障线索、开展事故分析等。

FTA 提供了导致危及系统任务的故障的事件的组合，并可以计算事件的发生概率，然后通过设计改进和有效的故障恢复措施，减小它们的发生概率，从而提高卫星可靠性。FTA 还可以让分析人员对系统有更深入的认识，将有关系统结构、功能、故障和维修保障的知识系统化，从而使设计、制造和运维过程中的可靠性改进更有成效。

FTA 是一种多因素分析方法和面向事件分析的方法，其优点在于它不仅考虑硬件失效，还考虑了软件、人为错误、操作和维修错误、环境对系统的影响等等任何一种不期望发生的事件。

7.3.1　故障树的建立

故障树是一种逻辑因果关系图，构图的元素是事件和逻辑门。图中的事件用来描述系统和元、部件故障的状态，逻辑门表示事件之间的逻辑关系。其中，系统级不期望事件称为顶事件，在每个故障树分支中的最底层事件称为基本事件。这些基本事件表示软件、硬件和人为失效，并根据历史的或预计的数据给出它们的失效概率。通过逻辑符号将基本事件连接到一个或多个顶事件。

故障树的构建是以一套取自概率论与布尔代数的简单规则，以一些逻辑符号为基础，用一种自上至下的方法，生成一个能够进行系统可靠性定性与定量评估的逻辑模型。传统的故障树不能将次序相关故障之间的关系表现出来，被称为静态故障树。在传统故障树中增加特殊的门集，使之能够模拟次序相关的故障，由此形成的故障树称为动态故障树（DFT）。

7.3.1.1　故障树的事件与符号[2]

1）常用事件符号

故障树的常用事件分类如图 7.8 所示。

图中：

（1）顶事件，是不希望发生且对系统性能、可靠性等有显著影响的故障事件，是 FTA 所关心的由所有事件联合作用发生的结果事件。

（2）基本事件，是系统中的基本故障事件，不需要再探明其发生原因。

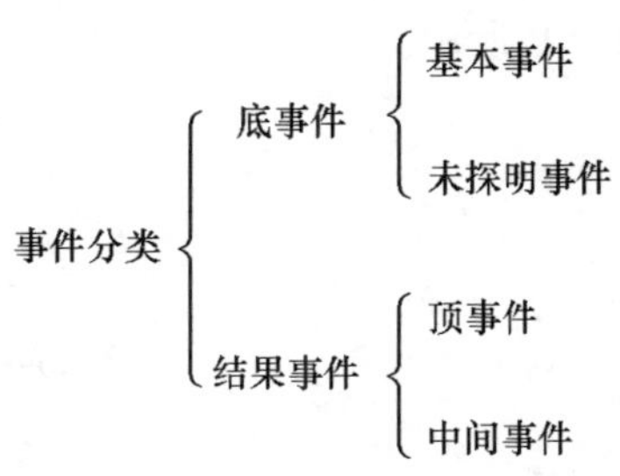

图 7.8　故障树的常用事件分类

(3) 未探明事件,是暂时不必或暂时不能探明其原因的底事件。

(4) 中间事件,是 FTA 中位于底事件和顶事件之间,由其他事件或事件组合导致的结果事件。

常用事件的符号如图 7.9 所示。

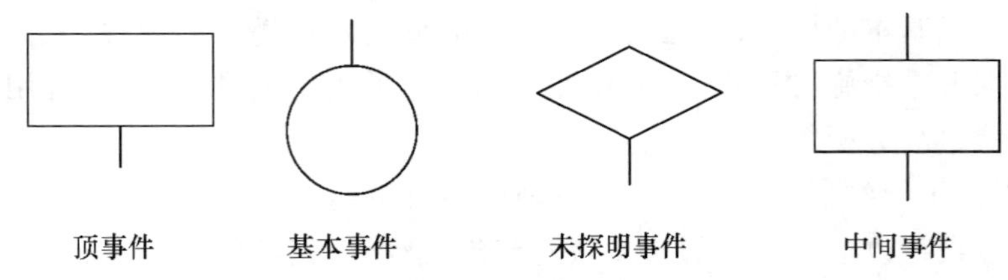

图 7.9 故障树常用事件符号

2) 基本逻辑门符号

故障树常用的逻辑门如下。

(1) 与门:仅当所有输入事件(原因事件)发生时,输出事件(结果事件)才发生。

(2) 或门:任何一个输入事件发生时输出事件就发生。

(3) 表决门:n 个输入事件中至少 k 个事件发生时,输出事件才发生。

(4) 异或门:输入事件中任何一个发生都可引起输出事件发生,但输入事件不能同时发生。

(5) 禁止门:当给定条件满足时,输入事件方可引起输出事件发生,否则不发生。

常用逻辑门的符号如图 7.10 所示。

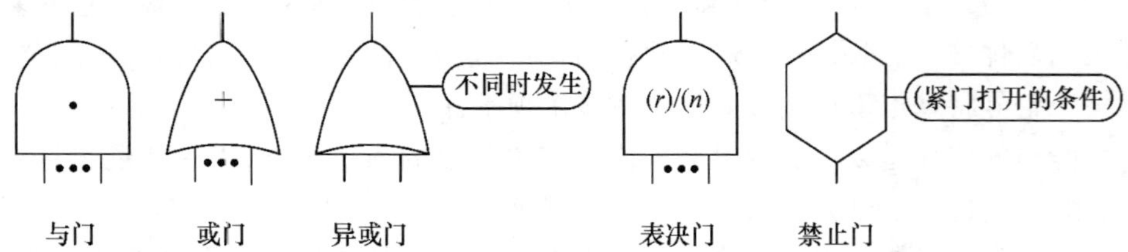

图 7.10 故障树常用逻辑门符号

3) 转移符号

转移符号是为了避免画图时重复和使图形简明而设置的符号。转移符号如图 7.11所示。

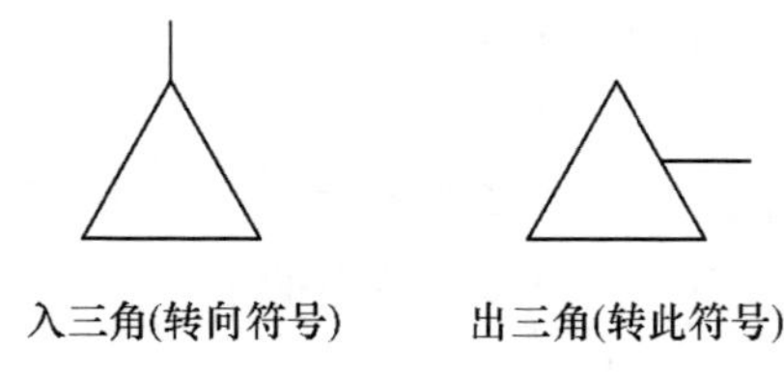

图 7.11 故障树的转移符号

图中,入三角位于故障树的底部,表示该部分分支在别处。出三角位于故障树的

顶部,表示该部分是位于别处的子故障树。

7.3.1.2　建立故障树的步骤

建立故障树的步骤如下。

1）收集资料

建立故障树首先需要广泛收集、获取系统及其故障的各方面资料,包括系统的设计资料,例如设计方案、原理图、结构图等;试验资料,例如试验报告、测试报告等;故障信息包括地面和在轨发生的质量问题及其归零信息等。

2）选择顶事件

根据卫星特性和实施 FTA 的要求,应选择最为关注的不希望事件作为分析的出发点,即顶事件。可结合有关工程信息,如Ⅰ类故障模式、飞行程序中的关键事件、类似型号研制经验等,针对关键产品(功能)或关键故障确定顶事件。顶事件应可以分解为若干个彼此独立的故障原因(即中间事件)。

对于顶事件,应给出严格、明确、详细的定义。

如果卫星有多个任务,可以选择不同的任务进行 FTA。如果卫星有多个任务阶段,可以按每个阶段分别定义顶事件。

在轨发生重要的异常或地面研制过程发生质量问题时,需要将相关异常和质量问题作为顶事件进行 FTA。

3）确定边界条件

故障树建造中,应根据产品的设计特征和分析的要求进行必要的假设,如确定分析不予考虑或不做进一步分析的事件。分析人员应明确这些分析假设并在有关文件中予以说明。

系统和分系统级故障树的底事件应考虑设备之间的耦合及接口关系,分析到设备;设备故障树的底事件应考虑设备内部的接口关系,分析到独立的功能模块。

4）建造故障树

在 FTA 过程中,建立故障树是一个关键步骤,也是实施故障树定性、定量分析的最基本前提条件。建树是否完善将直接影响定性分析和定量计算结果的准确性。故障树是实际系统故障组合和传递的逻辑关系的正确描述。为保证建树的正确性,建造故障树的过程通常是由对系统及其各个组成部分有透彻了解的设计人员完成,并在建树过程中与其他方面的专家密切合作。

故障树的建造过程通过演绎法完成。对于复杂系统,建树时应按系统层次逐级展开,利用故障树专用的事件符号和逻辑门符号将故障事件之间的逻辑推理关系表达出来。逻辑门的输入事件是输出事件的“因”,逻辑门的输出事件是输入事件的“果”。

建树的基本过程为:从选定的顶事件出发,首先找出所有可能引起顶事件发生的最直接原因事件,并将它们逐一排列在顶事件之下。根据这些中间事件与顶事件的逻辑关系,用逻辑门将这些事件与顶事件连接起来。然后再逐一分析导致每一个直接原因事件发生的更低层次的原因事件，并用逻辑门将更低层次的事件与上一层事件连接。依此类推，逐级向下分析，直至不需要进一步分析为止，这些不需要进一步分析的事件就成为底事件。这样就形成了一个倒立的树状因果关系逻辑图，即故障树。

故障树的建造是一个多次反复、逐步深入、不断完善的过程。通过建树可透彻了解系统的故障逻辑关系，找出导致顶事件的所有基本故障原因事件或基本故障原因事件组合，从而辨识出系统在可靠性设计上的薄弱环节，以便改进设计。

7.3.2 静态 FTA

7.3.2.1 定性分析

定性分析的目的是寻找导致顶事件发生的原因事件及原因事件的组合，即识别导致顶事件发生的所有故障模式集合，帮助设计师发现潜在的故障和设计的薄弱环节，以便改进可靠性设计、支持卫星故障诊断和在轨保障方案。

在故障树定性分析中，割集是非常关键的一个概念。割集是指故障树中一些底事件的集合，当这些底事件同时发生时，顶事件必然发生。若将割集中包含的底事件任意去掉一个就不再构成割集，这样的割集就是最小割集。故障树定性分析的主要任务就是确定所有的最小割集。

求解最小割集的常用方法包括上行法和下行法[2]，这些方法可以借助可靠性专业分析软件方便的得到结果。

1）下行法

下行法是根据故障树的实际结构，从顶事件开始，逐级向下寻查，找出割集。规则是在下行过程中，顺次将逻辑门的输出事件置换为输入事件。具体做法是把从顶事件开始逐层在向下寻查的过程横向列表，遇到“与门”就将其输入事件取代输出事件排在表格的同一行下一列内，遇到“或门”就将其输入事件在下一列纵向依次展开（各自排成一行），这样直到全部换成底事件为止。这样列出的表格的最后一列的每一行都是故障树的割集。这样得到的割集再通过两两比较，划去那些非最小割集，剩下就是故障树的全部最小割集。

2）上行法

上行法是从底事件开始，自下而上逐步地进行事件集合运算，将“或门”输出事件表示为输入事件的并（布尔和），将“与门”输出事件表示为输入事件的交（布尔积）。这样向上层层代入，在逐步代入过程中，按照布尔代数吸收律和等幂律来化简，最后将顶事件表示成底事件积之和的最简式。其中每一积项对应于故障树的一个最小割集，全部积项就是故障树的所有最小割集。

在得到全部最小割集后，如果有足够的各个底事件发生概率的数据，则可进一步对顶事件发生概率作定量分析；数据不足时，可以对最小割集及底事件进行定性比较。

对最小割集及底事件进行定性比较的原则如下：

（1）当各个底事件的发生概率差别相对不大时，阶数越低的最小割集越重要；

（2）在低阶最小割集中出现的底事件比高阶最小割集中的底事件重要；

（3）在最小割集阶数相同的条件下，在不同最小割集中重复出现的次数越多的底事件越重要；

（4）一阶最小割集的单个底事件即可导致顶事件发生，危害最大。

卫星产品实施 FTA 时，为了减少分析工作量，可略去阶数大于指定值的所有最小割集来进行近似分析。

7.3.2.2　定量分析

故障树的定量分析可用于计算或验证顶事件的发生概率，通过各类重要度分析更准确、深入的识别系统可靠性薄弱环节。

静态故障树的定量计算需满足以下条件：

（1）底事件相互独立；

（2）底事件的发生概率已知。

底事件之间的统计独立性主要从工程实际进行判断，若某些底事件互相不独立，按照统计独立的假设进行计算将出现难以接受的误差。若相当多的底事件缺乏数据且又不能给出恰当的估计值，则不适宜进行定量分析。

1）计算顶事件发生概率[2]

假设系统及其组成单元只有正常和故障两种状态，则利用结构函数可以进行静态 FTA。设 x_i 表示底事件的状态变量，有

$$x_i = \begin{cases} 1 & \text{底事件 } x_i \text{ 发生} \\ 0 & \text{底事件 } x_i \text{ 不发生} \end{cases} \tag{7.1}$$

设 y 表示顶事件的状态变量，故障树有 n 个底事件，故障树的结构函数可以表示为

$$y = \boldsymbol{\Phi}(X) = \boldsymbol{\Phi}(x_1, x_2, x_3, \cdots, x_n) = \begin{cases} 1 & \text{顶事件发生（即系统故障）} \\ 0 & \text{顶事件不发生（即系统正常）} \end{cases} \tag{7.2}$$

一般情况下，基于“与门”“或门”等典型结构的结构函数，根据故障树可以直接写出顶事件的结构函数。对于复杂系统，其结构函数会非常冗长，此时可根据逻辑运算规则或最小割集的概念，对结构函数进行简化。

在所有底事件互相独立的条件下，顶事件发生的概率 Q 是底事件发生概率 q_1，q_2，…，q_n的函数，称为故障概率函数。

$$Q = Q(q_1, q_2, \cdots, q_n) \tag{7.3}$$

式中

$$Q = P_r[\boldsymbol{\Phi}(X) = 1]$$

$$q_i = P_r[x_i = 1] \qquad i = 1, 2, \cdots, n$$

根据最小割集可以求解顶事件的发生概率。已知故障树的全部最小割集为 K_1, $K_2, \cdots, K_{N_k}$，并假设在一个很短的时间间隔内同时发生两个或两个以上最小割集的概率为零，且各最小割集中没有出现重复的底事件（即最小割集之间不相交），则有顶事件结构函数 T

$$T = \Phi(X) = \bigcup_{j=1}^{N_k} K_j(t) \tag{7.4}$$

$$P[K_j(t)] = \prod_{i \in K_j} F_i(t) \tag{7.5}$$

式中：$P[K_j(t)]$ 为在时刻 t 第 j 个最小割集发生的概率；$F_i(t)$ 为在时刻 t 第 j 个最小割集中第 i 个部件的故障概率；N_k 为最小割集数。

则

$$P(T) = F_S(t) = P[\Phi(X)] = \sum_{j=1}^{N_k} \left(\prod_{i \in K_j} F_i(t) \right) \tag{7.6}$$

式中：$P(T)$ 为顶事件发生概率；$F_S(t)$ 为系统不可靠度。

卫星工程中往往没有必要精确计算顶事件的发生概率。因为：

（1）对复杂系统进行精确计算的计算量非常大，然而底事件的基本数据通常又不是很准确，因此用不是很准确的底事件数据耗费大量的计算量进行顶事件发生概率的精确计算没有实际意义。

（2）卫星产品设计的可靠性非常高，因此产品的不可靠度非常小。通过近似计算得到的故障树顶事件发生概率足以满足应用需求。

因此，卫星在做故障树定量分析时，可用下式近似

$$P(T) \approx \sum_{i=1}^{N_k} P(K_i) \tag{7.7}$$

2）计算底事件重要度[3]

工程实践表明，从可靠性角度看，系统中各部件并不是同等重要的，因此，引入重要度的概念用以判断某个部件对顶事件发生的影响大小是必要的。重要度是 FTA 中的一个重要概念，常用于改进系统设计、确定系统运行中需监测的部位和支持故障诊断策略。对于不同的对象和要求，可采用不同的重要度。

较常用的有 3 种重要度，即概率重要度、结构重要度和相对概率重要度。这些重要度从不同角度反映了部件对顶事件发生的影响大小。

（1）概率重要度：在故障树所有底事件相互独立的条件下，第 i 个底事件的概率重要度为

$$I_P(i) = \frac{\partial}{\partial q_i} Q(q_1, q_2, \cdots, q_n) \qquad i = 1, 2, \cdots, n \tag{7.8}$$

第 i 个底事件的概率重要度表示,第 i 个底事件发生概率的微小变化而导致顶事件发生概率的变化率。

(2) 结构重要度:结构重要度从故障树结构的角度反映了各底事件在故障树中的重要程度,而与底事件发生概率大小无关。在故障树所有底事件相互独立的条件下,第 i 个底事件的结构重要度为

$$I_{\Phi}(i)=\frac{1}{2^{n-1}}\sum_{(x_1,\cdots,x_{i-1},\cdot,x_{i+1},\cdots,x_n)}[\Phi(x_1,\cdots,x_{i-1},1,x_{i+1},\cdots,x_n)-\Phi(x_1,\cdots,x_{i-1},0,x_{i+1},\cdots,x_n)]\quad i=1,2,\cdots,n,\cdots \tag{7.9}$$

式中:$\Phi(\cdot)$是故障树的结构函数;$\sum\limits_{(x_1,\cdots,x_{i-1},\cdot,x_{i+1},\cdots,x_n)}$是对 $x_1,x_2,\cdots,x_{i-1},x_{i+1},\cdots,x_n$ 分别取 0 或 1 的所有可能求和。

(3) 相对概率重要度:概率重要度虽然反映了单元概率变化对于顶事件概率变化的贡献,但是不能反映出不同单元故障概率改进的难易程度差别,所以又定义了相对概率重要度。在故障树所有底事件相互独立的条件下,第 i 个底事件的相对概率重要度为

$$I_{\mathrm{C}}(i)=\frac{q_i}{Q(q_1,q_2,\cdots,q_n)}\cdot\frac{\partial}{\partial q_i}Q(q_1,q_2,\cdots,q_n)\qquad i=1,2,\cdots,n \tag{7.10}$$

第 i 个底事件的相对概率重要度表示,第 i 个底事件发生概率微小的相对变化而导致顶事件发生概率的相对变化率。它反映出以下事实:改善一个不大可靠的部件容易,改善一个足够可靠的部件更难。

7.3.3 动态 FTA

静态 FTA 方法基于静态逻辑或静态故障机理,不适用于具有动态随机性故障的容错系统、冗余(或冷、热备份)可修系统、时序性质的复杂系统,以及顺序相关性系统的可靠性分析。

DFT 在静态故障树的基础上通过引入表征动态特性的新的逻辑符号(动态逻辑门),利用这些新的符号表示底事件和顶事件间的动态行为,从而能够解决具有动态特性的系统可靠性分析。在进行系统的可靠性分析计算时,通常将 DFT 转换为等价的马尔可夫链,利用马尔可夫状态转移图来表示系统中的动态和时序的过程,通过软件计算出马尔可夫状态转移图中事件的概率或发生频率,再回到故障树中计算系统的故障概率。

DFT 新增的动态逻辑门包括优先与门、备件门、顺序相关门、功能相关门等。

1) 优先与门

优先与门是普通与门的扩展,优先与门规定了输入事件的发生次序,从左到右优先关系依次降低,只有高优先级先发生低优先级后发生才会导致输出故障。优先与门和对应的马尔可夫模型如图 7.12 所示。

如图 7.12 所示，优先与门有两个输入事件 A 和 B。若 A 和 B 均已发生，且 A 在 B 前发生，则输出事件发生，即优先与门的输出逻辑值为“真”。若 A 和 B 并不都发生，或者 B 在 A 前发生，则输出事件不发生，即门的输出值为“假”。图 7.12 中的右图是优先与门向马尔可夫链转化的结果。其中：状态的第一个数字表示 A 的状态（0 表示 A 正常，1 表示 A 故障）；第二个数字表示 B 的状态；Fa 表示顶事件 T 发生；Op 表示顶事件 T 不发生；转移上的符号表示该部件故障，其转移率为该部件的失效率。

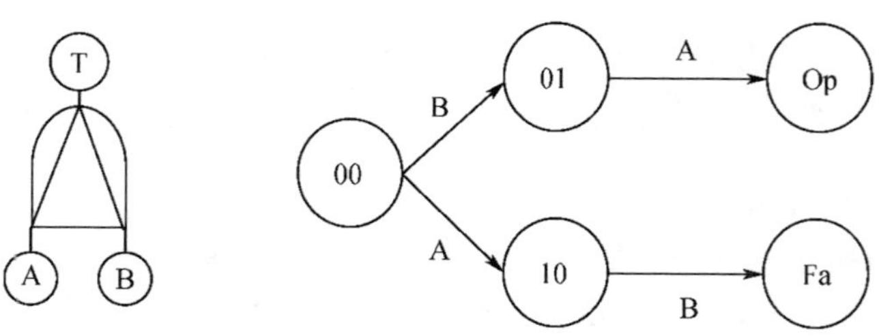

图 7.12　优先与门及其马尔可夫状态转移图

2）备件门

备件门表示一个基本事件发生后使用若干替补事件代替。备件门由一个初始基本输入事件、若干可选替补输入事件和一个输出事件组成。初始输入在开始时就处于正常工作的状态，可选替补输入事件作为基本输入事件的备件，在初始基本输入失效后自左至右逐个替代开始工作。多个替补输入事件以特定的顺序顶替基本事件进行工作，当所有的输入事件按照特定顺序都发生失效时，输出事件发生。

备件门又分为冷备件门、温备件门和热备件门。初始基本输入事件在系统初始化时就处于正常工作状态，如果替补输入是冷备件，则一直处于备用状态直至基本输入故障后被激活，如果替补输入是温备件，激活工作之前处于温储备的状态，其失效率较正常工作时低；如果替补输入是热备件，则初始输入事件和替补事件都处于工作状态。冷备件门及其马尔可夫状态转移图如图 7.13 所示。

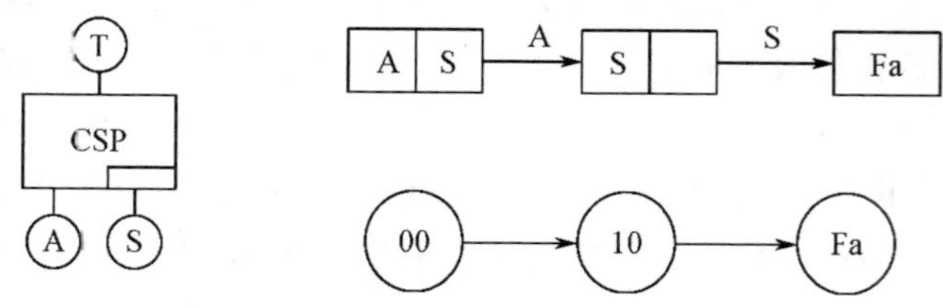

图 7.13　冷备件门及其马尔可夫状态转移图

温备件门如图 7.14 所示，温备件 S 在主件工作时处于预工作状态，失效率很低，当主件与温备件均失效时顶事件就会发生。

热备件门如图 7.15 所示，热备件 S 与主件 A 同时处于工作状态，相当于并联，只有主件和热备件均失效时顶事件才会发生。

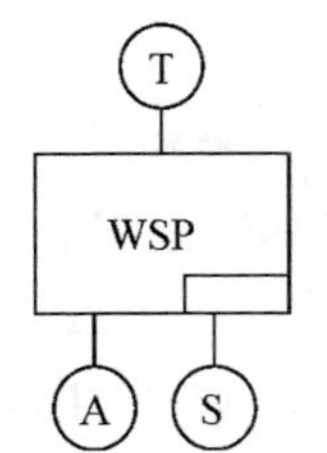

图 7.14　温备件门

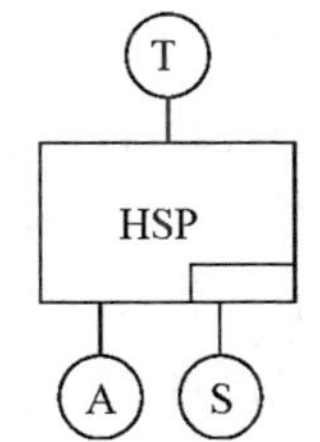

图 7.15　热备件门

3）顺序相关门

顺序相关门表示多个输入事件必须按照从左到右的顺序依次发生失效，输出才会发生，也就是最左边的事件必须在靠近它的右边的事件之前发生，而后者又必须在靠近它的右边的事件之前发生，以此类推，只有这样顺序相关门的输出事件才会发生，否则不发生。顺序相关门是优先与门的更一般形式，其表达形式和向马尔可夫链的转化形式如图 7.16 所示。

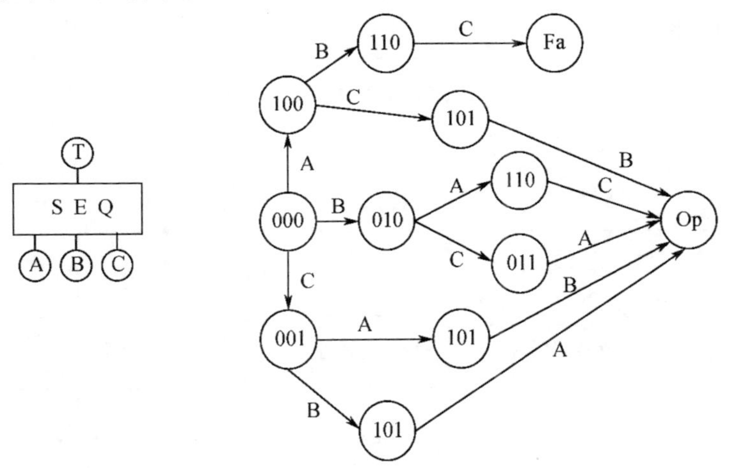

图 7.16　顺序相关门及其马尔可夫状态转移图

4）功能相关门

功能相关门无逻辑输出，输入为触发事件，输出为触发事件引发的基本事件。如图 7.17 所示，当触发事件 K 发生时就会引起基本事件 A、B 发生，则顶事件也会发生，或者基本事件 A、B 单独发生时顶事件也会发生。如果触发事件 K 发生，则 A、B 无条件发生。

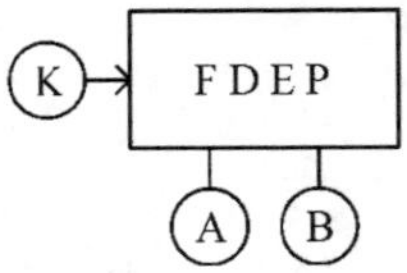

图 7.17　功能相关门

在以上各种动态逻辑门的马尔可夫链建立之后，就可以借助有关的马尔可夫链计算公式进行可靠性分析计算。

通常情况下，整个 DFT 只有很少一部分在本质上是动态的。因此，对 DFT 的分析首先需找出相互独立的子故障树，然后分别计算各子故障树的结果，最后将各子故障树的结果统一到完整的故障树中计算。对只含有静态逻辑门的子故障树，应用传统的静态 FTA 方法即可。对包含一个或更多动态逻辑门的子故障树，则将其转化成等价的马尔可夫模型，利用马尔可夫分析方法解决。这样，每个处理模型可以很小，再对这些模型进行单独处理就比较简单。当对整个故障树中的独立子树处理结束之后，可以利用故障树中剩余的逻辑门来对其处理结果进行综合，即在整个故障树中，自下向上用具有相应故障概率或故障率的基本事件来代替独立子树。这样，递归处理直至整个故障树的顶事件，就可以计算得到整个故障树发生故障的概率。因此，动态 FTA 方法实际上综合了 FTA 和马尔可夫链两者的优点。

7.3.4 导航卫星 FTA 的典型案例

7.3.4.1 定性分析

导航卫星在轨运行阶段的任务为“持续播发导航信号”，因此，面向业务连续和系统安全要求，卫星在轨运行的典型不期望事件是“播发信号中断”。

根据不期望事件“播发信号中断”，以卫星功能分析、FMEA、RBD 等为输入，建立了图 7.18 所示的故障树。其中，“系统进入安全模式”“信号播发异常”是“播发信号中断”的中间事件。

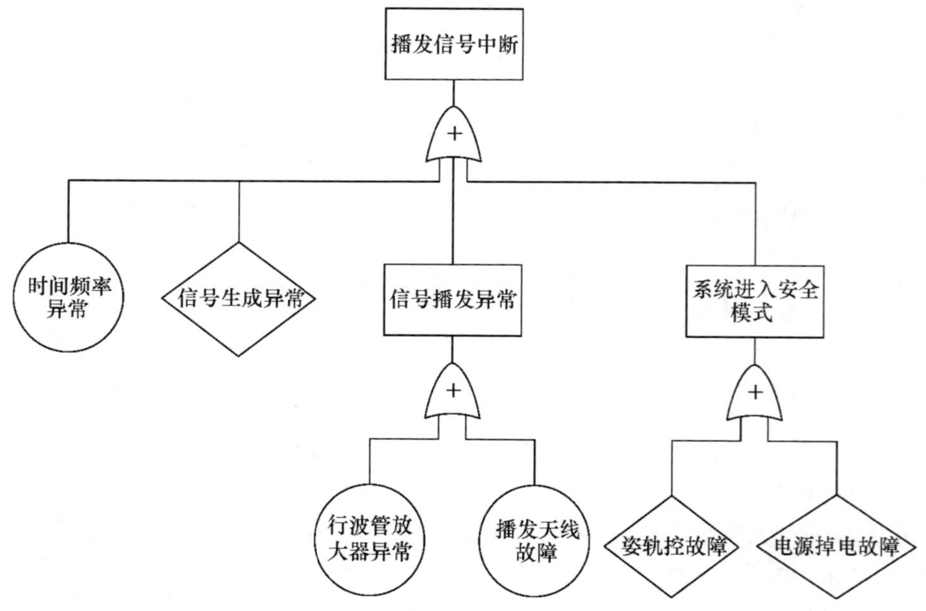

图 7.18 卫星“播发信号中断”故障树

图 7.18 中有 3 个底事件和 3 个未展开事件。3 个底事件均是一阶最小割集，即任何一个独立发生均可导致“播发信号中断”。3 个未展开事件择机作进一步分析。

根据 FTA 结果，卫星的“时间频率异常”将导致“播发信号中断”，因此，需要针对性开展设计工作，保持时间频率的连续稳定。

导航时间频率子系统产生、保持和校正卫星的基准频率，由时钟单元、频标分配单元和频率合成单元组成，如图 7.19 所示。

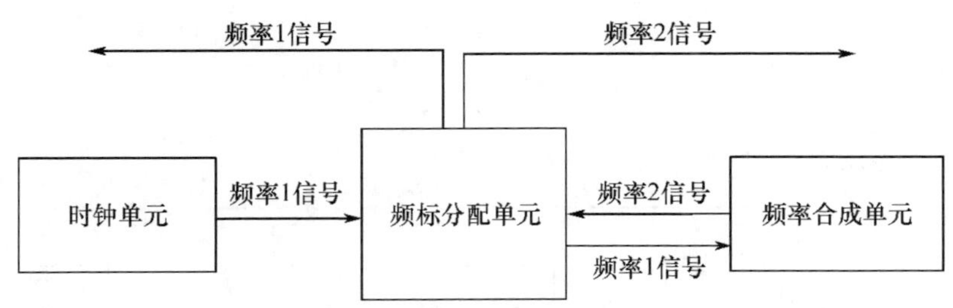

图 7.19　卫星时间频率子系统组成框图

时钟单元产生频率 1 信号,频标分配单元对时钟单元输入的频率 1 信号进行选择和分路,送给频率合成单元;频率合成单元使用当班时钟单元的频率 1 信号产生频率 2 信号,并将频率 2 信号送给频标分配单元;频标分配单元进行分路并输出频率 1 和频率 2 信号供星上设备使用。

为保证频率 1 信号和频率 2 信号的正确性和连续性,导航卫星设计了自主故障诊断和处理措施,由频率合成单元对频率 1 信号进行实时监测,若发现异常,则通过卫星测控管理单元向频标分配单元自主发送指令,将频率 1 信号自主切换到备份时钟单元,进而保证输出频率 2 信号的正确性和连续性。

7.3.4.2　定量分析[4]

设导航卫星电源控制系统由 4 个子系统 A、B、C、D 组成。其中:

(1) 子系统 A 为两组并联的电池组,分别为 H_1、H_2,每组含有 3 只单体,坏 1 只单体,则此组失效。

(2) 子系统 B 为 2∶1 并联,包括设备 I_1、I_2。

(3) 子系统 C 为 3∶1 冷备份,主设备为 J_1,备份设备分别为 J_2和 J_3。

(4) 子系统 D 由接口 K 和设备 L、M 组成,如果接口 K 故障,或者 L、M 都故障,则子系统 D 必故障。

考虑电源控制系统冗余设计的复杂性和定量分析薄弱环节需求,利用 FTA 方法进行可靠性分析。以电源控制系统故障为顶事件,分析明确:

(1) 4 个子系统之间为“或门”关系,即任一子系统故障,电源控制系统故障;

(2) 子系统 A、B、C 中,当所有设备故障,子系统故障,子系统 A、B 为普通与门,子系统 C 为冷备件门;

(3) 子系统 D 中,当 K 或 L 和 M 都故障,子系统 D 故障,子系统 D 为功能相关门。

由此建立电源控制系统的 DFT 模型如图 7.20 所示。

1) 静态子树的分析

在图 7.20 中,4 个子系统之间的“或门”关系是静态逻辑关系,因此可用 BDD 方法进行计算。图 7.21 是“电源控制系统故障”的静态层 BDD,其中 S1 代表“子系统 A”,S2 代表“子系统 B”,S3 代表“子系统 C”,S4 代表“子系统 D”。

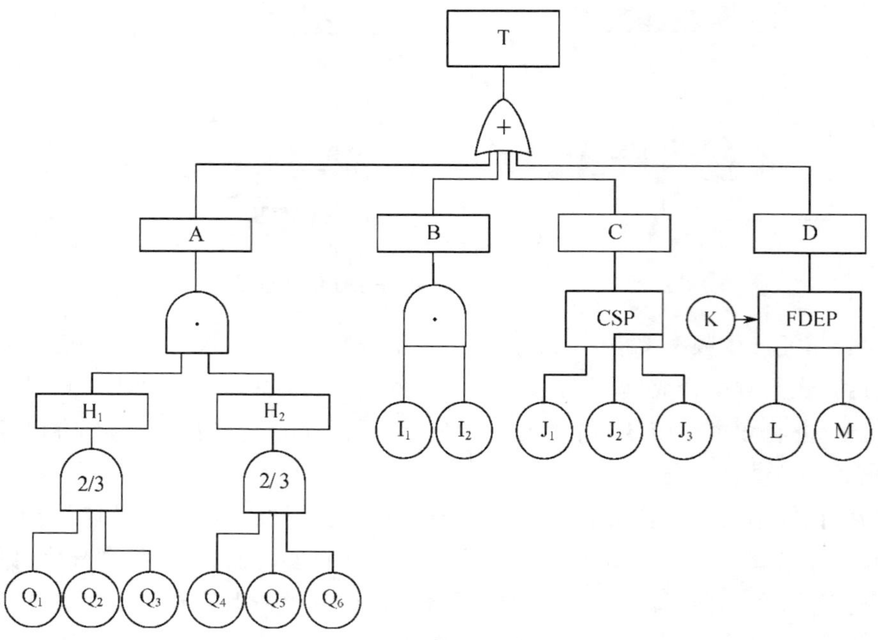

图 7.20　电源控制系统的 DFT 模型

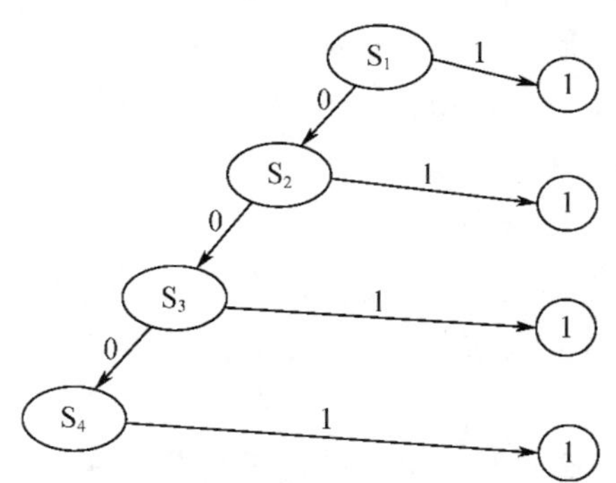

图 7.21　电源控制系统 BDD 分解过程

整个电源控制系统的结构函数为

$$\Phi(S)=S_1\cup S_2\overline{S}_1\cup S_3\overline{S}_2\overline{S}_1\cup S_4\overline{S}_3\overline{S}_2\overline{S}_1=S_1\cup S_2\cup S_3\cup S_4 \tag{7.11}$$

当 $\Phi(S)=1$,表示电源控制系统故障发生;当 $\Phi(S)=0$,表示电源控制系统故障未发生。因为经过 BDD 分解后结构函数积之和不相交,所以电源控制系统故障概率的计算变得十分简单,计算公式为

$$P(X_S)=P(\Phi(S)=1)=$$
$$P(S_1)+P(S_2\overline{S}_1)+P(S_3\overline{S}_2\overline{S}_1)+P(S_4\overline{S}_3\overline{S}_2\overline{S}_1) \tag{7.12}$$

2）动态子树的分析与计算

对于 DFT 部分,采用马尔可夫链进行求解。

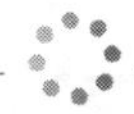

(1) 子系统 C 的冷备件门：

由于冷备件门储备故障率为 0,在马尔可夫状态转移链的每个节点上的自身转移概率是不同的。图 7.22 是与子系统 C 冷备件门对应的马尔可夫状态转移链,N_0、N_1、N_2、Fa 表示不同的状态,J_1、J_2、J_3表示导致状态变化的事件。

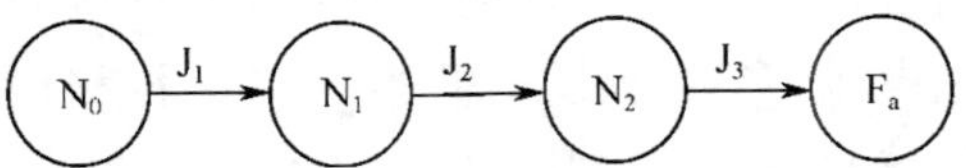

图 7.22　冷备件门的马尔可夫状态转移链

子系统 C 失效的概率 $P(C)$为

$$P(C)=P(J_1)P(J_2)P(J_3) \tag{7.13}$$

(2) 子系统 D 的功能相关门：

与之相对应的马尔可夫状态转移链如图 7.23 所示。图 7.25 中,N_0、N_1、N_2、Fa 表示不同的状态,K、L、M 表示导致状态变化的事件。

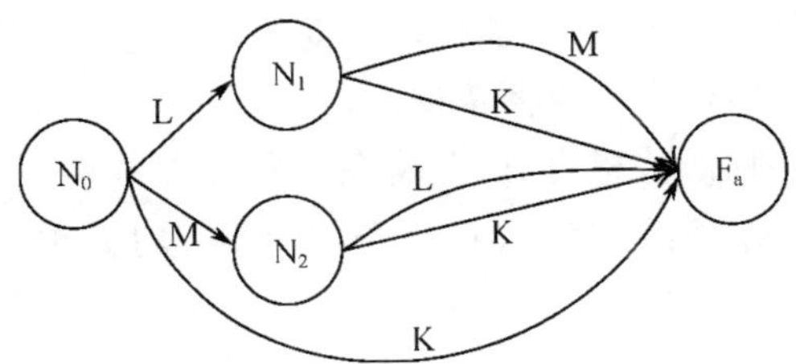

图 7.23　功能相关门的马尔可夫状态转移链

子系统 D 失效的概率 $P(D)$为

$$P(D)=P(K)+2P(L)P(M)+P(L)P(K)+P(M)P(K) \tag{7.14}$$

根据各个设备的失效率,取电源控制系统工作时间为 100000h,则通过动态 FTA 得到电源控制系统的不可靠度如表 7.14 所列。

表 7.14　电源控制系统及各子系统的不可靠度

代号	不可靠度
子系统 A	0.0009
子系统 B	0.0004
子系统 C	0.0009
子系统 D	0.153
电源控制系统 T	0.155

由分析结果可知：

(1) 电源控制系统工作 100000h 的不可靠度为 0.155；

(2) 子系统 D 明显是电源控制系统的可靠性薄弱环节。

7.4 最坏情况电路分析

WCCA 是一种在设计限度内分析电路所经历的环境变化、参数漂移及输入漂移出现的极端情况及其组合,并进行电路性能分析和元器件应力分析的方法。其中,环境变化包括温度、辐射、电磁、湿度、振动等的变化,输入漂移包括输入电源电平漂移、输入激励的漂移等。导致元器件参数漂移的原因包括元器件的质量水平、元器件老化、环境以及外部输入等。

WCCA 的目的是通过评价产品在最坏情况条件下性能及其漂移情况,识别影响电路性能及元器件应力的主要因素,发现设计薄弱环节,对电路是否发生漂移故障进行预测,提出改进措施,提高电路固有可靠性。

WCCA 包括以下三方面内容:

(1) 最坏情况元器件应力分析:分析电路中元器件参数在最坏情况下是否超过了额定值或降额等级要求,为电路合理进行降额设计提供依据。

(2) 元器件灵敏度分析:分析元器件参数变化对电路性能影响的敏感程度,这是确定元器件最坏情况参数组合的重要依据。

(3) 最坏情况电路性能分析:分析电路在元器件参数最坏情况组合下的性能是否满足设计指标要求,分析的方法包括极值分析法、均方根分析法和蒙特卡罗分析法。

7.4.1 WCCA 的分析流程

WCCA 流程如图 7.24 所示,主要过程说明如下:

1) 明确待分析电路

根据电路的重要性、经费与进度等的限制条件以及 FMEA 或其他分析结果来确定需要进行分析的关键电路。主要有:

(1) 严重影响产品安全的电路;

(2) 严重影响任务完成的电路;

(3) 价格昂贵的电路;

(4) 时序和逻辑功能复杂的电路;

(5) 需要特殊保护的电路。

2) 数据准备

开展分析之前的数据准备包括:

(1) 电路的性能、环境应力技术要求;

(2) 电路原理图及接口;

(3) 电路工作原理;

(4) 任务环境;

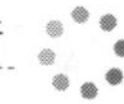

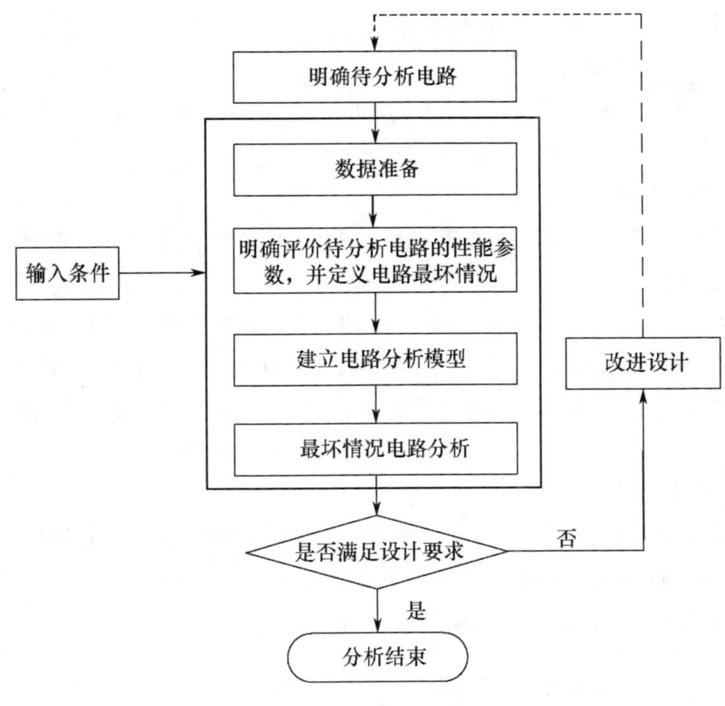

图 7.24　WCCA 流程

(5) 元器件清单;

(6) 元器件可靠性参数数据库,包括标称值、偏差、最坏情况极值与概率分布;

(7) 电路接口参数等。

卫星产品元器件极值数据需考虑以下最坏情况条件:

(1) 初始误差:初始误差变化值主要依据相关标准规范,当规范不适用时,可以依据元器件厂商提供的数据,也可以根据元器件抽样验收测试数据。

(2) 温度影响:温度影响可以按照元器件厂商提供的数据确定,也可以采用一般的温度影响常量。

(3) 老化影响:老化参数的数据主要来自厂商和试验数据,可采用数据推导法,以保守为宜,如线性推导法。

(4) 辐射影响:辐射环境主要影响有源器件,对元器件影响主要考虑总剂量效应。辐射参数主要来自厂商和试验数据。

3) 定义电路最坏情况

综合考虑以下情况确定电路最坏情况:

(1) 被分析电路的功能和使用寿命;

(2) 电路性能参数及偏差要求;

(3) 电路使用的环境应力条件(或环境剖面);

(4) 元器件参数的标称值、偏差值和分布;

(5) 电源和信号源的额定值和偏差值。

4) 建立电路分析模型

参照电路原理图和元器件手册建立分析对象电路仿真模型并对模型进行功能性能测试验证,使其精度达到仿真要求。

5) 进行 WCCA

对电路进行分析,得出在各种工作条件及工作方式下电路的性能参数、输入量和元器件参数之间的关系。

根据已确定的待分析电路的具体要求和条件,适当选择一种具体分析方法。

根据已明确的电路设计的有关基线按选定的方法对电路进行 WCCA,求出电路性能参数的偏差范围,找出对电路性能影响敏感度较大的参数进行控制,使电路满足要求。

6) 分析结果判别

把 WCCA 所得到的电路性能参数的偏差范围与规定偏差要求相比较,如符合要求,则分析结束;如不符合要求,则需要修改设计,设计修改后,仍需进行分析,直到电路性能参数的偏差范围完全满足偏差要求为止。

7.4.2 WCCA 的分析方法

7.4.2.1 灵敏度分析

电路性能参数对某元器件参数的灵敏度体现为在电路其他元器件参数不变的情况下该参数变化对电路性能的影响。灵敏度有大小和方向,正向灵敏度表示参数值变大(或变小)时电路性能参数值也变大(或变小);负向灵敏度表示参数值变大(或变小)时电路性能参数值变小(或变大)。灵敏度绝对值越大,则性能参数变化越快,说明元器件参数变化对性能参数值的影响越大。

7.4.2.2 极值分析

极值分析是将电路中所有变量设定为最坏值时对电路输出性能的分析。该方法利用已知元器件参数的变化极限来预计电路性能参数变化是否超过了允许范围,并提供改进方向。如果预计值在规定范围内则电路较稳定可靠,如果超出了规定的允许变化范围,就可能发生漂移故障。该方法简便直观,但分析结果较保守。

应用极值分析法首先需要建立数学模型,把待分析的电路性能参数 y 表示为设计参数 $x_1,x_2,\cdots,x_n$的函数,即

$$y=f(x_1,x_2,\cdots,x_n) \tag{7.15}$$

则电路性能参数 y 对某设计参数 x_i 的灵敏度 s_i 为函数 f 对 x_i 的偏导数,即

$$s_i=\frac{\partial f}{\partial x_i} \tag{7.16}$$

式中：参数 $x_i(i=1,\cdots,n)$ 取标称值。

在确定灵敏度基础上，可以采用直接代入和线性展开两种方法计算性能参数最大偏差。

直接代入法适用于以下场合：

（1）$f(x_1,x_2,\cdots,x_n)$ 在工作点可微且变化较大；

（2）设计参数变化范围较大且在此范围内单调；

（3）WCCA 精度要求较高。

线性展开法适用于以下场合：

（1）$f(x_1,x_2,\cdots,x_n)$ 在工作点附近可微且变化较小；

（2）元器件参数变化范围较小；

（3）WCCA 精度要求不高。

1）直接代入法

将设计参数的极限值按最坏情况组合直接代入电路的函数表达式(7.15)，求出电路性能参数的上限值和下限值。

当进行电路性能参数的最大值 $y_{最大}$ 计算时，若 $s_i>0$，则参数 x_i 取最大值；若 $s_i<0$，则参数 x_i 取最小值。当进行电路性能参数的最小值 $y_{最小}$ 计算时，若 $s_i>0$，则参数 x_i 取最小值；若 $s_i<0$，则参数 x_i 取最大值。

计算得到的最坏情况电路性能参数最大值和最小值均在电路性能偏差指标范围内，则表明电路通过了极值分析。

2）线性展开法

将待分析的电路性能方程 $y=f(x_1,x_2,\cdots,x_n)$ 在工作点附近泰勒展开并略去一阶及以上高次项，可得到性能参数 y 的变化量 Δy 与设计参数变化量 Δx_i 间的线性关系：

$$\Delta y=\sum_{i=1}^{n}\frac{\partial f}{\partial x_i}\Delta x_i=\sum_{i=1}^{n}s_i\Delta x_i \tag{7.17}$$

当进行电路性能参数偏差的正极限值 Δy_+ 计算时，若 $s_i>0$，则 $\Delta x_i=x_{i最大值}-x_{i标称值}$；若 $s_i<0$，则 $\Delta x_i=x_{i最小值}-x_{i标称值}$。当进行电路性能参数偏差的负极限值 Δy_- 计算时，若 $s_i>0$，则 $\Delta x_i=x_{i最小值}-x_{i标称值}$；若 $s_i<0$，则 $\Delta x_i=x_{i最大值}-x_{i标称值}$。

由此，y 的最坏情况最大值为 $y_{最大}=y+\Delta y_+$；y 的最坏情况最小值为 $y_{最小}=y+\Delta y_-$。若最坏情况电路性能参数的最大值和最小值均满足电路性能指标要求，则表明电路通过了极值分析。

7.4.2.3　均方根分析

均方根分析是在所有输入参数相互独立且已知各参数分布的均值、方差情况下，考虑性能对各参数的灵敏度，假设电路性能服从正态分布，从而得到性能参数在给定概率下的极值的方法。

根据性能参数 y 的变化量 Δy 与设计参数变化量 Δx_i 间的线性关系式(7.17)，可知,若 Δx_i 或 x_i 的标准差为 σ_i,则在 x_i 相互独立的情况下,y 的标准差 σ_y、均值 μ_y 分别按式(7.18)和式(7.19)计算。

$$\sigma_y = \left(\sum_{i=1}^{n} \left(\frac{\partial f}{\partial x_i} \sigma_i \right)^2 \right)^{\frac{1}{2}} = \left(\sum_{i=1}^{n} (s_i \sigma_i)^2 \right)^{\frac{1}{2}} \tag{7.18}$$

$$\mu_y = f(x_1, x_2, \cdots, x_n) \tag{7.19}$$

式中:参数 $x_i(i=1,\cdots,n)$ 取标称值。

对于给定概率值 γ,在该概率下,最坏情况电路性能最大值为 $y=\mu_0+\mu_{(1+\gamma)/2}\sigma_y$,最小值为 $y=\mu_0-\mu_{(1+\gamma)/2}\sigma_y$,式中,$(1+\gamma)/2$ 为正态分布上侧分位数。

7.4.2.4 蒙特卡罗分析

蒙特卡罗分析是当电路组成部分的参数服从任意分布时,由电路组成部分参数抽样值分析电路性能参数偏差的一种统计分析方法。假定所有输入参数相互独立,服从某已知概率分布,电路性能参数服从正态分布。经随机抽样产生各元器件参数值,代入电路方程,计算电路性能参数值,经反复多次,得到电路性能参数的分布参数值,从而得到性能在给定概率下的极值。

蒙特卡罗分析的具体做法为:按电路包含的元器件及其他有关量的实际参数 X 的分布,对 X 进行第一次随机抽样,得到抽样值$(x_{11}, x_{12}, \cdots, x_{1m})$,其中 m 为输入参数的个数,将抽样值代入电路性能参数表达式,计算得到第一个随机值 $y_1=f(x_{11}, x_{12}, \cdots, x_{1m})$,如此反复进行 n 次,得到性能参数的 n 个随机值。从而可对 y 进行统计分析,求出电路性能参数 y 出现在不同偏差范围内的概率。

极值分析法、均方根分析法及蒙特卡罗分析法适用于不同的条件与场合,3 种方法的比较如表 7.15 所列。

表 7.15 极值分析法、均方根分析法和蒙特卡罗分析法的对比

方法	输入	优点	局限性	适用范围
极值分析法	电路元器件参数的上下限值以及电路性能参数对每个元器件参数的敏感度	简便、直观,方便得到电路最坏情况性能结果; 不需要电路参数的统计输入数据	结果偏保守; 需要元器件极值数据或数据库	直接代入法适用于性能参数在工作点可微且变化较大或设计参数变化范围较大且在此范围内单调或最坏情况电路分析精度要求较高的场合。 线性展开法适用于性能参数在工作点附近可微且变化较小或元器件参数变化范围较小或最坏情况电路分析精度要求不高的场合。 已知输入参数极值

（续）

方法	输入	优点	局限性	适用范围
均方根分析法	元器件参数概率分布函数的均值、标准差以及电路性能参数对每个元器件参数的敏感度	不要求参数的分布类型	假定电路性能参数服从正态分布； 假设在输入参数偏差值域内电路灵敏度保持常数	适用于性能参数在工作点附近可微且变化较小或元器件参数变化范围较小或最坏情况电路分析精度要求不高的场合。 已知输入参数的均值和方差
蒙特卡罗分析法	每个元器件参数的概率分布及分布参数值	最坏情形的最真实估计	需要电路参数的概率分布及其分布参数	需要得到较为准确估计电路性能的场合； 性能难以用元器件参数进行数学描述的场合； 已知参数分布及其分布参数

7.4.2.5 元器件应力分析

最坏情况元器件应力分析用于识别在最坏情况下应力过载的元器件，如果有降额规定，还要进一步分析是否满足降额等级要求。最坏情况元器件应力分析需将所有相关的影响因素同时施加到每个元器件上，对元器件工作情况进行评价，应力分析不仅针对稳态工作情况，还应包括瞬态过渡工作过程的应力分析。

7.4.3 导航卫星 WCCA 的典型案例

针对关键电子设备和一些任务关键的电路，导航卫星开展了多项 WCCA 工作。

7.4.3.1 某星载原子钟频综电路 WCCA[5]

星载原子钟是导航卫星有效载荷的核心部分，必须具有高稳定性和高可靠性。在研制过程中，利用数学分析和仿真分析两种途径对频综电路的静态工作点和交流信号进行了分析，提高了频综电路的稳定性和鲁棒性。原子钟频综电路如图 7.25 所示。

1）电路分析

卫星原子钟温度环境为 0～60℃。在只考虑出厂时允许的偏差和温度引起的参数漂移情况下，电阻在 60℃ 和 0℃ 下的参数漂移与设计总容差为 5.0031% 和 5.0016%，电容在 60℃ 和 0℃ 下的参数漂移与设计总容差为 10.0006% 和 10.0008%。

2）静态工作点分析

根据电路中元器件电应力处于的最坏情况，计算了电阻的功率变化情况，判断电阻器是否存在过功率的情况。对电路关键元器件 R1、R4、R6 进行了静态工作点下的极限功率分析，结果见表 7.16。

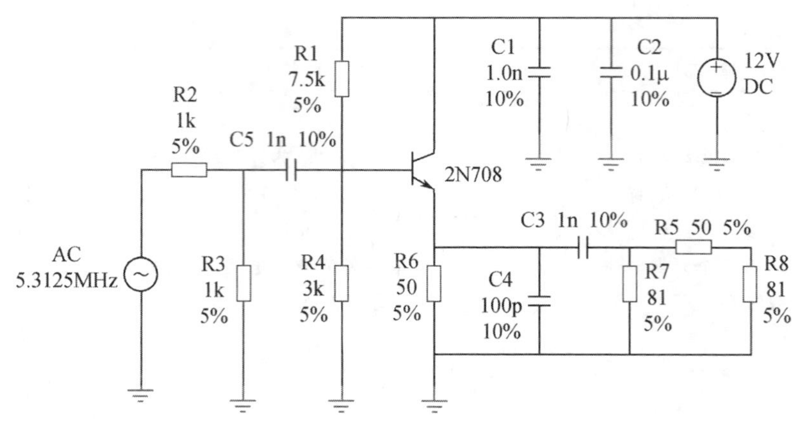

图 7.25 某星载原子钟频综电路(见彩图)

表 7.16 电阻极值功率分析

序号	元器件	正常情况/mW	总容差			
			最大值/mW		最小值/mW	
			0℃	60℃	0℃	60℃
1	R1	9.7959	10.3117	10.3118	9.3293	9.3292
2	R4	3.9184	4.2965	4.2967	3.5677	3.5678
3	R6	148.9052	186.8227	186.8353	117.9755	117.9671

由表 7.16 中电阻 R6 上电阻的功率可以发现,在电阻选取额定功率为 150mW 时,最坏情况下功率的最大值超过了额定功率,且正常情况下功率也不满足电阻功率的Ⅰ级降额要求。因此,在该电路设计过程中,电阻 R6 应选用额定功率比较大的电阻器。

3) 交流分析

利用软件对电阻 R8 进行了最坏情况下频综射随器输出信号分析,见表 7.17。

表 7.17 最坏情况下频综射随器输出信号

温度/℃	工作状态	测试数据/mV	与标称值比/%
0	最大值	737.6724	13.3049
	最小值	566.2512	-13.0259
25	正常值	651.0505	0
60	最大值	737.6943	13.3083
	最小值	566.2363	-13.0273

由表 7.17 中数据可知,环境温度为 0℃ 和 60℃ 时,电阻 R8 上输出信号峰值超过了正常情况下输出信号峰值的 13%。在星载原子钟频综电路中,该指标是不能接受的。因此,需对该电路敏感元器件进行相应的设计修改。

通过 WCCA 工作,对星载原子钟频综电路进行了改进,提高了电路的稳定性和可靠性。

7.4.3.2　某指令继电器遥控接口电路 WCCA

某指令继电器遥控接口电路如图 7.26 所示。

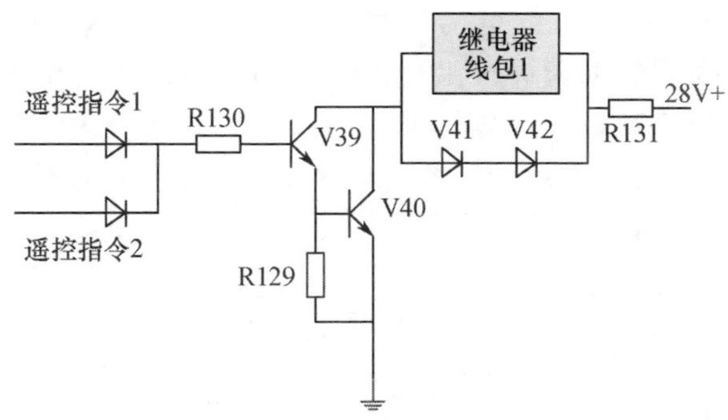

图 7.26　某指令继电器遥控接口电路原理图(见彩图)

该电路设计要求继电器能够可靠动作。遥控指令输入条件为:输入高电平信号为 10 ~ 12V,宽度为 104ms;在全温度范围内,继电器线圈两端动作电压的最小值为 24V。

针对该电路,进行了灵敏度分析和继电器动作电压最坏情况分析。最坏情况分析采用蒙特卡罗法,分析过程如下:

1) 建立电路仿真模型

首先根据元器件手册在仿真环境下建立电路的仿真模型。

2) 确定元器件相关参数最坏情况值

根据环境温度、器件老化对元器件参数的影响及其他元器件偏差值,得到继电器遥控接口电路中相关元器件的参数最坏情况值如表 7.18 所列。

表 7.18　元器件参数偏差表

序号	元器件	额定值	初始偏差	温度老化
1	R129	10kΩ	±1.0%	±1.2%
2	R130	240kΩ	±1.0%	±1.2%
3	R131	5Ω	±1.0%	±1.2%
4	JMX211 线圈电阻	160Ω	无	±10%
5	遥控指令 v_pulse1	11V	无	±9.1%
6	三极管 β	90	无	-15%
7	电源电压 v_dc	28V	无	±3.0%

3) 遥控接口电路灵敏度分析

通过执行灵敏度分析得知,对于继电器的端电压值,影响最大的参数是 +28V 直流电源电压值、遥控指令电压源电压值和电阻 R130 的阻值等。

4）基于蒙特卡罗分析法的 WCCA

将元器件的各参数均设为正态分布，偏差按照表 7.18 给出的数据设定。设置样本个数 run 为 100 个，分析结果为：常态下，继电器最小动作电压为 6.83V，最小动作时间为 56ms；在最坏情况下，继电器的最小动作电压为 8.51V，最小动作时间为 56.5ms。分析结果与设计要求进行比对，见表 7.19，可以得出继电器遥控接口电路在最坏情况下能满足设计要求的结论。

表 7.19 继电器遥控接口电路最坏情况结果

内容	设计要求	星上正常值	最坏情况值	分析结论
范围	电压幅度大于 10V 必须执行，小于 4V 不执行；最小动作时间小于 104ms	10 ~ 12V/104ms	8.51V/56.5ms	满足设计要求

7.4.3.3 某星上二次电源模块 WCCA

某星上二次电源模块原理如图 7.27 所示。

输入信号设计要求：一次电源输入电压范围为 30 ~ 42V。

输出信号设计要求：+12V 的输出为电压(12.5 ±0.3)V；+5.5V 的输出为电压(5.5 ±0.3)V。

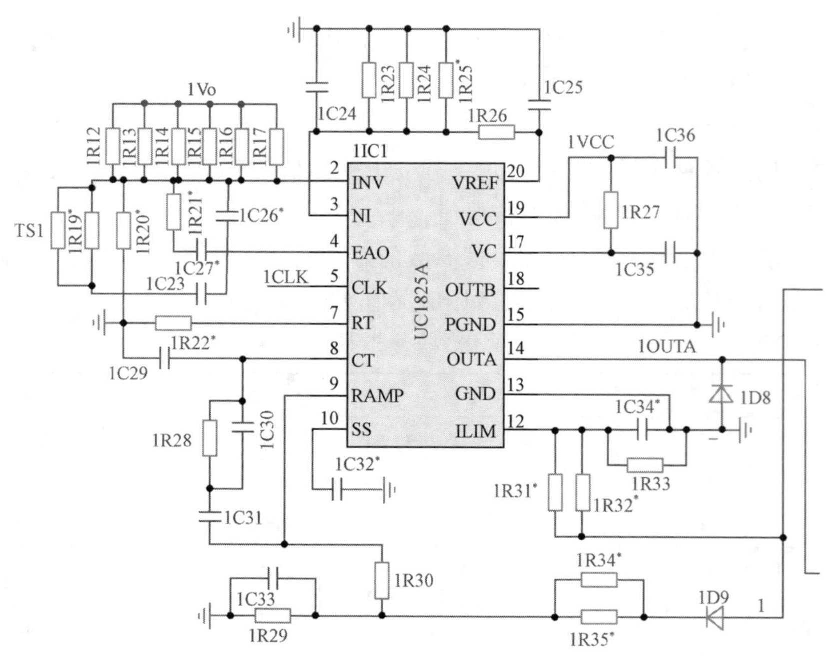

图 7.27 二次电源模块原理图(见彩图)

针对二次电源模块，利用蒙特卡罗法进行最坏情况分析，过程如下：

(1) 建立电路模块仿真模型，并在额定状态下进行仿真分析，结果如下：

+12V 的输出电压：+12.24V。

+5V 的输出电压：+5.3983V。

（2）确定元器件相关参数最坏情况值。根据环境温度、器件老化对元器件参数的影响及其他元器件偏差值，得到电路模块相关元器件的参数最坏情况值如表 7.20 所列。

输入信号设计要求：一次电源输入电压范围为 30～42V。

表 7.20　电路元器件参数偏差表

序号	元器件	偏差范围
1	电阻器	±2.4%
2	独石电容器（CT4L）	±5%
3	钽电容器（CAK）	±8%
4	NPN 三极管（2N3501）	±10%（电流放大倍数 β）
5	NPN 三极管（2N5665、2N6678）	40～50（电流放大倍数 β）
6	稳压管 ZW62	16～17V
7	稳压管 ZW54、ZW104	5.8～6.2V
8	电源电压（36V）	±6V

根据元器件参数偏差数据，确定电路的最坏情况条件下分布变量值，进行基于蒙特卡罗法的最坏情况仿真，分析过程中电阻器的电阻值、电容器的电容值、电源电压及数字器件参数设定为正态分布，偏差按表 7.20 设定，分析得到电路的最坏情况分析结果如图 7.28 所示。

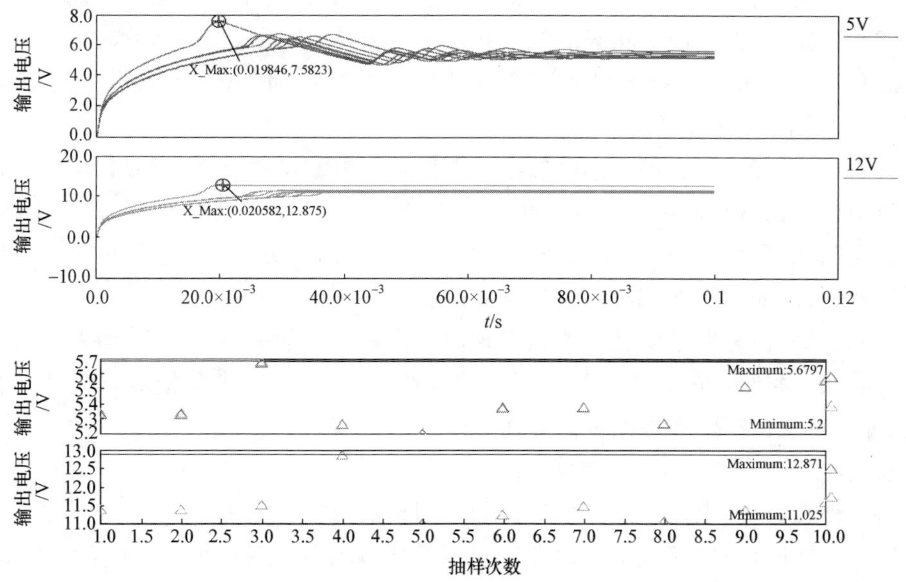

图 7.28　二次电源模块蒙特卡罗最坏情况分析结果（见彩图）

由图 7.28 可见：

(1) 最坏情况下 +12V 的输出为电压 +11.0 ~ +12.9V；

(2) 最坏情况下 +5V 的输出为电压 +5.2 ~ +5.7V。

可知在最坏情况下，+12V 输出电压超出设计要求范围，需进行设计改进，在对电路相关设计参数进行调整后，进行最坏情况下的迭代分析，直到最坏情况下输出结果满足设计要求。

7.5 潜在电路分析

7.5.1 潜在电路

潜在电路是指在电气或者电子系统的设计中无意中引入的一种潜伏状态，它在特定的条件下能够导致系统产生“非期望的功能”或抑制“所期望的功能”。这种状态不是由故障引起的，而是被无意中设计到硬件系统或软件程序中的一种状态。

潜在电路一般与硬件失效无关，它是由于设计人员对于复杂电路系统的整体把握不足、认识不全面而引入的一种潜在问题，表现为在没有硬件失效情况下，仍可能由某些激励条件引起系统功能发生异常。这些激励条件(如参数漂移、时序误差、外界随机干扰等)通常易被设计者忽视，其在一般测试中又不一定具备测试条件，从而使潜在电路问题在常规测试中不易暴露出来。

潜在电路具有以下特点：

(1) 潜伏性：在潜在激励条件被揭示以前，潜在状态可能潜伏很长时间。

(2) 突发性：由于潜在状态的激发条件不被设计人员所认识，因此对于潜在条件的激活和潜在状态的后果不可能有全面的事先的准备和防范“预案”，往往表现为“突然发生”“出人意料”等。

(3) 不易检测：许多潜在问题的激励条件在一般测试状态下是很难具备的，所以潜在问题往往在常规测试中表现不出来。因此，认为经过“严格的”测试甚至飞行试验没有问题就不会有潜在电路的观点是不符合实际的。美国红石火箭的发射失败案例，是在红石火箭数十次成功发射后发生的，即说明了这一点。

(4) 易解决：相对于潜在电路被发现的难度和其可能的巨大后果，解决潜在电路问题可能只花费很小的代价。往往增加或减少 1 个二极管、1 条接线或更改操作顺序，就可以避免出现潜在电路或防止潜在电路的危害。

潜在电路一般有以下 4 种表现形式：

(1) 潜在路径：电流或信号所流经的非期望的路径。

(2) 潜在时序：电流或信号以非期望或矛盾的时间顺序，或在非期望的时刻，或延续一个非期望的时间段发生，从而使系统出现异常状态。

(3) 潜在指示：关于系统运行状况的模糊或错误的指示。潜在指示可能误导系

统或操作人员做出非期望的反应。

(4) 潜在标志:关于系统功能的错误的或不确切的标志。潜在标志可能会误导操作人员。

7.5.2 潜在电路的分析方法

SCA 是用来识别系统中潜在状态的分析技术,也是解决"非失效相关"的系统故障的重要和有效的分析手段之一。SCA 的目的,在于通过事先进行的有序的分析工作,发现引起非设计期望的功能或抑制期望功能的潜在状态,揭示其潜在的激励条件,并根据对潜在状态的危害性分析结果,采取相应措施。

根据在分析中是否绘制网络树,SCA 方法主要包括基于网络树生成和拓扑模式识别的"经典法"以及基于功能节点识别和路径追踪的"简化法"两种。

7.5.2.1 分析对象的选择

SCA 原则上适用于任何电气控制系统(极其简单的系统除外)。对任务和安全性有关键影响的系统、设备或部(组)件是 SCA 的重点对象。在这些产品中,一旦发生事故,损失很大,后果严重。因此,实施 SCA 的效费比很高。

卫星系统级 SCA 的工作重点应是对系统安全性、可靠性有影响的环节,如卫星接地网络、火工品控制电路、推进系统控制电路、手动控制电路、射频耦合系统等。

设备级 SCA 一般选择电气接口或工序接口多、影响人员安全或任务成败的关键设备开展,重点针对影响任务成败的可靠性关键项目、功能异常会导致人员伤亡或重大损失的设备、有多个外协单位而工序接口多的设备、与其他系统或功能有大量接口的设备、存在复杂逻辑控制的设备开展分析。

7.5.2.2 基于网络树生成和拓扑模式识别的分析方法

任何系统,无论其结构复杂程度和系统各部件相互连接的性质,总能够按照其物质流、能量流、数据流和逻辑信号流的传播模式,以网络树的形式表示系统各部件间的相互连接关系。网络树表达了系统中物质流、能量流、数据流和逻辑信号流传播的最重要的结构信息。

由于拓扑结构上相似的系统倾向于表现出相似的功能,因此可以通过对网络树进行拓扑识别,并利用事先建立的关于特定拓扑模式的线索表,识别系统所具有的功能。

基于网络树生成和拓扑模式识别的分析过程是:首先对系统进行适当的划分以及结构上的简化,生成网络树;然后识别网络树中所有的拓扑模式构成;最后,结合线索表对网络树进行分析,识别出系统中存在的所有潜在状态。该方法可以实现对系统全面、彻底的分析,因而分析的完整性较好,但分析工作量较大。

网络树是对电路系统进行划分和简化后所获得的树状网络结构,表明了相互连通的元器件之间的连接关系。网络树生成是依据划分原理进行的,这里所说的划分是线路拓扑结构方面的分割,而非电路功能意义上的分割,其出发点就是将由电缆网相互连接构成的电网络进行分块。一般采取的做法是将电网络图中各级供电母线、各级返回母线作为划分点，将系统分成许多单独的、相互不连通的小块电路，这些小块电路即为“网络树”。由于掌握单棵网络树的特性是容易的，因此，首先分析单棵网络树，然后将与之有关的其他网络树进行组合分析，进而可以完成整个电路系统的分析。

工程实践表明，任何复杂系统经等效处理，均可以转化为5种类型的基本拓扑结构，它们分别是直线形、电源拱形、接地拱形、组合拱形和H形结构，如图7.29所示。

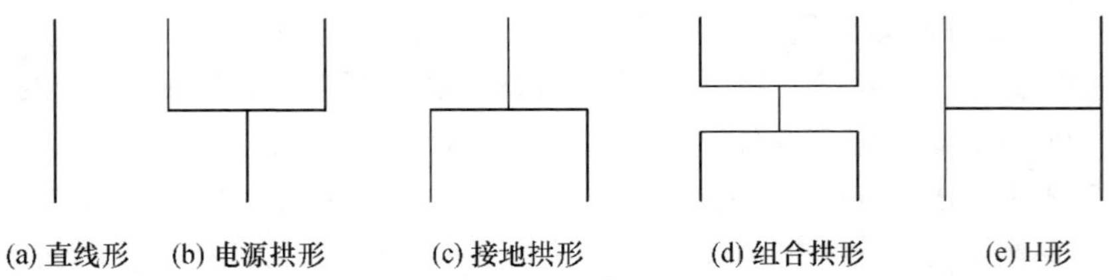

图7.29　5种基本电路拓扑模式

由于基本电路拓扑模式的行为是易于掌握的，因此从网络树中识别出所有基本拓扑模式能够使分析人员易于识别该电路的全部行为，进而结合线索表判断潜在电路是否隐藏在拓扑结构之中，识别出系统中的潜在电路。拓扑模式的识别程序如图7.30所示。

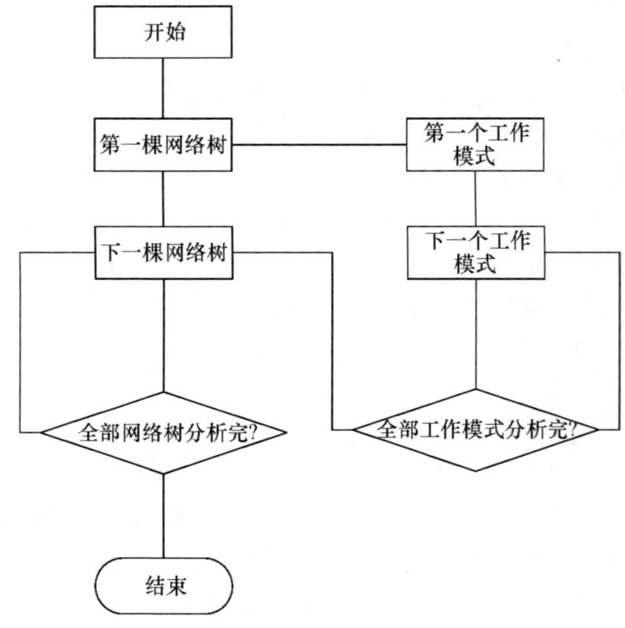

图7.30　拓扑模式识别程序

拓扑模式识别程序的描述如下：

（1）从第 1 棵网络树开始识别。

（2）对每棵网络树，从系统第 1 种运行模式开始分析。

（3）对每种运行模式（含不可忽视的过渡状态），首先由非断分支组成状态网络树，然后识别出网络树中所有可能的基本拓扑模式。

（4）对每棵网络树、每种运行模式中的各类基本拓扑模式，结合开关状态表，回答线索表中的每个问题，借以发现潜在状态。基于网络树生成和拓扑模式识别的分析方法，所依据的线索一般包含 3 类：拓扑结构线索、功能电路设计线索和元器件应用线索。

（5）重复上一步骤，直至完成所有的运行模式和网络树的分析。

7.5.2.3　基于功能节点识别和路径追踪的分析方法

SCA 也可以在对复杂系统进行划分和简化的基础上，通过关键功能节点的识别和功能节点间因果路径的追踪，结合线索表进行分析。

基于功能节点识别和路径追踪的分析过程是：首先对复杂系统进行划分和简化，然后识别出系统中的功能节点，追踪出功能路径，最后结合线索表进行路径分析。该方法可看作是简化的基于拓扑模式识别的方法，即只分析指定源和目标之间路径，以及这些路径间的组合，来达到识别潜在路径的目的。

功能节点可分为源和目标两类。源是电路系统实现其预期功能的信号和数据源头，如待分析系统的交流、直流电源点；目标是电路系统实现其预期功能的执行部件或关键部件，如功能信号执行部件。在进行功能节点识别时，要识别系统的运行模式和开关器件状态，并根据对系统的功能分析，完成目标和源的识别。

路径追踪则是假定系统中所有开关器件处于闭合状态下，识别出源和目标之间的所有可能路径。追踪的起点通常是电源供电点或信号源，追踪的终点一般是功能最终执行器件或低层次电源供电点、电流或信号的返回点。

路径分析则是要对上述路径追踪出的所有电流路径，结合线索表逐一进行分析，以发现潜在路径和潜在时序问题。分析中删除逻辑上自相矛盾或者时序、状态上不可能存在的路径，并验证每条可能路径，是否会导致非期望的功能或抑制期望功能，从而得到潜在分析结果。

基于功能节点识别和路径追踪的具体分析流程如下：

1）识别目标

在待分析的项目中，识别进行 SCA 所需的目标。重点关注每一种设计的运行模式下所期望的或要禁止的安全性或可靠性关键的输出项目。

2）识别源

对与目标有关联的资源（如电流）和相关的“源”（如电池）予以识别，并注明源对运行模式的依赖关系。

3）识别源与目标之间设计的和非期望的因果关系

对每种运行模式，应对源状态和目标状态之间设计的因果关系予以识别。包括：识别非设计的因果关系（按定义，指所有与设计的源/目标之间的因果关系不同的所有关系）；识别非期望的因果关系（非设计的因果关系的子集，能够导致目标的遗失或意外激活）。

4）识别资源路径

对每种运行模式识别通过系统结构（如电路图）联系源和目标的路径。分析人员可由此追踪资源沿路径的流动。

对具有复杂结构的项目，某些情况下可用相关的模块替换实际结构以简化该项任务。

如图 7.31 所示，通过以下步骤，对路径进行识别。

（1）选择一个目标。

（2）选择该目标与一个或多个源之间的一个非期望的关系。

（3）选择一个源。

（4）选择一种运行模式。

（5）追踪从源到目标之间的与下述内容相符的所有路径。

① 在源到目标之间的元器件的性能特点（如在电气系统中，二极管只允许电流单向流动）。

② 待考虑的非期望的关系（如对与要求的功能相联系的目标，应搜索出能将目标从源断开的路径；对与非期望的功能相联系的目标，应搜索出所有能将任意源导向目标的路径）。

（6）重复步骤（5），直至完成所有的运行模式。

（7）选择一个新的源，重复步骤（4）到步骤（6），直至处理完所有的源。在此阶段：如果识别的路径不是能导致非期望联系的实际路径，则继续下一个非期望联系（步骤（8））；如果识别的路径允许非期望联系发生，则表明已经发现了一条可能的潜在电路。

（8）重复步骤（2）到步骤（7），直至完成所有非期望的关系。

（9）重复步骤（1）到步骤（8），直至完成所有目标。

7.5.3 SCA 线索表

SCA 线索表是一系列经过精心整理的问题集，通过提出各类启发提示性问题来协助分析人员对其进行回答和验证，可以使分析者容易发现系统中可能导致非期望功能或抑制所期望功能的潜在状态。作为一项工程实践性很强的分析技术，历史分析经验对于 SCA 非常重要，线索表正是这些经验的精华和提炼。线索表的丰富与完备程度在很大程度上决定了 SCA 的水平。因此，在实践过程中，应特别重视线索表的收集和整理工作，尤其是针对不同系统、不同分析方法的特点，进行专用线索的收集和整理。

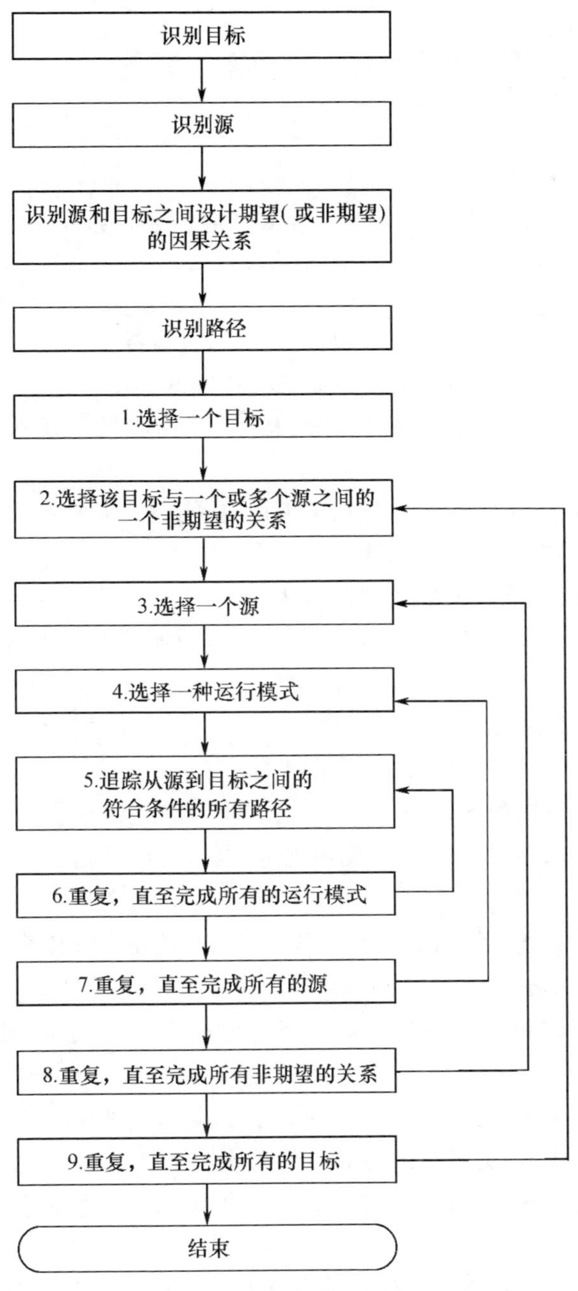

图7.31 路径识别过程

7.5.3.1 线索表的格式

对各类不同线索以表格的形式进行格式化的统一处理,可以方便并且高效率地使用线索,同时便于对线索进行编辑和维护,线索表通常采用表7.21所列格式。

表 7.21　SCA 线索表格式

标识符	
线索标题	
线索类型	
适用对象	
线索内容	
线索说明	

每条线索通常包括以下 6 项属性：

(1) 标识符：明确的数字和字母组成的标识，具有唯一性，便于对线索进行检索。

(2) 线索标题：能准确并精练表达某线索内容的标题。

(3) 线索类型：线索类型包括拓扑结构线索、功能设计线索、元器件应用方法线索。

(4) 适用对象：线索适用的拓扑结构类型、功能设计类型或元器件类型。

(5) 线索内容：线索的具体描述。

(6) 线索说明：关于线索的说明性描述。

此外，在线索表中还可以增加示例，以进一步说明线索内容，使分析人员更加深入地理解线索。

7.5.3.2　线索的来源

建立电子/电气系统线索表的途径主要有：

(1) 收集典型系统的 SCA 案例，并将之提炼成相关线索；

(2) 收集与 SCA 有关的元器件使用规定、电路设计准则、行业标准，并按照线索表的格式进行整理；

(3) 对国外已有各类线索表进行整理、改进，最终纳入线索表。

7.5.3.3　线索分类

基于网络树生成和拓扑模式识别的潜在分析方法的线索，可按设计层次分为 3 类：

(1) 元器件应用线索：关于元器件应用方法、规范的线索。

(2) 功能设计线索：关于系统功能单元设计的线索。

(3) 拓扑结构线索：关于元器件之间及功能单元之间物理、逻辑上拓扑连接的线索。

基于功能节点识别和路径追踪的潜在分析方法的线索，可分为 2 类：

(1) 路径线索：与路径有关的线索，这类线索可依据规范的逻辑思维方式推出，且适用于任何性质的系统；

(2) 路径 - 器件线索：与路径和路径中特定的元器件类型均有关的线索。

SCA 线索的示例如表 7.22 所列。

表7.22 SCA线索示例

标识符	D101
线索标题	有极性电容器和反向电压
线索类型	元器件应用线索
适用对象	电容器
线索内容	是否有反向电压加到有极性电容器上
线索说明	如果有反向电压加到有极性电容器上,则可能导致电容器爆炸。可在电容器的两端并接一个反向电压保护二极管
标识符	D201
线索标题	RC/RL时间常数
线索类型	功能设计线索
适用对象	电阻-电容、电阻-电感组合电路
线索内容	电阻-电容或电阻-电感电路的时间常数是否会引起严重的信号延迟
线索说明	如果在信号所经路径中存在电阻-电容或电阻-电感网络,那么所引起的信号延迟可能引入潜在定时。这样可能会影响上升及下降时间,对于数字电路尤其如此,并且可能达不到工作频率。此外,如果上升及下降时间很慢,数字电路可能给出错误的信号。数字器件、模拟开关比较器和晶体管可能会由于过大的输入时间常数所引起的开合不精确,而使它们呈现非期望的开合时间和过大的功率耗散
标识符	D301
线索标题	地侧开关
线索类型	拓扑结构线索
适用对象	电源拱形 + H形
线索内容	电路中是否存在地侧开关
线索说明	在负载的接地一侧切断电流要非常小心,因为这种拓扑结构很容易产生潜在电流路径。建议不要在接地回路中接入可能断开电流的元器件(如开关、继电器触点、断路器、熔断器等)。如果必须在接地回路中串入电连接器,则应该保证供电源网络与接地网路在拓扑结构上是对称的;当通过电连接器对同一连通网络供电时,推荐的设计方法是:供电线与接地线使用同一电连接器,避免使用分开的电连接器
标识符	D401
线索标题	接地断开
线索类型	路径-器件线索
适用对象	节点
线索内容	接地断开是否会影响原有路径
线索说明	如果接地返回点用来决定电路分支的电位,那么接地断开(例如在开合转换或断开之后)将使该节点处于浮动状态,这会让非期望电流流经其他电路分支;也可能会错误偏置某些电路,并使之损坏

7.5.4 预防潜在电路的设计要点

电子/电气系统设计中引入潜在电路,固然有系统复杂性的客观原因,但也有设计人员的主观原因,包括是否有良好的设计理念、设计行为的规范性、逆向思维方式审视设计与识别隐患的能力等。

为预防潜在电路的出现,在电路设计中需重点关注以下方面。

1）理解设计要求

准确、系统、全面地理解设计要求,不应存在疑点。

2）掌握元器件应用规范

无论是分立元件还是集成器件,都应当掌握元器件各自的性能特点,详细阅读产品说明书,熟悉元器件使用规范(注意了解极限使用条件和禁用条件),并在电路设计中严格遵循这些设计规范。

对于集成电路器件,除了解器件本身的功能及性能参数外,还要特别注意其等效电路,尤其是各引脚之间等效电路以及它们之间的电气连通关系,并将引脚之间可能的电流路径放到电路中统一考虑,分析是否存在通过这些引脚的潜在电流路径。

对于数字器件(包括一些集成模拟器件),应充分考虑通断电时器件可能出现的输出状态,输入逻辑信号电平过渡期间以及各输入引脚信号时序切换期间,可能发生相互重合的过程,都可能引起潜在问题(包括潜在电流路径问题)。

此外,应掌握器件所有可能的失效模式,确保电路在正常工作时不存在导致元器件失效的条件;掌握元器件的降额要求,并严格按降额要求使用元器件;优先选用优选目录中的元器件。

3）电路设计原则

为避免引入潜在电路,应遵循以下设计原则:

(1) 尽量采用模块化设计。

(2) 对设计中所有可能的电流路径进行系统分析,以确保不存在设计意图之外的电流路径。

(3) 详细分析电路可能的操作组合及时序组合,确定可能存在的所有设计技术状态,找出设计意图之外的技术状态,并分析激发此状态的技术条件。

(4) 尽量使用简单可靠的电路拓扑模式,避免采用 H 形拓扑模式、接地开关模式,对关键电路,避免因单点失效导致电路功能丧失。

(5) 对多电源供电电路,应详细分析各供电源之间所有可能的电流路径,检查是否存在电源 - 电源的潜在电流路径。

(6) 重视电缆线的导线电阻,尤其应关注那些长度较大电缆的导线电阻,这些电缆线束的导线电阻在电路中不能被忽略,而应被视为等效电阻,并详细分析这些电缆线等效电阻对电路的影响。

(7) 接地问题是产生潜在电路的一个重要方面。在任何情况下,单点接地都是

最好的选择。避免混用数字地与模拟地,避免混用大功率地与小功率地,避免混用工艺地、保护地。

4）接口设计

接口设计不当是产生潜在电路的重要原因。设计人员设计电路时,经常只考虑到自己的设计是否满足设计要求,而很少考虑到自己设计的电路(简称“A 电路”)与其他电路(简称“B 电路”)的相互影响,这样很容易引入系统性的潜在电路。进行 A 电路接口设计时,如果有条件,最好事先获得 B 电路的实际接口电路(注意不是等效电路,该接口电路应为完整的电气上连通的电路)。当 A、B 电路都设计完成后,应互相提供实际的接口电路,组成系统进行分析,当在接口之间进行电气连通追踪时,如果还涉及 A、B 之外的其他电路接口时,还需要考虑其他电路接口。

设计软硬件接口时,应考虑软硬件之间时序配合问题。

5）设计更改

无论是局部的还是涉及面比较大的设计更改,都有可能引入潜在电路,这是由于设计更改时,往往只考虑到局部影响,如果不通过详细、全面的分析,很难保证设计更改不引入非期望的后果。在设计更改后,有必要重新进行系统的潜在分析工作。

6）考虑一次故障下的潜在电路

对于可靠性安全性要求较高的关键子系统,应考虑在一次故障下,系统是否产生非期望的后果。

7）总结设计经验

设计人员应注重设计经验的总结,不仅要总结自己的经验,还要吸收他人的设计经验,对设计案例做深入的分析和举一反三,避免在以后的设计中重复发生类似的潜在问题。

7.5.5　SCA 在导航卫星的应用

导航卫星研制中,针对多台设备开展了 SCA 工作。以火工品管理器为例,火工品管理器程控板时钟电路采用热备份设计,其时钟信号网络树集合包括 T1、T2、T3、T9 和 T10 共 5 棵网络树。其中主要的 3 棵网络树 T1(时钟信号输出)、T2(时钟脉冲生成电路 a)和 T3(时钟脉冲生成电路 b)的关系如图 7.32 所示。T1 的输入是 T2 或 T3,其中先起振的一路将另一路封锁住,成为 T1 的实际输入。当 T2 或 T3 出现无输出故障时,封锁信号消失,另一路重新激活,继续为 T1 提供脉冲输入,同时封锁故障路。

由 SCA 线索可知,具有同一输出边界点的网络树同时互为控制树时有存在潜在时序的可能,本例中网络树 T2、T3 属于此种情况,其内部起振相关的元件型号和参数完全相同,这大大增加了 T2、T3 同时起振从而互相封锁致使时钟信号异常的概率,属于潜在时序问题。为消除这一潜在问题,避免出现时钟信号无输出等情况,卫星系统进行了设计更改,适当调整决定 T2、T3 上电时间常数的相关阻容器件参数,

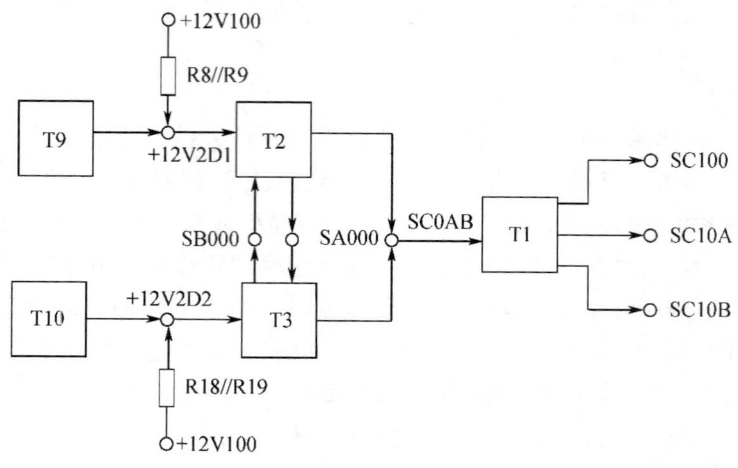

图 7.32　时钟信号网络树

在最大容差下保持足够的差值，消除了 T2、T3 同时起振的可能。

在火工品起爆电路中采用功率场效应管控制起爆，其网络树如图 7.33 所示。

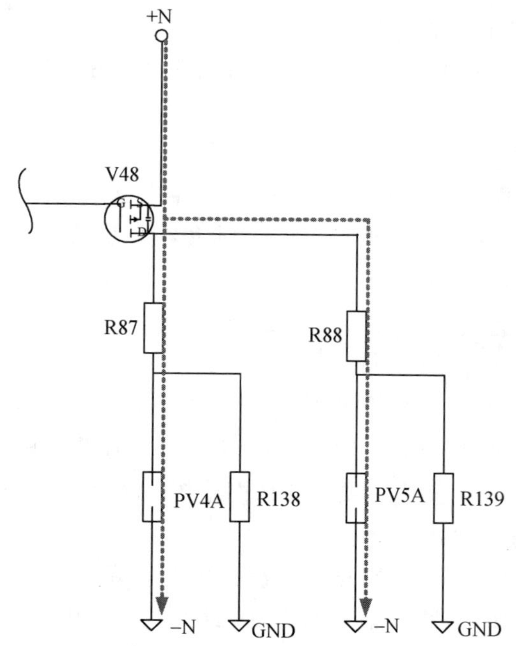

图 7.33　火工品起爆网络树（见彩图）

由潜在电路元器件类分析线索可知该功率场效应管内部存在较大的结电容，当母线 +N 接通瞬间会产生较大的电容充电电流，在功率场效应管未接收点火指令导通的情况下，该电流经过火工品，会影响火工品安全。为消除此风险，指令发出顺序必须保证先接通脉冲母线正线，后接通脉冲母线回线。先接通正线，使得功率场效应

管电压通过静电泄放电阻回路建立，回路阻抗约20kΩ，回路电流为几毫安，再接通回线不会影响火工品安全。

参考文献

[1] 中国人民解放军总装备部．故障模式、影响及危害性分析指南：GJB/Z 1391[S]．北京：总装备部军标出版发行部，2007：11.

[2] 中国国家标准化管理委员会．故障树名词术语和符号：GB/T 4888[S]．北京，中国标准出版社，2009.

[3] 国防科学工业技术委员会．故障树分析指南：GJB/Z 768A[S]．北京，中国航天工业总公司七〇八所，1998：12-13.

[4] 张晓洁，赵海涛，苗强，等．基于动态故障树的卫星系统可靠性分析[J]．宇航学报，2009，30(3)：1249-1254.

[5] 秦晓伟，张晓强，张羽，等．基于最坏情况分析的星载原子钟频综电路可靠性分析[C]．西安：第六届中国卫星导航学术年会，2015.

第8章　批产可靠性保证

可靠性是设计出来的，也是生产出来的。卫星设计的固有可靠性需要生产过程来实现，生产过程的可靠性保证和质量控制直接决定了卫星产品交付的可靠性水平。根据近年来在研质量问题统计，生产缺陷和设计缺陷是质量问题发生的两大主要因素。尤其对于批量研制的导航卫星，生产过程的可靠性保证更加重要。

导航卫星的正样研制，主要经历设备投产、测试/试验、验收交付、卫星总装、卫星电测、整星力学试验和热试验、出厂测试、整星贮存、运输、发射场总装测试等过程。在这些过程中，为实现产品可靠性要求：

（1）需要实施可靠性关键项目控制，落实控制措施，有效消除或控制整星技术风险；

（2）需要关注工艺一致性、过程稳定性，识别工艺关键特性并量化控制，通过过程 FMEA 识别批产过程薄弱环节，避免制造过程缺陷引入产品并在使用过程中发展为故障；

（3）需要面向整星 AIT 过程，识别可靠性影响因素，进行静电防护控制、污染控制和强制检验，保证卫星出厂质量；

（4）需要充分利用多星地面测试数据，进行横向、纵向数据比对，及早发现产品薄弱环节和隐患；

（5）需要正视可能的发射失败风险、长期故障风险，提前进行备份星论证，投产备份星和备份产品，采用滚动备份模式，提高 AIT 效率，降低批产研制进度紧张或质量问题归零、举一反三带来的影响；

（6）需要应对组批生产条件下整星短期贮存和备份星研制条件下长期贮存问题。

8.1　可靠性关键项目控制

8.1.1　可靠性关键项目的确定

可靠性关键项目是指那些故障发生后导致的风险对于型号不能接受的项目。可靠性关键项目控制的目的是通过识别卫星产品中可能导致任务失败或重要功能、性能不能满足用户要求的项目（一般是硬件、软件产品），确定和实施有效措施，并对有关措施的实施结果和有效性进行确认，从而消除或降低风险的发生，保证型号任务的圆满完成。

1）可靠性关键项目的识别准则

结合型号特点，导航卫星确定可靠性关键项目的识别准则如下：

（1）故障发生后将直接导致系统破坏或人员伤亡的项目；

（2）危害度为Ⅰ类或Ⅱ类的单点失效项目；

（3）故障发生后直接导致导航信号连续性损失的项目；

（4）故障模式严重性为Ⅰ类、Ⅱ类且发生概率较高的硬件、软件项目；

（5）采用了未经飞行试验考核的新技术、新产品、新程序，且一旦发生故障将严重影响分系统或系统功能或性能的项目；

（6）地面难以试验验证且在飞行试验中一旦发生故障将严重影响系统相关任务完成的项目；

（7）具有有限寿命期（使用次数、循环周期、使用有效期）或对环境条件敏感的硬件，且一旦发生故障将严重影响分系统或系统功能或性能的项目；

（8）以往质量问题较多的项目。

根据可靠性关键项目的识别准则，导航卫星在在初样设计阶段，由项目办组织各承研单位配合卫星总体完成了 FMEA 工作、可靠性建模和预计工作、中断分析工作等，根据可靠性相关分析结果，对照可靠性关键项目识别准则，识别和确定了系统级可靠性关键项目，编制了可靠性关键项目清单。

2）卫星 FMEA 结果

根据导航卫星 FMEA 结果，卫星Ⅰ、Ⅱ类故障模式清单如表 8.1 所列。

表 8.1　导航卫星Ⅰ、Ⅱ类故障模式清单（部分）

序号	功能名称	故障模式	严酷度	故障设备
1	时间系统建立	无法建立星上时频基准	Ⅰ类	铷钟，基准单元
2	导航信号生成	不能生成导航信号	Ⅰ类	导航单元
3	导航信号发射	某路导航信号无输出	Ⅱ类	行波管放大器
4	姿态测量	测量超差	Ⅱ类	数字太阳敏感器，地球敏感器
5	推进剂供给	推进剂泄漏	Ⅱ类	自锁阀
6	供电	太阳翼不能跟踪太阳	Ⅰ类	SADM，控制计算机
7	遥控	不能接收上行信号	Ⅱ类	应答机
8	数据总线网络管理	总线通信异常	Ⅱ类	综合业务单元

根据表 8.1，针对与导航卫星Ⅰ类、Ⅱ类故障模式有关的设备，依据卫星可靠性建模与分析结果，可近似得到这些设备的失效率和采取冗余措施后的等效失效率。由此，可以将该清单中失效率较高的设备作为可靠性关键项目。

根据这一技术途径得到的可靠性关键项目有基准单元、导航单元、SADM 等。

另一方面，根据导航卫星 FMEA 结果，得到卫星单点故障模式清单，涉及天线、贮箱、SADM 等产品，这些产品均作为卫星可靠性关键项目。

3）中断分析结果

根据导航卫星中断分析结果，卫星有行波管放大器、导航单元等设备会发生短期故障并导致导航信号中断，根据短期故障发生的可能性和故障后所需的恢复时间，综合分析确定导航单元等产品作为可靠性关键项目。

4）可靠性关键项目清单

综合FMEA、中断分析等技术途径得到的可靠性关键项目，卫星系统确定了系统级可靠性关键项目，编制了可靠性关键项目清单。项目办组织有关专家和有关人员对整星关键项目清单进行了审查、确认，形成可靠性关键项目清单正式文件。卫星可靠性关键项目清单的格式如表8.2所列。

表8.2　卫星可靠性关键项目清单

序号	项目名称代号	关键项目确定理由	主要控制内容及措施	责任单位及责任人	备注

可靠性关键项目清单在初样设计阶段提出，但在正样设计阶段，项目办需组织相关单位结合初样可靠性关键项目过程控制情况和正样设计FMEA、中断分析等工作，对可靠性关键项目清单进行修订、完善。尤其对于导航卫星，首发星的可靠性关键项目在经过本型号和相关型号多次飞行验证后，可能不必再列为关键项目，而也有个别产品在后续卫星研制中由于种种原因发生重要技术状态更改，对卫星任务可靠性影响权重增加而新增为可靠性关键项目。

8.1.2　可靠性关键项目控制措施与落实

可靠性关键项目的控制措施一般包括设计措施、工艺措施、元器件/原材料保证措施、测试/试验措施、验收措施、管理措施等，典型的控制措施一般有：

（1）针对故障原因采取的降低风险的设计措施；

（2）严格加工过程控制、细化过程记录；

（3）加强工序检验和关键特性检验，设置强制检验点；

（4）对特殊装配、测试和试验采取有效的监控措施；

（5）补充专项试验；

（6）对不可测试项目采取特殊过程控制措施，例如照相、录像等。

在初样设计阶段形成可靠性关键项目清单时，即应制定详细的可靠性关键项目控制措施，并随同可靠性关键项目清单进行评审。在正样设计阶段，由项目办组织相关承制单位根据正样可靠性关键项目清单和初样研制过程相关控制措施的实施情况，对各项目的控制措施进行修订、完善。各级产品承制单位需将可靠性关键项目及其控制措施纳入型号研制流程进行管理。

在可靠性关键项目的设计和生产过程中，需按以下要求开展工作：

（1）落实上级关于卫星产品可靠性、安全性设计有关要求，全面、细致地开展可

靠性关键项目的可靠性与安全性设计工作。

（2）可靠性关键项目的设计方案由项目办组织进行设计评审，根据实际需求，对关键项目设计方案进行仿真或安排专项试验，加强设计验证。

（3）确定关键工序或关键过程，对可靠性关键项目的过程控制措施进行细化，制定详细的、可操作的工艺方法，纳入相应的工艺文件、测试或专项试验操作文件。

（4）在可靠性关键项目研制过程中，设置必要的关键检验点或强制检验点，并在工艺文件或测试及专项试验细则中进行明确，在生产过程中进行落实。

（5）可靠性关键项目研制过程需形成完整、详细、有效、可追溯的过程质量记录。对于特殊装配、测试和试验项目按制定的措施进行监控，对于关键的生产环节和关键工艺过程，采取照相或录像措施。

（6）涉及可靠性关键项目的技术状态更改需报总师批准。其技术状态更改方案应组织同行专家进行复核复算。

（7）可靠性关键项目的超差和偏离应提高一级审批，出现的故障和不合格排除后必须形成报告。

（8）可靠性关键项目风险不能完全消除时，应进行风险分析并组织专家评审，确认项目存在的风险已降至最小程度。

在可靠性关键项目的把关和验收过程中，需按以下要求开展工作：

（1）在初样和正样设计评审时，卫星系统、分系统、设备的承制单位对可靠性关键项目清单（含过程控制措施）进行评审。

（2）在初样和正样产品验收时，可靠性关键项目承制单位需提交包含可靠性关键项目过程控制措施和落实结果的专题质量报告，验收组在验收产品时应检查产品研制过程中形成的数据包，对可靠性关键项目过程控制情况和有关措施落实情况进行检查。

（3）在初样转正样阶段评审、出厂评审时，卫星系统需形成整星可靠性关键项目过程控制专题质量报告，纳入整星出厂文件，提交上级评审。

导航卫星可靠性关键项目清单及落实情况表如表8.3所列。

表8.3　导航卫星可靠性关键项目清单及落实情况表（示例）

序号	项目名称	产品关键特性	控制内容及措施	控制结果	过程记录
1	应答机（含FPGA）	遥控、遥测、测距性能	① 使用地面专检设备对抗干扰指标进行详细测试； ② 选用目录内工艺； ③ 电子元器件的装配和接插件的装配在净化环境中进行； ④ 进行数据判读和一致性比对工作； ……	① 测试合格； ② 均为目录内工艺； ③ 装配环境受控； ④ 数据一致性良好； ……	① 测试报告； ② 电装工艺文件； ③ 装配质量跟踪卡； ④ 测试试验数据包； ……

（续）

序号	项目名称	产品关键特性	控制内容及措施	控制结果	过程记录
2	SADM	长期、连续转动性能	① 整机装配环境洁净度保证； ② 装配前进行跑合、清洗； ③ 对重要间隙进行测量控制； ……	① 整机装配环境满足要求； ② 清洗无多余物； ③ 重要间隙测量结果满足要求； ……	① SADM 装配过程数据包； ② SADM 测试过程数据包； ……

8.2 工艺可靠性保证

工艺控制是卫星产品生产过程控制的重要内容。导航卫星组批生产、密集发射的批量研制特点，要求正样产品的生产工艺必须稳定、可靠，保证产品实现的一致性。工艺不稳定或存在缺陷，将给导航卫星批量研制带来严重的甚至致命的影响。因此，导航卫星的工艺可靠性保证远高于单星研制的要求。

确保工艺稳定、过程受控的主要手段是在识别工艺关键环节和关键特性的基础上，采取量化控制措施，对工艺关键特性参数实施量化控制和数据包管理。同时，针对产品研制过程中暴露的问题，进行工艺优化和改进，以适应导航卫星批产和组网要求。

8.2.1 工艺关键特性的识别和控制

8.2.1.1 卫星产品关键特性的构成

关键特性是对产品的功能、性能和质量有决定性作用的各种参数。卫星系统特性包括性能、可靠性、安全性、维修性、保障性、测试性、环境适应性等，以上除性能之外的其他特性一般统称为通用质量特性。对卫星产品，其关键技术指标和通用质量关键特性即构成了产品关键特性。

卫星产品的性能指标和通用质量特性都是通过设计和制造过程实现的。因此，产品关键特性可以分为设计、工艺和过程控制 3 类。由于设计和制造分属两个阶段，设计处于产品研制上游并为工艺和过程控制提供输入，因此，可将设计、工艺和过程控制 3 类关键特性分为两个层次，即设计关键特性所在的设计层，工艺和过程控制关键特性所在的实现层。

由此，卫星产品关键特性的构成和关系如图 8.1 所示。

8.2.1.2 工艺关键特性的识别

与产品设计方案相比，卫星同类产品的工艺具有较高的相似性和稳定性。某些工艺过程、工艺规范可能适用于多个产品。在平台相同、载荷相近的情况下，卫星系

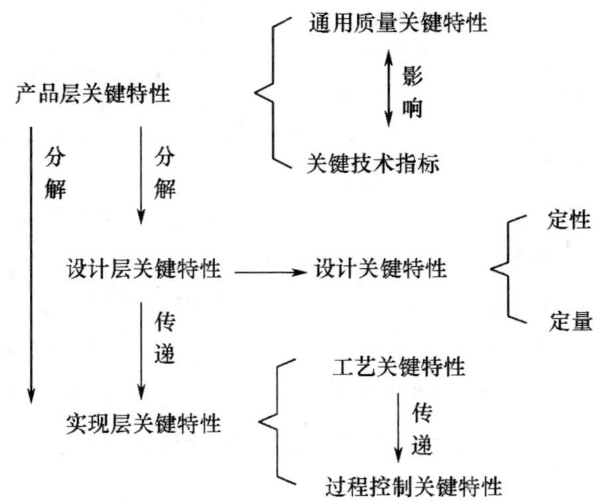

图 8.1　导航卫星产品关键特性的构成和关系

统级工艺和过程控制通常基本一致,共性较多,特殊性较少。因此,导航卫星产品的工艺关键特性的识别可以更多地参考以往的研制经验。

导航卫星系统级工艺一般是指总装工艺,包括结构分解、热控实施、精测、检漏、设备安装、特殊设备安装、舱段对接等一系列工艺过程。导航卫星设备的工艺则视产品种类不同,表现为不同的工艺过程。以电子设备为例,通常包括印制板布线、电子装联等。

根据工程经验,工艺关键特性的来源有两个途径:

(1) 上游设计关键特性的传递;

(2) 用户技术需求、建造规范等顶层要求的分解。

工艺关键特性的识别流程如下:

1) 确定关键工序

在识别工艺关键特性之前可以首先确定关键工序。确定关键工序的原则包括:

(1) 设计文件规定的某些关键特性及重要特性所形成的工序;

(2) 在产品生产中加工难度大或质量不稳定的工序;

(3) 涉及Ⅰ、Ⅱ类单点故障模式控制的工序;

(4) 工艺控制结果只能靠最终产品试验验证的工序等。

确定关键工序的途径包括:

(1) 通过工程经验分析确定。分析结果可以采用关键特性树的形式表示。

(2) 结合过程 FMEA,通过分析该工序的故障模式影响、发生概率和可检测性,识别关键工序。

(3) 以产品层关键特性、可检测性、不确定性、经济性为输出变量,依据工艺过程流程图,以各工序为输入变量,构建优先矩阵,识别关键工序。

通过以上途径,可得到产品的关键工序清单如表 8.4 所列。

表 8.4 产品关键工序清单

序号	关键工序	确定为关键工序的原因

2）列出工艺参数清单

根据关键工序清单,依据工艺文件,确定各工序相关的工艺参数清单。

3）识别关键工艺参数

针对不同工序的特点,可采取不同的技术途径识别关键工艺参数。

(1) 对产品层关键技术指标有重要影响的工序,可进行定性或定量分析。

定性分析方法:以产品层关键特性和设计关键特性为输出变量,以具体的工艺参数为输入变量,构建优先矩阵;或以工艺参数为分析对象,进行过程 FMEA,通过风险优先数确定关键工艺特性。

定量分析方法:可以利用试验设计方法,设定不同的工艺参数水平,通过安排一系列试验,对试验数据进行极差分析、方差分析等,确定关键工艺参数。

(2) 具有较大不确定性、不可检测性等的工序,可以采用层次分析法或过程 FMEA 识别关键工艺参数。

工艺关键特性识别的基本方法包括:

(1) 过程 FMEA。过程 FMEA 普遍适用于任意过程薄弱环节的识别,可作为主要分析方法。例如,某卫星通过总装过程 FMEA,发现外贴热管的总装实施效果是影响产品在轨工作温度的关键因素,外贴热管的安装成为型号关键过程。通过热分析及相关试验,又进一步确定了热管水平偏差和导热脂总厚度等总装实施的关键特性指标。

(2) 优先矩阵。优先矩阵可以将注意力直接放在上游关键特性或系统顶层要求上,能够快速得到分析结果,可作为重要的补充方法。与 FMEA 相比,优先矩阵的优势在于效率高,便于分析一些在 FMEA 中不方便考虑的因素,例如,优先矩阵可以在设计关键特性之外,引入“新设备”“新人员”“新环境”等一些过程要素作为考核项。

(3) 测试覆盖性分析。依据工艺和过程控制关键特性的确定原则,生产过程不可检验项目的关键工艺参数应列为工艺关键特性,产品不可测试功能性能需要在制造过程中控制的项目应列为过程控制关键特性,因此,是否可测试是关键特性识别中的一项重要分析内容。

以上几种方法中,优先矩阵是一种将输入变量与相关的输出变量相关联,通过对关联性打分、对重要性加权的方式,确定关键的输入变量的方法。利用优先矩阵进行工艺关键特性识别的步骤如下:

(1) 确定所有的输出变量,通常是产品层关键特性和设计关键特性。

(2) 评估各项输出变量的重要性,对输出变量进行打分,一般采取 10 分制,越重要分值越高。

（3）列出所有的输入变量，通常是工艺参数。

（4）构建优先矩阵，依次分析输入变量与输出变量的相关性，一般从 0 至 10 计分，0 表示完全没有关系，10 表示直接相关。

（5）计算每个输入变量的加权算术和 V_i，即

$$V_i = \sum_{j=1}^{x} n_{ij} w_j \qquad i = 1,2,\cdots,y \tag{8.1}$$

式中：x 为输出变量个数；y 为输入变量个数；n_{ij}为第 i 个输入变量与第 j 个输出变量的关联性得分；w_j为第 j 个输出变量的重要性得分。

（6）对每个输入变量的得分进行排序，根据评分结果，按照一定原则将分值靠前的输入变量作为关键工艺参数。

二维优先矩阵的基本表格如表 8.5 所列。

表 8.5　二维优先矩阵基本表格

	输出变量							横向加权评估
	重要性							
输入变量								
纵向加权评估								

8.2.1.3　工艺关键特性的量化控制

工艺关键特性需通过一系列量化控制措施来保证。量化控制的内容包括：

（1）针对梳理出来的工艺关键特性，按工序性质进行分类，比如焊接、钳工、电子装联等，然后对各类工序的操作步骤与实施环节进行量化指标检查；

（2）对影响设备关键性能指标的工艺环节不仅要提出量化指标，还应进行检测或验证；

（3）工艺关键参数应有数值要求，有检测方法和工具要求，检验要有记录；

（4）对不可检测的关键特性参数要制定间接的量化控制措施；

（5）量化参数允许有一定的公差范围。

量化控制结果的输出需要填写规范化表格，如表 8.6 所列。

表 8.6　关键特性量化控制表

序号	关键特性名称	关键特性数值（范围）	量化控制参数	量化控制措施	量化控制结果

8.2.2　导航卫星工艺过程控制

导航卫星批量研制工艺过程控制中重点关注的内容包括：

（1）工艺实施的可重复性。强调工艺方式方法可重复连续可靠的使用，满足批产需求。

（2）工艺文件的规范性、量化可控性。不同的操作人员按照同一工艺文件进行操作，不能出现不合规范的不一致。

（3）工艺实施状态的一致性。不同研制单位、不同设备使用同一工艺时，应尽量保持实施过程及最终状态一致。

（4）系统、分系统和部组件工艺实现最终性能及状态的一致性。

（5）避免使用禁限用工艺。不采用未经验证或可靠性差的工艺。

（6）工艺实施过程中及完成后，对于关键参数应有相应的检测手段或确认方法，确保工艺实施结果满足要求。

在导航卫星研制过程中，为了确保部组件批量生产过程的一致性、确保工艺稳定可靠，卫星系统开展了以下工作：

（1）对各承制单位提出了工作报告、工艺文件、生产记录和现场操作相结合的质量管理控制方法，保证工艺文件的正确性、指导性，记录的完整性，操作结果与设计、工艺、标准、规范的符合性。

（2）组织开展了多台关键设备的工艺复查，针对设备的工艺关键特性与薄弱环节，有针对性地提出改进措施并实施。例如在复查中发现，某设备电路中存在Π型网络，电路调试中需要多次更换待调电阻，选用陶瓷电容曾出现多次受热导致裂纹，电路性能受到影响。为此，对该设备新增了关键控制点，在临近电容的调试元件二次焊接后，即对该电容进行更换，消除了电路隐患。这一控制措施被应用到所有存在该电路特点的设备。

（3）开展了工艺文件落实检查、测试数据包络分析、产品性能指标比对等多项工作，对操作类文件如工艺文件、调试文件、测试文件、过程控制文件等进行了梳理及落实，保证文件可操作性、可检查性和更好的指导性。通过这些工作，固化工艺的方式方法及生产线与设计工作，固化产品状态和各项性能指标，对于需调试的产品给出合理指标与范围，保证产品状态一致，便于后续卫星产品状态统一控制。

以星上低频电缆生产工艺一致性控制为例，低频电缆是星上必备组件，由于涉及走向布局、插拔操作、测试电缆连接等多种因素，低频电缆在生产状态一致性上很难统一，给低频电缆的生产工艺带来很大困扰。

导航卫星低频电缆研制初期，提出了卫星总体抓总控制低频电缆生产质量的模式，取消以前由供配电分系统和卫星总体两家控制质量状态的模式，消除了两家在产品质量管理上沟通不畅的问题。卫星总体在低频电缆生产状态控制要求中明确提出电缆的加工余量必须量化，并开展了以下工作：

（1）对卫星结构分系统提出详细要求，明确低频电缆固定的具体位置；

（2）对总装操作提出详细要求，明确电缆绑扎状态与方式方法；

（3）对电缆生产单位提出电缆走向具体要求，明确电缆保留余量的具体数值；

（4）要求电缆生产单位严格按照走向图纸，结合1∶1木模进行电缆取样；

（5）要求电缆生产单位规范电缆与电连接器的下线、焊接（压接）、取样的工艺

要求;

(6) 要求电缆生产单位对每一根电缆的长度、重量(含电连接器)记录并拍照。

根据上述要求,电缆生产单位制定了详细的工艺规程与操作记录,确保每一根电缆、每一个电连接器的量化控制,最终保证了导航卫星的低频电缆网状态一致,质量相差不超过 2kg。

8.2.3　导航卫星工艺可靠性改进

相比单一型号研制任务,相同程度的工艺缺陷在导航卫星批量研制中引起的质量风险将成倍增加,因此,批量研制对产品固有的工艺可靠性水平提出了更高要求。通过有关技术途径发现产品工艺方面的薄弱环节,进行工艺可靠性改进,从而提升批产产品可靠性,也是导航卫星批量研制中的一项重要工作。

工艺可靠性改进的首要环节是识别产品工艺薄弱环节,找到引起产品质量缺陷的工艺相关原因。识别产品工艺薄弱环节的技术途径包括:以往质量问题和相似产品质量问题的原因分析,工艺过程 FMEA,产品研制试验、鉴定试验或可靠性试验等。

针对识别的工艺薄弱环节,可以通过仿真分析、试验设计、试验验证等手段进行改进和验证。尤其对于批量研制的导航卫星,更具有采用试验设计和其他统计工具进行分析和改进的可行性。

导航卫星批量研制中,通过可靠性专题研究的形式,梳理产品可能的工艺可靠性薄弱环节,针对性进行工艺优化,取得了较好效果。下面以天线展开机构和调制器为例说明如下。

1) 天线展开机构的工艺可靠性改进

天线展开机构作为通用功能产品广泛应用于导航卫星。在进入批量研制阶段后暴露出一次性合格率较低、筛选准则不够完善等问题。针对这些问题,该天线展开机构开展了专项工艺改进工作,主要内容包括:

(1) 进行天线展开机构设计分析与确认,重点对产品的设计裕度进行复核复算,同时对机构的刚度及蜗轮蜗杆装配误差对齿面应力的影响进行了分析。

(2) 进行批产一次性合格率提高方法研究,包括:通过设计改进提高产品的制造工艺性;通过工艺改进提高产品的稳定性及一致性;通过过程控制的一些具体量化措施提高产品的合格率。

(3) 通过优化筛选流程、采用更加先进的筛选手段及制定更加严格的筛选判据提高筛选效率,并进一步完善测试项目。

(4) 对机构的装配及跑合工艺进行了优化,简化了机构装配过程中的调整环节、提高了机构的装配工艺性,而且通过采用电动跑合方式提高了机构的跑合质量。

通过开展专项研究,天线展开机构的一次性合格率显著提高,同时建立了全面、客观的展开机构装配调试及筛选判定准则,为产品调试过程提供了准确、快速的判定依据，提高了产品的调试及筛选效率。

2）调制器工艺可靠性改进

应用于导航卫星的调制器，主要采用混合集成电路研制而成，其中包括基于陶瓷基片的微波集成电路（MIC）微带片和需要用铅锡焊料焊接的各类器件。在生产过程中，电路微带片容易出现金层熔于焊锡露出底层的“吃金”失效现象，造成组装过程中 MIC 基片报废和部分元器件报废。焊接失效一度成为 MIC 装配过程中的主要问题。部分失效现象见图 8.2。

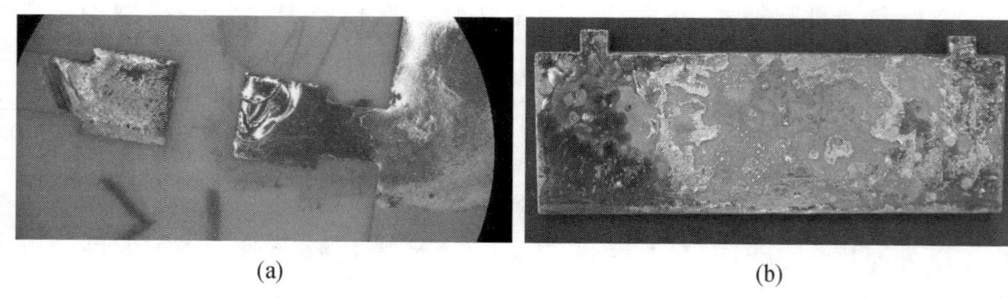

(a) (b)

图 8.2 MIC 焊接失效现象（见彩图）

提高 MIC 膜层耐焊性能的主要思路在于找到简便、可靠的工艺途径，不仅满足 MIC 电路正面器件锡铅焊料焊接需要多次短时间拆装、修复的需求，也要满足锡铅焊料背面载体焊接需要一次较长时间焊接的需求。针对 MIC 电路发生的焊接失效问题，开展了一系列工艺试验、焊接试验、鉴定试验，提高电路的耐焊性能。

（1）首先深入分析导致 MIC 焊接失效的主要原因，然后调研国内外其他 MIC 生产厂商的产品情况，以便确定提高 MIC 焊接可靠性的技术方案。经过分析，导致 MIC 焊接失效的原因主要来源于焊料与膜层不兼容。根据生产实际情况，决定从改变膜系结构入手来提高焊接的可靠性。

（2）在工艺研究阶段，完成了磁控溅射工艺参数和光刻工艺参数的研究，并形成了各自试验过程的原始记录，最终形成了相应的工艺规范。

（3）在焊接试验阶段，完成了耐焊性考核工作和焊接后附着力考核工作，最终完成了工艺鉴定工作。

（4）在手工焊接试验中，每次焊接时间都小于 3s，膜层基本可以承受十几次的焊接。

（5）在载体焊接设备上进行焊接，试验结果证明 5μm 镀铜层完全可以耐载体焊接较长时间。

该专项完成后，确定了一套 MIC 微带片制作工艺参数，形成了耐焊性膜层制作工艺规范，在导航卫星研制中，采用了该工艺提高了 MIC 微带片产品的耐焊性能。研制期间，制作的上千片 MIC 产品仅有 10 余片出现不合格现象，但没有一例是由焊接失效引起。

8.3　过程 FMEA

过程 FMEA 是以产品生产过程作为分析对象所进行的故障分析活动。它是在假定所设计的产品能满足设计要求的前提下,针对产品在生产过程中每个工序可能发生的故障模式、原因及其对产品造成的所有影响,按故障模式的风险优先数(RPN)的大小控制生产过程中的薄弱环节,并对其进行改进和跟踪的一种分析技术。

通过开展过程 FMEA,可以发现导航卫星的工艺和过程控制缺陷并提出纠正措施,确定工艺和过程控制关键特性,并在研制过程中进行量化控制,达到保证导航卫星固有可靠性的目的。

8.3.1　过程 FMEA 的实施过程

卫星过程 FMEA 以工艺 FMEA 为主,但必要时应考虑针对贮存、运输、测试等过程开展 FMEA。

过程 FMEA 应在产品工艺总方案制定过程中、生产工装准备之前开展,从而保证过程 FMEA 工作的时效性。

过程 FMEA 的实施步骤如图 8.3 所示。

过程 FMEA 的关键步骤是:

(1) 确定与产品生产工艺、制造过程相关的潜在故障模式与起因;

(2) 评价故障对卫星产品质量和在轨任务的潜在影响;

(3) 找出减少故障发生的过程控制因素,并制定纠正和预防措施;

(4) 形成潜在故障模式表,识别高风险故障模式,使之得到优先控制;

(5) 跟踪控制措施的落实情况,更新故障模式表。

过程 FMEA 的主要实施过程如下。

1) 系统过程定义

在系统过程定义中,过程 FMEA 需要获取或总结相关资料,作为过程 FMEA 实施的输入条件和分析基础。这包括产品故障判据、设计 FMEA 结果、功能分析、过程流程图、工艺流程表、零部件-工艺关系矩阵等。

功能分析是对被分析过程的功能、作用及有关要求进行分析;工艺流程表表示各工序相关的过程特性和结果;零部件-工艺关系矩阵表示零部件特性与工艺操作各工序间的关系。

2) 分析约定

分析约定是对过程 FMEA 实施过程的规范性定义,包括:

(1) 对分析对象的说明。对分析对象的范围、完整性、覆盖性、技术状态进行说明;

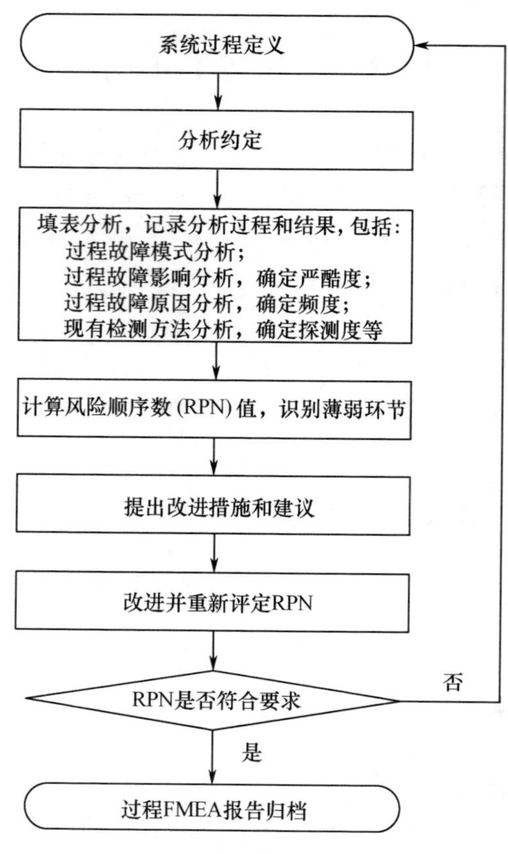

图 8.3　过程 FMEA 实施步骤

（2）对严酷度、频度和探测度的等级和判据进行定义；

（3）对薄弱环节的判定准则进行定义；

（4）明确分析的假设条件。

3）实施分析并确定薄弱环节

这一步骤是过程 FMEA 实施的关键。基本方法是利用过程 FMEA 表格，针对被分析工序，依次分析产品可能的故障模式，明确每个故障模式可能产生的影响和后果，并确定严酷度；找出每个故障模式产生的原因，对其发生可能性进行分析，并确定频度；对当前的控制和预防措施进行梳理，分析故障检测方法，确定探测度；计算 RPN 值等。

依据约定的薄弱环节判定准则，明确被分析过程的薄弱环节。

4）提出改进措施和建议

针对被分析过程的薄弱环节，提出改进措施和建议。改进措施是指以减少严酷度、频度和探测度的级别为出发点的任何过程改进措施。一般不论 RPN 值的大小如何，对高严酷度等级的项目均建议采取设计措施或过程控制预防/改进措施降低风险。

5）RPN 值的预测或跟踪

制定改进措施后，应进行预测或跟踪改进措施的落实结果、实施的有效性，对故障模式严酷度、频度和探测度级别的变化情况进行分析，并计算相应的 RPN 值是否符合要求。如不满足要求需要进一步改进，并重复进行上述分析，直到 RPN 值满足最低可接受水平为止。

6）过程 FMEA 报告

将过程 FMEA 分析结果归纳、整理成技术报告。其主要内容包括概述、过程描述、系统定义、过程 FMEA 表格、结论及建议等。

8.3.2　过程 FMEA 的分析方法

与设计 FMEA 相似，过程 FMEA 的主要工作是通过填写“过程 FMEA 表”进行。典型的过程 FMEA 表格如表 8.7 所列[1]。

表 8.7　典型的过程 FMEA 表格

工序功能/要求	潜在的故障模式	潜在的故障影响	严酷度	潜在原因/机理	频度	当前过程控制预防	当前过程控制探测	探测度	RPN	建议措施	责任人和预期完成日期	实施结果				
												采取的措施	严酷度	频度	探测度	RPN
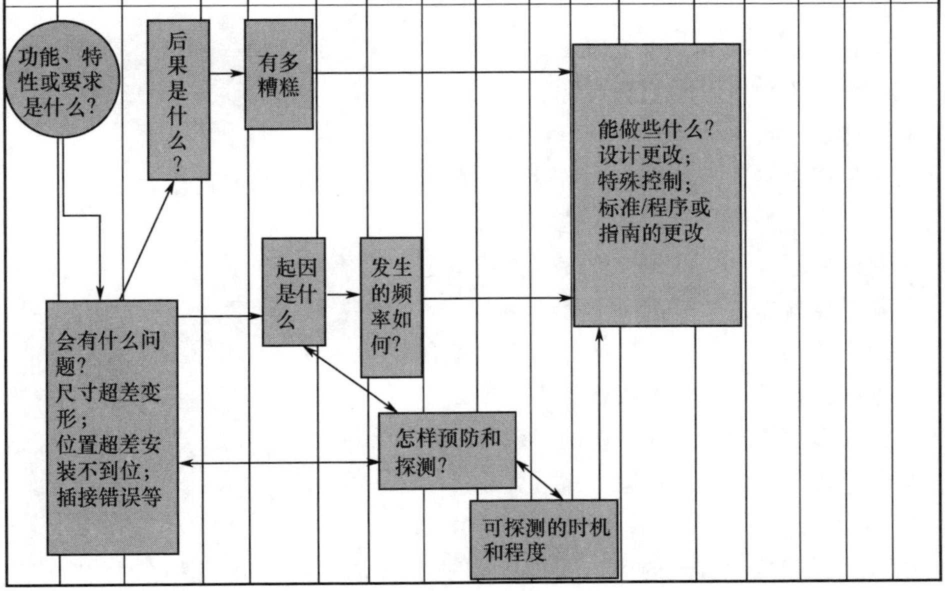 功能、特性或要求是什么？	会有什么问题？尺寸超差变形；位置超差安装不到位；插接错误等	后果是什么？	有多糟糕	起因是什么		发生的频率如何？	怎样预防和探测？	可探测的时机和程度		能做些什么？设计更改；特殊控制；标准/程序或指南的更改						

1）故障模式

过程故障模式是指不能满足过程要求和/或设计意图的缺陷。它可能是引起下道（下游）工序的故障模式的原因，也可能是上一道（上游）工序故障的影响。一般，在过程 FMEA 中假定提供的零件/材料是合格的。典型的过程故障模式示例见表 8.8[2]。

表 8.8 典型的过程故障模式(示例)

过程/工序	故障模式
机械加工过程	尺寸超差;变形;表面粗糙;毛刺等
焊接过程	裂纹;气孔;夹渣;未熔合等
铆接过程	局部凹陷;位置超差;变形等
总装过程	安装不到位;插接错误等
电子装联过程	虚焊;遗留多余物
测试过程	加断电顺序错误、设备接地错误、电缆连接错误、误指令、漏指令等

2) 故障影响

过程故障影响是指过程故障模式对下道工序/后续工序和/或最终产品的影响。

对下道工序/后续工序而言,故障影响采用过程/工序特性进行描述,例如:

无法紧固　　无法安装
无法钻孔/攻丝　　无法配合
无法加工表面　　导致工具过度磨损
损坏设备　　危害操作者

对最终产品而言,故障影响采用产品的特性进行描述,例如:

噪声过大　　阻力过大
间歇性作业　　不工作
工作性能不稳定　　温度异常

3) 故障原因

故障原因是指该故障模式为何发生。典型的过程故障原因包括:

测量数据不准确　　焊接电流不适合
加热时间过长　　加热温度过高或不足
板材厚度偏差过大　　润滑不足
涂胶不均匀　　电缆捆扎的力度不合适
接地线连接不可靠　　舱板连接不一致
连接孔多次操作　　插头座的屏蔽处理不可靠
电缆插接不牢　　拧紧力矩过大或过小

4) RPN 计算

RPN 是过程故障模式的严酷度、频度和探测度的乘积。RPN 值是对故障模式风险等级的评价,反映了对故障模式发生可能性、后果严重性及其可检测性的综合度量。RPN 值越大,则该故障模式的危害性越大。

(1) 严酷度:也称严重度,是评价某种潜在失效模式发生时,对产品质量及性能

的影响严重程度的指标，评定准则一般为10级或4级。严酷度是给定失效模式最严重的影响后果的级别，即若某个故障模式有多个故障后果，其严酷度级别要依据最严重的故障后果确定。只有通过修改产品设计或过程设计才能降低过程故障模式的严酷度。严酷度取值越大，故障影响越严重。

(2) 频度：也称发生度，是由某一原因造成过程故障模式发生可能性的定性度量，它是一个相对比较的等级，不代表故障模式真实的发生概率，通常根据经验或过程统计数据来相对确定。频度的评定准则一般为10级或4级。通过设计变更或设计过程变更(如设计检查表、设计评审、设计准则)来预防或控制失效模式的起因/机理是降低发生度的唯一途径。频度取值越大，故障发生可能性越大。

(3) 探测度：也称检测度，描述在过程控制中故障模式被探测发现的可能性，也是一个相对比较的等级，评定准则一般为10级或4级。探测度取值越大，故障被检测出的可能性越小。

当严酷度、频度、探测度的取值最大均为10时，RPN值的范围在1～1000之间，其中极限数值的含义为：

(1) RPN=1，可忽略，不存在风险；

(2) RPN=1000，极其严重，存在极高的风险。

通过排序，对RPN值较高的工序或工艺应优先关注。不论RPN值的大小，严酷度、频度、探测度单项在高数值的，均应予以关注，通过工艺设计改进或采用过程控制等手段，降低该工艺造成的风险。

8.3.3　导航卫星过程FMEA

导航卫星作为批量研制的卫星，整星的总装工艺过程和设备的制造过程将被应用于多颗卫星和成批量的设备，与单星研制相比，过程中的潜在缺陷可能导致批次性质量问题，所带来的产品技术风险、经济损失、进度推迟风险等都成倍增加。因此，导航卫星在研制过程中，在结合卫星特点对通用的过程FMEA表格进行修改的基础上，针对大型组件部装过程和整星AIT过程，尤其面向新过程、新工艺或新状态，按过程FMEA的程序与方法开展了一系列过程FMEA工作，取得了良好效果。

通过分析导航卫星研制特点，确立了卫星过程FMEA对象选取的原则：

(1) 操作环节较多，过程复杂，关系复杂，涉及多部门、多单位合作的工作；

(2) 产品为关键产品，生产过程复杂，外协部门较多，产品可靠性关系到整星成败；

(3) 过程责任分工相互迭代，职责不清，需要重新明确职责。

依据上述原则，确定针对总装过程、综合测试过程、太阳翼部装、大型天线部装等过程进行FMEA。本节以总装过程FMEA为例介绍如下。

8.3.3.1　分析定义

综合考虑卫星产品基础数据的准确性和可获取性、过程FMEA实施的方便性和预期取得的效果,导航卫星将传统过程 FMEA 中严酷度、频度和检测度的等级由 10 级调整为 5 级,如表 8.9、表 8.10、表 8.11 所列。

表 8.9 卫星过程 FMEA 严酷度等级约定

后果	评定准则:后果的严重程度	严酷度
严重危害	造成产品报废且经济损失重大的;对系统产品功能造成严重影响;对人员有伤害,如生命丧失或永久性致残性伤害或职业病	5
高	造成产品损伤或重大超差,无法返工返修;任务不能完成;暂时致残但没有生命威胁的伤害或暂时的职业病	4
中等	造成产品超差;返工返修困难;任务降级或过程降级	3
轻微	造成本工序或后续工序加工困难;超差可以让步接受	2
无	轻于以上后果	1

表 8.10 卫星过程 FMEA 频度等级约定

故障发生可能性	频度	可能的失效率(参考)
很高:持续性故障	5	<0.05
高:经常性故障	4	10^{-2}
中等:偶然性故障	3	10^{-3}
低:相对很少发生故障	2	10^{-4},10^{-5}
极低:故障不太可能发生	1	$\leqslant 10^{-6}$

表 8.11 卫星过程 FMEA 探测度等级约定

探测性	准则	检查类别			探测度
		A	B	C	
几乎不可能	绝对肯定不可能探测(不能探测或没有检查)			X	5
微小	控制方法可能探测不出来(只能通过间接或随机检查或过目测检查来实现控制)			X	4
小	控制可能能探测出(通过双重目测检查来实现控制,或有测量手段)		X	X	3
中等	控制有较多机会可探测出(当时工位可探测,或有多个检验环节;后续工位可探测,或作业准备时进行测量和首件检查)	X	X		2
高	肯定能探测出(有关项目已通过过程/产品设计采用了防错措施,不可能出差错)	X			1
注:A—防错;B—量具;C—人工检验					

在传统过程 FMEA 表格基础上,结合卫星产品的研制特点和实施需求,对过程 FMEA 表格进行了剪裁,制定了如表 8.12 所列的过程 FMEA 表。

表 8.12 卫星过程 FMEA 表

序号	过程名称	潜在的故障模式	潜在的故障后果	严酷度	潜在的故障原因	频度	过程控制预防与探测	探测度	RPN	备注

8.3.3.2 总装过程梳理

卫星总装过程包括结构分解、多层制作、热控实施、精测、检漏、设备安装、低频电缆铺设、特殊设备安装、舱段对接等一系列工艺过程。在实施过程 FMEA 中,卫星总体详细梳理了总装过程流程,并作以下约定:

(1) 总装过程 FMEA 的范围是从部装交付开始的各阶段总装工作;

(2) 重点分析故障模式的后果、严重性和检测方法;

(3) 重复性过程,如舱板的开合、卫星吊装等只分析一次;

(4) 不涉及不可抗力造成的潜在危害。

8.3.3.3 总装过程 FMEA 表

根据卫星总装过程梳理结果、过程定义和分析要求,导航卫星针对总装过程的 100 多个故障模式开展了分析工作,填写了总装过程 FMEA 表,分析示例如表 8.13 所列。

表 8.13 导航卫星总装过程 FMEA 表(示例)

序号	过程名称	潜在的故障模式	潜在的故障后果	严酷度	潜在的故障原因	频度	过程控制预防与探测	探测度	RPN
1	安装载荷舱保持架	舱板损伤	结构强度或热控性能下降	2	工装与星体磕碰保持架与结构板直接接触	2	① 操作过程实时监控; ② 保持架与舱板接触处垫毛毡	2	8
		舱板连接孔破坏	结构连接可靠度下降或失效,影响结构特性	2	保持架直撑杆长度与孔位间距不匹配	2	调节横撑杆长度,使孔位对中后锁紧调节螺母	1	4
2	安装载荷舱翻转支架	舱板损伤	结构强度或热控性能下降	2	翻转架吊耳松动; 翻转架与星体磕碰	2	① 翻转支架四角拴牵引绳牵引; ② 操作过程实时监控	2	8
3	载荷舱与翻转架车对接	舱体损伤	影响结构或热控特性	3	载荷舱与翻转架车磕碰	2	① 载荷舱保持架拴牵引绳牵引; ② 专人指挥吊装操作; ③ 严格控制吊车速度; ④ 操作过程实时监控	2	12

8.3.3.4 分析结果与应用

通过系统分析，导航卫星总装过程 FMEA 识别了相关薄弱环节，得出分析结论如下：

(1) 以严酷度为关注点，卫星加注过程中推进剂泄漏和整星吊装过程的吊具失效，都将造成卫星损毁的危险，是最为严重的故障模式，严酷度为5；

(2) 以检测度为关注点，加注过程中多余物的控制是最应关注的故障模式，其次是贮箱安装偏心和太阳翼安装过程中对根绞电缆的干涉检查；

(3) RPN 值最高的故障模式是加注过程中多余物的控制，其 RPN 值为40；

(4) 总装过程 RPN 值主要集中在较低的数值范围内，最高值为40，占总故障数的0.87%，且大部分故障是可检测、地面状态可解决的，严酷度较低，对卫星飞行影响小。

RPN 值的分布如图8.4所示。

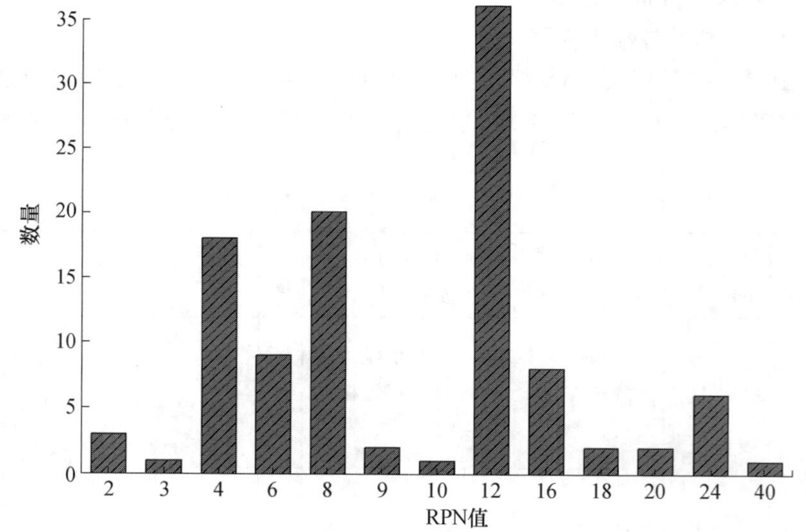

图8.4 卫星总装过程 FMEA 的 RPN 值分布

根据识别的薄弱环节，导航卫星针对 RPN 值或严酷度较大的项目进行了分析，提出了针对性控制措施。例如，某些关键过程增设了强制检验点，如表8.14所列。

表8.14 导航卫星增设的总装强制检验点(示例)

序号	关键过程	强制检验点项目	备注
1	检漏及推进分系统检查	服务阀使用正确性检查	按使用说明操作服务阀
2	气瓶安装	包带预紧力检查	按气瓶实际压力调整预紧力
3	动量轮安装	极性检查	多方确认
4	太阳敏感器1/2安装	极性检查	多方确认

8.4 AIT过程控制

AIT是卫星将结构和热控组件、大型部组件、各承制单位交付的设备、电缆等装配为整星,进行各种模式下的电性能测试、力学环境试验、热试验等测试与试验的卫星研制的重要过程。AIT过程控制的好坏直接决定了卫星最终状态能否满足出厂要求。导航卫星AIT过程具有多星并行总装测试、人员设备交叉互换、星上设备状态复杂等特点,因此更需要在AIT过程控制中精心策划、精细控制、精准定位,抓住影响卫星可靠性的关键环节,有效落实各项控制措施。

AIT过程中影响卫星可靠性的主要因素包括温度、湿度、气压、洁净度等现场环境,操作时的静电环境,人员操作过程的规范性和量化控制等。

8.4.1 现场静电防护控制

不同静电电位的物体,由于直接接触或静电场感应会引起物体间静电电荷的转移,即静电放电(ESD)。ESD产生的电流会损坏设备或引起设备故障。为避免星上设备由于静电充电和电弧放电发生故障,必须对设备和整星采取静电防护措施。

卫星的静电防护是AIT过程控制中对总装现场环境控制的重要组成部分,贯穿卫星部装交付到发射前的AIT全过程。导航卫星对AIT现场的静电防护要求主要包括以下方面[3]。

1)防止静电电荷积累

为防止静电电荷积累,需要从温湿度控制、洁净度控制、配置防静电设备、防止人体带电几方面进行控制。

(1)温湿度控制:湿度对材料表面电阻率影响极大。相对湿度低于30%时,较容易产生静电。而空气湿度受温度影响较大:当绝对湿度一定时,随温度升高,相对湿度降低,使产生静电的可能性增大。因此,卫星AIT厂房应实行全封闭控制,环境温度控制在(20±5)℃,相对湿度控制在30%~60%。

(2)洁净度控制:控制环境的洁净度,以减少通过静电吸附在物体表面的灰尘、杂物等。在AIT厂房内控制环境的洁净度等级优于10000级。

(3)配置防静电装备:在AIT厂房内可配置防静电装备并进行正确可靠的接地以减少静电的产生,例如防静电工作台、防静电地板或防静电地垫、防静电腕带、人体综合电阻检测仪、防静电周转箱、防静电工具等。

(4)防止人体带电:配备人体静电防护系统,包括防静电衣服、鞋袜、帽子、手套或指套等。在工作时,穿戴防静电工作服、工作帽、手套、鞋等,佩戴防静电腕带。

2)建立电荷泄放通道

在AIT厂房内对配置的静电防护装置进行可靠接地,室内所用的仪器设备也可靠接地。操作人员必须穿着防静电服装、鞋袜、帽子,保证静电不断从人体上泄漏掉。在 AIT 各阶段,卫星均应保持良好接地。

3) 设置防静电工作区

设置防静电工作区,包括:在防静电工作区入口处设置警示标识、接地棒及人体防静电测试仪;防静电工作区的地面具备静电防护要求,并定期检查;防静电工作区使用的测试、试验和电源设备进行硬接地。

设置防静电工作台,包括:

(1) 工作台的台面通过带有限流电阻(位于或接近工作台台面端处)的线缆与地连接,且具备静电防护要求;

(2) 在工作台面上适当部位或其他必要部位,安装静电消除器,以消除未打开的包装件上的静电荷和在操作过程中因人体、工具及其他相互摩擦在工件上所产生的静电荷;

(3) 在工作台面上放置的工艺图纸、文件等距离静电敏感设备 30cm 以上;

(4) 工作台下地面具备静电防护要求,并定期检查。

4) 人员操作要求

(1) 穿着防静电工作服和防静电鞋,穿鞋套不得进入防静电工作区;

(2) 人员必须由防静电工作区入口处进入,触摸接地棒并经人体防静电测试仪测试合格后进入;

(3) 非操作人员未经批准不得进入防静电工作区,进入防静电工作区后不得接触产品;

(4) 操作人员插拔电缆、焊连热敏电阻、检查等时须戴防静电腕带,防静电腕带须经检验在有效期内,并且在佩戴时须保证腕带与皮肤直接紧密接触,腕带另一端接产品地;

(5) 落实星上特殊部组件的特殊要求。例如火工品装星后测试时,在火工品特定端口用短路保护插头进行保护,不测试时,特定端口处于电缆连接状态。

5) 转运过程静电屏蔽

在静电防护区内运输产品时,产品放置在防静电周转车(箱)内进行转运。在非静电防护区,产品装入防静电包装袋,放入专用包装箱(或防静电周转箱)内进行转运。

转运人员严格按着装要求穿防静电服和防静电鞋。

整星(舱段)接地线在转运过程中应始终保持拖垂在地面上。

8.4.2 污染控制

污染对卫星机构产品、推进部组件、热控材料等有重要影响,受污染的设备会性能下降,多余物被引入关键设备甚至会造成灾难性后果。为预防污染带来的不利影响,导航卫星在 AIT 过程的污染控制中落实了以下要求:

(1) 所有操作都在相应等级的洁净室或洁净工作站内进行;

(2) 进入洁净室的所有产品及其测试设备预先进行清洗处理,或者采用防护罩加以隔离;

(3) 测试过程中,室内人员应走动轻缓,不得跑跳,限制或禁止产品附近室内操作人员的走动,以及室内设备、工具、产品在测试过程中的拖拉搬运;

(4) 测试时的空气洁净度不低于10万级,温度为(20±5)℃,湿度为30% ~60%;

(5) 起吊设备和起吊工具妥善检查、清洁和包扎防护,严格防止起吊过程中,吊车和吊具上掉落灰尘、金属屑和油滴污染敏感器设备表面。

8.4.3 强制检验点控制

强制检验点是卫星研制过程中,为强化对产品关键过程和关键特性指标的检验,确保产品技术指标满足要求,用户根据需要在产品研制过程中设置的需要用户参加的检验点。强制检验点的设置,对于确保产品最终状态满足可靠性要求,降低技术风险甚至消除故障隐患具有重要意义。

一般,强制检验点设置的对象都是关键项目或关重件,设置原则包括:

(1) 产品处于最能充分表现其质量和性能状况时(如产品合盖前、热控多层包覆前等);

(2) 关键项目、关键件和重要件、不可测项目实施关键工序(或关键过程)时;

(3) 下步工序不可逆,或下步工序完成后产品难以分解、对前面的工序无法实施检验时;

(4) 装配后如果发生故障或失效将可能损坏其他或更关键的产品时;

(5) 过去的故障或失效记录表明必须进行检验时;

(6) 由于操作的关键性或复杂性,可能对最终产品的质量和性能等构成潜在的危险时;

(7) 前次检验、试验已有相当长时间,可能发生故障或失效时;

(8) 验证试验是破坏性的等。

强制检验点清单如表8.15所列。

表8.15 强制检验点清单

序号	所属分系统	设备名称	强制检验点名称	检验项目	检测方法	判定准则	检验报告名称	备注

强制检验点记录表格内容必须可量化、可操作、可检验,同时用户原则上到现场参加检查。

8.5 测试数据一致性比对

在导航卫星研制过程中,通过比对设备、分系统各个测试阶段的测试数据,可以检验产品在研制过程中的性能稳定性和一致性,发现产品潜在的薄弱环节。导航卫星批量研制客观上也拥有更丰富的数据进行趋势分析、数据比对和统计分析。具体而言:

(1) 单颗卫星生产过程中一般只需进行纵向比对,而导航卫星批量生产过程中可同时进行纵向比对和横向比对。横向比对时,不仅要和在研产品进行数据比对,还要和在轨产品的数据进行比对。

(2) 随着卫星投产数量的增加,测试数据呈几何级数增长,数据判读的工作量会急剧增大,人工判读方式容易造成数据判读的漏判和误判,使判读的可信度降低,需要开发自动比对系统来完成比对工作。

(3) 对于状态比较稳定的卫星、分系统和设备的性能指标可以形成数据包络,可以作为后续进行纵向、横向比对的依据。

导航卫星批量研制过程中积累的测试数据是宝贵的财富,通过多颗卫星的数据比对以及对异常现象的分析,能够评估卫星间的差异,改进与优化产品可靠性设计、工艺和过程控制。

8.5.1 测试数据一致性比对的内容

在导航卫星批量测试过程中,主要从以下 3 个方面开展数据一致性比对工作。

1) 测试覆盖性比对

测试覆盖性比对是测试数据比对的基础。为了确保测试数据比对结果有效,首先应依据测试大纲中的测试项目和自动化测试序列的关联,以及自动化测试序列在自动化测试系统的完成情况,进行测试大纲各测试项目覆盖性的比对检查。

2) 遥测参数比对

卫星遥测参数包括 3 类:模拟量、温度量和串行数字量。遥测参数比对的对象是模拟量和温度量,对非指标的数字量一般进行实时判读。对遥测参数的比对采用自动化判读,协助测试人员分析异常信息、快速定位异常。

3) 性能指标比对

并不是所有的性能指标都可以进行一致性比对。一般,只对那些在相同的测试方法下,可以稳定地反映出产品特性的性能指标进行比对。对一些容易受测试环境条件、电缆连接状态等外在因素影响的性能指标进行一致性比对时,一定要考虑测试时的影响因素。

8.5.2 测试数据一致性比对的方法

导航卫星批量测试过程中,测试数据一致性比对主要有纵向比对和横向比对两

种方式。

纵向比对是对同一卫星及其分系统、设备在不同研制阶段的测试数据进行比对。一般以前一个阶段的测试结果为基础，后一阶段的测试数据与前一阶段的测试结果进行比对。纵向比对在检查卫星大型试验前后功能性能变化情况时尤为有效。在单星研制模式下，一般采用纵向比对方法进行判读。

横向比对是对技术状态相同的多颗卫星及其分系统、设备，针对同一技术指标进行比对。横向比对一般选择相同的研制阶段，但在必要时可以对不同研制阶段的数据进行综合比对。这是导航卫星批量研制和单星研制的明显区别。

测试数据一致性比对的前提是进行比对的测试数据具有可比性，否则就失去了一致性比对的意义。在进行比对的过程中，要特别注意以下几点：

(1) 对于受测试时所处环境条件影响的技术指标，在测试时应尽可能保证环境条件的一致性，若无法保证则应记录当时的环境参数，作为日后判读、比对的参考；

(2) 由于被测设备和通用测试设备之间的接口匹配问题，某些技术指标的测量结果会受选用的通用测试设备影响，对这类指标进行测试时，应尽可能保证测试设备一致，并在测试时记录测试设备的型号、编号和标检日期。

(3) 在进行测试数据纵向比对时，要特别注意测试数据的变化趋势。对于虽然在指标要求范围内，但变化趋势逐渐恶化的测试数据要尤为重视；在进行横向比对时，要特别注意对超出包络的测试数据进行分析，明确是由个体差异引起还是有其他深层次原因。

8.5.3　测试数据比对系统及应用

在以往单星研制模式下，产品测试数据的采集、存储和应用存在以下不足：

(1) 测试结果以文件的形式存储，不利于数据集中提取和查询需要；

(2) 测试数据的比对工作需要设计师手工完成，效率低；

(3) 各设备、分系统测试数据的比对格式不统一，不利于判读人员的汇总和分析工作；

(4) 不同设计师负责不同卫星，数据判读过程中存在大量的重复工作。

传统的测试数据存储与判读方式已经远远不能满足批量研制的导航卫星设备和整星系统级测试数据的存储和比对工作，因此，在批产模式下，为适应测试数据一致性比对的强烈需求，导航卫星开发了测试数据比对系统。该系统由测试覆盖性检查模块、遥测参数分析模块和性能指标一致性比对模块构成，能够自动实现卫星地面测试数据的纵向一致性比对和横向一致性比对。系统组成框图如图 8.5 所示。

通过该系统的应用，导航卫星进行了大量的数据比对工作，及时发现了星上产品的一些薄弱环节和潜在隐患。

例如，在对应答机上行中心频率偏差稳定性进行分析时，发现 A 卫星上行中心频率偏差在工厂电测各阶段实测数据呈现向下飘移的趋势，各阶段数据一致性差，后

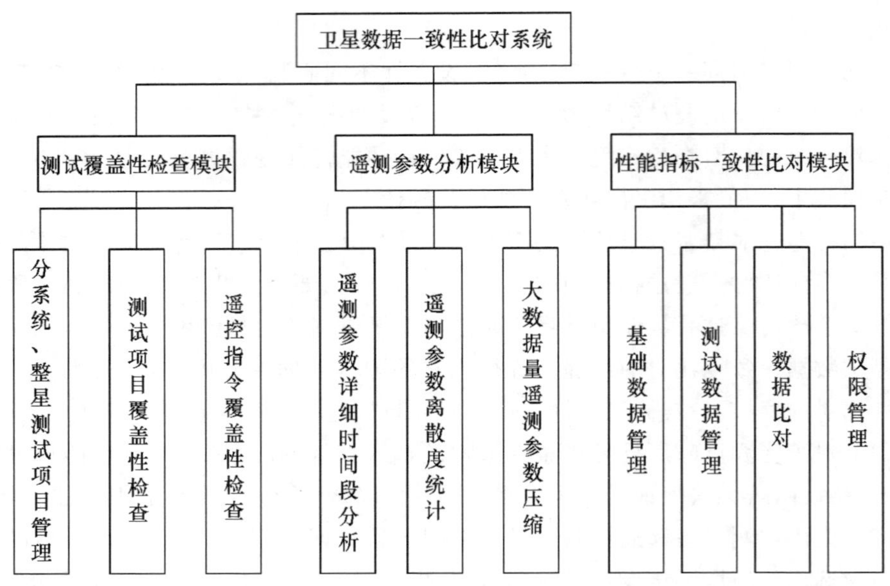

图 8.5 卫星测试数据比对系统组成框图

经确认发现该问题原因是应答机所用的晶体频率发生了偏移,卫星系统及时对晶体进行了更换。而 B 卫星的上行中心频率偏差在工厂电测和热试验各阶段随温度不同有微小波动,但宏观趋势平坦,数据一致性好。

在进行横向数据比对时,数据比对系统将不同卫星同一阶段的数据以列表和离散度的形式展现,可以较清晰地判读出数据的离散度是否出现异常。图中注明数据的最大包络、平均值、最大值、最小值等信息,为数据判读人员进行快速、准确的数据判读提供了方便。

8.6 备份星需求与备件保障

卫星导航系统必须有一定数量的卫星组成空间星座才能完成导航服务。考虑导航卫星在星座组网过程中可能出现的发射任务失败,以及在星座长期运行过程中可能出现的卫星重大故障,为了保证星座按期组网和提供连续可用的导航信号服务,必须制定星座备份策略,在导航卫星批产阶段即投产备份星。同时,考虑导航卫星批产过程中多星并行测试和设备可能的故障返修,必须开展设备的备件保障工作。

8.6.1 备份星数量分析

备份星数量分析和卫星导航星座的备份方式有关。在轨备份(包括内部冗余备份和停泊轨道备份)卫星的数量和导航星座的可用性要求密切相关,可以利用星座可用性分析进行备份星数量分析。地面投产备份卫星的数量和卫星自身的可靠性与寿命密切相关,在考虑发射成功率的情况下,还和运载火箭的可靠性相关,可以采用

数理统计方法进行分析。

本节以一个由 5 颗 GEO 卫星、3 颗 IGSO 卫星和 4 颗 MEO 卫星构成的区域导航系统混合星座为例，说明导航星座地面备份星数量分析的过程。

8.6.1.1　组网阶段备份星需求分析

星座组网阶段备份星需求和“星座组网成功率”密切相关。“星座组网成功率”可定义为：在规定的组网时间内，对应一定的运载火箭发射成功率和卫星入轨成功率以及备份策略，成功组成规定星座的概率。星座组网成功率只考虑单次发射成功或失败事件，它是一个关于卫星单次发射成功率的单因素函数。

记卫星单次发射成功率为 R_{S1}，则有

$$R_{S1} = R_j \times R_{x1} \tag{8.2}$$

式中：R_j 为运载火箭发射成功率；R_{x1} 为卫星入轨成功率。

该星座的组网策略为：GEO 卫星、IGSO 卫星采用一箭一星发射，总计 8 次发射；MEO 卫星采用一箭双星发射，共有 4 颗卫星计 2 次发射。

利用解析法或仿真法均可求解不同备份策略下的星座组网可靠性。尽管解析法更为精确，但随着备份星数量增加，解析法需考虑的状态成倍增长，因此，此处利用可靠性数学仿真方法进行分析。

以运载火箭发射结果（成功或失败）和单星入轨结果（成功或失败）为输入事件（R_j 取为 0.94，R_{x1} 取为 0.97），建立仿真模型分析星座组网时出现 n 颗卫星发射失败的可能性，其结果如表 8.16 所列。

表 8.16　星座组网出现 n 颗卫星发射失败的概率

卫星发射失败数	对应概率	卫星发射失败数	对应概率
0	0.380	4	0.023
1	0.333	5	0.005
2	0.184	6	0.001
3	0.074	≥7	0

可见，尽管 12 颗卫星全部发射成功的可能性最大，但也仅有 38% 的可能性，说明不进行发射备份存在较大风险。

根据目标星座要求，建立仿真模型对不同备份星数量下的星座组网成功率进行计算，其结果如表 8.17 所列。计算过程中考虑了备份星再次发射失败的情况。

表 8.17　不同备份星数量对应的星座组网成功率

备份星数量	组网成功率	相对于无备份星情况，组网成功率提升程度	对应的需求概率
1	0.683	1.8 倍	0.333
2	0.866	2.3 倍	0.184
3	0.950	2.5 倍	0.074

可见，1 颗备份星的需求最大，备份 1 颗卫星可使星座组网成功率达到 68.3%；

备份 2 颗卫星可使星座组网成功率达到 86.6%，提升性价比最高。因此，星座组网阶段备份星数量需求为 1～2 颗。

8.6.1.2 运行阶段备份星需求分析

本节分析假设：

(1) 卫星寿命服从指数分布，其在轨工作可靠度为 0.72/8 年；

(2) 12 颗卫星的故障发生次数具有统计特征；

(3) 星座服务时间自第 12 颗卫星交付使用起计算。

1) 备份星数量的决定因素

假设存在"星座运行可靠性"，并按可靠性传统定义将其定义为规定空间环境条件下星座运行寿命期内完成规定功能和性能的能力，则根据该导航星座基本可靠性模型和单星可靠性指标，在不考虑补网的情况下，星座的基本可靠性变化如图 8.6 所示。

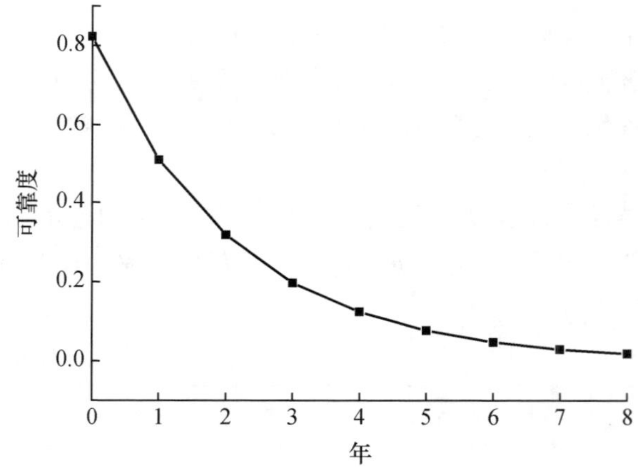

图 8.6 某导航星座基本可靠性变化曲线

由图 8.6 可见：

(1) 导航星座完全建成后基本可靠性迅速下降并在 5 年后下降到 0.1 以下，这说明理论上星座运行期间不出现卫星失效的概率很低，因此，星座运行阶段对备份星需求远大于星座组网阶段。

(2) 基于传统定义的"星座运行可靠性"并不适合描述星座可靠性和指导工程设计，例如，若保持星座可靠性在 0.6 以上将不得不频繁增加备份星，显然这是不可能的，也是不必要的。对于该导航星座而言，在单星可靠性提高有限的情况下，必须通过在轨故障纠正和发射备份星等措施保证星座服务性能。因此，星座运行阶段备份星需求主要取决于该阶段可能失效的卫星数量。

2) 卫星失效数分析

一个星座系统运行过程中可能的卫星失效数量，可以通过计算星座状态概率的方式获得。针对本节给定的 12 颗卫星的导航星座，其星座状态概率可以定义为

$$P_{12,r}(t)=\sum_{i=1}^{\binom{12}{r}}P_{12,r,i}(t) \tag{8.3}$$

式中：$P_{12,r}(t)$为星座在某时刻 t 有 r 颗卫星失效、$(12-r)$ 颗卫星正常的星座状态概率；$P_{12,r,i}(t)$为星座在某时刻有 r 颗卫星失效的子状态，即 r 颗卫星失效、$(12-r)$ 颗卫星正常的第 i 种组合的状态概率，其中 $i=1,2,\cdots,C_{12}^{r}$，$r=1,2,\cdots,12$。

根据该星座的发射部署策略，该星座总计有 10 次发射，每次发射间隔 2 个月，在 20 个月内将所有卫星发射完毕。

由此，以单星失效时间为自变量，按指数分布进行抽样，建立蒙特卡罗仿真模型，通过计算不同时间段的星座状态概率，可以分析得到该星座正式运行期间至少有 n 颗卫星失效的概率，结果如表 8.18 所列和图 8.7 所示。

表 8.18 某导航星座不同时间段至少 n 颗卫星失效的概率

至少 n 颗卫星失效	星座正式运行时间/年								
	0	1	2	3	4	5	6	7	8
1	0.166	0.481	0.678	0.800	0.875	0.922	0.953	0.971	0.982
2	0.012	0.131	0.294	0.454	0.593	0.704	0.787	0.850	0.896
3	0.000	0.023	0.086	0.182	0.296	0.414	0.522	0.621	0.704
4	0.000	0.003	0.017	0.053	0.109	0.183	0.270	0.361	0.453
5	0.000	0.000	0.002	0.012	0.030	0.062	0.107	0.164	0.231

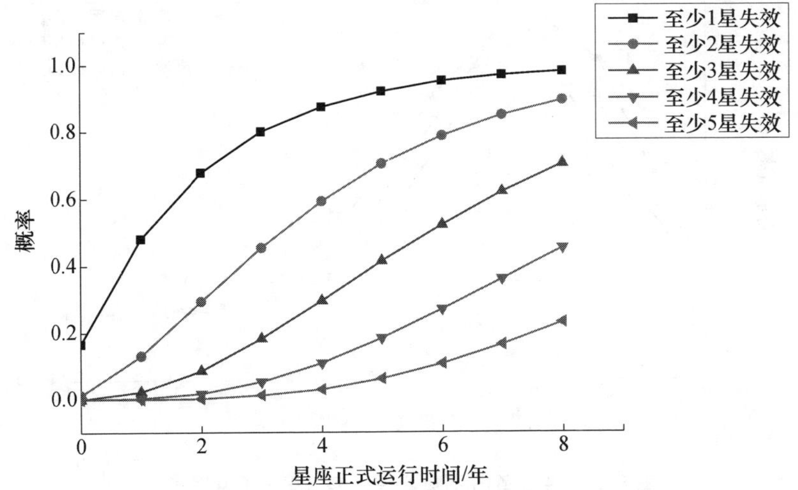

图 8.7 星座至少 n 颗卫星失效的概率分布（见彩图）

由图 8.7 可见：

（1）星座正式运行 1 年后，出现卫星失效的概率超过星座完好的概率，且 1 颗卫星失效的概率迅速增加，并在 4 年后达到 0.9 以上；

(2) 星座正式运行 3 年后，出现 2 颗卫星失效的概率高出 0.5，且在第 8 年初达到 0.85 的高概率；

(3) 3 星失效的概率较低，到第 7 年才超过 0.5。多于 3 星失效的概率更低，基本可忽略。

可见，星座运行阶段备份卫星以高概率需求 1 ~ 2 颗。

8.6.1.3 备份星综合需求分析

前面就星座组网和星座运行两个阶段独立进行了备份星数量分析，此处综合考察星座组网和运行两个阶段，在建立一个全过程仿真模型的基础上，计算总的备份星数量需求概率，结果如表 8.19 所列和图 8.8 所示。

表 8.19 某导航星座总的备份星数量需求概率

备份星需求	星座正式运行时间/年							
	0	1	2	3	4	5	6	7
0	0.316	0.197	0.123	0.077	0.047	0.030	0.018	0.012
1	0.334	0.304	0.252	0.200	0.150	0.108	0.079	0.056
2	0.211	0.253	0.266	0.254	0.228	0.197	0.164	0.131
3	0.096	0.149	0.190	0.218	0.231	0.232	0.216	0.200
4	0.032	0.065	0.103	0.139	0.172	0.194	0.208	0.215
…	…	…	…	…	…	…	…	…

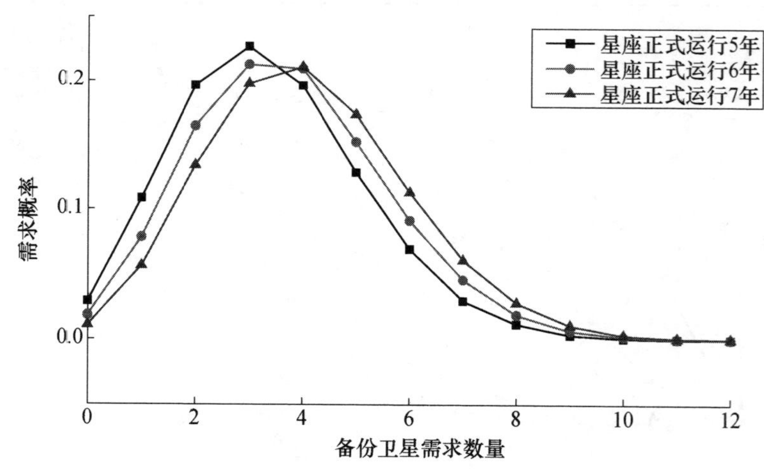

图 8.8 星座备份星数量需求概率分布(见彩图)

由图 8.8，考察概率值的相对意义，该导航星座以相对高概率需求 3 ~ 4 颗备份星。综合前文分析结果，对星座备份星的数量建议如下：

(1) 在组网阶段至少备份 1 颗卫星，最好备份 2 颗卫星，这样既可以大幅提高星座组网成功率，也可以在组网完全成功的情况下作为运行阶段的备份卫星；

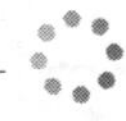

(2) 运行阶段的备份卫星可以在组网阶段准备,也可以在星座正式运行后准备,如果组网阶段备份卫星用完,则运行阶段至少备份 1 颗卫星,最好备份 2 颗卫星。

8.6.2　备份星应用策略

导航星座在轨备份卫星的应用策略相对简单,既可以接入星座系统提高系统服务性能,也可以在工作卫星故障后及时替换,以维持星座正常运行。

根据维修性有关理论和 GPS 的在轨维护经验,导航星座的地面备份星在应用策略上通常有两种使用方式:

(1) 根据预计的故障发射,或称预防性发射。该方式是根据地面对在轨卫星健康状态的监控信息,预测卫星何时故障和卫星剩余寿命,根据预测的结果提前发射卫星。这种方式可以避免卫星一旦失效造成的连续性损失和覆盖漏洞,但需要准确预测卫星健康状态。

(2) 修复性发射。该方式即当某颗卫星失效后进行修复性发射,这可以避免预先发射的判断错误,但必定导致导航星座系统的可用性连续性损失。

预防性发射和修复性发射各有优势,具体采用何种方式需从备份星状态、成本、服务性能需求、星座运行状态等多方面因素进行综合考虑。

根据 8.6.1 节的分析结果,在工程研制阶段,如图 8.9 所示,一种较为经济的备份星应用策略如下:

(1) 在星座组网过程中先期投产 2 颗备份星,最多可备份 2 次发射。如果 10 次发射全部成功,则备份星将全部用于星座运行阶段。如果有 1 次或 2 次发射失败,可利用备份星进行替换,并在进行故障纠正的同时,面向星座运行阶段继续投产 1 ~ 2 颗备份星。

(2) 在星座运行阶段,考虑到卫星失效后修复性发射对星座运行性能的影响,可以根据卫星健康状态适时预先发射卫星作为在轨备份。由于该区域导航系统有 3 种不同轨道的卫星,对于重要度相对不高、对星座贡献较小的卫星,可以采取失效一颗补发一颗的方式。

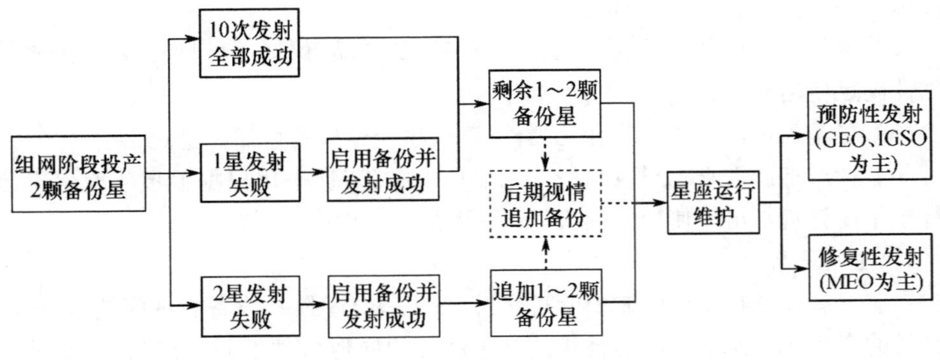

图 8.9　备份星应用策略

8.6.3 备件保障策略

备件即卫星设备/部组件的备份产品，一般用于备份已交付卫星总装的相同产品，必要时替代完成星上测试工作或完成在轨飞行任务。导航卫星的备件保障策略主要考虑投产原则、元器件原材料采购策略、使用策略等。导航卫星的备件保障原则是提前策划、分类投产、组批交付、滚动备份：

（1）卫星研制初期分析需要备份的关键件、关重件及部分引进件，做好相关元器件的采购工作，合理规划设备的装星测试时间；

（2）将各种备份件按类划分，不同厂所间有同类产品的做好信息互通机制，同一厂所的不同类产品要责任落实到人，确保没有遗漏；

（3）组批交付期间，需理顺正样件与备份件的先后轻重关系，在测试、试验期间充分考虑资源的最大化利用，最大限度地保证整星研制进度；

（4）提前考虑产品的通用性与互换性，保证不同厂家的同种设备可互换，达到产品滚动备份的目的。

1）备件投产原则

关键设备应按最小投产数量的原则投产备件，备件的投产需考虑各类导航卫星的共性和个性，结合设备的配套特点，按以下原则进行：

（1）可靠性较高的产品和无源产品不投产备件；

（2）已经产品化的货架式设备，不投产备件；

（3）主备份相同的设备只投产一套备件；

（4）硬件平台一致、软件不同的产品视为同一产品，不投产备件；

（5）依据设备配套表，对备件改装时需要重新投产设备应优先启动备件；

（6）备件生产计划需考虑与原计划投产正样件的关系。

2）元器件原材料采购策略

元器件、原材料备料的采购工作基于以下原则进行：

（1）采用统一设计和元器件、原材料统一选用的原则，同类卫星的原材料及元器件使用同一套配套表，可互换使用；

（2）尽量采用成熟产品和有在轨飞行经历的产品，保证原材料、元器件的质量和可靠性满足使用要求；

（3）尽量采用国产原材料和元器件，确保供应渠道的可靠与稳定；

（4）针对批产需求，分析原材料、元器件的备份量，采用根据卫星年度生产计划进行按年度订货与出库使用的模式，备份产品滚动使用。

3）使用策略

导航卫星设备在正样研制中分批交付，在卫星 AIT 阶段设备出现问题后，可以由后交付的产品作为问题产品的替代。对于硬件相同但软件不同的产品，可通过更换软件的方式，实现对硬件相同的设备的备份。

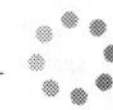

8.7　贮存可靠性保证

贮存可靠性是指产品在规定的贮存条件下和规定的贮存期内，保持规定功能的能力。对卫星产品，通常将贮存时间大于半年的贮存定义为长期贮存，将贮存时间大于3个月、小于半年的贮存定义为短期贮存。在单星研制中，卫星从总装、测试、试验、出厂、发射场AIT到最后发射，基本是一个连续的不间断的研制过程，一般不会涉及长期贮存，贮存可靠性的问题并不突出。但在导航卫星批量研制中，由于部组件量产、组网发射周期长和卫星地面备份等因素，不可避免地会出现超过半年以上的长期贮存情况，因此，贮存可靠性保证是导航卫星批产过程中必须考虑的一项工作。

贮存可靠性主要体现为贮存环境对产品可靠性的影响，此外也包括贮存期间的定期检测要求。贮存环境通常通过对材料、元器件的长期作用导致产品性能下降或引入缺陷，并可能在卫星长期使用中导致系统故障。

导航卫星贮存可靠性保证从地面贮存环境和设备贮存特性入手，开展了以下工作：

(1) 贮存环境条件影响分析；

(2) 产品类型与贮存特点分析；

(3) 贮存薄弱环节分析；

(4) 整星贮存策略。

8.7.1　贮存环境对卫星产品的影响[4]

导航卫星的贮存环境条件包括两部分：

(1) 气候环境条件，即产品在贮存过程中所遇到的大气环境条件；

(2) 其他环境条件，即除气候环境条件外，影响产品贮存可靠性的其他环境条件，如生物条件、化学活性物质、机械活性物质、机械环境条件等。

贮存环境因素通常分为：

(1) 自然环境因素，包括温度、湿度、大气压力、太阳辐射、沙尘、霉菌、盐雾和风等；

(2) 诱发环境因素，包括振动、加速度和静电等。

8.7.1.1　温度

温度是影响贮存可靠性的主要因素，温度变化引起的不同膨胀在结构内引起应力；温度循环可引起周期性机械应力，导致器件疲劳失效；温度升高促进产品热退化，导致产品失效率增加，使其寿命缩短；温度影响高分子聚合材料老化、影响霉菌生长和对金属材料的腐蚀；同时，温度还会促进其他环境因素对贮存可靠性的影响。

高温使产品内产生机械应力或热应力，加速产品的物理和化学变化或膨胀变形，从而导致产品失效或加速其失效过程，具体表现为：

（1）长期高温作用会引起铝或钽电容器内的短路；

（2）电器开关触点和接地之间的绝缘电阻随温度升高而降低，高温还会使触点和开关机构的腐蚀速度加快；

（3）高温造成电连接器绝缘破坏或导电性破坏而导致连接器失效；

（4）电缆/导线随着温度的升高绝缘体变软，抗剪强度降低，如果绝缘体被挤压，有可能发生塑变直至导体外露，最终造成短路；

（5）高温会引起机电装置绕组绝缘失效；

（6）高温促进其他环境因素对贮存可靠性的影响（如高温能提高湿气的浸透速度，增大盐雾所造成锈蚀的速度等）。

低温在产品内引起机械应力，具体表现为：

（1）微电路因热膨胀系数差异形成的应力会激化材料的裂纹、孔隙和导致机械断裂、接头断开等；

（2）暴露于低温下的电器开关可以使某些材料发生收缩，造成裂纹，导致湿气或其他外界污染物进入开关，造成短路、电压击穿或电晕；

（3）电连接器金属和非金属以不同的速率变脆和收缩，使密封带开绽。在低温下如果导线或电缆受到剧烈弯曲或冲击，绝缘体就会破裂；

（4）低温也能促进其他因素对贮存可靠性的影响（如低温会造成湿气汽凝，出现霜冻和结冰；低温和低气压组合，会加速密封处的漏气等）。

8.7.1.2 潮湿

潮湿是影响产品贮存可靠性的重要因素。例如，金属材料构件贮存主要失效模式是锈蚀，而导致金属锈蚀的主要环境因素就是湿度。导致电子电气设备贮存失效的主要环境因素也是湿度，如果相对湿度大于90%，电阻器表面湿气会形成泄漏路径而降低阻值，也可能引起线绕电阻旁路、线圈间短路或造成线头腐蚀；电容器吸收潮气会引起性能参数变化，缩短工作寿命；潮湿会使继电器金属件出现腐蚀、导线及电缆绝缘体退化。

8.7.1.3 机械环境因素

机械环境因素主要是指振动、冲击、加速度和热膨胀，主要来源于搬运、装卸、运输和贮存期间的温度变化等。

1）振动

贮存阶段遇到的振动是在运输和装卸过程中所产生的。振动可以是周期性的，也可以是随机的。振动对产品的影响一般可归入下列的一种或几种方式：

（1）灵敏的电气、电子及机械装置发生故障；

（2）对静止的和运动的结构产生机械的和/或结构的损坏；

（3）容器中的液体产生泡沫或晃动而造成危害。

2）冲击

冲击是振动的一种特殊情况。运输行进间的颠簸、急刹车和启动，装卸中可能遇

到的跌落，以及堆码操作中由于叉车移动或和其他包装件碰撞而产生。冲击对产品的影响与振动对产品的影响相同。

3）加速度

产品贮存状态长时间承受加速度作用，将会产生与其在冲击和振动环境中同样的损坏，只是损坏频数和严重程度要低得多。表 8.20 总结了加速度对设备的影响。

表 8.20　加速度对设备的影响

产品类型	影响
机械产品：运动零件、结构件、减震件、紧固件	销子可能弯曲或剪断；销子和簧片倾斜；减震装置可从安装座上脱落；配合面和表面处理层可能被擦伤；紧固件可能松动
电子和电气产品	灯丝线圈折断；仪表仅用导线连接，可能脱开；正常闭合的压力触点可能被打开；正常开启的压力触点可能闭合；间距小的两件可能短路
电磁产品	转动或滑动可能变位；铰接件可能暂时啮合或脱开；绕组和铁芯可能变位
电热产品	加热丝可能折断，双金属片可能变形弯曲，精度可能变化
表面涂层	可能产生裂纹和爆皮

4）热膨胀

热膨胀因素主要是由于温度变化导致结构内部不同膨胀从而引起的机械应力。如对有约束的结构，在不同材料的界面上，由于材料的热胀系数不同，可产生热机械应力。在微电路结构中，由于元件密集，空间窄小，易受约束，而且使用材料的线胀系数差别较大，即使在较低的、均匀的温度变化下，也可能产生较大的热机械应力。

热膨胀引起的热机械应力将导致的失效如下：

（1）不同材料膨胀不一致使零件粘在一起；

（2）润滑剂黏度降低，润滑剂外流使连接处损失润滑能力；

（3）构件全部或局部变形，构件的包装、衬垫、密封、轴承和轴发生变形、黏结和失效，引起机械性的故障或破坏其完整性；

（4）充填物和密封条损坏；

（5）在温度瞬变过程中，会因各种材料收缩不一和不同零件膨胀率的差异使零件互相咬死；

（6）减振支架刚性增加，影响其减振性能等。

8.7.1.4　污染

贮存在库房中的卫星产品，污染源主要是大气污染。大气污染表现为足够数量的以固体粒子、液滴、气体形式或这些形式的组合悬浮在空气中的夹杂物使空气的物理、化学或生物特性产生不良的变化。大气污染对材料损坏的严重程度随地点和气候而变化，侵蚀率受相对湿度、污染程度、空气运动特性、雾发生次数和持续时间、与海的接近程度、太阳辐射量以及温度范围的影响。

湿气对大气污染影响很敏感,在大多数已污染但无湿气的大气环境中,大气侵蚀非常小。

温度影响那些引起材料性能变坏的化学反应速度。若这些材料表面温度降低到露点以下,则表面变得潮湿,腐蚀污染物浓集,导致金属损坏;各种金属对大气污染的敏感程度很不相同,铝、不锈钢和铜一般能抵抗大气污染的不良作用。

除此以外,许多污染物可引起电子器件的失效。这些污染物有的来自加工残留物,如芯片和导线碎片,熔、焊料热溅微粒等,有的来自环境中的有害气体和微粒,如氯化物、硫化物、氮氧化物等,有的来自人为污物,如皮屑等。这些污物附着在电子器件上,会产生以下后果:

(1) 腐蚀性污物(氯化物、氮氧化物、硫化物)加速器件的腐蚀,可能造成键合互连和金属涂层的破坏,从而引起开路失效(如继电器和开关上的电触点对颗粒状物质、硫化氢和二氧化硫敏感);

(2) 导电性污物(焊料小球,金属化键合、硅片、导线的碎片等)附着在绝缘部位,可能引起短路失效,附着在源、极之间,引起漏电失效;

(3) 非导电性污物(高聚物、玻璃化残片、焊药、三氧化二铝等)可引起接触不良,造成开路失效。

8.7.2 典型设备的贮存

1) 机械电子类产品

机械电子类产品指有运动部件的电子产品,如反作用轮、SADM、地球敏感器等。这类产品一般要求洁净度10万级,温度20℃ ±5℃,相对湿度为30% ~60% 即可,并应避免和油类、腐蚀性或挥发性物质放置在一起。有些机械电子类产品有特殊要求,例如地球敏感器,需要长期贮存时湿度要求在40% 以下,因此需要采取专门措施。

2) 化学电子类产品

化学电子类产品指有化学能反应的电子产品,如蓄电池、铷钟。化学电子类产品的贮存要求一般是洁净度10万级,温度20℃ ±5℃,相对湿度为30% ~60% 。但对于特殊设备如蓄电池组,需要单独在特殊的容器中进行保存。

3) 一般电子类产品

一般电子类产品指仅有电性能要求的有源或无源的电子产品。星上设备绝大多数都是一般电子产品。如方同轴耦合器、配电器等。一般电子类产品的贮存要求是温度20℃ ±5℃,常压,洁净度在10万级,湿度小于60% 以下即可。这类设备一般无特殊要求。

4) 机械产品

机械产品指仅有机械性能要求的卫星产品,如整星结构、推进剂贮箱、氦气瓶

等。机械产品贮存时,温度一般要求在20℃ ±5℃,洁净度在10万级,湿度小于60%以下。碳纤维结构材料具有一定的吸湿性能,因此其湿度应尽量控制在40%以下。

5）其他产品

其他产品包括热控多层、总装用辅料等材料。这些辅料通常是一些非金属材料,非金属材料一般有保质期的要求,部分橡胶产品有随时间老化的特性。对于这类产品,应记录辅料的保质期,定期进行检查,并在保质期到来之前,应进行更换或通过相关试验论证其是否可继续使用。

8.7.3 整星贮存

8.7.3.1 整星贮存薄弱环节分析

整星贮存环境要求取决于星上设备的贮存环境条件需求,特别是对贮存环境有特殊要求的设备。开展整星贮存必须首先确定关键设备和敏感的部组件。

导航卫星在整星贮存环境影响分析的基础上,通过关键设备以及贮存敏感部组件的贮存失效模式分析,得到整星贮存的薄弱环节如表8.21所列。

表8.21 整星贮存的薄弱环节

序号	材料或产品类型	可能出现的问题
1	金属材料	温湿度长期作用容易发生锈蚀,以往曾经出现部分设备贮存后由于锈蚀而表面出现锈斑
2	复合材料结构	卫星用复合材料结构大多为比较薄的蜂窝夹层结构,而且采用有孔铝蜂窝芯,长期贮存空气中水汽容易扩散到结构中,影响材料的性能
3	活动部件	长期贮存固体润滑 MoS_2 与湿气发生反应,润滑性能下降,并能产生多余物
4	推进管路	管路内部如果进入普通空气将发生锈蚀,产生多余物
5	蓄电池	贮存期间蓄电池易老化,需要在特殊条件下贮存
6	火工装置	长期贮存后发火元件的可靠性、非金属材料(药剂、胶黏剂)性能、活动部位的润滑效果等都会下降; 电爆阀一类的火工装置贮存寿命有限,需要考虑更换
7	胶黏剂、密封圈、橡胶等易老化的高分子材料	随着贮存时间延长,性能会退化,并且使用寿命有限

8.7.3.2 整星贮存策略

1）整星贮存状态及贮存环境条件

导航卫星整星贮存环境要求为:贮存温度18~25℃,相对湿度小于60%,洁净度优于10万级,压力为常压状态。卫星整星应贮存在满足贮存环境的场地、房间或专用包装箱内。贮存场地或房间应有空调或除湿设备,同时对其环境的洁净度进行监测。包装箱应温湿度可控，包装箱内充高纯度氮气（99.9%，露点 -55℃），压力不小于 1000Pa，并放置干燥剂。

贮存时将卫星用警戒带隔离，并竖立警示标志。为防止静电需整星接地。

整星贮存时，整星管路充一定压力（一般为 0.2MPa）的高纯氦气，所有星外设备安装保护罩，整星 OSR 片贴保护膜，并安装 OSR 保护板。

太阳翼、天线、正样热控多层等需放到专用包装箱中进行贮存。

电爆阀等火工品不安装，火工品按相关文件在火工品库房进行贮存。

2）整星贮存过程中的工作

（1）每天监测整星和单独贮存设备的贮存环境，记录温度、相对湿度和洁净度，尤其是相对湿度，接近极限值时要及时采取相关措施保证贮存环境满足要求。

（2）每 3 个月根据检查要求从整星贮存环境控制系统或包装箱移出进行一次加电测试，进行必要的健康检查及功能、性能测试。每 3 个月对单独贮存的设备按单机贮存专用文件进行检查，必要时加电检查。

（3）每 6 个月根据检查要求从整星贮存环境控制系统或包装箱移出进行一次加电（按出厂状态）测试。每 6 个月对星上管路系统进行一次整星检漏。

（4）整星贮存期间，使用除湿设备对 SADM、地球敏感器除湿，记录数据，以保证湿度不超过要求，同时检查除湿设备是否保持在正常工作状态。

（5）对易老化的部组件/元器件和达到寿命期限的部件需要更换的在使用前应更换。

3）贮存期间发现故障的处理

贮存过程中若出现故障，应立即中止检测。记录故障发生的时间、现象及异常的性能参数值，填写故障记录卡。

修复故障产品时，需要更换的元器件、产品一般应采用同批次筛选的元器件、产品。

应防止在实施检测和维修的过程中产生诱发故障或留下隐患，降低产品的可靠性，检测和维修工作只能由有资质的人员在环境得到控制的条件下完成。

4）整星贮存后工作

整星贮存结束后，需要进行以下检测、测试或试验，保证和确认卫星状态满足发射要求。

（1）对单独贮存设备进行测试，以检验其功能与性能是否还满足规范要求；

（2）对大型可展开部件进行地面展开试验；

（3）太阳翼完成光照试验；

（4）检查星表多层以及 OSR 片情况；

（5）对整星加电进行健康检查测试；

（6）完成整星的检漏和精测；

（7）完成全面的出厂电测，包括 100h 无故障测试。

参考文献

[1] The automotive division of the american society for quality control (ASQC) and the automotive industry action group (AIAG). Potential failure mode and effects ananysis (FMEA) reference manual: SAE J-1739[S]. Automotive Industry Action Group, USA, Second Edition, 1995.

[2] 国家国防科技工业局．航天产品故障模式、影响及危害性分析指南：QJ3050A[S]. 北京：中国航天标准化研究所，2011:17-19.

[3] 王益红，张益丹，李秀珍．卫星 AIT 阶段的静电防护[J]. 航天器环境工程，2007，24(6)：366-369.

[4] 国防科学技术工业委员会．导弹贮存可靠性设计技术指南：QJ3153[S]. 北京:中国航天标准化研究所，2002.

第 9 章　可靠性试验与验证

卫星产品试验按性质可分为功能/性能试验、环境试验和可靠性试验三大类。卫星功能/性能试验是为了验证卫星机械性能、电性能等是否满足设计要求以及它与地面支持设备的兼容性、协调性。卫星环境试验是为了发现产品的耐环境设计缺陷、验证产品对寿命期内极端环境的适应性以及获得产品对环境作用的响应特性。卫星可靠性试验是为了发现产品设计、工艺方面的缺陷,为产品的改进提供依据,或者为了获取评价产品的可靠性水平所需的数据资料。在具体实施中,卫星可靠性试验通常和环境试验合并或统筹考虑。

可靠性试验按照试验目的不同可分为工程试验和统计试验。工程试验的目的是暴露故障并加以排除,多以加速试验的方式进行。环境应力筛选(ESS)、可靠性研制试验(RDT)和可靠性增长试验都属于工程试验。统计试验是验证产品的可靠性是否符合合同规定要求的试验,包括可靠性鉴定试验和可靠性验收试验等。受限于子样数和试验时间,卫星产品通常只开展 RDT、ESS 和寿命试验。

北斗卫星导航系统在从试验系统向区域系统过渡和从区域系统向全球系统过渡的过程中,导航卫星的技术指标、技术难度均有较大跨越,新研制的关键设备多,产品的可靠性和寿命缺少可信的验证数据。为了保证卫星关键产品的可靠性和寿命,有效控制研制风险,卫星系统策划并开展了若干类关键产品的可靠性和寿命试验,典型的产品包括蓄电池组、电源控制器、铷钟、行波管放大器、微波开关、天线转动机构等。

ESS 普遍应用于卫星各类产品。很多导航卫星产品需要同时适应 MEO 卫星、IGSO 卫星和 GEO 卫星 3 类卫星的环境条件,因此需要按最严格的条件进行筛选,又由于批量研制,需要关注测试数据的一致性分析。

仅通过有限的可靠性和寿命试验不足以全面验证导航卫星产品的可靠性,更不能验证整星的可靠性。可靠性验证一般有试验、评估、分析、仿真等方式,导航卫星的可靠性验证采用了综合验证的方法,一方面通过可靠性建模和仿真验证可靠性定量指标,另一方面利用一系列专项试验验证可靠性定性要求或可靠性设计的有效性。

9.1　可靠性研制试验

RDT 是可靠性工程试验的一种,其目的是通过对产品施加适当的环境应力、工

作载荷，将产品中存在的设计、工艺、材料、元器件等缺陷激发成为故障，进行故障分析定位后，采取纠正措施加以排除，从而提高产品的固有可靠性水平，使产品尽快达到规定的可靠性要求。RDT 实际上是一个试验、分析和改进(TAAF)过程，是暴露导航卫星产品薄弱环节、提高产品可靠性的非常有效的技术途径。

9.1.1　试验方法

9.1.1.1　常规试验方法

RDT 的常规试验方法一般结合功能/性能研制试验和环境研制试验进行，考虑产品寿命期内真实地工作应力和环境应力，在常温常压、模拟的单一环境条件或综合环境条件下进行。这类方法没有标准的试验基线，需要结合具体产品制定试验计划。

GJB 1027A《运载器、上面级和航天器试验要求》指出[1]，研制试验的任务是要在产品的研制阶段初期尽早地发现问题以便在开始正式鉴定试验前进行必要的修改，研制试验宜与 RDT 综合考虑，通过试验、分析和改进(TAAF)过程逐步提高产品的固有可靠性。这里提到的研制试验，以及 GJB 1027A 对部件、组件、分系统和航天器等提出的研制试验要求，事实上是综合考虑了功能、环境适应性和可靠性的要求。

综合性的研制试验一般不宜作为独立的 RDT 项目提出，但主要为了获取产品可靠性信息或验证特定的可靠性设计或验证真实的故障模式而进行的研制试验应作为独立的 RDT。例如以验证产品耐空间辐射环境能力为目的的辐照试验，以验证关键器件降额设计为目的的故障模拟条件下的热平衡试验等。这里特定的可靠性设计是指仅与产品寿命和可靠性有关的设计，例如冗余设计、降额设计、TID 效应防护设计等。

9.1.1.2　加速试验方法

加速试验是指可靠性强化试验(RET)、步进应力试验、高加速寿命试验(HALT)等采用加严应力进行的 RDT，这些试验叫法不同，但本质上没有区别。在导航卫星可靠性试验中，又称为极限应力试验。这些试验都是通过施加逐渐增大的环境应力和工作应力，在较短时间内激发产品故障和暴露设计薄弱环节，并确保产品对高于所要求的强度有足够的裕度以便能经受正常的使用环境。

产品各种应力极限的定义如图 9.1 所示。

图 9.1 中，规范限为规定的产品工作应力限(使用环境)；设计限为产品的设计应力限，在该限内产品可正常工作；工作限为产品实际工作应力限，在该限内产品可正常工作；生存限为产品生存应力限，在该限内产品仍可工作，但性能已不正常，应力值降低到工作限时仍可正常工作；破坏限为产品破坏应力限，在该限内产品工作不正常，超过该限则无论应力如何降低，产品都不能正常工作。

卫星产品 HALT 施加的环境应力一般是温度和振动应力。HALT 施加的工作应力一般要模拟产品的实际使用工作条件，包括功能模式、输入/输出信号、负载条件

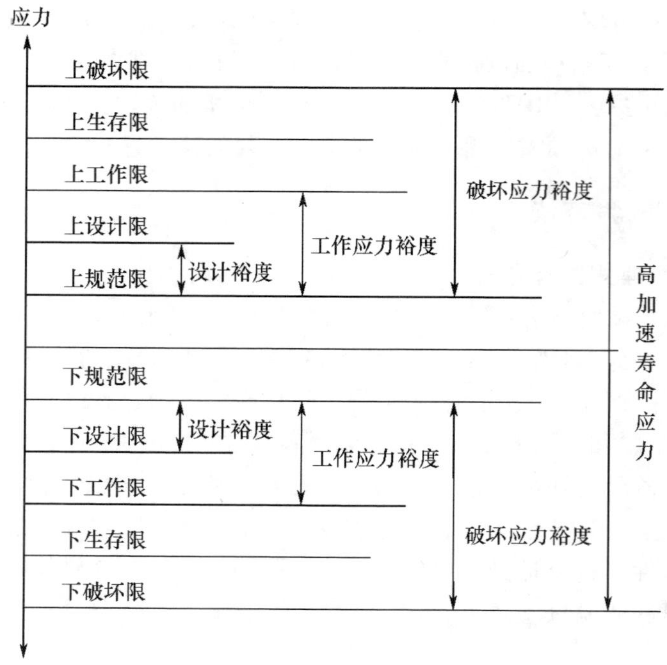

图 9.1 产品应力极限的定义[2]

(电负载、机械负载)、电源特性(电压、频率、波形、瞬变等及容差)、产品的启动特性、工作循环等。

典型的 HALT 流程如图 9.2 所示。

HALT 一般采取步进应力施加方法,其应力剖面主要包括:温度步进、快速温度变化(温度循环)、振动步进、快速温变循环和振动步进的综合。试验从某一初始应力(一般低于技术规范极限应力)开始,以一定的步长进行。试验过程中连续监控产品,一旦出现故障立即将试验应力降至上一级别,如果产品恢复正常,判定产品出现故障时的应力为工作极限应力;如果在上一应力级别上,产品仍然无法正常工作,则判定为破坏极限应力。

通过对产品步进施加敏感的环境应力,可以有效地发现产品薄弱环节,或者验证产品的设计裕度。卫星产品通常实施温度步进和振动步进试验。以温度步进为例,此项试验分为低温及高温两个阶段应力,首先执行低温步进,设定起始温度 20℃(或 30℃),每阶段降温 10℃(或 5℃),阶段温度稳定后维持规定时间(如 30min),之后在阶段稳定温度下执行至少一次的开关循环及拉载测试,如一切正常则将温度再降 10℃(或 5℃),并待温度稳定后维持规定时间(如 30min)再执行开关循环及拉载测试,依此类推直至发生功能故障时,则将温度回升至常温并稳定后,再执行开关循环及拉载测试,观察其功能是否恢复,以判断是否达到工作界限或破坏界限,如功能正常回复,则将故障前的值记录为低温工作极限,同时再将温度逐段下降直至发现当回

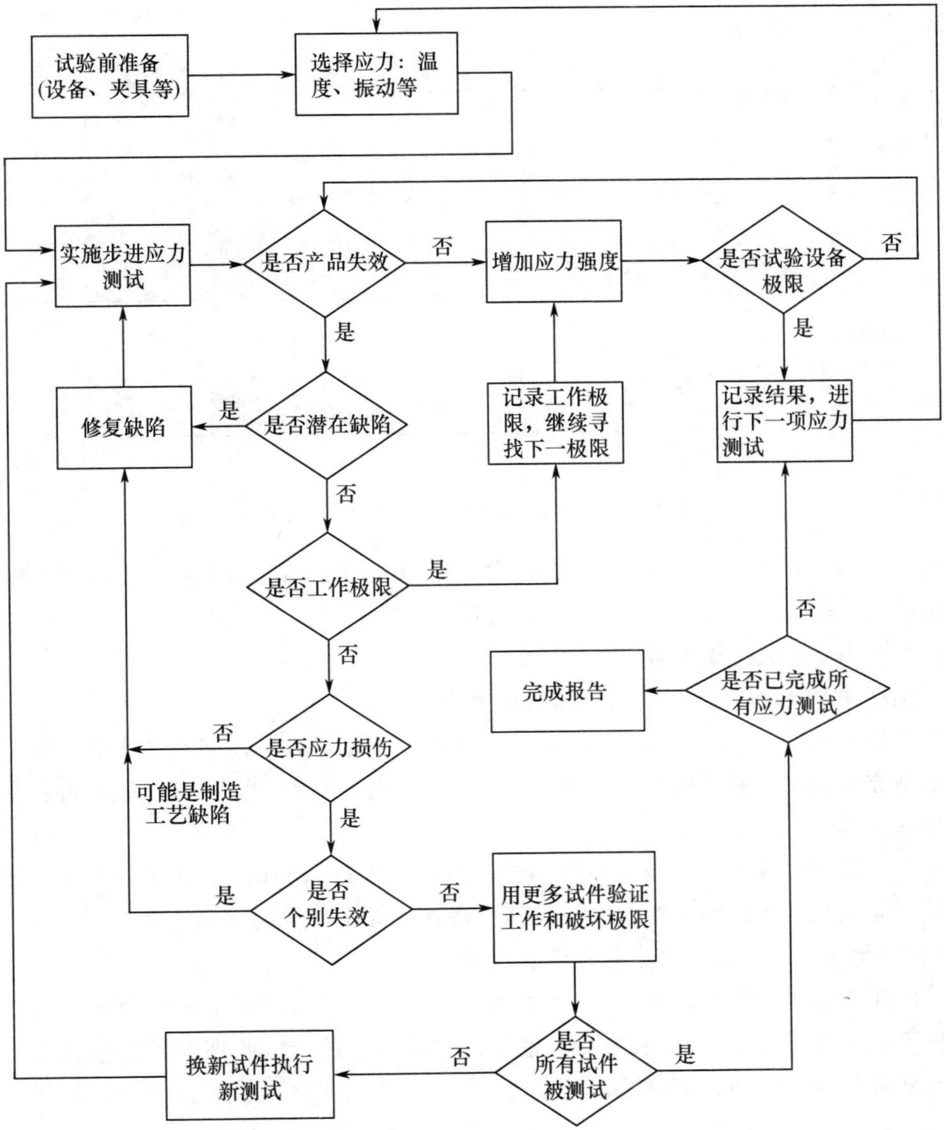

试验前准备(设备、夹具等)
选择应力：温度、振动等
实施步进应力测试
是否产品失效
否
增加应力强度
是否试验设备极限
否
是
是
是否潜在缺陷
是
修复缺陷
记录工作极限，继续寻找下一极限
记录结果，进行下一项应力测试
否
是否工作极限
是
否
否
是否已完成所有应力测试
完成报告
否
是否应力损伤
可能是制造工艺缺陷
是
是
是否个别失效
否
用更多试件验证工作和破坏极限
是否所有试件被测试
否
是
换新试件执行新测试

图 9.2　HALT 流程图[3]

复常温仍然无法使功能自动恢复的低温，则此低温即为低温破坏界限。在完成低温应力试验后，即可依相同程序执行高温应力试验。典型的高温步进试验剖面示意如图 9.3 所示。

图 9.3 中，t_1 为阶段温度稳定后的维持时间，t_2 为产品的功能检测时间，图中略去了升温时间。HALT 的受试产品至少应有两个(除非另有规定)，并应具备产品规范要求的功能和性能。受试产品在设计、材料、结构、工艺等方面应能基本代表将来生产的产品。

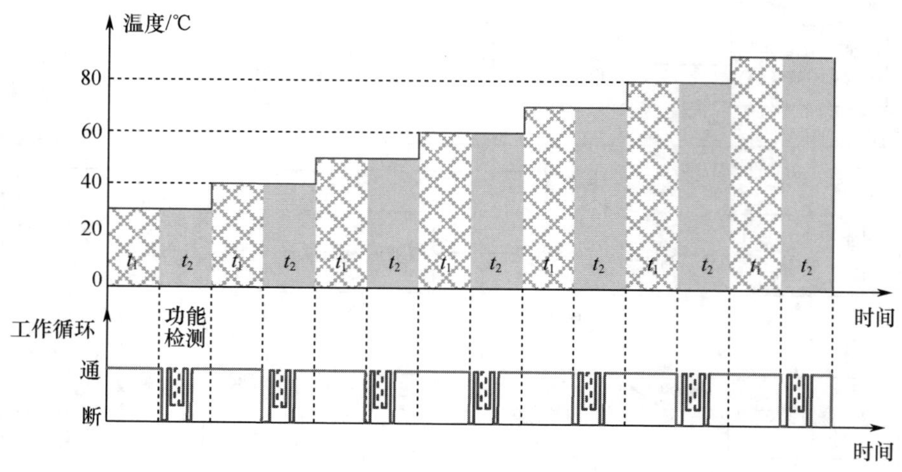

图 9.3 高温步进试验剖面示意图(见彩图)

受试产品可以不经环境试验,直接进行 HALT。但是它必须经过全面的功能、性能试验,以确认产品已经达到产品规范规定的要求。

9.1.1.3 试验要求与原则

RDT 适用于新研制产品或技术状态更改较大的产品。

应尽早制定 RDT 方案并开展试验,一般应在方案设计阶段和初样研制阶段由产品研制方负责制定相应的研制试验计划,并纳入产品研制流程,通过 TAAF 过程提高产品的可靠性。

由于试验边界条件模拟困难而不能在组件级进行试验时,允许在分系统级或系统级上完成组件级研制试验。由于试验状态或边界条件等问题不能在分系统级完成的试验,允许在系统级上完成分系统级试验。

RDT 的应力(环境应力、工作应力)应足以发现设计和/或工艺的薄弱环节并诱发故障或验证设计余量,一般应高于鉴定试验条件。试验的状态应尽量包括设备之间或部件与组件之间正常的接口连接,以确保系统工作中不引入新的故障模式。当同一件产品用于不同型号时,应按型号要求的最大包络进行 RDT。

RDT 应在研制试验件上进行,研制试验件可以是不同装配级的硬件产品,包括元器件材料级、部件级、组件级、分系统级(舱段级)、系统级。

RDT 应根据试验的直接目的和所处阶段选择并确定适宜的试验条件。研制阶段的前期,RDT 的目的侧重于充分地暴露缺陷,使产品设计得更为健壮。因此,大多采用加速的环境应力,以激发故障。而研制阶段的后期,试验的目的侧重于了解产品可靠性与规定要求的接近程度,并对发现的问题,通过采取纠正措施,进一步提高产品的可靠性,因此,试验条件应尽可能模拟实际使用条件,包括采用综合环境条件。

9.1.2　导航卫星可靠性研制试验

9.1.2.1　部组件低温摸底试验

某导航卫星在研制过程中,为了考核设备低温工作能力,发现设备在低温工况下的薄弱环节,为在轨故障预案提供支撑,对一批部组件进行了低温摸底试验。试验采用步进应力,自 -15℃开始,逐步降低环境温度。通过试验,得到了部组件低温生存极限如表9.1所列,并在后续研制过程中进行了合理的设计改进。

表9.1　某导航卫星部组件低温摸底试验

序号	产品名称	低温摸底结果
1	A型应答机	-45℃及以上设备可用。-50℃及以下,设备不可用
2	视频调制单元	-70℃以上,设备可正常工作
3	遥测匹配单元	-68℃可启动,但部分功能无法实现
4	管理器	-50℃可启动,-60℃不可启动

9.1.2.2　高压电源模块 HALT

某导航卫星应用了较多高压电源模块,该模块负责直流电压转换,由高压变压器、高压整流电路、高压输出电路、调节电路等组成,是影响卫星工作连续性的重要部件。该模块的工作温度条件为 -10 ~ 60℃。

1）受试子样数量及试验安排

高压电源模块共投入10个子样。试验的基本过程如图9.4所示,首先对全部子样进行ESS,排除试验产品工艺缺陷、材料缺陷等早期失效。之后按照低温步进试验、高温步进试验、快速温度变化试验、振动步进试验、综合应力试验的顺序对产品开展试验。试验首先确定受试子样的工作极限,然后确定受试子样的破坏极限。

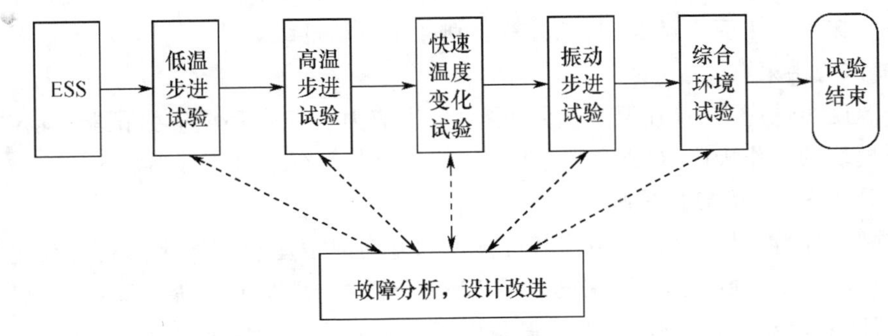

图9.4　高压电源模块 HALT 过程

2）试验剖面

以高、低温步进应力试验为例,其试验剖面的考虑如下:

(1) 起始温度:综合考虑高压电源模块以往试验情况,为提高效率,低温步进试验的起始温度选择为0℃,高温步进试验的起始温度选择为50℃。

(2) 温度保持时间:每个温度水平的保持时间以受试子样温度达到设定值并稳定后,直至完成功能和性能测试的总时间来确定。高压电源模块高、低温步进试验每步的保持时间包括冷透/热透时间(t_1)、通断电启动测试时间(t_2)以及电压稳定性测试时间(t_3),根据以往试验数据,其中 t_1 为 1h,t_2 为 10min,t_3 为 10min。

(3) 步长选择:低温步进试验中,0 ~ -20℃步长为10℃,-20 ~ -70℃步长为5℃。高温步进试验中,50 ~60℃步长为10℃,60 ~100℃步长为5℃。

3) 工作极限和破坏极限判定

在高、低温步进应力施加过程中,一旦发现受试产品外观、功能和性能指标出现异常,立即将温度恢复至上一量级,然后进行全面测试。如果受试产品功能和性能指标恢复正常,则判定受试产品出现异常的温度应力为受试产品的高、低温工作极限;如将温度恢复至初始温度,受试产品仍然不正常,则判定受试产品出现异常的温度为产品的高、低温破坏极限。

在振动步进应力施加过程中,一旦发现受试产品外观、功能和性能指标出现异常,立即将振动量级恢复至上一量级,然后进行全面测试。如果受试产品功能和性能指标恢复正常,则判定受试产品出现异常的振动应力为受试产品的振动工作极限;如停止振动应力施加,受试产品仍然不正常,则判定受试产品出现异常的振动量级为产品的振动破坏极限。

4) 试验终止的依据

试验过程中如出现下列任何一种情况,则试验终止:

(1) 参试产品出现不可修复的故障;

(2) 高、低温步进试验中,试验持续到截止温度(低温 -70℃、高温 100℃),或达到高、低温破坏极限;

(3) 快速温变循环试验中,试验达到所需的循环次数;

(4) 振动步进应力试验中,试验持续到截止振动量级。

5) 试验结束

经温度步进应力、快速温变循环、振动步进应力和综合环境应力试验,确定了高压电源模块的工作极限、破坏极限、薄弱环节并对其进行了分析评估。

9.1.2.3 陀螺启停试验

陀螺是导航卫星的关键设备,其可靠性和寿命对卫星长期稳定运行有决定性影响。在导航卫星研制中,对陀螺投入了10余个样本,开展了寿命验证试验、启停试验、斜置陀螺启动特性试验、温度拉偏条件下启停试验等一系列试验。其中:

(1) 通过陀螺电机(水平和垂直状态)启停试验表明,在水平和垂直的状态下,陀螺启停次数超过7000次,远大于技术指标要求;

(2) 通过对斜置状态下陀螺电机的启动特性进行分析表明:通过采取改进措施,陀螺在斜置状态下满足启停次数要求;

(3) 通过进行温度拉偏条件下启停试验表明:陀螺电机启停稳定,爬动电压

稳定。

9.1.2.4 微波开关大功率试验

导航卫星应用了较多大功率微波开关，根据规范要求，微波开关鉴定件功率试验需满足6dB余量。在通过鉴定试验后，承研单位又进行了功率加严考核，对大功率微波开关两路同时加120W连续波，其中一路再加480W脉冲的微放电考核，试验通过；之后又对两路同时加144W的连续波进行功率耐受考核，试验通过。此时，微波开关相比规范要求已有很大裕度，试验不再进行，产品的功率耐受能力和微放电防护设计得到充分验证。

9.2 寿命试验

寿命试验的目的是获取产品的可靠性特征量，了解产品实际使用过程中的故障，验证产品在规定条件下的使用寿命或贮存寿命。

寿命试验适用于可能有磨损、性能偏移或疲劳失效模式，或是性能退化的组件，如机械活动部件、蓄电池、阀门或推进组件、推力器等。导航卫星研制过程中，针对新研设备多、寿命要求高、缺乏在轨应用验证等特点，策划与开展了多项寿命试验工作。

9.2.1 试验方法

9.2.1.1 加速寿命试验(ALT)

传统的寿命试验是对产品施加正常应力水平的试验。为缩短试验时间，在不改变失效机理的前提下可选用ALT方法。ALT的内涵是在失效机理不变的基础上，通过寻找产品寿命与应力之间的物理化学关系——加速模型，利用高(加速)应力水平下的寿命特征去外推或评估正常应力水平下的寿命特征的试验技术和方法。

1) 寿命分布

ALT假设：产品在正常应力水平和加速应力水平下服从同一种寿命分布。最常用的寿命分布有指数分布、威布尔分布和对数正态分布。

(1) 指数分布：其概率密度函数为

$$f(t)=\lambda e^{-\lambda t} \qquad t\geqslant 0,\lambda>0 \tag{9.1}$$

令 $\theta=1/\lambda$，式(9.1)可表示为

$$f(t)=\frac{1}{\theta}e^{-\frac{t}{\theta}} \qquad t\geqslant 0,\theta>0 \tag{9.2}$$

式中：θ 为特征寿命参数；λ 为失效率。

(2) 威布尔分布：是一种广泛使用的寿命分布，可作为多种类型产品的寿命分布模型，如轴承、真空管等。威布尔分布有单参数、两参数和三参数等几种形式，其中，两参数威布尔分布的概率密度函数为

$$f(t)=\frac{\beta}{\eta}\left(\frac{t}{\eta}\right)^{\beta-1}e^{-\left(\frac{t}{\eta}\right)^{\beta}} \qquad t\geqslant 0,\beta>0,\eta>0 \tag{9.3}$$

式中:β 为形状参数;η 为尺度参数。

(3) 对数正态分布:其概率密度函数为

$$f(t)=\frac{1}{t\sigma_{T'}\sqrt{2\pi}}e^{-\frac{1}{2}\left(\frac{T'-\mu'}{\sigma_{T'}}\right)^2} \qquad t\geqslant 0,\sigma_{T'}>0,T'=\ln t \tag{9.4}$$

式中:$\sigma_{T'}$为对数标准差;μ'为对数均值。

2) 加速应力

加速应力水平的选取应保证正常和加速应力条件下产品的失效机理是相同的,一旦失效模式改变,ALT 就失去了有效性。

加速应力的类型应选择最容易引起产品失效、对失效机理起主要作用的应力。应力的选择对试验的加速效率影响很大。ALT 中常用的应力有温度、振动、压力、电应力、温度循环等,这些应力既可以单独使用,也可以多种组合使用。

3) 加速模型

ALT 的基本思想是利用高应力下的寿命特征去外推正常应力水平下的寿命特征。实现这个基本思想的关键在于建立寿命特征与应力水平之间的关系。这种寿命特征与应力水平之间的关系就是加速模型。加速模型在通常情况下是一个非线性曲线,但是可以通过对寿命数据和应力水平进行适当的数学变换,如对数变换、倒数变换等,将其转换为线性模型。

卫星产品常用的加速模型有:

(1) Arrhenius 模型。Arrhenius 模型主要用于电子产品,寿命特征随着温度的上升而按照指数函数规律下降。Arrhenius 模型一般可表示为

$$\xi=Ae^{\frac{E_a}{kT}} \tag{9.5}$$

式中:ξ 为寿命特征;E_a为激活能,以 eV 表示;k 为波耳兹曼常数(8.617×10^{-5}eV/K);T 为热力学温度;A 为正常数。对上式两边取对数,可得

$$\ln\xi=a+\frac{b}{T} \tag{9.6}$$

式中:$a=\ln A$,$b=E_a/k$,a、b 为待定系数。

Arrhenius 模型对应的加速因子为

$$AF_T=e^{\frac{E_a}{k}\left(\frac{1}{T_{use}}-\frac{1}{T_{stress}}\right)} \tag{9.7}$$

式中:T_{use}为产品正常工作的温度;T_{stress}为产品施加应力的温度。

(2) 逆幂律模型。试验中用电应力(电压、电流、功率等)作为加速应力,产品寿命特征随着电应力的上升而按负次幂函数下降。逆幂律模型一般可表示为

$$\xi=AV^{-n} \tag{9.8}$$

式中:ξ 为某寿命特征,如中位寿命、平均寿命等;A 为正常数;V 为应力,常取电压;n

为与激活能有关的待定系数。对上式两边取对数,可得到线性化的逆幂率模型

$$\ln\xi = a + b\ln V \tag{9.9}$$

式中:$a = \ln A$,$b = -n$,a,b 为待定系数。

(3) Coffin - Manson 模型。针对低周疲劳的寿命估算一般采用 Coffin - Manson 公式,即

$$N = \frac{C}{(\Delta\varepsilon_p)^{\alpha}} \tag{9.10}$$

式中:N 为循环次数;$\Delta\varepsilon_p$ 为低周疲劳的应变幅,例如温度循环上下限温度分别为 70℃和 -25℃,则 $\Delta\varepsilon_p = 95℃$;$\alpha$ 为材料的塑性指数;C 为常数。

当取温度循环作为加速应力时,加速因子

$$\mathrm{AF}_{\mathrm{TC}} = \left(\frac{T_{\mathrm{stress(hot)}} - T_{\mathrm{stress(cold)}}}{T_{\mathrm{use(hot)}} - T_{\mathrm{use(cold)}}}\right)^{\alpha} \tag{9.11}$$

式中:$T_{\mathrm{stress(hot)}}$ 为施加的温度应力上限;$T_{\mathrm{stress(cold)}}$ 为施加的温度应力下限;$T_{\mathrm{use(hot)}}$ 为产品正常工作温度上限;$T_{\mathrm{use(cold)}}$ 为产品正常工作温度下限。

4) 加速因子

加速因子是 ALT 的一个重要参数。它是加速应力下产品某种寿命特征值与正常应力下寿命特征值的比值,也称为加速系数,是一个无量纲数。加速因子反映 ALT 中某加速应力水平的加速效果,是加速应力的函数。

在电子产品加速模型中,激活能 E 是确定加速因子的重要参数。激活能是晶体中晶格点阵上一个原子运动到另一点阵或间隙位置时所需的能量。产品由未失效状态向失效状态转换过程中存在势垒,这个势垒就是激活能。激活能越小,说明失效的物理过程越容易:激活能越大,产品失效过程越容易被加速而发生失效。对于某类产品来说,激活能是具有物理意义的一个固定值。ESA 的标准中给出了一些元器件的激活能参考值,如表 9.2 所列。

表 9.2 一些元器件的典型激活能值[4]

元器件类型	种类	激活能/eV
半导体	砷化镓	1.4
	硅	1.1
电阻	金属膜电阻	1.35
	碳电阻	1
	绕线电阻	1
电容	陶瓷电容	1.67
	玻璃薄膜、云母电容	1.1
	塑料薄膜电阻	3.4
	钽电容	0.43

除表 9.2 外，MIL-HDBK-338 中给出了各种硅半导体器件失效机理的激活能，可供参考。

5）加速应力的施加方式

加速应力的施加方式有 3 种：恒定应力、步进应力、序进应力。

恒定应力 ALT 是把全部样本分为几组，每组样本都在某个恒定加速应力水平下进行的寿命试验；步进应力 ALT，则是把全部样本先放在某个加速应力水平下进行试验，待到一定时间或一定个数的样本失效，把未失效样本放在更高加速应力水平下继续进行试验，直到规定的时间或达到一定数量的样本失效个数试验结束；序进应力 ALT 和步进应力 ALT 基本相同，只是施加的加速应力水平随着时间的增加线性增大。

工程中，由于恒定应力的 ALT 比较容易开展，且其估计精度较高，因此常用这种应力施加方式，但一般需要较多的样本。步进应力试验由于应力的阶梯式变化，可以在相对短的试验时间内观测到产品故障，且需要的试验样本量较恒定应力少，然而这种应力施加方式需要谨慎进行外推得到的产品寿命特征，保证试验结果的估计精度。

9.2.1.2 其他类型的寿命试验

1）产品寿命单位为工作次数的加速试验

星载产品有相当数量的产品的寿命是以工作次数来衡量，例如微波开关的开关次数、天线转动机构的往复次数、蓄电池的充放电次数等。这类产品通常是寿命关键产品，需要进行寿命试验验证。在试验实施时，这类产品往往通过提高单位时间内的工作次数来缩短试验时间，其应力条件与负载则模拟实际工况，属于一种特殊形式的 ALT。

注意，对于任务关键的机构，寿命试验应在能真实执行机构功能的产品级别上进行。

2）1:1 寿命试验

1:1 寿命试验是指试验中产品的环境应力、工作应力均模拟实际使用条件的寿命试验。由于导航卫星产品寿命要求在 10 年以上，因此，1:1 寿命试验只用于不能或不方便进行加严应力的产品，或者用于不能确定加速因子且任务关键的产品。

3）加速退化试验（ADT）

对于寿命长且不能采用较高加速应力的产品，在有限的试验时间内，ALT 通常不能观测到足够的故障数据，或者根本观测不到故障发生。因此，国际上提出了 ADT 方法。在这种试验中，应力的施加方式与 ALT 相同，但 ADT 连续监控预先确定的退化指标，通过对试验中产生的退化数据进行统计分析，利用加速模型实现对产品在正常条件下的寿命与可靠性指标进行外推评估。

在已知产品典型的性能退化指标时，采用 ADT 的方法可以很好地解决传统寿命试验失效数据难以获得的问题。但在选用 ADT 方法时需要注意：

(1) 是否可以准确获得退化趋势。对于性能关键参数可以方便获得且存在明显退化趋势的产品才能够使用这一方法。

(2) 是否能从测量数据中解耦得到加速应力引起的性能退化分量。由于失效机理的复杂性,产品的关键性能参数往往受到多种因素的影响。如何将加速应力引起的性能退化量解耦并进行拟合也是ADT成功实施的保证。

9.2.2 导航卫星寿命试验

在导航卫星研制过程中,针对长寿命要求开展了寿命影响因素分析,对影响卫星寿命的具有退化、消耗、渐变等特性的关键产品进行了识别,并针对性地开展了寿命试验验证工作。这些产品包括活动部件、蓄电池、阀门、推力器、陀螺、铷钟等。

在批量研制背景下,导航卫星具备投入更多子样进行寿命试验的条件,从而获得更高置信度的试验结果。由于卫星组批生产、发射周期较长,因此,允许安排较长的寿命试验时间。

在确定试验件状态和进行试验剖面设计时,导航卫星特别注意试验件状态的代表性和试验剖面的包络性。例如,卫星所用的蓄电池组被应用于高轨和中轨两种不同轨道,其充放电次数要求不同,在进行试验时,可以按最多的充放电次数要求确定试验条件。

9.2.2.1 氢镍蓄电池寿命试验

某北斗二号导航卫星对星上所用的氢镍蓄电池进行了正常工作温度下20个阴影期的寿命试验。

1) 试验状态

试验件为一组飞行状态的氢镍蓄电池组产品。

测试设备包括:

(1) 氢镍蓄电池组充放电设备(包括计算机及充放电自动控制软件)1台。该设备可以通过程序设定所有充放电参数,并具有实时监测和自动记录数据功能;

(2) 冷柜1台,该设备用于保障氢镍蓄电池组所需的环境温度。

人员配置:配备专职人员进行持续监测。

2) 试验方法

试验方法采用实剖面循环寿命试验,即蓄电池放电深度在试验期间根据卫星地影区时间变化规律,形成一条放电深度随循环试验次数逐次改变的曲线,见图9.5。

实剖面循环寿命试验中的一个地影期中的模拟充放电循环为连续进行,随后涓流充电5天,再进行下一个地影期的循环,直至做完20组或20组以上,相当于模拟了卫星在轨工作10年经历的所有地影区时间。

为简化操作和缩短试验周期,寿命试验循环周期设置为12h,并将放电时间和放电深度进行调整。调整后,总放电时间为3600min,与实际总地影时间3600min一致。

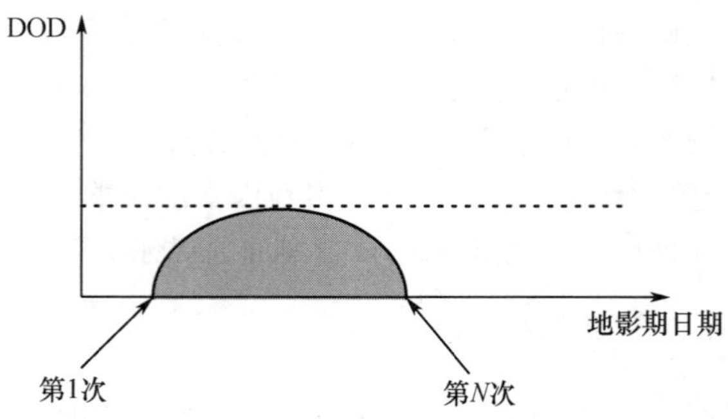

图 9.5 蓄电池实剖面循环寿命试验状态

放电时间调整后,总放电时间与卫星实际总地影时间长度是一致的。

具体充放电制度为:

(1) 充电电流、放电电流、充放电时间、涓流电流等按技术规范要求。

(2) 放电深度(DOD):36% ~75%。

(3) 充电终止方式:充电系数 K 值控制。

(4) 试验温度:0 ~15℃。

(5) 循环寿命:以每组 34 个模拟充放电循环为一个地影期,连续进行。随后涓流充电 5 天,再进行下一个地影期 34 个循环,直至做完 20 个地影期,相当于模拟了卫星在轨工作 10 年经历的所有地影区时间。

(6) 容检:每隔 10 个地影期一次。

3) 试验结果

试验顺利完成了 20 个卫星地影期的循环,并记录了每个地影期的蓄电池组电压变化,示例如图 9.6 和图 9.7 所示。

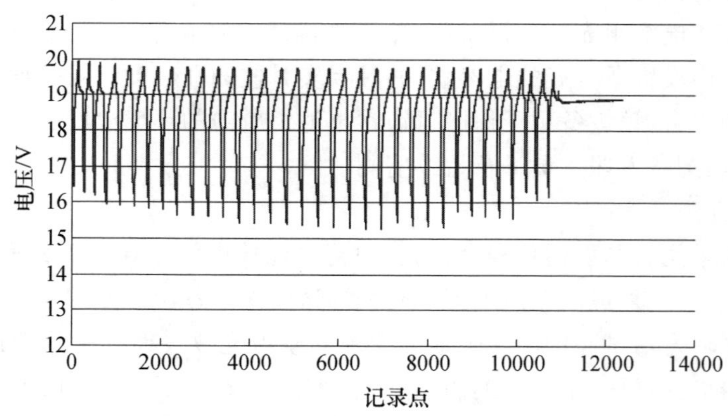

图 9.6 第 1 阴影期蓄电池组的充放电电压变化曲线(见彩图)

4) 试验结果分析

(1) 蓄电池组完成了 20 个阴影期的充放电循环寿命测试,相当于模拟完成了

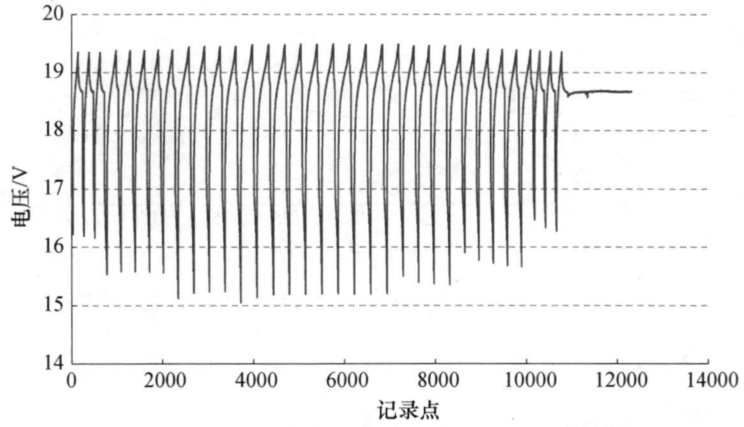

图 9.7　第 20 阴影期蓄电池组的充放电电压变化曲线(见彩图)

10 年的在轨寿命考核。

(2) 由蓄电池组电压变化曲线可知,蓄电池充放电电压变化平稳,充放电系数设置合理,在第 20 个阴影期 75% DOD 下,最低放电电压仍在 15V 以上,满足技术规范要求。

(3) 通过蓄电池组氢压变化曲线可知,蓄电池压力传感器功能正常,氢压变化平稳、一致性较好。

根据寿命试验结论,卫星所用氢镍蓄电池满足规定的寿命指标要求。

9.2.2.2　行波管放大器寿命试验

行波管放大器是导航卫星的重要单机,由行波管电源和行波管组成,其功能是对输入的信号进行线性化放大。行波管电源是一类大功率高压电源,行波管则是微波电真空器件,两者具有明显不同的失效机理和故障分布特征。

行波管由电子枪、高频系统、多级降压收集极组成,电子枪产生高能电子,在高频系统中电子与微波信号相互作用,将能量交给电子,使输入的微波信号得到放大,作用后的电子由降压收集极将能量回收。行波管的电子枪阴极具有典型的退化特征,是决定行波管寿命的重要因素。

一般,行波管放大器在长期工作条件下其性能参数呈现出一定的规律性。以某行波管放大器关键参数的连续监测为例,行波管阴极电流、阳压、螺流等参数随时间呈现出规律性的变化趋势,如图 9.8 和图 9.9 所示。根据这些关键参数的变化趋势,可以预估行波管放大器的寿命。

为了充分验证行波管放大器的寿命,在北斗三号卫星研制中开展了以下寿命试验:

1) 行波管阴极 ALT

投入一定数量的电子枪,在一定的电流密度下,以温度作为加速应力,在 1000℃

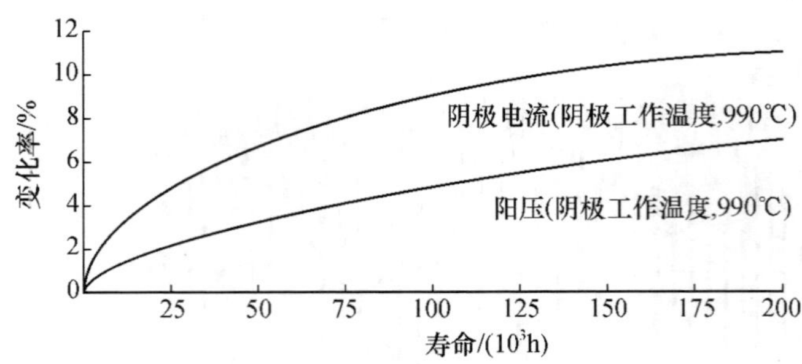

图 9.8 某行波管放大器阳压和阴极电流随时间变化趋势

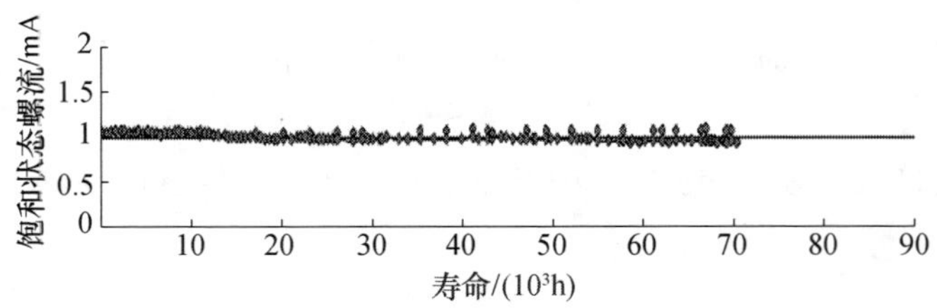

图 9.9 某行波管放大器螺流随时间变化趋势(见彩图)

附近选择 4 组温度水平,开展恒定应力下的 ALT。利用不同温度水平下的寿命试验结果,可得到加速因子、加速模型,由此可推断行波管阴极的寿命。

2)行波管电源 ALT

行波管电源是电子组件,对温度应力最为敏感,因此以温度为加速应力,依据行波管电源选用的元器件清单、热分析结果和薄弱环节,确定激活能、加速因子和试验温度,开展 ALT。试验结束后,通过 Arrhenius 模型验证其寿命。

3)行波管和行波管放大器 1:1 寿命试验

在常温常压条件下,对行波管和行波管放大器进行长期通电试验,连续监视产品各极电压电流、射频输入功率、射频输出功率、螺旋极电流等,并定期进行全面的产品性能测试,检查其趋势性变化情况,进行寿命验证。

9.3 环境应力筛选

ESS 的目的是通过对产品施加规定的环境应力,发现和剔除产品制造过程中引入的质量缺陷,排除早期失效,从而提高产品的可靠性。ESS 是一种经济有效地剔除硬件制造缺陷和元器件缺陷的手段,也是一种检验工艺,而不是一般意义上的试验。

ESS 适用于卫星电工电子、机械、机电、光电、阀门、蓄电池、太阳翼等各类产品。ESS 主要用于产品的生产阶段,卫星产品出厂前需 100% 地进行 ESS,至少应在元器件级以上的最低组装级或根据工程实际规定的最佳组装级的产品上逐个进行 ESS,

以消除早期故障。此外,ESS 也作为产品 ADT、ALT 等的一种预处理方式。

9.3.1 筛选方法

9.3.1.1 环境应力的选取

ESS 施加于产品的应力主要用于激发故障,而不是模拟使用环境。根据大量的工程实施经验,不是所有应力在激发产品内部缺陷方面都特别有效,因此通常仅用几种典型应力进行筛选。

国外对 12 种应力的筛选效果进行了较具代表性的统计,各种筛选应力的效果比较如图 9.10 所示[5]。

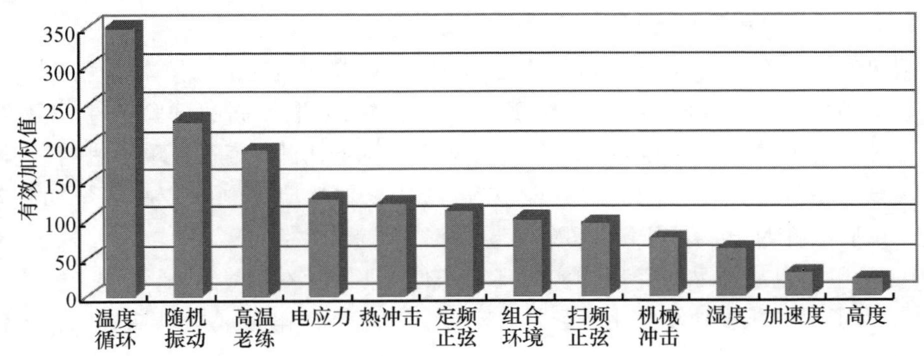

图 9.10　筛选应力的效果(见彩图)

图 9.10 说明,温度循环是最有效的筛选应力,其次是随机振动。这两种应力激发的缺陷种类不完全相同,两者不能相互替代。这两种应力也是卫星产品常用的筛选应力,并在实际操作中分为热真空试验、热循环试验和力学试验 3 类试验。此外,采用恒定高温的老炼试验也是电子产品通用的筛选方法。个别产品也采用噪声作为筛选条件。

9.3.1.2 卫星产品 ESS 方法

理论上 ESS 的方法可以分为常规 ESS、定量 ESS 和高加速应力筛选 3 种。对于机械产品,例如转动机构、阀门等,通常还将磨合/跑合作为筛选项目。

高加速应力筛选是在 HALT 基础上发展的筛选技术,方法的特点是应力大、时间短,但具体应用尚不成熟。定量 ESS 需要计算引入缺陷密度和筛选检出度等定量指标,需要各种元器件、工艺的缺陷率数据和各种应力的筛选强度数据,不便于工程应用。因此,导航卫星产品的 ESS 均采用了 GJB 1027A 定义的常规筛选方法。

常规 ESS 不要求筛选结果与产品可靠性目标和成本阈值建立定量关系。筛选中不估计产品中引入的缺陷数量,也不知道所用应力强度和检测效率的定量值,对筛选效果好坏和费用是否合理不作定量分析,仅以能筛选出早期故障为目标。

卫星产品 ESS 的主要应力类型包括热循环、热真空、声或随机振动。选择热循环主要是考虑 ESS 中热循环筛选效率最高,热真空试验、声试验则是卫星产品所经历环境的适应性验证，随机振动试验既是卫星产品所经历的环境适应性验证，也是ESS的需求。综合考虑到卫星产品经历的环境和筛选需求，其ESS试验条件与产品验收级试验条件统一，并包含在产品的验收试验要求中。对于电子产品，还包括老炼要求，如电子产品必须经历规定时间的温度循环老炼和高温老炼。

卫星产品的热循环、热真空试验都是采用温度循环应力，只不过前者在常压下进行，后者在真空下进行。在与验收试验结合后，热环境试验既有检验组件对真空热环境的适应性的目的，也有通过试验提前暴露组件材料、工艺及元器件的潜在问题的目的。为尽量暴露组件工艺、材料和元器件缺陷，通常要求试验的温度范围应尽可能宽。

9.3.1.3 卫星产品ESS的特点

卫星产品实施ESS时，需注意与地面产品的ESS有明显区别。具体体现在[5]：

(1) 地面产品的验收试验和ESS通常分别实施，采取不同的试验条件。但卫星产品所施加的筛选应力是和环境验收试验结合在一起考虑，而不是单独进行。验收级环境试验条件不但检验产品的环境适应性，还以加严应力剔除产品的早期失效。在制定试验条件时，也需同时考虑验收与ESS的要求，包括：

① 应包络卫星产品所经历的实际环境条件(即验收环境条件)；

② 为了尽可能多地暴露由于元器件和工艺中潜在缺陷造成的早期故障，应考虑采用强化或最有效环境应力。

(2) 进行筛选的产品包括设备、分系统和系统，筛选的重点放在低组装级，环境适应性的重点放在高组装级。

(3) 受筛选产品包括电子产品和机电、机光电产品、机械、活动部件等，除火工装置、发动机应特殊考虑外，凡是上天飞行的产品(包含备份产品)100%都要进行筛选。

(4) 在筛选应力类型上，地面产品环境筛选应力一般是随机振动和常压热循环，卫星产品的环境筛选应力则包括热循环、热真空、声和随机振动。

(5) 振动筛选谱型和量级不是固定的，而是和产品工作环境有关。筛选应力量级基本上是采用产品在整个寿命期内可能要承受的实际应力量级，但也有最低限的限制。振动加载轴向分别沿产品3个相互垂直轴向依次进行。卫星产品的筛选量级较高，而时间较短。

(6) 组件级产品的热循环时间：一般电子电气产品要求前40h为缺陷消除，后40h为无故障检验的时间。而卫星产品一般要求热循环(包括热真空)累计时间要达到200~300h，最后100h应为无故障循环时间。

(7) 组件级产品的热循环温度变化范围：对一般电子电气和武器系统的产品要求试验箱的空气温度在-54~61℃范围内变化，而卫星产品的温度变化范围是随产品工作环境而异的，同时温度标定点是选在被筛产品的非电源处的壳体底板上。一般是产品环境适应性试验的验收级的温度变化范围。

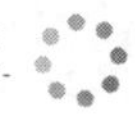

（8）组件级产品热循环在温度变化的极端温度限上停留时间：一般电子电气产品，是指当试验箱内空气温度达到规定值的时刻开始，直到在产品内部安装的温度测点有2/3的测点达到与箱内规定温度相差10℃范围内时为止所持续的总时间。有的系统规定一般保持时间在2h左右。而对卫星产品则是规定在被筛产品壳体上温度测点达到规定值后，待产品冷透或热透（在30min内测点温度变化≤3℃/h）后才开始计时，其持续时间是模拟在轨连续工作时间，一般不少于4h。

（9）温度变化率：一般电子电气产品要求试验箱内空气温度≥10℃/min，而卫星产品只要求壳体底板非热源处温变率≥3～5℃/min。

（10）试验箱内温度控制点：对于一般电子电气产品温度循环的热测定是试验箱内空气温度和产品要开盖在内部安装若干测温点作为温度转换控制点，对不能开盖安装测温点的产品则以测定试验箱内空气温度作为温度控制点。而卫星产品一般是不允许开盖做试验的，不在产品内部装温度测点，温度控制点是选在被试产品非热源的底板上。

9.3.2　导航卫星ESS

9.3.2.1　ESS的实施要求

导航卫星产品ESS的实施要求如下：

（1）导航卫星产品一般是批量生产、测试和验收，因此，ESS可以多台产品一起进行。同时，由于多台产品同时测试、试验，有条件开展同批次产品的功能、性能数据一致性分析，进一步控制产品出厂质量。

（2）正样研制阶段对所有用于飞行的正样产品（主要是组件级和系统级产品）进行ESS。ESS应结合GJB 1027A验收试验要求统一进行，不单独进行。

（3）ESS可使用单一环境或综合环境，单一环境如压力、温度、振动、冲击、噪声环境，综合环境如“压力+温度”环境。环境应力量级根据飞行环境（验收环境）、组件可靠性验证要求确定试验量级。

（4）ESS所选择的环境应力应能充分、有效地暴露产品的制造质量缺陷，对产品施加环境应力时，应同时施加产品工作应力，如电压、电流、力、力矩等，并带工作负载或模拟负载进行ESS。所施加的环境应力有的与验收试验一致，有的需要使用与实际环境无关的加速应力，但不允许引入新的失效模式。

（5）产品的ESS要求应与环境验收试验一致，其中主要是热循环试验和随机振动试验，在产品通电工作状态下，分别对产品施加热应力和机械应力。热循环ESS的温度范围、温度变化速率、循环次数、总试验时间、产品无故障工作时间应符合规范要求。ESS的随机振动谱和声谱不能低于规定的最低随机振动谱和最低声谱。有软件固化要求的电子产品，在芯片落焊后应补做ESS。

（6）对于电子产品ESS要求增加高温老炼试验，试验条件不考虑产品所经历环境条件，但应考虑在该条件下内部器件均在其工作温度范围内，避免筛选试验引入其他失效模式。

(7) 电子、电气、机电、机光电、电化学等类型的组件级产品在组装成整机产品前应首先对电子部件(线路板)产品进行热循环 ESS,装配成整机后再通过组件级验收环境试验完成组件级 ESS。

(8) 对于长时间周期性工作的机械、活动组件产品,如机构、姿轨控推力器、阀门等,应选用磨合试验进行 ESS。

(9) 产品在 ESS 过程中如出现故障,应对产品的故障模式进行分析,当确认属于产品制造、工艺质量问题时,应考虑对产品进行修复或改装,然后补做或重做 ESS。

9.3.2.2 组件 ESS

1) 随机振动试验

随机振动环境是由声环境激励及运载器发动机工作时燃烧不稳定引起的。声环境激励通过空气和机械结构路径传递。随机振动环境是在 20 ~ 2000Hz 频率范围内根据 1/6 倍频程(或更窄)分析带宽的功率谱密度来规定。对于不同的组件安装区域或不同的轴向可能需要不同的试验振动谱。组件的振动量级是根据地面声试验或飞行期间组件连接点处的振动响应测量确定。

组件随机振动试验是暴露组件材料、工艺和制造缺陷的有效方式。因此,提出随机振动试验条件时遵循以下原则:

(1) 组件极限和最高(鉴定级/验收级)预示随机振动环境相应为 P99/90 和 P95/50 值;

(2) 根据 GJB 1027A 要求,考虑到为暴露卫星组件制造质量缺陷的最低试验量级(即筛选要求,GJB 1027A 为 6.1g),卫星组件随机振动试验条件(验收级)应不低于该要求。

按照上述原则,导航卫星组件随机振动试验条件制定过程如下:

(1) 首先针对卫星建立动力学分析模型或者声振分析模型,并借鉴相似型号/相似构型航天器试验数据对卫星进行模型检验及模型修正,确保模型的准确性;

(2) 根据卫星声载荷条件或者随机振动条件,确定卫星外部载荷环境;

(3) 结合卫星力学模型及外部载荷环境,开展卫星声振响应分析/随机振动响应分析,获取星上声振响应/随机振动响应的分布情况;

(4) 根据所获取的声振响应参数、其他相似结构/相似型号的振动试验数据,按照上述原则及 GJB 1027A 提出组件级随机振动试验条件。

制定星上大组件(如太阳翼、天线等)力学环境条件时,应根据大组件与卫星的动态耦合分析结果、界面响应参数及相似试验的参数比较等综合分析得出,确保大组件试验条件的准确性,避免条件过高或者过低,给组件研制带来困难。

在力学环境试验实施中,应确保试验夹具的设计对组件无影响;应尽量获取产品关键器件(如晶振等)及结构部位的响应参数;对于大型组件的振动试验,应首先进

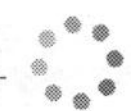

行低量级试验,获取组件的动态特性,为后续试验提供分析依据;组件应模拟实际工作的状态(加电状态、负载状态等),尤其是主动段需要工作的组件,试验过程还应监视其功能、性能是否正常。

2)热环境试验

组件热环境试验包含常压热循环试验、热真空试验,进行常压热循环试验主要是考虑 ESS 的需要,组件真空热环境试验则既检验组件对真空热环境的适应性,又通过试验提前暴露组件材料、工艺及元器件的质量问题。

导航卫星组件热试验条件的制定原则为:

(1)根据卫星热分析/热平衡试验结果,考虑留有一定余量后,初步确定组件热试验温度范围;

(2)根据相似型号、国内外研究成果,确定试验循环次数,确保试验能够发现产品的潜在问题。

为尽量暴露组件工艺、材料和元器件缺陷,验收温度范围应尽可能大,根据国内外标准要求,建议一般电子组件验收级温度范围为85℃(即 -25 ~ +60℃),如果卫星舱内组件最高和最低预示温度范围小于85℃,建议取85℃,若不可行,可根据组件的具体情况适当减小。各种试验温度范围与组件最高/最低预示温度的关系如图 9.11所示。

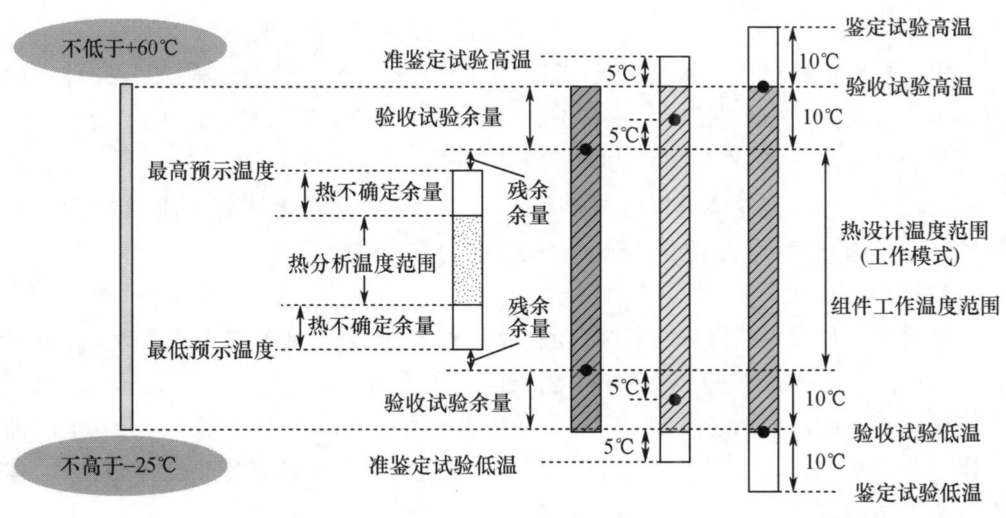

图 9.11 各种试验温度与最高/最低预示温度关系(见彩图)

卫星组件热环境试验实施中,组件应带真实负载做试验(如各类微波功率器件、负载功率器件等),如不可能,应使用模拟负载代替;温度控制点应选在试验组件上有代表性的非热源处;对于多台设备共试验,应确保每台设备试验温度均能满足要求。

9.3.2.3 系统级 ESS

1）力学环境试验

导航卫星在整个寿命周期内以发射过程中的力学环境最为恶劣。因此，力学环境条件（载荷条件）的确定遵循以下原则：

（1）根据运载手册确定卫星力学环境条件。运载火箭部门的用户手册中将给出各种严重载荷工况的综合载荷，提供给卫星进行设计。可以借助以往发射类似卫星的运载火箭发射环境和实测数据，考虑各种最严重的飞行事件和载荷概率水平后，外推出卫星载荷条件。

（2）根据卫星/运载火箭动力耦合分析确定低频振动试验条件。对于飞行中卫星可能的最大低频动响应，可以通过卫星、运载火箭载荷耦合分析进行预示。预示结果可作为正弦扫描试验中进行试验条件修正的依据。

整星力学环境试验应尽量模拟卫星发射状态，以验证卫星及其组件对发射过程中力学环境的适应性。

根据导航卫星的质量特性等特点、试验设备的能力（如振动台的推力、噪声试验室的总声压能力）及其动态特性等，选择合适的试验设备进行力学环境试验。

结合导航卫星的力学环境条件、卫星试验技术状态以及电测需求，从验证全面性考虑，合理制定了力学环境试验工况。并结合总装过程、试验设备特点、电测要求、试验效果等，以最小化试验时间为目标，对试验流程进行合理优化。

根据导航卫星试验技术状态、试验设备以及试验工况和试验流程，卫星总体单位制定了试验大纲，规定了试验技术状态、试验条件、试验工况、试验流程、试验分工以及对试验设备的要求，作为卫星力学环境试验的依据性文件。

试验实施方根据总体单位的试验大纲，并结合卫星正样电测要求，制定卫星力学环境试验实施方案，作为卫星力学环境试验期间实施的依据。

2）热环境试验

导航卫星从发射、转移轨道飞行至在轨长期工作，将经历复杂的热环境，影响卫星热环境的主要因素有：卫星工作轨道特性；卫星姿态特点；卫星工作状态的变化；卫星热耗。其中前两个因素决定了卫星外热流环境情况，后两个因素决定了卫星内部热耗分布水平。因此，热环境试验中，需首先识别卫星的外热流和热耗分布参数，作为后续工作的依据。

目前地面试验设备的能力无法模拟卫星在轨实际状态。因此，在热环境试验中，需根据热环境的特点及其主要因素（外热流环境和热耗分布）进行模拟。在卫星热设计中，卫星外部组件的热环境相对于本体热环境是隔离的（如天线组件、太阳翼等），热环境试验中无须模拟卫星外部组件，该类组件可通过组件级热环境试验进行验证。因此，卫星热环境试验状态一般为卫星本体状态（即不含外部组件），在该状态下模拟在轨工作中的外热流条件和内部热耗。

试验设备的确定是根据卫星特点(如卫星构型、热耗水平)、试验设备的能力(如空间模拟的可用空间、真空低温能力、加热回路能力、测温通道、外热流模拟方式等),选择合适的设备进行热环境试验。

试验工况及流程的确定需根据卫星热环境条件,并针对卫星所处的不同阶段,获取卫星极端高温和极端低温工况下卫星的外热流以及卫星的工作模式。

(1) 极端高温工况:卫星在轨道上可能遇到的最大外热流、最大内部热耗、热控材料在寿命末期的特性等情况的合理组合。

(2) 极端低温工况:卫星在轨道上可能遇到的最小外热流、最小内部热耗、热控材料在寿命初期的特性、地球阴影等情况的合理组合。

根据上述工况条件开展卫星热平衡试验,获取卫星组件温度分布。在此基础上开展卫星热真空试验,以验证卫星在规定的热循环应力、压力条件下是否满足设计要求,暴露早期缺陷。

根据卫星热真空试验工况、试验中总装工作等,制定卫星热环境试验流程。根据卫星试验技术状态、试验设备以及试验工况和试验流程,由卫星总体单位制定试验大纲,规定试验技术状态、试验条件、试验工况、试验流程、试验分工以及对试验设备的要求,作为整星热环境试验的依据。

试验实施方根据总体单位的试验大纲,并结合卫星正样电测要求,制定卫星热环境试验实施方案,作为卫星热环境试验期间实施的依据。

9.3.2.4　ESS中的问题及处理

通过全面开展ESS工作,导航卫星在研制过程中有效暴露了个别产品的潜在缺陷,避免了相关产品的在轨飞行风险。

ESS中产品出现故障一般按照以下原则进行处理:

(1) 试验中如果发生异常现象,需中断试验并在冻结产品软、硬件技术状态和试验设备的设置状态下,进行初步故障分析。如果异常由地面设备引起,只要没有产生过应力试验条件,故障排除后可继续试验。如果异常由产品自身故障引起,需根据故障程度决定是否中断试验进行故障排查,对于不影响工作状态且对产品无损伤的可继续试验,并在试验中进行故障排查,必要时进行补充试验,对于对产品工作状态影响较大的,应中断试验进行故障排查和产品修复。

(2) 对于修复的产品,根据修复或者修改的程度,决定是否重新进行ESS。

例如,卫星研制过程中,在对某单位研制的铷钟进行数据一致性比对时,发现有1台铷钟在ESS中出现锁定时间不确定现象。通对比对分析,问题原因定位于:

(1) 阶跃管安装方式(改进措施:阶跃管安装由电压接改为焊接方式)。

(2) 倍频电路问题(改进措施:更换贴片器件,去掉空气电容)。

经改进,后续产品消除了上述故障现象,并重新进行了ESS。

又如,卫星馈电网络在组件级热真空试验的数据稳定度测试中,通过数据一致性比对发现,该产品比其他卫星的相同产品在热真空试验的稳定度要差。通过分析该现象产生的可能原因并结合以前类似问题的处理经验,怀疑是测试系统的问题。在对测试系统处理后,重新进行了验收级热真空试验,试验中产品的数据稳定度和其他卫星一致,满足要求。

9.4 可靠性验证

可靠性验证的目的是通过分析、试验、仿真等手段证明产品的可靠性达到了规定的要求。

传统上,可靠性验证一般是对可靠性指标的验证。但对于长寿命高可靠卫星产品,其可靠性定量要求的验证是相对困难的,因此在强调定量要求的同时,必须高度重视定性要求及其验证。只有定性验证和定量验证相结合才能全面把握卫星的可靠性水平。严格的设计、分析、生产研制要求和有限试验信息的充分利用对于保证导航卫星最终产品的高可靠是非常必要的。在某些情况下定性的工作要求对于高可靠性实现更为重要。

因此,在导航卫星可靠性验证中,从定性验证和定量验证两个方面开展工作,利用各级产品的FMEA、鉴定试验、可靠性和寿命试验等信息完成可靠性设计要素及可靠性定性要求的综合验证,利用可靠性预计和可靠性仿真完成可靠性及可用性指标的定量验证。

1）可靠性定性验证

可靠性定性验证是验证导航卫星可靠性定性要求的符合性和可靠性设计措施的有效性。例如验证裕度设计措施的有效性、验证冗余设计措施的有效性、验证EMC设计措施的有效性等。

可靠性定性验证的方法主要包括检查、分析和试验。

(1) 检查是指通过目视检查或简单的测量,对照工程图样、流程图或检查单判断产品是否符合规定要求。

(2) 分析是指通过计算、仿真、分析及数据比对等方式判断产品是否符合规定要求。

(3) 试验是指通过针对性的试验测试产品具体参数、对试验数据进行分析判断产品是否符合规定要求。

导航卫星在研制过程中,针对各项可靠性设计要素从分析、仿真、测试、试验等方面,积累经验、形成规范性的验证方法。常见可靠性设计要素的验证方法如表9.3所列。

表9.3 可靠性设计要素的验证方法

序号	可靠性设计要素	分析/仿真验证方法	试验/测试验证方法
1	冗余设计	进行冗余有效性分析,包括共用模块分析、共用信号分析、切换方式分析、备份响应时间分析、冗余设计准则符合性检查,等等	针对每项冗余设计措施,在不同测试阶段安排测试,检验冗余有效性
2	余量设计	利用计算数据或基本试验数据,分析余量是否满足要求	通过测试或试验验证某技术指标的余量
3	裕度设计	通过安全系数计算、强度裕度计算等分析产品设计裕度	通过爆破试验验证压力容器的裕度; 通过力学试验验证结构件的裕度等
4	抗力学环境设计	进行力学分析,包括模态分析、静力分析、响应分析等,验证产品强度、刚度	进行力学环境鉴定试验,包括正弦振动试验,随机振动试验,加速度试验等
5	热设计	建立热分析模型,分析大功耗器件的结温是否满足降额要求	进行热平衡试验
6	EMC设计	进行电磁兼容分析,包括射频设备干扰裕量分析、信号完整性分析、产品电磁辐射特性分析、产品壳体的屏蔽特性分析等	进行电磁兼容试验
7	TID效应防护设计	针对辐射总剂量防护,计算RDM是否满足要求	通过辐照试验验证元器件、材料的耐辐射总剂量能力
8	降额设计	分析元器件实际工作的电应力与额定电应力的比值是否满足Ⅰ级降额要求;分析元器件实际热点温度是否满足Ⅰ级降额要求	通过必要的试验验证元器件在特定工况下的实际应力
9	供配电可靠性设计	使用数学工具建立卫星能量平衡仿真模型,进行仿真验证;建立电源系统闭环控制仿真模型,验证系统稳定性	进行卫星供配电可靠性安全性设计与实物复查;开展电源系统频域稳定性测试验证,获得稳定裕度数据
10	信息流可靠性设计	使用数学、半物理等方式建立信息流设计方案仿真模型,进行仿真测试。收集与信息流网络运行相关的产品信息,分析信息流运行情况	进行信息流网络整体运行情况测试,包括通信链路余量监视、可靠性安全性措施的测试等

考虑导航卫星批量研制的特点，在可靠性设计验证中，原则上只需针对首发卫星进行全面的试验验证，例如热平衡试验验证、力学环境鉴定试验验证、磁场试验验证、EMC试验验证、紧缩场试验验证等，且试验量级和条件更为严苛。对于后续组网卫星，主要是利用已经发射卫星的在轨飞行数据，对各个可靠性分析模型和分析结果进行修正，并进行验收级例行力学环境试验、热真空试验、EMC试验。

2）可靠性定量验证

可靠性定量验证是验证导航卫星的可靠性指标要求。可靠性定量验证通常利用产品可靠性验证试验数据或相似产品试验数据、在轨数据等其他数据进行可靠性评估。

相对于卫星任务的高可靠性指标，卫星产品普遍存在子样少、在轨飞行数据不足的问题，即便一些产品能够进行可靠性评估也难以给出高置信度的结果，因此，用户一般不要求卫星开展系统可靠性评估工作。实际工作中，整星、分系统和绝大多数设备，均采用可靠性预计的方法进行定量指标验证。导航卫星在研制过程中，也是利用可靠性预计或可靠性仿真的方法进行可靠性、可用性指标验证。

随着导航卫星组网运行数据的不断积累，再利用相似产品的飞行数据，可以采用可靠性评估的方法验证产品可靠性指标。通过多发卫星飞行数据的积累，对于具有退化或耗损特性的部组件，可以建立寿命模型，对部组件的在轨工作寿命作出评估。

3）可靠性综合分析验证

尽管导航卫星是批量研制，但导航卫星的可靠性验证更关注“个体”最终实现的可靠性水平，关注每一颗卫星的每一处细节，而不是可靠性验证的统计结果。单一的可靠性定量验证或定性验证都不足以对导航卫星作出完整的、充分的评价。因此，导航卫星可靠性要求的最终验证采用多种验证方式、利用多方数据综合分析完成。一般，需要用到的数据包括：

（1）可靠性预计结果，FMEA结果，可靠性设计及分析结果，可靠性试验与环境试验结果；

（2）可靠性关键项目控制措施落实情况，Ⅰ、Ⅱ类单点故障模式控制措施落实情况，强制检验点落实情况，AIT过程控制情况，质量问题归零和举一反三情况；

（3）相似产品和产品各组成部分的可靠性试验数据；

（4）相似或相同产品在轨飞行数据及趋势分析、故障分析情况等。

这一过程中需要注意的是：

（1）应制定可靠性验证方案。可靠性验证方案包括需要验证的项目、验证方法及其基本要求。可靠性验证方案应根据产品特点编制并实施，该方案应与包括所有试验及验证的产品试验计划一起安排、统一制定，以避免试验重复或遗漏，同时保证有关数据的综合利用。

（2）应优先以试验的方式验证产品的可靠性设计及设计更改。以验证可靠性设

计为目的的试验可以和 RDT 结合进行。

(3) 验证应给出可靠性能否满足规定要求的结论,所有结论应有数据支持。

(4) 后续卫星的可靠性验证可以充分利用之前发射卫星的地面试验数据和在轨飞行数据进行综合分析验证。

(5) 当有足够的数据时,应以可靠性评估的方式验证产品的可靠性定量指标。

参考文献

[1] 国防科学技术工业委员会. 运载器、上面级和航天器试验要求: GJB 1027A [S]. 北京:国防科工委军标出版发行部, 2005:14.

[2] 姜同敏. 可靠性强化试验[J]. 环境技术, 2000(1):3-6.

[3] 褚卫华, 陈循, 陶俊勇, 等. 高加速寿命试验(HALT)与高加速应力筛选(HASS) [J]. 强度与环境, 2002, 29(4):23-37.

[4] European Cooperation for Space Standardization (ECSS). Worst case circuit performance analysis: ECSS-Q-30-01A[S]. Netherlands: ESA Publications Division, 2005:3.

[5] 国防科学技术工业委员会. 航天产品环境应力筛选指南:QJ3138 [S]. 北京:中国航天标准化研究所, 2002.

第10章　可靠性管理

可靠性管理是型号研制管理工作的重要组成部分，是可靠性工作项目落实的抓手，是从系统工程的观点出发，对型号研制、生产、使用各个阶段的各项可靠性活动进行规划、组织、协调与监督，以最少的资源实现产品的可靠性要求。可靠性管理工作涉及卫星从可行性论证到寿命终结的全部研制过程和全寿命周期各阶段，涉及卫星各个产品层次。

导航卫星在可靠性管理过程中，一方面依据上级标准、规范要求，同时结合“星座”这一特点带来的新的约束，开展了可靠性工作计划、可靠性评审、以外协产品为关注重点的供方可靠性监控等工作；另一方面面向“星座”这一巨大工程，针对技术风险难度大、质量保证难度大、运行维护难度大等特点，持续开展了可靠性专项工作。

10.1　可靠性管理概述

导航卫星可靠性工程的目标是在进度、成本、任务要求等约束下，提高卫星的可靠性和寿命，确保北斗卫星导航系统的可用性、连续性和完好性满足要求。导航卫星可靠性管理就是从系统工程的观点出发，通过制定与实施科学的计划，组织、控制和监督可靠性工程活动的开展，以有限的资源实现系统的可靠性目标。

10.1.1　可靠性管理的原则

可靠性管理遵循以下基本原则：

(1)“星座”提供连续、稳定、满足工程要求的性能指标是必保目标，并作为单星可靠性工作落实的基本依据。

(2)尽早明确用户对卫星的可靠性需求，在立项论证、方案设计、初样研制等过程中不断细化、权衡各项可靠性需求和要求。

(3)可靠性管理与项目管理一体化，可靠性工作必须统一纳入卫星研制计划，并与其他各项工作协调进行。

(4)可靠性管理必须贯彻各级标准、规范，并结合卫星、分系统、设备特点进行增减和细化，形成可靠性管理文件体系。

(5)可靠性管理必须遵循预防为主、早期投入、关注过程的方针，将卫星可靠性

关键项目、单点故障模式等可靠性有关风险因素的识别、控制和预防作为管理重点，保证卫星可靠性水平。

（6）可靠性管理必须依据完整、准确的可靠性信息，必须重视和加强可靠性信息管理工作，特别是故障模式信息、失效率信息、故障信息、举一反三信息等的收集、分析和交互工作。

（7）保证可靠性管理所需的经费。导航卫星在可靠性管理过程中，对影响卫星成败和长期稳定运行的薄弱环节给予了专项经费支持。

10.1.2　可靠性管理的方法

导航卫星可靠性管理的对象是全寿命周期中与可靠性有关的全部工程活动，重点是卫星方案设计过程和工程研制过程。可靠性管理的基本方法是计划、组织、监督、控制和协调。

（1）计划：进行可靠性管理首先要分析和确定目标，选择影响导航卫星达到可靠性要求的最有效的工作项目进行策划实施，以实现“星座”快速可靠的组网为约束，制定每项工作项目的具体要求，策划所需的人员、时间、保障条件。

（2）组织：建立导航卫星可靠性工作组织体系，应面向组网特点，从产品设计、专业技术、产品保证等维度组织一批专职的和兼职的可靠性管理和技术人员，明确各个角色的职责，形成可靠性管理的工作机制，以完成可靠性工作计划确定的目标和任务。对各级各类可靠性技术与管理人员需进行必要的可靠性知识培训。

（3）监督：制定导航卫星可靠性顶层规范性文件，顶层规范针对星座、不同轨道的卫星群、单星、组成卫星的设备、元器件/原材料及地面保障设施等，明确各项可靠性工作的依据性标准、规范，设置一系列的检查、控制点，利用检查、评审、跟产、验收等活动，及时获取信息，以监督各项可靠性工作按计划按要求进行。

（4）控制：对可靠性管理中发现的可靠性工作中存在的各种问题，分别提出改进要求和建议，指导各项可靠性工作的改进，使导航卫星研制过程中的可靠性工作均处于受控状态。

（5）协调：可靠性各项工作之间有其内在的逻辑相关性，例如可靠性建模是系统可靠性预计的基础，FMEA 是可靠性关键项目的输入，因此必须依据可靠性工作之间的内在关联，保证各项可靠性工作有序、合理、协调开展。

10.1.3　不同阶段的可靠性管理工作

结合导航卫星不同研制阶段的特点，对可靠性工程活动进行有效的管理是导航卫星可靠性工程中的重要一环。这需要项目管理层和可靠性管理人员熟悉在各阶段何时和如何规定、评价、检查可靠性活动，了解各项活动的相对重要性以及对卫星研制可能造成的影响。

10.1.3.1 方案设计阶段

导航卫星方案设计阶段的主要任务是：

(1) 参与空间段研制总要求的编制；

(2) 进行空间段及卫星总体方案论证；

(3) 建立卫星分配基线；

(4) 编制顶层规范文件。

导航卫星方案设计阶段的可靠性工作包括：

(1) 制定可靠性工作计划；

(2) 进行初步可靠性设计与分析；

(3) 进行可靠性指标分配和预计。

方案设计阶段，导航卫星可靠性管理的重点是：

(1) 组织进行可靠性要求论证，与用户协同提出可靠性要求；

(2) 保证可靠性分配、分解的科学性、合理性、可考核性；

(3) 组织制定可靠性工作计划及开展可靠性评审。

明确、细化可靠性要求是导航卫星方案设计阶段的首要工作，需重点做到：

(1) 应特别关注空间段是“星座”这一特点，从系统层面，明确定义任务剖面及指标间的相互约束；

(2) 可靠性指标论证方法合理，可靠性要求完整全面、概念清晰、内涵准确、相互协调、理解一致、技术可行，有对应的验证、考核方法；

(3) 可靠性要求分配过程和方法正确。

10.1.3.2 初样研制阶段

导航卫星初样研制阶段的主要任务是：

(1) 卫星系统和分系统的详细设计；

(2) 初样星设计；

(3) 初样星设备研制、验收，初样星总装；

(4) 设备鉴定试验，初样星试验。

导航卫星初样研制阶段的可靠性工作包括：

(1) 制定初样可靠性工作计划；

(2) 进行卫星系统、分系统和设备的可靠性设计与分析；

(3) 开展可靠性研制试验和寿命试验；

(4) 进行可靠性要求符合性验证。

初样研制阶段，导航卫星可靠性管理的重点是：

(1) 组织制定初样可靠性工作计划及开展可靠性评审；

(2) 提出对外协产品的可靠性要求并进行监督与控制；

(3) 对可靠性关键项目等技术风险进行管理；

(4) 可靠性设计分析工作的监督、检查、把关；

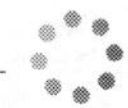

（5）可靠性研制试验和寿命试验的监督、检查、把关。

可靠性设计分析是初样研制阶段的主要工作，可靠性管理重点关注：

（1）是否按预定的计划完成各项设计分析工作，尤其是考虑各项工作之间的协调性，及时完成前续工作，例如热分析工作为降额设计工作提供输入；

（2）是否符合上级标准和导航卫星可靠性工作计划的要求；

（3）是否按产品层次、类型、特点选择合适的可靠性设计分析方法，可靠性数据是否真实可信；

（4）可靠性设计分析工作是否随着研制过程不断迭代、细化和完善；

（5）对可靠性设计分析结果是否进行了有效的评估和审查；

（6）可靠性试验方案和大纲的正确性，即是否根据产品特点选择合适的可靠性试验方法，进行试验的产品是否是关键、重要产品，是否明确试验成功/重做/拒收判据，试验剖面、试验条件、试验状态是否等效真实情况等。

（7）是否明确了负责可靠性试验的单位及职责，承试单位是否有相应资质；

（8）各项可靠性分析及试验验证的结果是否反馈给设计并改进落实。

10.1.3.3　正样研制阶段

导航卫星正样研制阶段的主要任务是：

（1）卫星正样设计，确立各层次产品的投产基线；

（2）卫星结构、设备的生产、试验和验收；

（3）卫星总装、测试和大型试验；

（4）出厂总结与评审；

（5）发射场测试；

（6）可靠性专项工作。

导航卫星正样研制阶段的可靠性工作包括：

（1）制定与实施正样可靠性工作计划；

（2）持续进行未完成的可靠性和寿命试验；

（3）进行可靠性要求符合性验证；

（4）可靠性专项工作；

（5）外协外购的可靠性工作要求及管理。

导航卫星正样研制阶段可靠性管理的重点是：

（1）组织制定正样可靠性工作计划及开展可靠性评审；

（2）对可靠性关键项目等技术风险进行管理；

（3）可靠性试验和验证的监督、检查、把关；

（4）外协厂家的投产准备检查，可靠性工作落实监督、检查；

（5）可靠性专项工作的结果在投产基线中的落实检查。

可靠性试验、验证及过程控制是正样研制阶段的主要工作，可靠性管理重点关注：

(1) 新开展的可靠性试验方案和大纲的正确性；

(2) 可靠性试验过程中的信息收集、分析和处理情况；

(3) 针对试验中暴露出的设计或制造缺陷是否制定了明确的改进措施，并跟踪落实情况；

(4) 可靠性关键项目控制措施的落实及检查；

(5) 当有可靠性评估要求时，是否明确了可靠性评估的方法并经过审查；

(6) 批产后续产品技术状态更改后需确认原鉴定试验的有效性，必要时需重做鉴定试验。

10.2 可靠性组织体系

可靠性工程活动靠组织机构和人员去实施，资源的恰当组合、规范的工作流程、良好的沟通协作是有效实施可靠性工程活动的必要保证。

建立可靠性组织体系是可靠性管理的基础。导航卫星型号可靠性管理是型号项目管理中的一个重要分支，其组织体系与项目管理体系一致，以项目办这一专门组织为牵引，依托各参研单位的可靠性岗位、人员、机构、流程等，建立型号可靠性工作组织体系，明确各级可靠性管理人员、技术人员及职责，保证可靠性工作计划的有效落实。卫星型号可靠性组织体系是跨单位、跨部门组成的一套研制管理体系，涉及型号指挥系统、设计系统和产品保证系统。

导航卫星可靠性组织体系主要由型号项目办，总体可靠性负责人，各分系统和设备责任人，各级专/兼职可靠性设计师，各承制单位相关的指挥系统和质量系统人员组成。同时，成立专门的卫星可靠性工作小组保障型号可靠性重点工作。

1) 项目办

卫星总指挥对卫星可靠性负全责，并重点负责可靠性管理，可靠性工作与研制进度的协调，人员、经费等资源保障工作。

卫星总师全面负责型号可靠性技术工作，主持型号可靠性重大技术问题的解决。

产品保证经理负责组织制定和实施可靠性工作计划，负责对型号技术风险进行全面的管理，对型号各阶段可靠性工作进行评价。

2) 卫星可靠性工作小组

卫星可靠性工作小组主要负责可靠性专项工作的组织、实施和管理。

可靠性工作小组由总师、副总师、产品保证经理、总体和分系统可靠性专/兼职可靠性设计师组成。小组成员及职责如下：

组长：全面负责可靠性专项计划的落实和管理，召集可靠性工作小组会议；批准可靠性专项工作检查的内容、形式、参与人员等。

副组长：可靠性专项计划进度、经费等的协调安排，协助组长落实和管理可靠性专项工作。

联系人:组织可靠性专项工作检查,组织可靠性工作小组会议,可靠性专项工作有关人员的联系与协调。

总体可靠性设计师:制定可靠性专项工作计划和工作检查要求,开展整星可靠性设计分析,参加设计评审、专项工作检查和产品验收,支持、检查分系统、设备的可靠性工作,跟踪分系统、设备可靠性专项工作进展。

分系统、设备可靠性设计师:组织相关专项工作的具体实施。

3) 分系统/设备责任人

全面负责所承担的分系统、设备的可靠性技术工作;按照规定的要求和节点完成分系统/设备的可靠性设计分析和试验验证,落实规定的可靠性工作项目;形成本分系统/设备的可靠性相关数据包。

4) 各承制单位的调度、质量人员

对承制产品可靠性工作所需的资源提供支持;将规定的可靠性工作纳入研制计划流程;组织可靠性评审、检查、关键项目控制、质量问题归零等工作。

10.3 可靠性工作计划

制定可靠性工作计划的目的是在给定约束下针对导航卫星产品特点,有计划地组织、协调、实施和检查型号可靠性工作,确保产品满足用户可靠性要求。可靠性工作计划是对用户可靠性要求的具体落实,是对卫星各级产品可靠性工作提出的顶层依据性文件。

10.3.1 可靠性工作计划的制定

10.3.1.1 制定要求

导航卫星具有批量研制和重视可用性连续性的特点,因此,在制定可靠性工作计划时,必须考虑批量研制的特殊性和如何保证卫星的高可用性,具体要求包括:

(1) 在工作项目上,适应批量研制需求,策划具体的工艺可靠性保证项目,提出多星数据比对分析要求等;适应高可用性需求,增加可用性有关的工作项目,例如中断分析等。

(2) 在工作时机上,应符合批产卫星研制流程的特点,特别注意分析与单星任务在研制流程、可靠性要求、进度要求上的区别,工作计划的匹配性既要考虑组网首发星,也要考虑后续星。

(3) 在工作要求上,增加可靠性设计的包络性要求,提出更高的工艺可靠性保证要求,重视技术状态更改控制及可靠性影响分析,充分考虑后续卫星可改进、可验证的特点。

10.3.1.2 计划内容

导航卫星可靠性工作计划的主要内容是明确在卫星各研制阶段中,要做哪些可靠性工作？怎么做？谁来做？何时做？需要哪些保障条件？

在方案设计阶段，项目办应在总指挥主持下，由产品保证经理组织总体有关人员依据研制技术要求、任务分析情况，详细策划卫星全寿命周期内可靠性管理、设计与分析、试验与验证的工作项目和要求，成立可靠性工作组织并明确职责。在初样、正样研制阶段，依据上一阶段遗留的可靠性工作及新要求、新认识，制定补充工作计划。

整星可靠性工作计划的主要内容包括：

(1) 对星座、卫星系统、分系统的可靠性定性、定量要求；

(2) 对星座、卫星系统、分系统和系统级关键项目的可靠性工作项目及要求，包括工作项目名称、工作要求、输入、输出、时间/时机、实施方法和程序、评价方式、责任单位；

(3) 对设备的可靠性工作项目及要求，包括工作项目名称、工作要求、输入、输出、时间/时机、实施方法和程序、评价方式；

(4) 其他必要的内容。

分系统可靠性工作计划的制定与落实由分系统承制单位负责，主要内容包括：

(1) 对分系统、设备的可靠性定性、定量要求；

(2) 对整星可靠性工作计划规定的分系统可靠性工作项目的进一步分解和补充，确定或完善工作项目的输入、输出、时间/时机、责任单位和责任人；

(3) 以整星可靠性工作计划为基础，对组件的可靠性工作项目的进一步分解和补充，确定或完善组件工作项目的工作要求、输入、输出、时间/时机、责任单位和责任人；

(4) 其他必要的内容。

设备可靠性工作计划根据卫星总体和分系统的要求制定。

10.3.1.3 制定过程

型号可靠性策划是一个随研制阶段动态更新的过程。导航卫星制定可靠性工作计划的一般步骤是：

(1) 分析星座系统的特点对单星设计研制工作的约束；

(2) 分析卫星任务特点和研制特点；

(3) 了解卫星技术状态和上级有关要求；

(4) 确定型号可靠性工作目标和各阶段工作重点；

(5) 确定可靠性工作项目矩阵；

(6) 确定可靠性工作项目具体要求；

(7) 制定可靠性工作计划表，明确各级产品各研制阶段各工作项目的输入、输出、完成形式、责任单位、时机等。

以北斗二号卫星为例，在方案设计阶段，项目办组织制定了可靠性保证大纲，规定了覆盖整个研制阶段的可靠性工作项目。在转初样阶段，项目办组织制定了初样可靠性工作计划，规定了各类导航卫星的可靠性指标要求和初样研制阶段应实施的

可靠性工作项目及实施细则。

卫星初样研制期间,结合卫星技术风险控制,项目办又制定了初样可靠性专题计划,对十几台关键设备进行了详细的工作策划,开展并完成了多项可靠性专项分析和专项试验工作(如陀螺、蓄电池组等产品的寿命试验)。

在转正样阶段,项目办组织制定了正样可靠性工作计划,细化了热设计、抗辐射设计等的具体工作要求,对可靠性验证的方式、方法进行了详细的规定,增加了关重件、关键工序控制等工作要求。

卫星正样研制期间,适应型号研制需要,项目办重点从系统级可靠性分析和产品批产过程控制两方面出发,制定了正样可靠性专题计划。正样可靠性专题计划包括整星接口可靠性分析、信息流设计复查、整星正样 FMEA 与单点故障控制、卫星冗余设计有效性、系统级可靠性分析与评价、过程控制与检查、部分组件工艺过程不确定项的清理和处理、技术状态更改的可靠性控制、组件数据一致性分析等。同时针对重点产品开展可靠性专项工作,包括关键组件长寿命试验、贮存条件研究、FPGA 的可靠性验证等。

卫星组批生产阶段,在检查前期可靠性工作执行与落实情况的基础上,项目办又组织制定了年度可靠性工作计划,从可靠性分析、可靠性复查、过程控制与验收、AIT过程可靠性和可靠性专题等多个方面,详细明确了年度要完成的工作项目。

这一系列的策划,从顶层统筹规划和规范了各级产品的可靠性工作,做到要求统一和细化、工作内容和完成形式明确、阶段工作重点突出,对导航卫星的可靠性保证起到了重要作用。

10.3.2　可靠性工作项目的选择

可靠性工作项目的选择遵循以下原则:

(1) 根据星座、卫星任务特点、技术状态、研制周期和用户要求,根据设备的特点,例如产品类型、产品继承性、产品重要程度等,合理选择可靠性工作项目,可靠性工作的重点放在方案设计、初样研制阶段;

(2) 针对不同研制阶段的特点选择与确定各阶段的可靠性工作项目;

(3) 根据星座这一导航卫星工程特色对批产提出专门要求,在建立了投产基线后的组网卫星研制阶段,一般还会持续开展可靠性专项工作。

卫星产品的通用可靠性工作项目如表 10.1 所列。

表 10.1　卫星产品通用可靠性工作项目

序号	工作项目	可行性论证	方案设计	初样研制	正样研制	在轨
1	制定可靠性工作计划	×	√	√	√	×
2	可靠性评审	×	√	√	√	×

（续）

序号	工作项目	可行性论证	方案设计	初样研制	正样研制	在轨
3	对转承制方和供方可靠性工作的监控	×	√	√	√	×
4	故障模式及影响分析（FMEA）	×	√	√	○	×
5	故障树分析（FTA）	×	△	△	○	×
6	潜在电路分析（SCA）	×	△	△	○	×
7	最坏情况电路分析（WCCA）	×	△	△	○	×
8	可靠性建模	×	√	√	○	×
9	可靠性预计	×	√	√	○	×
10	可靠性分配	△	√	√	○	×
11	可靠性关键项目的识别与控制	×	√	√	√	×
12	可靠性设计准则	×	√	√	○	×
13	空间辐射环境防护设计	×	√	√	○	×
14	热设计	×	√	√	○	×
15	抗力学环境设计	×	√	√	○	×
16	EMC 设计	×	√	√	○	×
17	静电防护设计	×	√	√	○	×
18	元器件、材料和工艺的选用控制	√	√	√	○	×
19	确定功能测试、包装、贮存、装卸、运输及维修的影响	×	√	√	○	×
20	降额设计	×	√	√	○	×
21	可靠性研制试验/增长试验	×	×	√	△	×
22	环境应力筛选（ESS）	×	×	×	√	×
23	可靠性验证	×	√	√	√	×
24	在轨数据收集与分析	×	×	×	×	√
注："√"，必做；"△"，有要求时做；"○"，发生相关技术状态更改时做；"×"，不做						

导航卫星在制定可靠性工作计划过程中，考虑导航卫星可用性连续性要求高和批量研制特点，在通用可靠性工作项目基础上特别增加了 5 个方面的工作：

（1）中断分析：分析卫星有效载荷和平台产品的硬件故障、FPGA 软错误、软件故障等对卫星导航信号连续性的影响，识别薄弱环节，进行中断指标的定量分析。

（2）工艺可靠性保证：开展工艺过程、工艺参数的量化分析，设置关键检验点和强制检验点，保证工艺质量一致性，进行测试数据比对，保证产品制造过程的可靠性。

（3）信息流设计：导航卫星星内、星星、星地存在复杂的信息流，需要通过开展信息需求分析、信息流方案设计和验证，确保卫星信息系统满足总体任务要求以及可靠

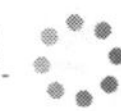

性安全性要求。

(4) 过程 FMEA:为保证导航卫星批产过程稳定性、可靠性,需要开展过程 FMEA,识别和降低生产过程风险。

(5) 可靠性专项:针对影响卫星任务成败和星座长期稳定运行的关键环节,固强补弱,边组网边改进边应用,确保实现工程目标。

10.3.3 可靠性工作策划的经验

导航卫星在可靠性工作计划的制定与实施过程中,积累了以下经验。

1) 密切结合型号和产品特点

可靠性工作的项目与方法有据可循,但可靠性工作的具体内容和实施则因产品而异,因此,可靠性工作策划必须结合型号和产品特点,明确工作要求和重点,做到有的放矢。导航卫星的显著特点是组批生产,一个产品的可靠性缺陷有可能导致整批产品的更改,因此,产品的过程控制很重要,在可靠性工作策划中就先后提出了批产设计、工艺、元器件、测试、贮存、试验、数据包要求,提出了 AIT 过程 FMEA、组件工艺不确定项梳理、组件数据一致性分析比对等工作项目。考虑产品特点就是要分层次、分类策划,每个分系统、每台设备的工作项目、工作要求是否一样,某工作项目是所有产品都做还是指定一些设备做等需要全面考虑,对特殊的设备要提出特殊要求。

2) 密切结合产品研制实际情况

对于复杂的卫星型号,可靠性工作策划不可能一蹴而就,不可能在一开始就把工作策划的非常具体。因此,工作策划应分阶段进行,方案设计阶段、初样研制阶段和正样研制阶段都应制定可靠性工作计划。必要时,在初样研制阶段和正样研制阶段可以制定补充工作计划或专题工作计划。专题工作计划是对阶段工作计划的重要补充,在完整梳理前期工作的基础上,对尚未完成的、未做到位的工作提出更具体的工作要求,在具备条件的情况下,有选择的提出一些新的工作活动,使可靠性工作更深入、更充分。导航卫星可靠性工作策划在初样研制阶段重点落实了设备的“1+6+2”(即 FMEA、热设计、抗力学环境设计、EMC 设计、抗辐射设计、降额设计、静电防护设计、元器件选用、可靠性验证)工作,在正样研制阶段重点落实了可靠性过程控制工作,这些都考虑了当时的研制进展情况。

3) 不局限于传统的可靠性工作项目

传统可靠性工作项目的要求并不能覆盖可靠性工作的所有细节,随着可靠性工作的深入往往需要提出新的工作要求。以系统可靠性分析为例,FMEA 不但是填写分析表格,还是以产品故障模式分析为核心的一系列工作的代名词。围绕 FMEA 工作,可以延伸出系统功能大图和接口关系图的建立、系统各类信息流的建立、冗余有效性分析、接口可靠性分析等多项专题工作。

4) 提供报告模板和规范化的表格

为便于可靠性信息的收集、管理，提供模板有助于可靠性相关数据包的建立和管理，提高工作效率。

5）获得各级设计师的支持

可靠性工作是需要型号研制队伍全员参与的工作，设计师是开展可靠性工作的主体，可靠性工作计划必须通过项目管理人员和主任设计师的讨论，并经过所有相关人员会签后发布。导航卫星可靠性工作计划得益于管理上的重视和总体/分系统主任设计师的重视，集思广益，全面落实，不断将可靠性工作推向深入，对卫星可靠性要求的实现起到重要作用。

10.4 可靠性评审

可靠性评审的目的是评价产品可靠性工作是否符合可靠性工作计划要求，可靠性设计、分析与验证的各项活动是否采用了正确的程序和方法，发现的缺陷和问题是否有效纠正、遗留问题是否会带来风险。在导航卫星研制的重要节点，组织非直接参加研制、生产的同行专家和有关方面的技术与管理人员，对可靠性工作的实施情况、设计或工艺进行详细的审查，可以及时发现可靠性工作计划实施中存在的问题，发现潜在的设计、工艺缺陷，降低产品研制风险。通过可靠性评审，将专家的集体经验和智慧用于具体的设计中，弥补产品负责人知识和经验的不足。特别是对采用了新技术、新工艺等风险较高的产品，更需要各方面专家的技术支持和审查。

可靠性评审是导航卫星研制过程中保证设计质量、工艺质量和过程控制质量的重要技术途径。导航卫星作为批量研制卫星，存在技术状态多、设计文件和工艺文件多、需要安排的可靠性评审项目多的特点。为此，导航卫星提出以下可靠性评审要求：

（1）制定可靠性评审计划，明确需评审的技术文件名称、预期评审时间，并与产品研制计划、可靠性工作计划相协调。

（2）卫星可靠性工作计划、可靠性关键项目清单、整星和关键设备的可靠性专项设计分析报告（如降额设计报告、FMEA 报告）、可靠性试验报告等，均进行独立评审；前序星已完成评审，后续星仅有少量非重大更改的采用函审确认；专业性强需要独立复算的采用专业把关。由此充分利用有限的时间资源、人力资源，提高评审效率和效果。

（3）卫星系统和分系统应开展方案设计转初样研制评审、初样研制转正样研制评审和出厂可靠性评审。方案设计转初样评审，重点审查方案设计阶段的可靠性工作完成情况；初样研制转正样评审，重点审查初样研制阶段的可靠性工作计划完成情况、存在问题或薄弱环节及纠正措施情况；出厂可靠性评审，重点审查可靠性工作计划完成情况、可靠性关键项目控制情况、前期待办事项控制情况、可靠性要求满足情况。

(4) 对可靠性评审中提出的改进意见和建议,被评审方应逐一给出采纳或不采纳的说明并评价其影响和风险。

需要注意:

(1) 参加可靠性评审的人员应优先选择不直接参与本型号或者被评产品的技术专家,优先选择在专业上有专长、有经验、有责任心的技术专家,评审应避免形式化。

(2) 分系统及设备的可靠性评审往往和设计评审合并进行,但对于系统级可靠性分析和关键设备的可靠性设计,推荐进行单独评审以保证评审的效果。

10.5　外协产品可靠性管理

此处的外协产品是指非本单位承制的设备、部组件及相关配套设备等。相当多的外协产品承制单位并非航天系统内单位,不仅承制卫星产品,还承制了航空、电子等其他多个领域的配套产品。在航天系统内部,委托单位和外协产品承制单位在可靠性设计规范体系、工艺规范体系、可靠性管理要求等方面也可能存在差别,如果外协产品承制单位的研制经验欠缺或者可靠性管理体系不够完善,往往会带来一定的研制风险,甚至成为卫星的短板,因此,外协产品的可靠性管理非常重要。外协产品可靠性管理就是通过各种工作途径和工作方式,对外协单位全周期的可靠性工作进行有效地监督和控制,必要时采取相应的措施,确保外协单位交付的产品符合规定的可靠性要求。

10.5.1　不同研制阶段的管理要求

导航卫星不同研制阶段可靠性工作的侧重点不同,对外协产品的可靠性监督和控制也应结合各阶段的特点进行。

方案设计阶段,应对外协产品提出与型号要求相一致的可靠性工作要求。根据卫星研制总要求中规定的可靠性要求,通过对定性要求的分析、研究和对可靠性指标的论证、分配,确定与型号相配套的外协产品的可靠性要求。同时,根据型号可靠性工作项目要求,结合外协产品的类型、特点、复杂程度和继承性等,确定外协产品研制过程中应开展的可靠性工作。

初样研制初期,应检查外协单位可靠性工作策划情况,确认外协产品的可靠性工作计划内容覆盖卫星系统的可靠性工作要求,并考虑了外协产品特点,建立了可靠性组织体系。

初样研制过程中,重点检查、跟踪外协单位对可靠性工作计划的执行情况、可靠性设计分析情况、可靠性试验验证情况。这一阶段,需要对外协产品的可靠性实施结果与可靠性设计指标的满足情况进行审查,对可靠性设计分析的正确性、可靠性试验实施的正确性进行审查,对可靠性分析和试验发现的问题,监督外协产品改进与再验证情况。

正样研制阶段,重点监督外协产品生产过程控制中可靠性工作的实施情况,尤其关注影响可靠性的关键特性量化控制、产品 ESS 等。在外协产品批量生产过程中,重点关注外协产品工艺稳定性、质量一致性、测试数据的比对和趋势分析。

10.5.2 外协产品可靠性管理的内容

导航卫星外协产品的可靠性管理工作主要包括:对外协产品提出可靠性要求、可靠性过程控制、重要节点可靠性评审、可靠性过程确认等。在外协产品研制过程中,导航卫星在可靠性监督与控制方面,主要开展了以下工作。

1)提出可靠性要求

首先应对外协产品提出可靠性要求,包括可靠性定量要求、可靠性定性要求、可靠性工作项目要求等。可靠性要求纳入外协产品的研制合同、技术要求或有关的工作说明中。对外协产品的可靠性要求包括以下内容:

(1)可靠性定量与定性要求及验证方法;

(2)可靠性工作项目要求;

(3)对外协产品可靠性工作实施监督和检查的安排;

(4)外协单位执行质量问题归零管理的要求;

(5)委托方参加产品设计评审、可靠性试验的规定;

(6)外协单位提供产品规范、图样、可靠性技术报告、可靠性数据资料和其他技术文件等要求。

2)重要节点把关

在外协产品详细设计、可靠性试验前、验收交付前等重要节点,项目办组织卫星研制队伍有关人员对外协产品可靠性工作的开展、完成情况进行评审或审查,确认外协产品的阶段性可靠性工作是否符合要求。

3)开展专项检查

依据上级单位举一反三、设计复查等工作要求,结合其他型号研制经验和本型号研制过程中的问题,针对外协产品可能存在的可靠性工作薄弱环节,组织有关专家、设计师对外协产品进行专项检查,进行过程确认,提出改进建议。

例如,导航卫星曾针对某段时间同类产品出现的静电防护问题,组织静电防护专家及总体相关设计师先后对几个外协单位进行了静电防护专项检查。存在不足的外协单位按审查意见落实了改进措施,产品的静电防护风险得到有效控制。

又如,导航卫星投产了多台鉴定件。为确保鉴定件满足北斗卫星导航系统的任务要求,项目办组织完成了针对鉴定件的各项检查工作。可靠性作为鉴定件检查的重要内容,在历次检查过程中均有专人负责了相关内容的检查,每次检查均形成了会议纪要,有专人跟踪待办事项落实情况。

4)设置强制检验点

强制(关键)检验点是对卫星产品制造过程中的关键指标、特性等的形成环节的

重要管控措施。其中,强制检验点是有产品研制的上一级单位(分系统单位或总体单位)参加的过程控制点。通过对外协产品的关键过程设置强制检验点,可以确保影响产品可靠性实现结果的特性得到充分的检查和确认。在初样研制阶段,总体应形成强制检验点清单,并在正样产品研制过程完成强制检验工作。通过强制检验点检验,确认所采取的控制措施落实到位,关键项目和强制检验点受控。

5）见证重要过程

对外协产品研制的一些重要过程,例如行波管寿命试验、天线收发模块寿命试验等,由项目办或委托方组织可靠性设计师和总体相关人员参与试验方案制定,见证试验现场、试验过程等。

需要注意的是:

对于一些新的外协生产单位或者一些有新技术状态的产品,应组织针对这些新单位、新状态开展可靠性过程控制专项检查,对于新单位,要重点控制其可靠性策划、组织机构和有关可靠性设计要求的落实情况;对于有新技术状态的产品,要重点控制其新状态的可靠性试验验证与可靠性设计的符合性,必要时需要根据试验验证情况,重新进行可靠性设计,确保产品可靠性。

例如,导航卫星研制过程中,委托某单位研制了若干套压紧释放装置,在对压紧释放装置进行可靠性管理过程中,开展了以下工作:

(1）在研制合同中明确提出外协方应投入一定数量的子样进行可靠性试验,并规定产品可靠性试验验证的可靠性指标不低于0.95(置信度0.7);

(2）对压紧释放装置明确提出可靠性建模、FMEA、压紧释放不一致的影响分析、正弦振动试验、随机振动试验等工作项目要求;

(3）对压紧释放装置的初步设计、详细设计、试验大纲和试验方案进行评审;

(4）对压紧释放装置的工艺和过程控制进行现场检查和审查;

(5）跟踪压紧释放装置的测试与试验过程,对可靠性试验结果进行确认,检查产品数据包的完整性、有效性;

(6）验收时审查压紧释放装置可靠性工作完成情况及客观证据。

通过开展一系列可靠性监督和控制工作,确保了该压紧释放装置可靠性设计合理、充分,工艺和过程控制受控。在20多个试验子样的压紧释放试验中,所有子样全部正常解锁,可靠性指标经评估达到0.96(置信度0.7),满足技术规范要求。

10.5.3 外协产品可靠性管理的特点

北斗导航卫星工程是一个有全国多行业、多领域、多专业、多单位参与研制的大工程,导航卫星外协产品的典型特点是:相同的工序或部组件,由多家外协方提供,产品的实现机理不完全一致。

因此,导航卫星在外协产品可靠性管理中,按以下要求开展针对性工作:

(1）同样的外协内容,不同外协单位要求一致,但对实现原理不同的内容,过程检查的项目及时机有差别；

(2) 导航卫星的外协产品同样是批量研制，在对外协单位提出技术要求或签订合同时，注意针对批量研制特点明确提出相应的可靠性工作项目及要求，例如数据一致性比对要求、可靠性定量验证要求等；

(3) 在对外协产品进行过程跟踪、检查时，按工作计划组织对多台产品一起检查。在进行验收时，既应按单台产品的验收内容对所有待交付产品进行全面验收测试、审查，也应统筹安排验收方式、形式、进度等；

(4) 不同批次、同批次外协产品相互间均应就关键性能指标进行比对，分析其差异及原因。分系统或系统级对不同外协方提供的功能性能相同的产品再次进行横向比对，尽早发现设计、生产的潜在隐患；

(5) 在导航卫星批产阶段，外协产品需要开展定型工作。这一阶段，需重点对产品从研制、试验至飞行各阶段的可靠性数据的完整性和过程控制的有效性进行监控。

10.6 质量问题及归零管理

质量问题管理是导航卫星质量与可靠性管理的重要内容，质量问题归零则是可靠性传统工作方法“故障报告、分析和纠正措施系统(FRACAS)”在导航卫星可靠性工作中的具体表现形式。对于批量研制的导航卫星，质量问题及归零管理尤为重要，其工作质量的好坏直接影响着多颗卫星的质量与进度。

10.6.1 质量问题管理的重点

针对导航卫星批量研制的特点，导航卫星质量问题管理重点加强了以下工作。

1) 预防为主

卫星批产过程中发生的质量问题很可能是批次性问题，问题波及面广，因此应特别注意预防质量问题的发生。导航卫星在工作中重点把握了以下 4 点：

(1) 注重策划：在卫星研制初期，即考虑批产的特点进行可靠性工作策划。项目办在对用户及上级单位的质量和可靠性保证要求、任务特点、各承制单位的可靠性保证能力进行充分分析的基础上，明确整星质量和可靠性工作目标、组织体系与职责，确定各研制阶段的可靠性工作项目、工作内容、工作程序、工作依据、工作输出、计划安排等，形成策划报告，指导卫星研制过程质量和可靠性管理。

(2) 重心前移：以卫星总装阶段零问题为目标，对产品交付前的各个阶段进行质量和可靠性控制，对新设计、新工艺进行鉴定，确保设计指标可验证、生产过程易实现及检验验收标准的客观性，在设计和制造早期即消除产品批量生产的质量隐患。

(3) 过程控制：产品交付前要做到生产、测试、检验、试验、验收、出厂和交付全过程质量受控，交付卫星总体后的所有测试、试验、总装等全过程质量受控，及时发现并消除质量隐患。

（4）建立产品保证体系：卫星主管部门、设备和分系统承制单位及相关外协单位建立产品保证体系，严格按照产品保证要求对产品各个环节实施质量控制，确保质量信息通畅。

2）早期发现

实践证明，多数质量问题在产品形成过程中已经存在，却往往在出厂后或者已经发射入轨飞行后才被暴露出来，从而错过了最佳的改进时机。通过强化验收管理、数据包络分析与比对，可以在地面提早发现产品的质量疑点，更好的保证卫星批产进度和质量。

（1）强化验收管理：批量研制的导航卫星产品具有高成本、高复杂性、一次性使用等特征，为确保产品无缺陷出厂、无问题总装、无隐患上天，需采用产品状态逐级把关验收的办法，在各层次各阶段及时评估产品性能指标的一致性和稳定性，及早发现、剔除和解决产品各阶段存在的缺陷或质量问题，确保质量问题和隐患及时暴露并在产品交付使用之前解决。经实践证明图10.1所示的验收流程是较为有效的方式。

（2）数据包络分析和比对：导航卫星批量研制注重批次产品性能指标的一致性和稳定性，关注批次性质量问题处理的全面性。在设备生产过程和交付整星后的所有过程中，紧密结合同类产品性能指标的一致性来确认产品状态，必要时根据成功数据包络进行比对分析，确认产品存在质量问题隐患的可能性。

3）专项管理

设立质量问题和举一反三等质量和可靠性专项管理组织，并明确专项管理组织要求与职责。针对卫星批产研制过程，不止进行单星纵向质量问题统计，也将所有卫星的质量问题合并进行横向统计，从而更好地发现和暴露潜在问题。

10.6.2 质量问题管理的方式

自导航卫星型号立项开始，型号项目办高度重视产品质量问题管理工作，从制度、组织体系、计划等方面全方位保证，以期对质量问题有效识别、快速准确归零，措施到位，确保型号质量和研制进度。

项目办建立了产品保证队伍，各参研单位严格按照上级产品保证管理要求，积极配合项目办质量问题专管人员和卫星产保人员的工作，及时上报质量问题。相关质量问题的责任落实到人，严格按照上级要求，在规定的时间范围内完成质量问题的归零工作，并针对相关质量问题开展举一反三工作，确保型号产品保证体系正常运行。

1）组织管理

对于批产卫星质量问题管理，导航卫星采取专人统计（质量问题专管人员）、多人督促（各卫星产品保证人员）、专人收集（资料管理人员）的管理模式，即项目办配备一名质量问题专管人员，作为型号质量问题管理的责任人，负责质量问题的统计与

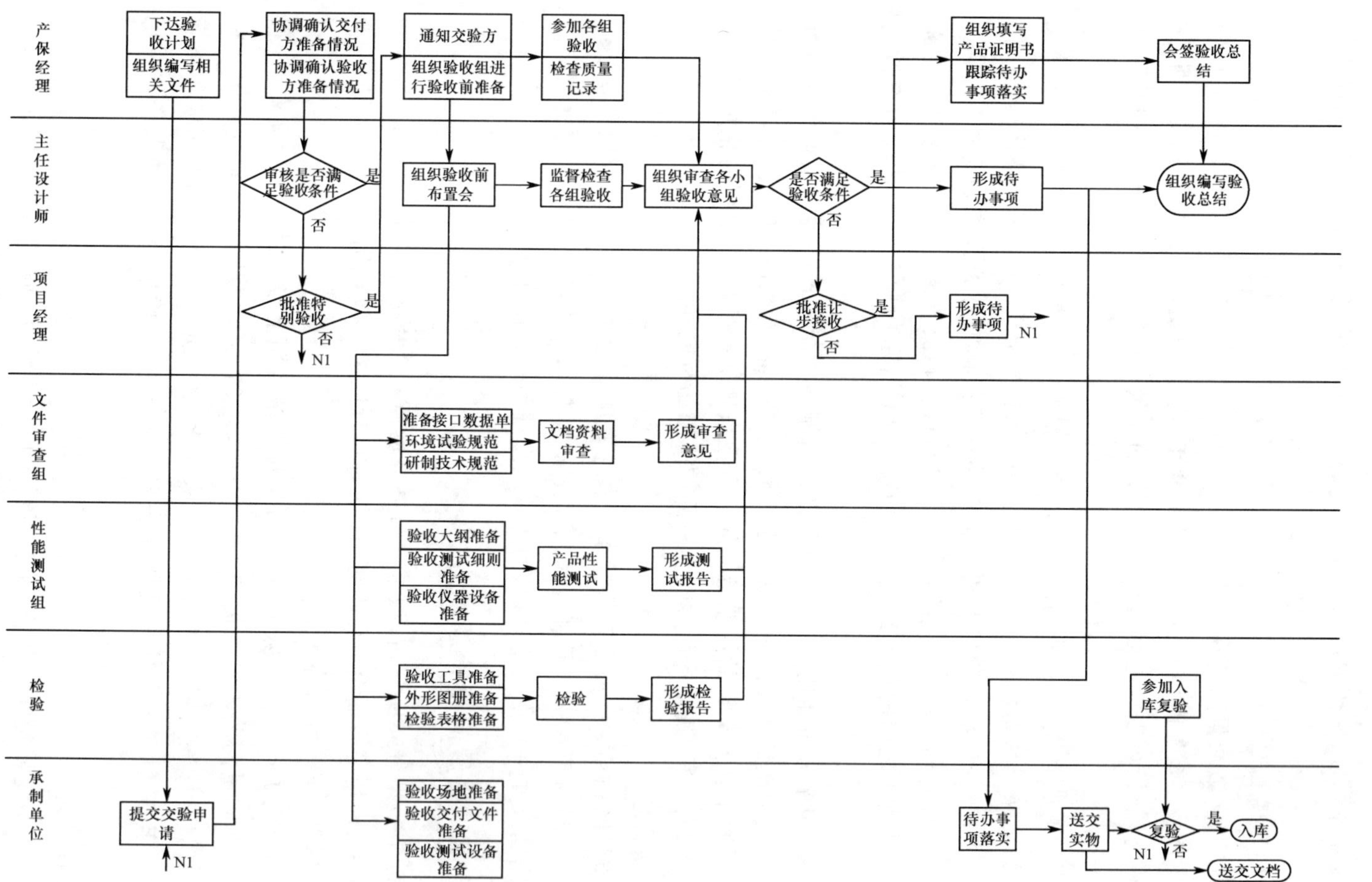

图 10.1　产品验收流程图

管理，在规定的时间内定期向两总系统汇报质量问题归零进展情况。项目办各卫星产保人员对各卫星的所有质量问题进展情况进行追踪，如出现重大问题，及时向两总进行汇报。按要求和时间将各卫星未归零质量问题的进展情况交到质量问题专管人员处进行汇总，并根据项目办要求，落实归零评审会安排。

同时为了寻找共因，每月召开质量分析会，重点针对本月本型号和其他型号发生的质量问题和举一反三项目进行汇总和分析，并对本月产品保证体系运行情况进行说明和分析，确保产品保证体系运行良好。

2）质量问题分阶段管理

根据批产中质量问题发生的不同阶段，采取不同的处理方式。

第一阶段的质量问题：即产品出厂交付卫星总装前的质量问题，由责任单位负责上报、归零，并由责任单位负责归零评审的组织，经卫星主管部门同意后，产品才能出厂交付总装，并由卫星总体单位实施归零全过程监控。

第二阶段的质量问题：即卫星总装测试过程中的质量问题，由卫星项目主管单位负责上报，问题责任单位负责归零，由卫星主管部门组织归零评审，经卫星主管部门同意后，进入下一阶段研制工作。

第三阶段的质量问题：即卫星在轨后的质量问题，由在轨管理部门负责上报，责任单位负责归零，并由卫星主管部门组织归零或归零分析评审，必要时提交上一级归零评审。

3）质量问题分类管理

按照批产卫星质量问题产生的原因，可分为个例和批次性质量问题两类。个例质量问题不需要在同类产品中进行举一反三。

批次性质量问题，包括元器件批次性问题、设计批次性问题和生产过程批次性问题等。元器件批次性问题需要将型号内部所有使用该批次元器件的产品进行复查，必要时进行更换；设计批次性问题必须将相同设计的产品进行更改或重新投产；生产过程批次性问题需要确认同类产品是否由造成该批次问题操作者或操作工具所生产，如果是，则必须进行举一反三。

4）举一反三管理

举一反三管理分为4个步骤，即举一反三项目确认，举一反三实施方案确认，实施计划安排，实施结果确认。

（1）当有质量问题涉及批次性问题时，需要由卫星主管部门确认是否对同类产品进行举一反三复查或修改，并下发相关举一反三通知；

（2）确认举一反三项目后，需要由问题责任单位牵头组织相关单位确立举一反三实施方案，实施方案中应包括实施过程中所需要的人力、物力等保障条件，以及实施结果确认的方式，必要时需由卫星主管部门组织评审，通过后方可采用；

（3）卫星总体单位，根据举一反三实施方案中的保障条件及各星的研制进度，统筹安排举一反三实施计划，确保举一反三实施的有效性和全面性；

(4) 按照实施方案,完成对举一反三实施的最终确认,并由问题责任单位编写举一反三报告,进行归档,必要时由卫星主管部门组织对报告进行评审。

10.6.3 质量问题归零管理

质量问题发生后,发现质量问题的单位,需立即收集并上报质量问题信息,对质量问题进行初步分类,确定质量问题归零责任单位或部门,并尽可能明确该质量问题是否涉及待发射型号。质量问题责任单位需制定归零计划,按照归零要求开展工作,形成归零报告。质量问题责任单位的质量部门组织归零评审,必要时还要通过上级主管部门或用户组织的归零评审。

可靠性相关的质量问题通常是技术问题。技术归零的五条要求是“定位准确、机理清楚、问题复现、措施有效、举一反三”:

(1) 定位准确就是确定质量问题发生的准确环节或部位;

(2) 机理清楚是通过理论分析或试验等手段,确定质量问题发生的根本原因、演进过程;

(3) 问题复现是通过试验或其他验证方法复现质量问题发生的现象,验证问题定位和机理分析的正确性;

(4) 措施有效是通过采取经验证有效的纠正措施,确保质量问题得到解决;

(5) 举一反三就是把发生质量问题的信息反馈给本单位、本型号,以及其他单位、其他型号,检查有无可能发生类似模式或机理的问题,并采取纠正、预防措施。

技术归零的程序和方法如下:

1) 现场取证

质量问题发生后,在确保设备和人员安全的情况下,要注意保护好现场,做好现场取证、现场记录,尤其是保护好故障产品状态,以方便以后的故障定位、机理分析。

2) 问题定位

组织有关技术人员开展故障树分析确定底事件。对可能的故障原因逐一进行排除,排除的底事件必须有充足的证据或理论支撑,不能排除的底事件可以按发生概率从大到小排序。

3) 机理分析

对无法排除的底事件逐一分析导致故障发生的机理,找出问题发生的原因和故障模式。如果原因是多方面的,要逐一说明,并尽可能说明主要原因。

4) 复现试验

根据问题定位和机理分析的结果,制定试验程序,按照故障发生的机理复现故障现象,说明定位和机理分析正确。原则上问题定位和机理分析都应通过复现试验进行验证。复现试验要尽可能模拟故障模式发生时的边界条件,确实无法或无须进行复现试验时,在归零报告中要充分阐明理由。

5）纠正措施

针对已经明确的故障原因、底事件，需研究制定纠正措施。纠正措施也需尽可能进行试验验证，确保纠正措施的有效性、可实现性。纠正措施经过验证、批准后，要落实到相应的产品、文件中，尤其是已归档文件的更改，避免后续产品发生重复性问题。

6）举一反三

举一反三包括两部分工作：一是对本型号范围内同类型产品或可能存在同样故障原因的产品进行举一反三，该举一反三工作要在归零结束前全部完成；二是对本单位同类产品在其他型号有应用的，要提出明确的举一反三要求和工作计划。

同时，产品保证部门要将质量信息报上一级产品保证部门。上一级产品保证部门要根据质量问题的性质，确定是否要举一反三以及举一反三的范围和要求，发给相关单位、相关型号。各相关单位、相关型号根据上级或本级产品保证部门提出的举一反三要求，组织开展举一反三工作。

7）管理因素分析

对于产品研制过程中主要因技术原因导致的质量问题，无须管理归零时，要开展管理因素分析，查找管理问题及薄弱环节，制定整改措施。

8）完成技术归零报告

技术归零报告的内容应包括：问题概述，问题定位，机理分析，问题复现，采取的措施和验证情况，举一反三情况，管理因素分析，结论。

10.6.4 导航卫星质量问题归零的特殊性

导航卫星作为批量研制的卫星，具有多星滚动生产、并行总装与测试的特点，卫星质量问题和举一反三的产品，可能发生在下图、组装、调试、试验、交付、分系统级测试、整星测试、大型试验等不同阶段，也可能发生在生产厂家、总装厂房、发射场等不同地方。因此，导航卫星的质量问题归零和举一反三，既要保证质量问题得到有效解决，又要保证对型号的研制任务影响最小。

为此，导航卫星质量问题归零特别提出以下要求：

（1）质量问题归零的原因分析务求准确，控制波及范围，慎重对待产品技术状态更改，避免不必要的归零投入和举一反三，避免造成批次产品生产的不断返工或报废；

（2）举一反三务求全面，必须覆盖到所有相关的产品状态与分布在各个地方的同类产品；

（3）质量问题归零的解决措施应及时体现在产品的基线文档中，作为后续产品生产的依据，以保证类似问题不会重复发生；

（4）质量问题归零的更改措施或相应的技术状态更改必须在整批次产品中落实，必须杜绝个别产品的随意性更改；

(5) 应妥善处理质量问题,避免出现仅为改进某项性能指标而不惜人力、时间和成本的情况。

10.7 可靠性信息管理

10.7.1 可靠性信息

可靠性信息管理是导航卫星产品可靠性保证工作全面、规范、准确开展的基础,是可靠性管理工作的重要内容。开展可靠性信息管理的目的是:

(1) 确保可靠性工作全面、充分、规范、有效;

(2) 确保影响产品可靠性的相关风险在研制过程中得到充分识别和有效控制,研制过程中发生发现的所有问题得到妥善处置。

导航卫星的可靠性信息包括:

(1) 可靠性设计分析信息,例如可靠性设计措施、可靠性模型、设计仿真验证结果、元器件选用情况、元器件失效率、故障模式清单、热分析模型等;

(2) 可靠性试验信息,例如可靠性试验条件、试验子样、试验时间、试验结果等;

(3) 可靠性验证信息,例如可靠性评估结果、寿命验证结果等;

(4) 可靠性过程控制信息,例如单点故障模式控制措施落实情况表、相关检验记录等;

(5) 可靠性管理信息,例如可靠性评审证明书、待办事项清单等。

可靠性信息主要以文档、记录表格、影像等为载体,一般包括产品的可靠性设计文件、可靠性分析文件、可靠性试验和验证文件、可靠性管理文件等,同时包括产品研制生产、试验全过程中可靠性相关控制措施的记录表格等。可靠性信息的载体构成了导航卫星产品数据包的重要组成部分。导航卫星产品数据包是产品在设计、制造、测试、试验、交付全过程的所有技术活动的量化控制结果的汇总。产品数据包中的各项数据是生产过程的实际测量记录,包括数据和影像,是产品实现过程和实现结果的客观记录,反映了导航卫星产品的关键特性指标满足要求的程度及产品过程质量控制的真实过程和实施结果。

10.7.2 可靠性信息管理的程序与方法

可靠性信息管理依托产品数据包工作的策划和实施进行。产品研制生产单位是产品数据包的主体,负责产品数据包工作的策划和实施。产品数据包的形成过程应遵循总体策划、系统分析、确定清单、形成记录、验证确认、持续改进等6个步骤。

(1) 总体策划:产品承研单位在对产品全过程质量控制要求进行充分理解和把握的基础上对产品数据包的建立进行总体策划。结合产品的特点,通过对产品技术要求、用户要求、产品保证大纲要求、本单位相关管理制度的规定进行系统梳理,将产

品各阶段应开展的工作项目和要求，以及实现过程和实现结果的客观记录进行系统策划，作为产品数据包建立的输入条件。

（2）系统分析：产品承研单位可以针对不同层次的产品开展系统分析，深入开展FMEA等可靠性设计分析工作，特别是针对新技术、新材料、新工艺、新状态、新环境等进行深入系统的分析，识别对产品最终质量与可靠性有决定性影响的关键项目和关键环节，合理设置强制检验点，制定规避和控制风险的措施。

（3）确定清单：在系统梳理产品全生命周期各阶段要求的基础上，将要求转化为应开展的工作项目，并将工作项目系统化、规范化、表格化。在此基础上对每一个工作项目提出明确、具体的内容要求，并明确其记录要求及其载体形式，如文件、表格、照片等。

（4）形成记录：将确定好的清单通过管理文件、设计文件、工艺文件、调试/测试细则等分解到不同的岗位，各责任人在产品研制生产过程中分别采集相关的信息和数据，并对获取的信息和数据进行分析处理，按照清单的要求形成相应的纸质文档、电子文档或影像资料等。

（5）验证确认：产品承研单位在产品各阶段应按照清单对产品数据包的项目及其内容逐一进行确认或评审，按照管理规定提取相应的文档，进行统一编码，打包集中存放。完成存档的产品数据包，可支持对后续产品或系统的评价验证。

（6）持续改进：产品数据包作为贯穿产品工程管理全过程的基础工具，能够通过产品数据包的后续重复应用和验证，持续改进产品数据包的相关内容，实现技术继承和精细化管理，并最终支持产品成熟度和可靠性的持续提升。

需要注意的是：

（1）数据包是导航卫星产品从设计、生产、试验到测试交付等全过程的记录，必须记录原始数据并不断积累，记录必须完整、真实、有效、可追溯。

（2）导航卫星由于批量研制，其设计文件、工艺文件等一般是首发卫星和后续卫星共用、同一设备的多个飞行产品共用。如果在后续卫星生产过程中，发生技术状态更改，则需要更新相关的设计或工艺文件。

10.7.3　可靠性信息管理的应用

导航卫星作为批量研制的航天器，每颗星、每个分系统和每台设备都会产生一套生产、测试、试验、检验等过程性的数据，随着数据积累越来越多，后续卫星和分系统、设备可以进行成功数据包络分析。

成功数据包络是指已成功完成地面试验及飞行任务的卫星产品（重点是关键的设备、零部组件）各项参数的上、下边界范围，包括产品本身参数包络和产品对飞行任务剖面适应性的包络。以导航卫星产品数据包为基础，在产品多次飞行后各项参数满足设计要求的前提下，可以确认已飞行过的产品的各项参数是否在产品成功数据包络内，并对超出数据包络的参数开展技术风险分析，进而评估产品参加本次飞行任务的风险。

导航卫星在研制过程中，将之前已经完成研制并成功发射的所有卫星的地面测试数据及在轨数据进行汇总，建立了产品成功数据包络线。在后续卫星生产、测试中，将测试数据与产品成功数据包络线进行对比，作为发现产品潜在异常的手段。

例如，在某导航卫星发射场测试过程中发现，有一个产品的测试数据处于指标要求范围内，但超出了成功数据包络线范围。卫星系统经数据判读，发现该产品确有异常，经过分析，发现该产品内部存在焊接缺陷，造成焊点局部润湿不良、存在轻微裂纹，从而影响到产品性能。经过举一反三，卫星系统从星上拆下了使用相同工艺的其他设备并进行了返修，消除了故障隐患，避免了飞行任务风险。

10.8 导航卫星可靠性专项

10.8.1 北斗二号卫星可靠性专项

北斗二号卫星应用于北斗区域卫星导航系统，在研制过程中面临可靠性、可用性要求高、确保产品一致性难、组网发射风险大等重大挑战。为深化可靠性工作，降低工程研制风险，在北斗区域导航卫星系统建设的关键阶段，导航卫星系统论证和实施了可靠性专项工作，取得了显著成效。

北斗二号卫星可靠性专项工作的基本原则是“项目源于型号，成果用于型号”；基本思路是聚焦型号可靠性薄弱环节，补弱固强，统筹谋划，确保成功；项目目标是在轨不出现影响星座组网、稳定运行任务的成败型故障，每星年故障率较以往同平台卫星显著降低。

10.8.1.1 立项论证

北斗二号卫星可靠性专项具有工作面广、工作量大、进度紧、技术难度大等显著特点，为此，卫星系统首先确立了论证的总体思路如下：

对由单星故障引起的影响星座组网、稳定运行的成败型故障模式所涉及的关键产品开展全面的设计复核，从源头和过程中查找问题，重点对其中“在轨曾发生故障或以往问题较突出的”“研制中设计或工艺问题较多的”“采用了新技术且可靠性验证不充分的”“正样阶段技术状态变化较大的”“新单位参与研制的”产品，针对分析出的可能存在的薄弱环节，开展补充试验验证工作，消除尚未识别的潜在故障隐患，经工程改进后进一步提高单星可靠性，降低组网运行风险。

围绕这一总体思路，卫星系统在专项立项阶段，提出并应用多维度全系统FMEA，全面梳理了影响星座组网、稳定运行任务的成败型故障模式，针对涉及的若干关键产品，从设计分析、工艺与过程控制、试验验证等方面梳理薄弱环节，明确了20多个专项项目，并制定了技术流程、计划流程，形成总体实施方案。

1）可靠性薄弱环节梳理

针对导航卫星的两个任务阶段：发射/转移轨道段和在轨运行段，考虑全任务剖

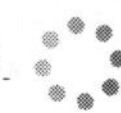

面的各个关键事件、工作模式、使用环境，通过 FMEA 复核，梳理得到了由于单星故障影响星座组网、稳定运行任务的成败型故障模式清单，典型的故障模式例如：

(1)“卫星不能与火箭成功分离”将导致卫星发射任务失败；

(2)“太阳翼展不开”将导致卫星能源丧失，后续事件无法完成，发射任务失败；

(3)“母线短路”将导致卫星能源丧失，发射任务失败或导航功能丧失；

(4)“导航下行信号丢失”将导致卫星导航下行信号不可用，导航功能丧失；

(5)“时间频率丧失”将使卫星失去时间基准，导航功能丧失。

对应影响星座组网、稳定运行任务的成败型故障模式，梳理得到相关的关键产品清单，例如：

(1)“卫星不能与火箭成功分离”涉及的关键产品是分离插头；

(2)“太阳翼展不开”涉及的关键产品是火工切割器；

(3)“母线短路”涉及的关键产品是电源控制器和 SADM；

(4)“导航下行信号丢失”涉及的关键产品是导航单元；

(5)“时间频率丧失”涉及的关键产品是原子钟。

2）工作内容确定

根据梳理得到的可靠性薄弱环节，针对涉及的若干关键产品，首先从设计分析方面进行强化，根据不同产品的特点对其典型设计要素进行复核，例如：

(1) 对原子钟重点开展整机热分析、物理部分热设计和抗辐射设计复核；

(2) 对导航单元重点开展软件可靠性设计复核。

在对关键产品开展设计强化的基础上，针对其中“在轨曾发生故障或以往问题较突出的”“研制中设计或工艺问题较多的”“采用了新技术且可靠性验证不充分的”“正样阶段技术状态变化较大的”“新单位参与研制的”产品，分析其试验验证和批产过程的薄弱环节，进一步开展试验验证或工艺优化，例如：

(1) 对 SADM 开展满功率热真空试验验证；

(2) 对导航单元深入进行软件的可靠性和健壮性测试；

(3) 对贮箱返修、检测工艺以及推进剂加注工艺进行优化并验证。

10.8.1.2　项目实施

可靠性专项工作的对象涉及星座、整星、分系统、关键设备、关键元器件 5 个层次，产品类型覆盖电子、机械、机构、蓄电池、压力容器、推进组件、软件等 10 余种类型，工作内容涉及空间环境、力、热等各设计要素的分析改进，ALT、极限试验、特性摸底试验、辐照试验、工艺改进试验等各类试验的实施，以及新的筛选方法、工具的研究等。

在专项实施阶段，卫星系统应用可靠性技术与方法对相关产品进行了设计复核、补充试验验证和工艺改进，及时消除了可能存在的薄弱环节和隐患。包括：

(1) 在可靠性设计分析方面，开展热设计与热分析复核，验证了铷钟、扩频应答机等产品的热设计，消除了降额不满足要求的隐患；应用可靠性数据分析和仿真计算,确定了某产品温度离散的原因并完成改进,完成多个产品的退化趋势分析;仿真验证了太阳翼等产品的极限承载能力。

(2) 在可靠性试验验证方面,开展极限工况试验、长寿命试验、摸底试验等,摸清了产品裕度、极限能力、故障机理,验证了多个产品的寿命;开展深层充放电试验、辐照试验,摸清了空间放电引起脉冲干扰的途径,验证了关键元器件的抗辐射性能。

(3) 在工艺和过程控制方面,完成机构产品的零件加工工艺、装配工艺及跑合工艺优化,有效提升了机构工艺可靠性和批产合格率;应用试验设计方法完成典型产品焊接工艺参数优化,提高了关键产品的焊接可靠性;提出了更有效的筛选方法,研制了新型筛选测试平台,提高了产品一致性和合格率。

专项实施过程中,项目办定期召开调度会,检查各项目进展情况,协调项目实施中遇到的问题。总体可靠性设计师全程跟踪各项目进展情况。

在专项验收阶段,考虑到卫星可靠性专项项目数量较多,各项目工作内容、进展情况不尽相同,按照“完成一个、验收一个、评价一个、应用一个”的原则,各项目的验收工作分批开展,并同步应用到当时在研的各类导航卫星中。

10.8.1.3 成果应用

北斗二号卫星可靠性专项共取得了上百项技术成果,项目成果成功应用于北斗二号卫星,关键产品研制风险得到有效控制,在卫星发射与在轨长期运行中表现良好,卫星在轨异常相比以往同平台卫星大幅降低,实现了预期的研究目标。自可靠性专项实施和应用以来,北斗二号卫星连续发射成功,北斗区域导航卫星系统于2012年12月顺利提供公开服务,并保持连续稳定运行至今。可靠性专项不仅解决了产品暴露的可靠性问题,还大大促进了相关产品成熟度提升,为后续产品定型创造了条件。

北斗二号卫星可靠性专项形成的新的试验方法、分析方法、工艺规范、筛选方法,研制的新型软硬件测试系统、筛选平台,获得的特性曲线、仿真模型、基础数据,改进后的产品、改进措施及新发现的薄弱环节,已经推广应用于通信卫星、小卫星领域。90%以上的成果可应用到北斗三号卫星,50%以上的成果可应用到其它型号。

北斗二号卫星可靠性专项突破的各项关键技术,提出的各种新方法,获得的各类模型和关键数据,为导航卫星技术、空间环境试验技术、空间机构技术、空间电源技术等技术领域的发展提供了宝贵的技术基础及经验,对推动以上领域技术发展起到重要作用。

北斗二号卫星可靠性专项的实施经验也为全球导航卫星和其它型号可靠性工作提供了重要借鉴。与型号研制同步实施可靠性专项,是对传统的型号可靠性工作模式的创新之举。随着北斗导航卫星工程建设循序渐进,对卫星导航系统高可靠、长寿命保证的认识也逐步深化,通过专项工作积累了大型星座系统的可靠性工程经验,为后续导航卫星的研制活动奠定了基础。

10.8.2 北斗三号卫星可靠性专项

北斗三号卫星应用于北斗全球卫星导航系统，具有服务性能和可靠性指标要求更高且公开透明，技术体制新、软件密集、国产化要求高、技术风险控制难度大，组批生产一致性要求高、密集组网发射质量保证难度大，星座卫星规模大、运控模式复杂、星地一体化组网运行维护难度大，参研单位众多、质量管控难度大等特点，对系统研制建设提出了诸多新的、更高的要求。因此，在北斗三号卫星工程研制阶段，借鉴北斗二号卫星可靠性专项实施经验，分批论证和开展了北斗三号卫星可靠性专项工作。

10.8.2.1 目标与思路

面向北斗全球卫星导航系统的新特点和高要求，在总结北斗二号卫星在轨运行质量情况和分析全球系统建设风险的基础上，工程大总体提出北斗三号卫星可靠性专项的目标是：

建立健全北斗专项可靠性设计、测试验证、评估监管、质量基础管理四个体系，实现"两确保、两提升"。一是有效降低和防控组网任务风险，杜绝总装测试过程中的重大质量事故，力争发射场零故障，确保全球系统连续组网成功；二是显著降低中断次数，保证系统非计划中断次数低于0.4次/(星·年)，确保全球系统稳定运行服务；三是实现国产化关键产品可靠性提升和验证到位，国产化关重件等产品质量与可靠性水平达到国际同类先进水平；四是质量基础能力大幅提升，实现共性规范支撑和信息共享服务，保障全球系统研制建设和运行任务实现及长远可持续发展。

针对"两确保、两提升"的专项目标，工程大总体和卫星系统确定了"体系保障，分步实施；问题导向，突出重点；科学评价，促进增长；强化基础，提升能力"的工作思路。

1）体系保障，分步实施

面向北斗全球系统研制批产、组网发射和运行服务全过程，面向工程总体、各大系统和关键设备等全系统，统筹协调"可靠性设计、测试验证、评估监管、质量管理"四个体系工作，保障全球系统连续成功组网和稳定运行服务。根据工程进度和任务轻重缓急，分年度安排项目实施。

2）问题导向，突出重点

针对国产化单机可靠性增长与验证、系统和软件可靠性验证、系统故障诊断与健康管理等薄弱环节和重点问题，梳理国产新研产品和Ⅰ、Ⅱ类单点故障模式的关键产品，开展加速寿命试验和可靠性强化试验；加强卫星、上面级和运控系统可靠性、可用性验证，以及卫星在轨故障诊断与软件重构等验证，消除系统薄弱环节。

3）科学评价，促进增长

加强系统级任务风险量化评价和产品成熟度评价，促进北斗全球系统组网过程控制、风险防控和产品可靠性增长验证。一方面通过强化关键产品/软件验证评价，提高产品可靠性和成熟度，保证批产质量一致性和稳定性；加强系统级的中断分析和故障检测、隔离与恢复的验证评估,提高系统可用性、连续性。另一方面通过开展故障剥离分析,将单一任务的飞行事件保障链向组网任务质量保障链扩展,加强组网任务多重保障链设计分析和风险量化评估控制工作,规避由于个别产品和环节出现质量问题而造成组网进度推迟乃至任务失败的风险。

4)强化基础,提升能力

创新完善北斗全球系统质量与可靠性技术方法和手段,总体提炼专项质量可靠性共性规范,建立健全覆盖各层次产品和研制建设全过程的质量与可靠性规范体系和信息系统,提升质量与可靠性基础保障能力,支撑全球系统质量与可靠性工作规范、有序和高效开展。

10.8.2.2 实施方案

北斗三号卫星可靠性专项针对全球系统特点和需求,围绕大系统可靠性设计与风险管控、系统及软件可靠性测试验证、设备及部组件可靠性增长等方面,论证提出重点工作内容。

1)系统级可靠性可用性设计与验证

卫星导航系统的核心是实现优异的精度、可用性、连续性和完好性指标。北斗全球系统是典型的天地一体化复杂大系统,具有软件密集、链路时变、任务并发、面向公众提供高标准连续服务的特点,这要求北斗全球系统必须突破多目标、多状态、多机理、多层次下的系统可用性设计和验证技术。

重点工作包括:综合考虑星座构型、信号体制、发射组网策略、用户终端环境等约束条件,针对 RNSS 基本导航服务、星间链路通信等业务,完成大系统、各系统、分系统、设备各级可靠性可用性指标的分解、建模,运用可靠性仿真、半实物仿真等手段,开展可靠性、可用性设计验证。

2)国产化关键产品和导航关键软件高可靠、长寿命验证

通过 FMEA、中断分析、关键特性分析、可靠性预计、安全性分析等工作,系统识别影响星座成功组网、连续稳定运行的可靠性关键产品和高风险项目,按照“国产化新研设备”“影响导航业务和整星安全的关键项目”“可靠性验证基础薄弱”等原则进一步梳理,选择、确定关键设备和关键软件,深入开展国产化关键产品极限试验和故障模拟试验,摸清单机在空间环境条件下的设计裕度,发现深层次的薄弱环节并改进;开展 1:1 寿命试验或加速寿命试验,验证产品寿命的满足程度;针对关键软件进行可靠性分析与可靠性测试验证。

重点工作包括:行波管放大器寿命试验和极限试验;固态放大器加速寿命试验;氢钟寿命试验;天线转动机构加速寿命试验;数据处理单元软件可靠性、安全性测试验证;自主运行软件可靠性、健壮性测试验证等。

3)批产过程控制

组批生产、密集发射对北斗三号卫星产品质量的稳定性和高可靠性提出更大挑战。与北斗二号卫星相比,北斗三号卫星产品数量成倍增加,新产品、新状态、新过程

更多，产品工艺与过程控制中的潜在风险增加，对整个工程的影响更大。因此，需要尽早识别设备和整星过程控制风险，开展工艺可靠性，批产一致性、稳定性等专项研究。

重点工作包括：行波管放大器关键过程可靠性改进；固态放大器生产一致性提升等。

4）北斗全球系统运行评估和健康管理

实现提供服务后的长期稳定运行是对北斗全球系统的更大挑战。面向星座长期运行和维护需求，需要开展在轨卫星和地面关键设备的实时健康监视评估、故障诊断和寿命预测，科学制定在轨维护保障措施，消除或有效控制故障影响；完善在轨故障处置流程，健全在轨故障快速响应机制，缩短故障处理和系统维护时间，提升系统可用性和连续性。

重点工作包括：关键设备的在轨监测、预测和使用策略优化，在轨健康管理及支持系统建设等。

在项目安排上，根据项目需求迫切程度、风险影响程度、经费支持程度等，分批立项实施，分批验收应用。考虑部分产品有多个承研单位，需要统筹规划各单位的具体工作内容，既避免重复，又保证专项工作的充分性和覆盖性。

10.8.2.3　成果成效

北斗三号卫星可靠性专项于2016年启动，2017年、2018年先后支持了两批专项项目。自2016年以来，可靠性专项形成了数百项研究成果，包括研究报告、规范指南、验证系统/平台、软件工具、硬件实物等。专项成果全部应用于北斗三号工程建设，在北斗三号MEO卫星、IGSO卫星和GEO卫星的工程研制中，经专项工作验证的设计优化、过程改进等同步应用到在研产品，在确保组网发射连续成功和星座在轨稳定运行方面发挥了显著作用，并具有普遍推广应用价值。2019年底，北斗三号卫星可靠性专项首批、二批项目全部通过验收。

针对北斗三号卫星高可用性、连续性要求，可靠性专项开展了导航关键软件的单粒子防护设计验证和软件可靠性验证，提出并具体实施了单粒子软错误防护、系统重构、故障自主检测和恢复等多项可用性设计技术，为北斗三号卫星高可用性、连续性指标的实现提供了坚实保障。针对影响整星任务和寿命的关键单机，可靠性专项开展了行波管放大器、固态放大器、氢钟等关键产品的可靠性与寿命研究及验证，完成了多项设计优化或工艺改进，获得了较充分的验证数据，有效提升了产品的可靠性和质量稳定性。

例如，在"空间行波管放大器可靠性薄弱环节改进与验证"中，项目组研究提高了灌封工艺质量与可靠性，提出群时延跳变抑制、阳压上升寿命控制、带外杂波抑制等方法，项目成果相继应用在北斗三号卫星行波管放大器产品中，有效提高了产品群时延、杂波、螺流等性能指标，提高了行波管放大器螺流、阳压长期一致性和稳定性，验证了产品寿命与可靠性设计。自北斗三号卫星组网发射以来，行波管放大器已累计在轨工作数十万小时,在轨遥测持续健康稳定。项目成果还进一步应用于通信、遥感等其他卫星领域和其他频段的行波管放大器产品。

又如,在"大型可展开天线机构可靠性与寿命研究及验证"中,通过优选的润滑方式提升了机构性能和使用可靠性,项目成果应用于北斗三号卫星10余副正样天线产品,在GEO卫星和IGSO卫星发射任务中取得圆满成功。项目形成的产品规范和其他成果在通信、遥感等领域产品中得到推广,促进了同类产品质量和可靠性的整体提升。

通过可靠性专项的实施,北斗三号工程有效解决了国产化关键产品的可靠性短板和共性技术瓶颈,提升了产品可靠性和质量基础能力,降低和控制了卫星全球组网的风险,有力保障了北斗全球系统的成功组网和稳定运行。

缩略语

ADT	Accelerated Degradation Testing	加速退化试验
AGREE	Advisory Group on Reliability Electronic Equipment	电子设备可靠性咨询组
AIT	Assembly Integration & Test	总装、集成、测试
AL	Alert Limit	告警门限
ALT	Accelerated Life Testing	加速寿命试验
BDD	Binary Decision Diagrams	二元决策图
BDS	BeiDou Navigation Satellite System	北斗卫星导航系统
BIT	Built-in Test	机内测试
CA	Criticality Analysis	危害性分析
CCD	Charge-Coupled Device	电荷耦合器件
CCLK	Configurable Clock	可配置时钟
CMOS	Complimentary Metal-Oxide-Semiconductor	互补型金属氧化物半导体
CPU	Central Processing Unit	中央处理器
CR	Continuity Risk	连续性风险
CRC	Cyclic Redundancy Check	循环冗余校验
CSSU	Cross-Strapping and Switching Unit	交叉连接切换单元
CV	Constellation Value	星座值
DFT	Dynamic Fault Tree	动态故障树
DOD	Depth of Discharge	放电深度
DOP	Dilution of Precision	精度衰减因子
DSP	Digital Signal Processing	数字信号处理器
EDAC	Error Detection and Correction	检错纠错
EMC	Electromagnetic Compatibility	电磁兼容性
EMI	Electromagnetic Interference	电磁干扰

EPP	Error Propagation Probability	错误传播概率
ESA	European Space Agency	欧洲空间局
ESD	Electrostatic Discharge	静电放电
ESS	Environmental Stress Screening	环境应力筛选
FAA	Federal Aviation Administration	美国联邦航空管理局
FDIR	Fault Detection, Isolation and Recovery	故障检测、隔离与恢复
FDMU	Fault Detecting and Managing Unit	故障检测管理单元
FDRI	Frame Data Register Input	帧数据输入
FMEA	Failure Mode and Effect Analysis	故障模式及影响分析
FPGA	Field-Programmable Gate Array	现场可编程门阵列
FRACAS	Failure Report, Analysis & Corrective Action System	故障报告、分析和纠正措施系统
FTA	Fault Tree Analysis	故障树分析
GEO	Geostationary Earth Orbit	地球静止轨道
GLONASS	Global Navigation Satellite System	(俄罗斯)全球卫星导航系统
GNSS	Global Navigation Satellite System	全球卫星导航系统
GO	Goal Oriented	目标导向
GPS	Global Positioning System	全球定位系统
HAL	Horizontal Alert Limit	水平告警门限
HALT	Highly Accelerated Life Testing	高加速寿命试验
HDOP	Horizontal Dilution of Precision	水平精度衰减因子
HPL	Horizontal Protection Level	水平保护级
ICAO	International Civil Aviation Organization	国际民航组织
IGSO	Inclined Geosynchronous Orbit	倾斜地球同步轨道
INS	Inertial Navigation System	惯性导航系统
IPU	Isolation and Protection Unit	隔离保护单元
IR	Integrity Risk	完好性风险
ITO	Indium Tin-Oxide	氧化铟锡
LET	Linear Energy Transfer	传能线密度
LTMR	Local Triple Model Redundancy	局部三模冗余
MEO	Medium Earth Orbit	中圆地球轨道

MIC	Microwave Integrated Circuits	微波集成电路
MMD	Mean Mission Duration	平均任务持续时间
MOSFET	Metal- Oxide - Semiconductor Field - Effect Transistor	金属氧化物半导体场效应晶体管
MTBF	Mean Time between Failure	平均故障间隔时间
MTBO	Mean Time between Outages	平均中断间隔时间
MTTR	Mean Time to Restore	平均恢复时间
NASA	National Aeronautics and Space Administration	美国国家航空航天局
NVP	N-Version Program	N 版本程序
OSR	Optical Solar Reflector	玻璃型二次表面镜
PCB	Printed Circuit Board	印制电路板
PDOP	Position Dilution of Precision	位置精度衰减因子
PNT	Positioning, Navigation and Timing	定位、导航与授时
PPP	Precise Point Positioning	精密单点定位
PROM	Programmable Read-Only Memory	可编程只读存储器
RAIM	Receiver Autonomous Integrity Monitoring	接收机自主完好性监测
RAM	Random Access Memory	随机存取存储器
RB	Recovery Block	恢复块
RBD	Reliability Block Diagrams	可靠性框图
RDM	Radiation Design Margin	辐射设计余量
RDSS	Radio Determination Satellite Service	卫星无线电测定业务
RDT	Reliability Development Test	可靠性研制试验
RET	Reliability Enhancement Test	可靠性强化试验
RNSS	Radio Navigation Satellite Service	卫星无线电导航业务
RPN	Risk Priority Number	风险优先数
RTK	Real Time Kinematic	实时动态
SADM	Solar Array Drive Mechanism	太阳翼驱动机构
SCA	Sneak Circuit Analysis	潜在电路分析
SEB	Single Event Burnout	单粒子烧毁
SEFI	Single Event Functional Interrupt	单粒子功能中断
SEGR	Single Event Gate Rupture	单粒子栅击穿

SEL	Single Event Latch-up	单粒子锁定
SET	Single Event Transient	单粒子瞬态
SEU	Single Event Upset	单粒子翻转
SPN	Stochastic Petri Net	随机 Petri 网
SRAM	Static Random Access Memory	静态随机存取存储器
TAAF	Test Analysis and Fix	试验、分析和改进
TID	Total Ionizing Dose	电离总剂量
TMR	Triple Modular Redundancy	三模冗余
TTA	Time to Alert	告警时间
UERE	User Equivalent Range Errors	用户等效距离误差
URE	User Range Error	用户测距误差
VAL	Vertical Alert Limit	垂直告警门限
VDOP	Vertical Dilution of Precision	垂直精度衰减因子
VPL	Vertical Protection Levels	垂直保护级
WCCA	Worst Case Circuit Analysis	最坏情况电路分析
WDT	Watch Dog Timer	监控定时器